普通高等教育材料类系列教材

金属学及热处理

主　编　杨秀英　刘春忠
副主编　王红梅　武　丹
参　编　李　雅　杨玉芳　李增荣
主　审　杨　林

机 械 工 业 出 版 社

本书包括金属学、热处理及工程材料三部分内容，比较全面系统地介绍了金属及合金的基本结构与性能、金属的凝固、相图、塑性变形、热处理原理与工艺、常用的工程材料（包括金属材料、非金属材料及新材料）等。作为应用型本科教材，本书内容由浅入深，循序渐进，避免过多的数学推导，便于教师和学生阅读。

本书可作为材料类专业的专业基础课教材，主要对象是应用型本科院校的材料成形及控制工程专业、焊接技术与工程专业、金属材料工程专业以及材料加工工程等专业的学生，也可供非材料类专业（机械类、化工类）学生以及工程技术人员参考。

本书配有电子课件，位于机械工业出版社教育服务网上（www. cmpedu. com），向本书授课教师免费提供。

图书在版编目（CIP）数据

金属学及热处理/杨秀英，刘春忠主编．—北京：机械工业出版社，2010.8（2025.1 重印）
普通高等教育材料类系列教材
ISBN 978-7-111-31327-4

Ⅰ.①金…　Ⅱ.①杨…②刘…　Ⅲ.①金属学-高等学校-教材②热处理-高等学校-教材　Ⅳ.①TG1

中国版本图书馆 CIP 数据核字（2010）第 136448 号

机械工业出版社（北京市百万庄大街 22 号　邮政编码 100037）
策划编辑：冯春生　责任编辑：冯春生　白　刚
版式设计：张世琴　责任校对：李秋荣
封面设计：张　静　责任印制：郜　敏
北京富资园科技发展有限公司印刷
2025 年 1 月第 1 版第 11 次印刷
184mm×260mm · 14.75 印张 · 363 千字
标准书号：ISBN 978-7-111-31327-4
定价：39.80 元

电话服务　　　　　　　　　网络服务
客服电话：010-88361066　　机　工　官　网：www. cmpbook. com
　　　　　010-88379833　　机　工　官　博：weibo. com/cmp1952
　　　　　010-68326294　　金　　书　　网：www. golden-book. com
封底无防伪标均为盗版　　机工教育服务网：www. cmpedu. com

前　言

“金属学及热处理”是高等院校材料类专业的一门专业基础课。本书从材料的性能应用角度出发，以材料的结构决定材料的性能为主线，阐述各种材料的共性基础知识；从材料的组织结构出发，介绍材料的成分、组织、结构、加工工艺与性能之间的关系。同时介绍了金属热处理的原理与工艺、常用工程材料及选材、复合材料和纳米材料等新材料及其应用等内容。本书重在理论联系实际，列举了大量最新的材料应用实例，有利于读者融会贯通，各部分内容既相对独立又互相联系，便于教师在教学中根据需要选用。根据教学大纲的规定，建议讲授理论部分的课时为60~90学时左右。

本书由三部分内容组成：第一部分（第1~5章）为金属学部分，阐述了金属学的基本概念和理论，是该课程的基础，对金属材料的生产、应用及发展起到重要的指导作用，但是该部分内容比较抽象，所以在选取上以够用为度；第二部分（第6~7章）为热处理原理与工艺部分，着重阐述了钢在不同工艺条件下的组织转变规律及钢的热处理工艺的运用；第三部分（第8~11章）为工程材料部分，介绍了金属材料、非金属材料及新材料等方面的知识，阐述了机械零件的失效与选材知识以及工程材料在汽车、机床、仪器仪表、化工设备等领域的应用情况。本书内容由浅入深，循序渐进，避免过多的数学推导，便于教师和学生阅读。

本书共11章，由杨秀英、刘春忠任主编，王红梅、武丹为副主编。其中第5~7章由杨秀英编写，第1章和第11章由刘春忠编写，第2~4章及第11章的11.4.3节由王红梅编写，第8章由武丹编写，第9章由李增荣编写，第10章由杨玉芳和李雅编写。

杨林教授对全书进行了认真审阅，并提出了许多宝贵意见，在此深表感谢。

在本书编写过程中，参考和借鉴了部分国内公开出版和发表的著作、教科书及文献等，部分照片下载自互联网，并得到许多专家和同行的热情支持，特向这些作者和专家表示感谢。

由于时间仓促，水平有限，书中难免有不妥或疏漏之处，敬请读者批评指正。

编　者

目　录

第 1 章　金属材料的性能与结构

内容提要： 金属材料由于具有满足工程应用的性能而在工程中得到广泛应用。金属材料的性能主要包括力学性能、物理性能、化学性能、工艺性能、经济性能等，这些性能构成了工程中选择某一材料的基础和依据。本章讨论了金属材料的性能分类、定义、表征方法等，介绍了金属常见的三种晶体结构——面心立方（fcc）、体心立方（bcc）和密排六方（hcp）结构，同时讨论了晶体中晶面、晶向的确定方法及晶体中的缺陷。材料的实际显微组织决定了材料的性能，显微组织包括材料的缺陷和相结构，相结构按晶体结构特点可分为固溶体和金属间化合物两大类。

教学重点： 金属材料各种性能的分类、定义以及分析测量方法；金属材料的三种常见晶体结构（面心立方、体心立方、密排六方）特点及其晶面、晶向的确定；金属材料的缺陷、固溶体、金属化合物。

教学难点： 难点在于对金属晶体结构的理解，包括对晶格、晶胞结构及三种常见晶体结构的理解和晶面、晶向的确定。

1.1　金属材料的性能

材料是构成一切工程的物质基础，这些材料包括金属材料、无机非金属材料、高分子材料等几大类。其中金属材料是材料的重要组成部分之一，在国计民生中占有举足轻重的地位。

金属材料是由金属元素或以金属元素为主构成的具有金属特性的材料的统称，一般分为黑色金属和有色金属两大类。黑色金属包括钢、铸铁、铬、锰等；其他金属如铝、镁、铜、锌等及其合金都为有色金属。

金属材料的性能包括力学性能、物理性能、化学性能、工艺性能、经济性能等。金属材料具有晶体的结构特点，具有良好的导热、导电等物理性能和较高的强度、良好的塑性等力学性能，有的甚至在高温下仍然能够保持较强的力学性能。除此之外，很多金属材料易于加工、造价低、具有较高的性能价格比。设计工程师根据金属材料不同的性能，将它们应用在很多工业领域，如机械、冶金、航空航天、医疗、通信、能源、交通等，这些材料的应用极大地促进了世界科技的进步和经济的发展，推动了人类文明的进步。

1.1.1　金属材料的力学性能

任何由金属材料制成的机械零件或工具，在使用过程中都不可避免要受到各种形式的内力或外力的作用。例如，汽车上的半轴在行驶过程中不仅要受到弯矩扭力的作用，而且还会受到冲击力的作用等。零件受到力的作用后，材料会对此有一定的反应。一般情况下，金属材料受力后的反应分三种类型：①金属材料受到较小力时，只发生弹性变形；②受力较前者稍大时，金属材料发生永久（塑性）变形；③受力达到一定值后，金属材料断裂。金属零件能否经得起这些力的作用而不影响其使用主要取决于受到力的大小和金属材料自身的性质，这就要求金属制品材料必须具有一定的承受载荷的能力，这种能力就是材料的力学性能，是材料的基本性能。

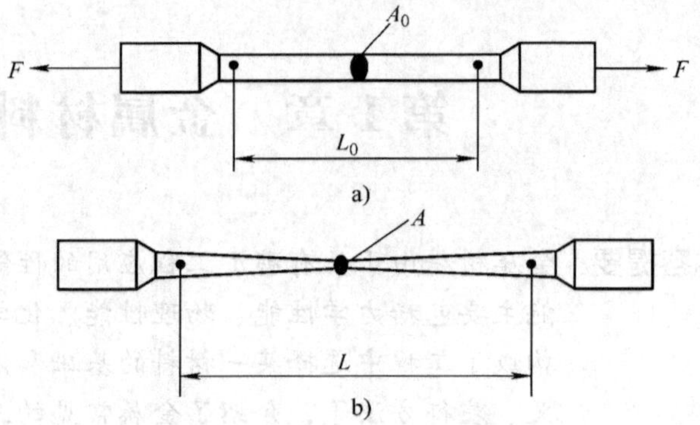

图 1-1 试样拉伸前后标距和截面变化示意图
a）试样拉伸前 b）试样拉伸后

金属材料的力学性能指标一般包括弹性、强度、硬度、塑性和韧性等。一些性能指标可通过拉伸试验机对一定尺寸的试样进行拉伸获得，试样（参见 GB/T 228—2002）受力前后标距和截面发生的变化如图 1-1 所示。根据试样在拉伸过程中所承受的载荷和产生的变形量之间的关系，测定该材料的拉伸曲线如图 1-2 所示，在拉伸曲线上可以确定该材料的强度、塑性、弹性等力学性能指标。

1. 强度

强度是指金属材料在静载荷作用下抵抗破坏（过量塑性变形或断裂）的性能。由于载荷的作用方式有拉伸、压缩、弯曲、剪切等形式，所以强度也分为抗拉强度、抗压强度、抗弯强度、抗剪强度等。各种强度间常有一定的联系，抗拉强度是使用较多的一种最基本的强度指标。强度指标一般用单位面积材料所承受的载荷即应力表示

$$\sigma = \frac{F}{A} \tag{1-1}$$

式中，σ 为应力；F 为外界载荷；A 为试样横截面积。

工程中常用的强度指标有弹性极限 σ_e、屈服强度 σ_s、抗拉强度 σ_b（图 1-2）。在外力作用下产生弹性变形时所能承受的最大拉应力为弹性极限 σ_e。屈服强度是指在拉伸过程中，材料所受载荷达到某一临界值即屈服极限 σ_s 时，即使载荷不再增加，材料也继续变形或产生 0.2% 应变时（非塑性材料）的应力值。抗拉强度 σ_b 也叫强度极限，是指材料在断裂前承受的最大应力值。在实际工程中，设计工程师一般要根据实际情况选择屈服强度作为强度设计的依据。

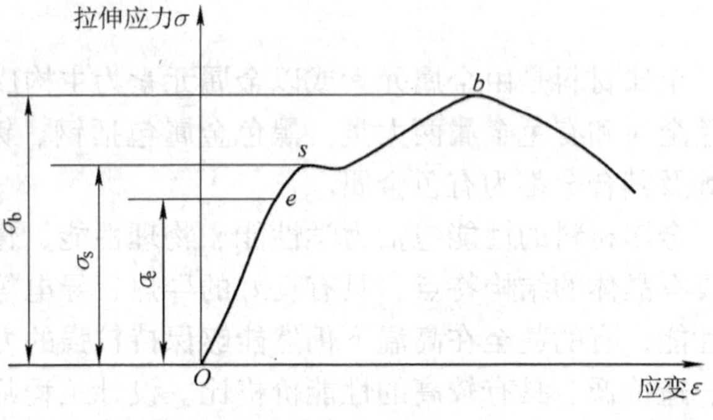

图 1-2 单轴拉伸曲线示意图

2. 塑性

塑性是指金属材料在外力作用下发生永久变形而不被破坏的能力。在工程中常用塑性指标来判断金属材料的可成形性，常用伸长率和断面收缩率来表征。

伸长率是指试样被拉伸断裂后的拉断标距长度的延长值（即试样断裂后的标距长度与原始标距长度的差值，见图 1-1）与原始标距长度的比值，即

$$\delta = \frac{L - L_0}{L_0} \tag{1-2}$$

式中，δ 为伸长率；L_0 为试样原始标距长度；L 为试样被拉断后的标距长度。

断面收缩率是指试样拉伸断裂后的断面收缩值（即原始横截面积与试样拉断后缩颈处的横截面积的差值，图 1-1）与原始横截面积的比值，用 ψ 表示

$$\psi = \frac{A_0 - A}{A_0} \tag{1-3}$$

式中，A_0 为试样原始横截面积；A 为试样拉断后缩颈处的横截面积。

伸长率和断面收缩率越大，材料塑性越好；反之，塑性越差。良好的塑性是金属材料进行变形加工的必要条件，也是保证机械零件工作安全，不发生突然脆断的必要条件。

3. 弹性模量

材料在弹性范围内由于受力而发生形状或尺寸的变化，其应力与应变的关系服从胡克定律，即

$$\sigma = E\varepsilon \quad \tau = G\gamma \quad p = K\theta \tag{1-4}$$

式中，σ、τ、p 分别为正应力、切应力和压力；ε、γ、θ 分别为线应变、切应变和体积应变；E、G、K 分别为弹性模量、切变模量和体积模量。它们都表示材料在受力时抵抗弹性变形的能力，或材料弹性变形的难易程度。

由式（1-4）可知，弹性模量是拉伸曲线上 σ_e 以下线性曲线的斜率（图 1-2）。该斜率越大，材料弹性模量越大，弹性变形越不容易进行。弹性模量是材料的重要力学性能指标，它的大小主要取决于金属键，与显微组织关系不大。在设计要求刚性较大的机械零件时，应选用具有较高弹性模量的材料。

4. 硬度

硬度是衡量金属材料软硬程度的指标，它是材料表面在小的体积范围内抵抗弹性变形、塑性变形或破坏的能力，是与材料强度、塑性、弹性和韧性等力学性能有关的综合指标。目前在实际工程中，最常用的测定硬度的方法是压入硬度法，它是用一定几何形状的压头在一定载荷下压入被测试的金属材料表面，根据被压入程度（压痕大小或深度）和外界载荷来测定其硬度值。硬度试验根据其测试方法的不同可分为静载压入法和动载压入法。在静载压入法中又分为布氏硬度、洛氏硬度、维氏硬度和显微硬度等。

（1）布氏硬度　布氏硬度以 HBW 表示（参见 GB/T 231.1—2009）。在工程中有非常广泛的用途。如图 1-3 所示，其测量原理为用一定直径的硬质合金球以相应的试验力压入待测材料表面，保持规定时间并达到稳定状态后卸除试验力，然后测量材料表面的球面压痕直径，用球面压痕单位面积上所承受的平均压力，即压入载荷与压痕面积的比值来计算布氏硬度。即

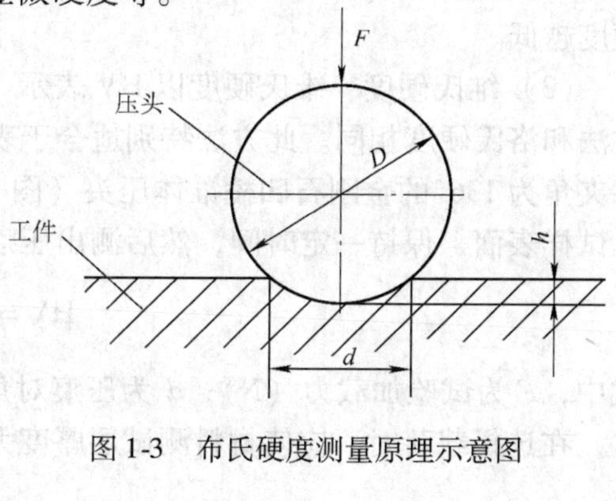

图 1-3　布氏硬度测量原理示意图

$$HBW=\frac{2F}{\pi D\left(D-\sqrt{D^2-d^2}\right)} \text{ 或 } HBW=0.102\times\frac{2F}{\pi D\left(D-\sqrt{D^2-d^2}\right)} \tag{1-5}$$

式中，F 为载荷（kgf 或 N）；D 为压头直径（mm）；d 为压痕直径（mm）。

布氏硬度实验法的优点有：① 测量值较准确，重复性好；②压痕面积较大，硬度值代表全面，能反映较大范围内组成材料的各相的平均硬度，而不受个别组成相的综合影响。其缺点有：①可测的硬度值不高；②一般不能测试成品与薄件；③测量费时，效率低。

在工程实践中，布氏硬度特别适合经退火、正火和调质的钢件，以及灰铸铁、有色金属、低合金结构钢及非金属材料等毛坯或半成品的硬度测试。布氏硬度值和抗拉强度之间存在着一定的换算关系。

（2）洛氏硬度　当硬度大于 450HBW 或者试样过小时，不能采用布氏硬度测试而改用洛氏硬度方法计量。洛氏硬度是以压痕塑性变形的深度来确定材料的硬度值（参见 GB/T 230.1—2002）。根据测试材料硬度的不同，分四种不同的标度来表示，即 HRA、HRB、HRC、HRD，国内运用较多的是前三种，它们的测量范围和应用范围也不同，应用时要根据材料的硬度决定采用哪种具体的实验方法。HRA 是采用 60kgf 载荷和金刚石圆锥压头求得的硬度，用于硬度极高的材料（如硬质合金等）。HRB 是采用 100kgf 载荷和直径 1.58mm 的淬硬钢球为压头，适用于硬度较低的材料（如退火钢、铸铁等）。HRC 是采用 150kgf 载荷和金刚石圆锥压头，用于硬度较高的材料（如淬火钢等）。洛氏硬度具有简便迅速、效率高、对测试表面的损伤小，并且对测试表面的要求较低等优点。其缺点是不同标度的硬度值无法相互比较，而且其对组织的不均匀性很敏感，重复性差，不适合具有粗大或者不均匀组织材料的硬度测量。洛氏硬度测试基本原理如图 1-4 所示。

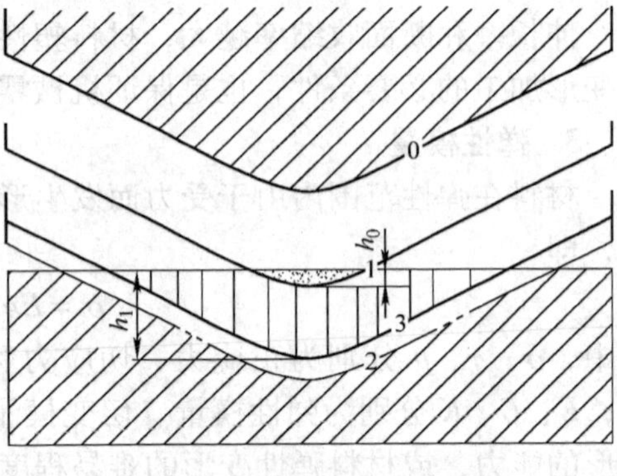

图 1-4　洛氏硬度测试示意图

图中，0 为试验开始之前压头与试样未接触的位置；1 为压头受初载荷 F_0 后，压入试样深度 h_0 的位置；2 为施加主载荷 F_1 后压头压入试样表面的位置；3 为卸掉主载荷 F_1 后，压头由于试样弹性恢复而稍微回弹的位置。此时实际压入试样深度为 h_1，则压头受主载荷而压入试样深度为 h_1-h_0。h_1-h_0 的数值越小，表示试样硬度越大。反之，表示试样越软，硬度越低。

（3）维氏硬度　维氏硬度以 HV 表示（参见 GB/T 4340.1—2009），其基本原理与测试方法和洛氏硬度相同。此方法特别适合于表面硬化层和薄片状材料的硬度测量。测量原理为将夹角为 136°的金刚石四棱锥体压头（图 1-5）使用很小的试验力 F（49.03 ~980.07N）压入试样表面，保持一定时间，然后测出压痕对角线的长度 d。则维氏硬度值为

$$HV=0.1891\times\frac{F}{d^2} \tag{1-6}$$

式中，F 为试验加载力（N）；d 为压痕对角线长度（mm）。

在选择载荷时，应使材料测试层厚度大于 1.5 倍的压痕直径。当待测试材料层的厚度较

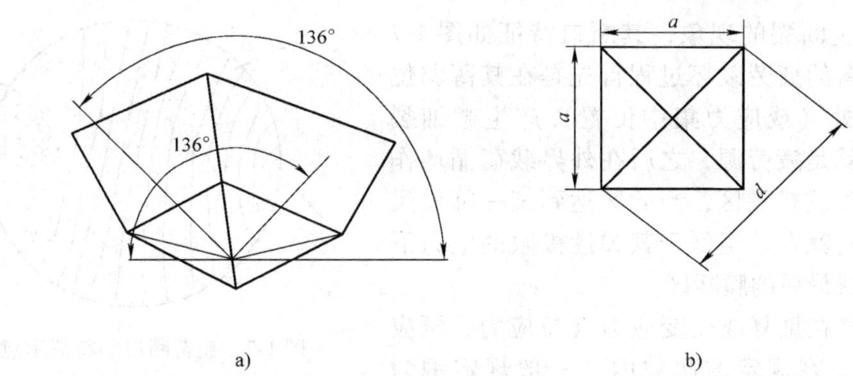

图 1-5　维氏硬度仪中压头和压痕示意图

a）压头　b）压痕

大时，应采用较大的载荷，以提高测量精度。

维氏硬度实验法的优点是：①测量准确，适用硬度范围广（从极软到极硬），而且不存在洛氏硬度那种不同标度硬度无法比较的问题，测量精度也比洛氏硬度高；②试验载荷力较小，压入深度比较浅，故可测量较薄的材料，也可测量表面渗碳、氮化层的硬度。其缺点是：①对试样表面要求高，效率低；②测量压痕对角线长度的测试较繁琐。

（4）显微硬度　显微硬度法是测试载荷小于200gf 的硬度实验。其原理与测试方法同上，它可以测量极小范围内实验材料的硬度，如区别显微组织中各相的硬度。此法特别适合研究材料表层的硬度以及薄件的硬度，此外还适用于陶瓷等脆性材料。

5. 冲击韧性

机械零件在服役过程中，还会受到以很大速度作用于其上的冲击载荷作用，如冲床、锻锤等机械零部件。金属材料在冲击载荷作用下抵抗破坏的能力叫做冲击韧性。由于冲击载荷加载速率大，变形条件复杂，使塑性变形不充分，所以冲击试验更能反映材料的变脆性能。通常采用一定尺寸和形状的金属试样在规定类型的冲击试验机上承受冲击载荷而折断时，断口处单位横截面积上的冲击吸收功来表征材料的韧性（图 1-6），即

$$a_K = \frac{A_K}{S} = \frac{G(h_1 - h_2)}{S} \tag{1-7}$$

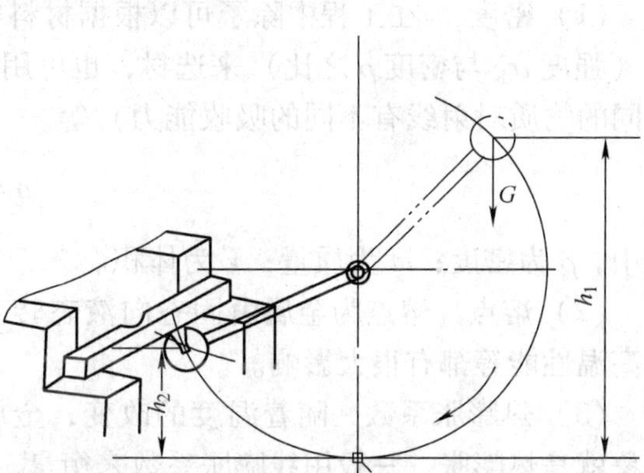

图 1-6　冲击试验示意图

式中，a_K 称做金属材料的冲击韧度；S 为断口的原始横截面积；A_K 为冲击吸收功。

6. 疲劳强度极限

前面所讨论的强度、塑性、弹性等都是金属在静载荷实验条件下获得的材料力学性能指标，只根据这些性能指标设计的零件有时还会发生意外断裂事故。实际上，许多机械零件都是受到循环载荷的作用，在这种载荷条件下，零件受到的外界应力即使低于其屈服强度，也会因疲劳损伤而被破坏。这种损伤是指金属材料在长期循环变动载荷作用下（应力一般情况下均小于其屈服强度），材料内部的微观缺陷会逐渐发展，在几乎没有发生塑性变形的情

况下就突然发生断裂的现象，其断口特征如图 1-7 所示。金属材料的疲劳破坏过程首先是在其薄弱位置处，如缺陷处（或应力集中位置）产生微细裂纹，这种裂纹就是疲劳源，之后在外界载荷循环作用下形成疲劳裂纹扩展区，当此区达到某一临界尺寸后，零件材料就在甚至低于其弹性极限的应力下突然脆断，形成最后的脆断区。

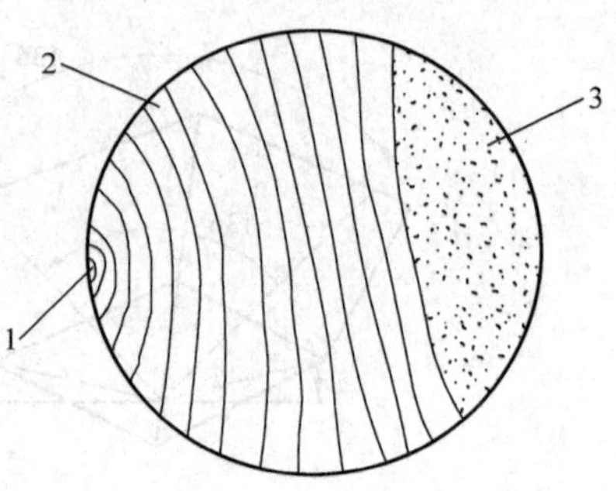

图 1-7　疲劳断口的特征示意图

1—疲劳源　2—裂纹扩展区　3—瞬时脆断区

一般把试样在重复或交变应力（拉应力、压应力等）作用下，在规定的次数内（一般规定钢为 $10^6 \sim 10^7$ 次，有色金属为 10^8 次）不发生断裂所能承受的最大应力称为疲劳强度极限，用 σ_{-1} 表示。在工程中绝大多数机械零件，特别是在变动载荷下工作的机械零件，如齿轮、轴、弹簧等，其主要的破坏形式都是疲劳断裂，由于疲劳断裂大多数是在没有任何征兆的情况下发生的，因此其危害极大。

1.1.2　金属材料的物理性能和化学性能

1. 金属材料的物理性能

在工程应用中，除了力学性能外，金属材料的物理性能在保证及丰富器件功能的过程中也起到相当重要的作用，如金属涂层的线膨胀系数、热导率、密度等。金属材料的物理性能主要包括：

（1）密度　在工程中除了可以根据材料密度计算零件的重量外，还可利用金属的比强度（强度 σ_b 与密度 ρ 之比）来选材，也可用在与无损检测相关的声学和射线探伤中（密度不同的物质对射线有不同的吸收能力）等。

$$\rho = \frac{m}{V} \tag{1-8}$$

式中，ρ 为密度；m 为质量；V 为体积。

（2）熔点　熔点为金属由固态向液态转变的温度，其对金属的熔炼、热加工以及材料的高温性能等都有很大影响。

（3）热膨胀系数　随着温度的改变，金属材料的体积将发生变化，即热胀冷缩，这种现象就是热膨胀，一般用线膨胀系数来衡量。固体物质的温度每改变 1℃时，其长度的变化和它原来长度之比，叫做线膨胀系数，符号为 α_l，单位为 1/K。在工程中，很多地方都对金属材料的膨胀系数提出特殊要求，如精密仪器、仪表等使用的材料要求的热膨胀系数要低，也常利用材料的热膨胀性来实现零件装配中的过盈，对于热敏原件材料却要求有尽可能高的热膨胀系数。

（4）磁性　材料具有能吸引铁磁性物体的性质，即称该材料具有磁性。磁性主要由磁导率 μ、磁滞损耗、剩余磁感应强度、矫顽磁力等参数指标来表征。研究物质的磁学性能是非常重要的，这是因为磁性是材料最重要的基本属性之一，它存在的范围很广，小到微观粒子大到宇宙天体几乎都存在着磁性。磁性与材料的微观结构密切相关，它不仅取决于物质的原子结构，还取决于原子之间的相互作用——键和晶体结构等。物质的磁性可以分为弱磁性和强磁性。弱磁性又分为抗磁性、顺磁性和反铁磁性；强磁性又分为铁磁性和亚铁磁性。随着现代科学技术的发展，磁性材料的应用越来越广泛，特别是电子技术的发展对磁性又提出了新的要求。因此，研究有关磁性的理论，发现新型磁性材料是材料科学的一个重要研究方向。工程上，磁性材料常用于制造电气零件，如扬声器、电机等。

（5）电学性能　表征金属材料电学性能的主要参数为反应材料导电性能的电导率，符号为 γ。该性能对电磁无损检测中的电阻率和涡流损耗等都有影响，并且该性能与材料的微观结构密切相关。工程中，为了减少电输送中电能的损耗，要采用导电性较好的材料，如铝、铜等。相反，对于加热元器件，常采用导电性差的材料，如 Fe-Cr 合金等。

（6）导热性　表征材料导热性能的主要参数是热导率，它常用来表征材料传导热量的能力，常用符号 λ 表示。热导率越高，导热性越好。常用导热性差的材料作隔热材料。此外，导热性差的材料热处理时，加热应缓慢，以减少变形和开裂。

2. 金属材料的化学性能

金属材料的化学性能是指在常温或高温下，金属材料抵抗各种介质侵蚀，保证其正常使用的能力，主要包括抗氧化性、耐蚀性和热稳定性等。

抗氧化性是指金属材料在常温或高温下抵抗自然界中空气的氧化作用的能力。工厂热力设备中的高温部件，如电站锅炉中的加热器、过热管、汽轮机中的气缸、叶片等都长期在高温下工作，易被空气中的氧氧化。这是由于许多金属都能与空气中的氧进行化合而形成氧化物，在金属表面形成一层氧化膜，如果这层氧化物比较疏松并且不稳定，外界氧气便可以继续与金属作用，使金属材料受到破坏，这种现象就叫做金属的氧化。如果形成的氧化物层比较致密且稳定，而且牢固地覆盖在金属表面上，就形成了一层保护层，阻止了金属的继续氧化，金属就得到了保护，这样的金属抗氧化性能高。

金属材料抵抗各种介质（大气、酸、碱、盐）侵蚀的能力称为耐蚀性，它主要由材料的成分、化学性能、组织形态等决定。金属的腐蚀可以分为全面腐蚀和局部腐蚀两大类。从工程上来看，局部腐蚀的危险比全面腐蚀的更大，因为往往在没有预兆的情况下，金属材料就因为局部腐蚀而突然断裂，造成严重的事故。局部腐蚀的种类很多，可以分为点蚀、缝隙腐蚀、选择腐蚀、应力腐蚀、腐蚀疲劳等。

热稳定性是指金属材料在高温条件下保持材料组织结构和性能不变的性质和能力。

1.1.3　金属材料的工艺性能

金属材料的工艺性能是指其能够承受各种加工、处理而不发生损坏的能力。由于材料是要经过一系列加工后才能制成符合要求的零部件而得以在工程中应用，因此，工艺性能也是非常重要的，一般包括可锻性、铸造性、焊接性、热处理性、可加工性等。

1. 可锻性

指金属材料在压力加工时能改变形状而不产生裂纹的性能，它包括在热态或冷态下能够进行锤锻、轧制、拉深、挤压等加工。可锻性的好坏主要与金属材料的化学成分有关，通常碳钢具有良好的可锻性，低碳钢的可锻性最好，中碳钢次之，高碳钢较差。铸铁、硬质合金不能进行锻压加工。

2. 铸造性

指金属材料是否适合铸造加工的工艺性能，主要包括液态金属的流动性、收缩率、偏析等。流动性是指液态金属充分流动而充满铸型的一种能力；收缩率是指金属在凝固后发生体积收缩的程度；偏析是指铸件凝固后，其内部化学成分或金属组织不均匀的一种现象。液态金属的流动性越好，凝固后其收缩和偏析程度越小，则其铸造性能越好。

3. 焊接性

是指通过加热、加压等手段，把两种或两种以上的金属材料连接到一起并能满足一定使用性能的特性。焊接过程中，在焊缝部位易产生裂纹、气孔、夹渣等缺陷，这对焊接接头的力学性能危害很大。金属材料焊接性的好坏取决于材料的化学成分、焊接工艺等。通常低碳钢的焊接性较好，高碳钢和铸铁较差。

4. 可加工性

指零件被切削加工成合格制件的难易程度，它与金属材料的化学成分、力学性能、导热性能等因素有关。在生产和实验研究中，可用刀具寿命的长短、加工制件表面质量的好坏、切削功率的大小和断屑的难易程度等作为判据来评定材料可加工性的好坏。通常，灰铸铁具有良好的可加工性，普通碳素钢也具有较好的可加工性。

5. 热处理性

主要是指金属材料能否通过热处理达到需要满足的力学性能，例如材料可否进行热处理强化、是否适合某种热处理方式等。热处理工艺主要包括退火、正火、淬火、回火、调质、化学热处理等，需要根据材料的成分和所需使用性能而进行不同的热处理。详见第7章。

1.1.4 金属材料的经济性能

金属材料的经济性能主要体现在由于该材料的应用而带来的经济价值，包括材料的成本、加工成本、维护成本、增值效益等。用材的相对稳定性、材料在制造过程中的利用率以及材料的工艺性能等都将影响由材料制得零件的总成本，进而影响其经济性。20世纪中叶，在世界范围内，曾将钢的产量作为衡量国家工业实力的标志，直到今天，世界各国的经济依然与金属材料的生产密切相关。材料科学家与工程师们一直在努力改善金属材料的使用性能和加工性能，使之能胜任人们越来越高的技术要求，进而体现科技的进步，改变人们的生活及工作方式。例如，1961年，新型镍基超级合金材料已经在飞机燃气轮机中使用，它们在高温高压下具有良好的性能，并且降低了成本。1980年，由于铸造技术的改进，定向凝固柱状晶及单晶的镍基合金已成功应用于航空发动机。1990年，单晶定向凝固铸造合金已应用于很多航空发动机中，它具有更好的高温性能，提高了飞机发动机的效率，使我们乘坐的飞机更安全、速度更快。近些年来，钛合金、不锈钢等材料由于加工技术的进步使得成本降低，促使人们开发出心脏支架、骨骼固定装置并成功应用于人体的介入治疗，大大减轻了患者的痛苦，提高了人类的生命质量。同时，材料微细加工技术的发展，亦使微电子技术得到迅猛发展，带动了世界信息技术的革命。这些实例都说明，材料及其加工技术的进步、成本的降低，彻底改变了人类的生活方式，推动了人类文明的发展，也带来了巨大的经济利益。可以预计，材料，尤其是金属材料的发展还会给人类社会带来更大的进步和发展。

1.2 金属的晶体结构

金属材料都具有一定的化学成分，其成分不同，性能也就不同。但影响材料性能的因素不仅仅是化学成分，对于同一种化学成分的金属材料，通过不同的加工处理工艺，改变材料内部的组织结构，也可以使其性能发生极大的变化。因此金属的内部结构和组织状态也是决定金属材料性能的重要因素，这就促使人们致力于金属材料内部结构的研究，为改善和发展金属材料的性能奠定了理论基础。

任何物质都是由原子排列组成的。物质按原子规则排列程度的不同可分为晶体和非晶体。晶体是组成物质的原子按一定规则呈周期性重复排列，而非晶体物质的原子排列则是杂乱的无规则排列。金属材料在固态下通常都是晶体。要了解金属材料的内部结构，首先必须了解晶体的结构即原子排列方式，需要了解晶体中原子是如何相互作用并结合起来的，原子的排列方式和分布规律，各种晶体的特点及差异等。

1.2.1　金属

金属材料具有许多与非金属材料不同的特性，如金属有金属光泽，具有良好的导电导热性能及良好的延展性能，并且具有正的电阻温度系数等。为了搞清楚金属材料这些特性的本质，应当分析研究金属的原子结构及原子间的结合方式。

近代物理理论研究表明，孤立的原子是由带正电的原子核和带负电的核外电子组成的。原子核中又包括具有正电荷的质子和电中性的中子，每个质子所带电荷与一个电子所带电荷相等，但符号相反。每个原子中的质子数与核外电子数相等。核外电子按其能量高低分布在不同的层面上，内层电子的能量低，相对稳定。最外层电子的能量高，与原子核结合最弱，容易脱离原子核对它的束缚，这样的电子通常称为价电子。原子中所有电子的运动均服从量子力学规律。

金属原子的结构特点是其最外层的电子数很少，一般为1~2个。这些电子与原子核的结合力弱，容易脱离原子核的束缚而变成自由电子，即价电子，此时的原子即变为正离子。近代物理学的理论指出，处于聚集状态的金属原子将它们的大部分价电子贡献出来，为其整个集体（聚集体）所公有，称之为电子云或电子气。这些价电子或自由电子不再只围绕自己的原子核转动，而是与所有价电子一起在所有原子核周围运动着。贡献出价电子的原子则变为正离子，沉浸在电子云中，它们依靠运动于其间的公有化的自由电子的静电作用而结合起来，这种结合方式叫做金属键，它没有方向性和饱和性。

根据金属键的性质可以解释固态金属的一些性能，如自由电子在电场下的运动使金属具有良好的导电性；随着温度的升高，正离子或原子本身振动的振幅加大、频率加快，可阻碍电子的运动，使电阻升高，因而金属具有正的电阻温度系数；由于自由电子吸收可见光的能量而被激发到较高的能级，当它“跳回”到原来的能级时，通常情况下，就把部分吸收的能量重新以光的形式辐射出来，从而使金属不透明，并具有金属光泽等。

在固态金属中，众多原子依靠金属键结合在一起。原子之间的相互作用力包括正离子与公用自由电子间的异性电荷吸引力，正离子之间以及电子之间的同性电荷排斥力。吸引力与排斥力的大小以及它们的结合能量都随原子间距离的变化而发生改变，这样就存在一个原子间距，如果原子间相互排斥力与吸引力相等，原子处于稳定平衡状态，该原子间距即为平衡距离，这时原子之间的结合能为最低，系统最稳定。任何原子偏离此平衡距离都会使原子的势能升高，从而使原子处于不稳定状态，原子就有力图回到低能状态，恢复到平衡距离的趋势。因此当大量金属原子结合成固体时，为使固态金属具有最低的能量，以保持其稳定状态，原子之间必须保持一定的平衡距离，这就是固态金属中的原子趋于规则紧密排列的重要原因。

应当指出，所有离子和原子在各自的平衡位置上并不是固定不动的，而是各自以其平衡位置为中心作微弱的热振动。温度越高，热振动的振幅越大。

1.2.2 晶体结构

在金属晶体中，原子排列的规律不同，则其性能也不同，因而必须研究金属的晶体结构，即原子的实际排列情况，掌握其规律，以便人们能够更好地利用材料性能，挖掘材料潜能，不断开发出新型材料。

1. 晶体结构的基本知识

在晶体中，原子按一定的规律周期性地重复排列着，而非晶体，如玻璃等，其内部的原子则是分布散乱的不规则排列。晶体从固体至液体或从液体至固体的转变是突变的。而非晶体则不然，它的转变是逐渐过渡的，没有确定的熔点或凝固点。晶体的另一个特点是在不同的方向上测量其性能（如导电性、热膨胀性、塑性、弹性和强度等）时，表现出或大或小的差异，称之为各向异性或异向性。而非晶体在不同方向上的性能则是一样的，不因方向而异，称之为各向同性或等向性。

在一定条件下，可以将原子呈不规则排列的非晶体转变为呈规则排列的晶体，反之亦然。例如，使液态金属以极快的速度冷却下来，可以制成非晶态金属。这些转变都伴随着原子排列方式的改变，因此结果必然是其性能发生极大的变化。

晶体结构是指晶体中原子在三维空间有规律的周期性的重复排列方式。组成晶体的原子种类不同或者排列规则不同，就可以形成各种各样的晶体结构，也就是说，实际存在的晶体结构可以有很多种。由于金属键没有方向性和饱和性，可以假设金属晶体中的原子都是固定的刚球，晶体就是由这些刚球堆垛而成的，即为原子堆垛模型（图 1-8a），但是此模型很难看清原子排列的规律和特点，不便于研究。为了清楚地表明原子在空间排列的规律性，常将构成晶体的原子忽略，而将其抽象为几何点，称之为阵点，所有阵点的外部环境都相同。注意：阵点可以是由一个或几个同一元素的原子构成，也可以是由几个不同元素的原子构成。由这些阵点有规则地周期性重复排列所形成的三维空间阵列称为空间点阵。为了方便起见，人为地将阵点用直线连接起来形成空间格子，称之为晶格（图 1-8b），它的实质仍是空间点阵。

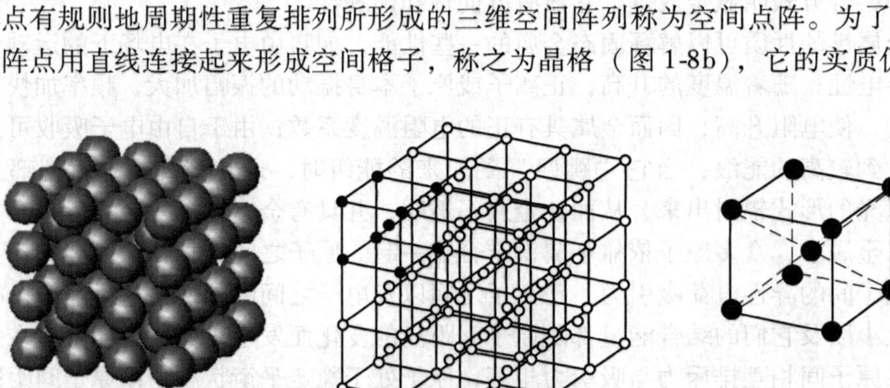

a)　　b)　　c)

图 1-8　原子排列示意图

a）原子堆垛模型　b）晶格　c）晶胞

由于晶体原子排列呈周期性，因此，可以从晶格中选取一个能够完全反应晶格中原子排列特征的最小的几何单元，用它来分析晶体中原子排列的规律性，这个最小的几何单元称为晶胞（图1-8c）。晶胞的大小和形状常以晶胞的棱边长度 a、b、c（称为晶格常数）及棱边夹角 α、β、γ 表示，如图1-9所示。图中沿晶胞3条相交于一点的棱边设置了3个坐标轴（或晶轴）x、y、z。

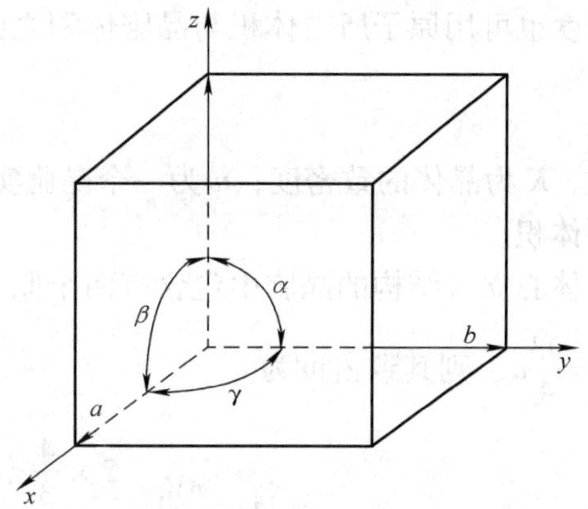

图1-9　晶胞的晶格常数和轴间夹角的表示法

2. 常见金属的晶体结构

自然界中的晶体有千万种，它们的晶体结构各不相同。若根据晶胞的3个晶格常数和3个轴间夹角的相互关系对所有的晶体进行分析，则发现它们的空间点阵只有14种类型，称之为布拉菲点阵。在常见的金属元素中，绝大多数都具有最典型、最常见的金属晶体结构类型，即体心立方结构、面心立方结构和密排六方结构。

（1）体心立方结构（bcc）　体心立方结构的晶胞如图1-10所示。晶胞的3个棱边长度相等，3个轴间夹角均为90°，构成立方体。除了在晶胞的8个角上各有1个原子外，在立方体的中心还有1个原子。具有体心立方结构的金属有 α-Fe、Cr、V、Nb、Mo、W 等。

在体心立方晶胞中，原子沿立方体对角线紧密地接触着，如图1-10a所示。设晶胞的点阵常数（或晶格常数）为 a，则立方体对角线的长度为 $\sqrt{3}a$，等于4个原子半径，所以体心立方晶胞中的原子半径 $r=\frac{\sqrt{3}}{4}a$。

由于晶格是由大量晶胞堆垛而成的，晶胞每个角上的原子都参与形成相邻的8个晶胞，为8个晶胞所共有，故只有1/8个原子属于每个晶胞，而晶胞中心的原子只属于这个晶胞，因此体心立方晶胞中的原子数为 $8\times\frac{1}{8}+1=2$，如图1-10c所示。

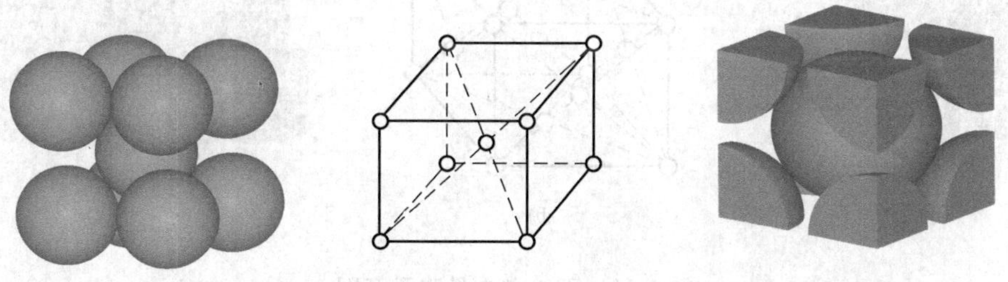

图1-10　体心立方晶胞示意图

a）刚球模型　b）体心立方晶胞　c）晶胞原子数

通常用两个参数来表征晶胞中原子排列的紧密程度，一个是配位数，另一个是致密度。所谓配位数是指晶体结构中与任一个原子最近邻且距离相等的原子数目。显然，配位数越大，晶体中的原子排列便越紧密。在体心立方结构中，与立方体中心的原子最近邻且等距离的原子数有8个，所以体心立方结构的配位数为8。若把原子看做刚性圆球，原子排列的紧

密程度也可用原子所占体积与晶胞体积之比表示，这就是致密度或密集系数，可用下式表示

$$K=\frac{nV_1}{V} \tag{1-9}$$

式中，K 为晶体的致密度；n 为一个晶胞实际包含的原子数；V_1 为一个原子的体积；V 为晶胞的体积。

体心立方结构的晶胞中包含有两个原子，晶胞的棱边长度（晶格常数）为 a，原子半径为 $r=\frac{\sqrt{3}}{4}a$，则其致密度为

$$K=\frac{nV_1}{V}=\frac{2\times\frac{4}{3}\pi r^3}{a^3}=\frac{2\times\frac{4}{3}\pi\left(\frac{\sqrt{3}}{4}a\right)^3}{a^3}\approx 0.68$$

此值表明，在体心立方结构中，有68%的体积被原子所占有，其余32%为间隙体积。

（2）面心立方结构（fcc）　面心立方结构的晶胞如图1-11所示。在晶胞的8个角上各有1个原子，构成立方体，在立方体6个面的中心也各有1个原子。γ-Fe、Cu、Ni、Al、Ag等都具有这种晶体结构。由图1-11c可以看出，每个角上的原子为8个晶胞所共有，该原子的1/8属于每个晶胞，而位于6个面中心的原子同时为相邻的两个晶胞所共有，所以每个晶胞只拥有面心原子的1/2，因此面心立方晶胞中的原子数为

$$\frac{1}{8}\times 8+\frac{1}{2}\times 6=4$$

在面心立方晶胞中，沿着晶胞每个面的对角线方向，其原子是相互紧密接触的，对角线的长度为$\sqrt{2}a$（晶格常数为 a），等于4个原子半径的长度，所以面心立方晶胞的原子半径 $r=\frac{\sqrt{2}}{4}a$。

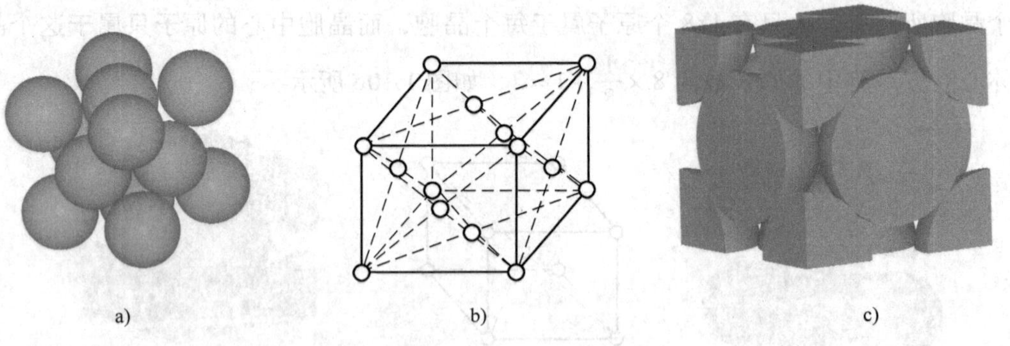

图1-11　面心立方晶胞示意图

a）刚球模型　b）面心立方晶胞　c）晶胞原子数

以面心立方晶胞中某一侧面中心的原子为例，与之最邻近的是它周围顶角上的4个原子，这5个原子构成了一个平面，这样的平面共有3个，3个面彼此相互垂直，结构形式相同，所以与该原子最近邻且等距离的原子共有4×3=12个。因此面心立方结构的配位数为12。

由于已知面心立方晶胞中的原子数和原子半径，因此它的致密度可以计算出来

$$K=\frac{nV_1}{V}\approx 0.74$$

此值表明，在面心立方结构中，有 74% 的体积被原子所占据，其余 26% 为间隙体积。

（3）密排六方结构（hcp）　密排六方结构的晶胞如图 1-12 所示。在晶胞的 12 个角上各有 1 个原子，构成六方柱体，上下底面的中心各有 1 个原子，晶胞内还有 3 个原子。具有密排六方结构的金属有 Zn、Be、α-Ti、α-Co、Cd 等。

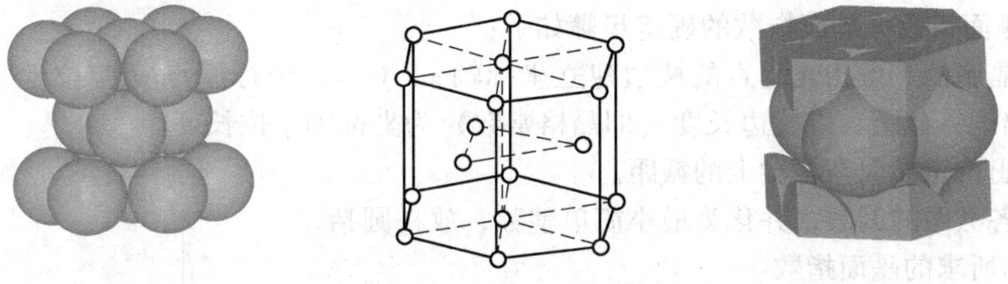

图 1-12　密排六方结构示意图

a）刚球模型　b）密排六方晶胞　c）晶胞原子数

晶胞中的原子数可计算如下：六方柱每个角上的原子均属 6 个晶胞所共有，上下底面中心的原子同时为 2 个晶胞所共有，再加上晶胞内的 3 个原子，故晶胞中的原子数为

$$\frac{1}{6}\times 12+\frac{1}{2}\times 2+3=6$$

密排六方结构的晶格常数有两个，一个是正六边形的边长 a，另一个是上下底面之间的距离 c，c 与 a 之比称为轴比。在典型的密排六方结构中，原子刚球十分紧密地堆垛排列。以晶胞上底面中心的原子为例，它不仅与周围 6 个角上的原子相接触，而且与其下面 3 个位于晶胞之内的原子以及其上面相邻晶胞内的 3 个原子相接触，故配位数为 12，此时的轴比 $\frac{c}{a}=\sqrt{\frac{8}{3}}\approx 1.633$。但是，实际的密排六方金属其轴比偏离这一数值，大约在 1.57 ~1.64 之间波动。对于典型的密排六方金属，其原子半径为 $a/2$，致密度为

$$K=\frac{nV_1}{V}=\frac{6\times\frac{4}{3}\pi r^3}{\frac{3\sqrt{3}}{2}a^2\sqrt{\frac{8}{3}}a}=\frac{6\times\frac{4}{3}\pi\left(\frac{a}{2}\right)^3}{3\sqrt{2}a^3}=\frac{\sqrt{2}}{6}\pi\approx 0.74$$

密排六方的配位数和致密度均与面心立方结构相同，这说明两种晶胞中的原子具有相同的紧密排列程度。

3. 晶面指数和晶向指数

在晶体结构中，由一系列原子所组成的平面称为晶面，任意两个原子连线所指的方向称为晶向。为了便于研究和表述晶胞中不同的晶面和晶向，应建立一种统一的表示方法，这就是晶面指数和晶向指数。

（1）晶向指数　晶向指数的确定步骤如下：

1）以晶胞的三条相互垂直的棱边建立坐标轴 x、y、z，以棱边长度（即晶格常数）作为坐标轴的长度单位。

2）从坐标轴原点引一射线平行于待定晶向。

3）在所引有向直线上任取一点，求出该点在 x、y、z 轴上的坐标值。

4）将三个坐标值按比例化为最小简单整数，依次写入方括号，即得所求晶向指数。

通常以 $[uvw]$ 表示晶向指数的普遍形式，若晶向指向坐标为负方向时，则坐标值中出现负值，这时在晶向指数的这一数字之上冠以负号，如 $[\bar{1}\bar{1}0]$、$[\bar{1}\bar{1}\bar{1}]$。晶向指数所表示的不仅仅是一条直线的位向，而是一组平行线的位向，即所有相互平行的晶向都具有相同的晶向指数。

（2）晶面指数　晶面指数的确定步骤如下：

1）以晶胞的三条相互垂直的棱边建立坐标轴 x、y、z，坐标原点 O 应位于待定晶面之外，以免出现零截距。以棱边长度（即晶格常数）为坐标轴单位长度。

2）求出待定晶面在各轴上的截距。

3）取各截距的倒数，并化为最小简单整数，放在圆括号内，即为所求的晶面指数。

晶面指数的一般表示形式为 (hkl)。如果所求晶面在坐标轴上的截距为负值，则在相应的指数上加一负号，如 $(\bar{1}21)$、$(1\bar{2}1)$ 等。

图 1-13 中的晶面说明，该晶面在 x、y、z 坐标轴上的截距分别为 1、1、$\frac{1}{2}$，取其倒数为 1、1、2，故其晶面指数为（112）。

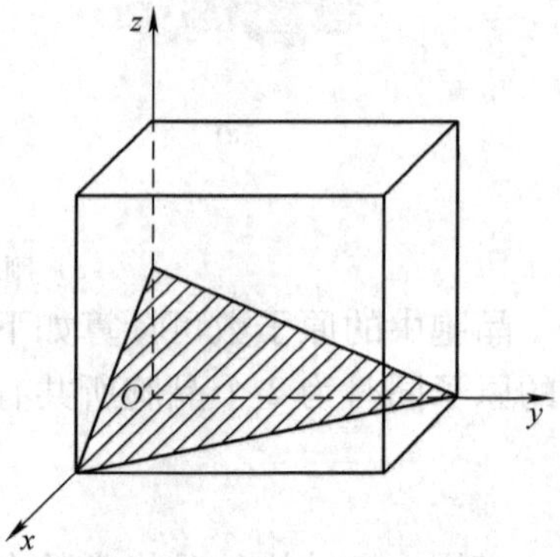

图 1-13　（112）晶面说明

在某些情况下，晶面可能只与两个或一个坐标轴相交，而与其他坐标轴平行。当晶面与坐标轴平行时，就认为在该轴上的截距为无穷大，其倒数为 0。

1.2.3　实际金属的晶体结构

在金相显微镜下可以看到，金属通常由许多小颗粒组成，这些小颗粒叫做晶粒。每个晶粒相当于一个单晶体，由这些单晶体组成的金属称为多晶体。每个晶粒的原子排列相同。但原子排列的位向不同。每个晶粒间有界面，称为晶界。

在实际应用的多晶体金属材料中，原子不都是规则排列的，总是不可避免地存在着一些这样或那样的“不完美”区域，这就是晶体缺陷。一般来说，金属中这些偏离其规定位置的原子数目很少。但是，正是这些晶体缺陷在金属扩散、相变等材料转变过程中扮演着重要角色，进而极大地影响材料的性能。可见，研究晶体缺陷具有重要的实际意义。

根据晶体缺陷的几何形态特征，可以将它们分为以下三类：

（1）点缺陷　其特征是在三个方向上的尺寸都很小，相当于原子的尺寸，例如空位、间隙原子等。

（2）线缺陷　其特征是在两个方向上的尺寸很小，另一个方向上的尺寸相对较大。属于这一类的缺陷主要是位错。

（3）面缺陷　其特征是在一个方向上的尺寸很小，另外两个方向上的尺寸相对较大，例如晶界、亚晶界、相界等。

1. 点缺陷

常见的点缺陷有三种，即空位、间隙原子和置换原子，如图1-14所示。

(1) 空位　在任何温度下，金属晶体中的原子都在以其平衡位置为中心不间断地进行着热振动。根据统计规律，在某一温度下的某一瞬间，总有一些原子具有足够高的能量，克服周围原子对它的约束，脱离开原来的平衡位置而迁移到其他位置，这样，在原位置上就出现了空结点，这就是空位，如图1-14中2、4、5所示。脱离平衡位置的原子大致有三个去处：一是迁移到晶体的表面上，二是迁移到晶体的间隙中，三是迁移到其他空位处，这样虽不产生新的空位，却相当于空位的移动。

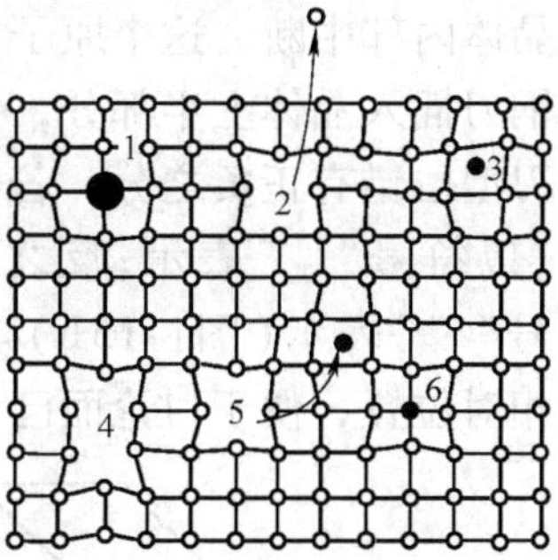

图1-14　点缺陷示意图

1—大的置换原子　2—空位原子迁移到晶体表面上　3—异类间隙原子　4—复合空位　5—空位原子迁移到其他间隙中　6—小的置换原子

空位是一种热平衡缺陷，即在一定温度下，空位有一定的平衡浓度。温度升高，则原子的振动能量提高，振幅增大，从而使脱离其平衡位置向其他部位迁移的原子数增多，空位浓度提高；反之，空位的浓度减小。由于空位的存在，其周围原子失去了一个近邻原子而使相互间的作用失去平衡，因而它们朝空位方向稍有移动，偏离其平衡位置，这就在空位的周围出现一个涉及几个原子间距范围的弹性畸变区，称为晶格畸变。

通过某些处理，如高能粒子辐照、从高温急冷及冷加工等，可使晶体中的空位浓度高于平衡浓度而处于过饱和状态，这种过饱和空位是不稳定的，当温度升高时，原子具有了较高的能量后，空位浓度便会下降。

(2) 间隙原子　处于晶格间隙中的原子即为间隙原子，如图1-14中3所示。异类间隙原子大多是原子半径很小的原子，当异类原子挤入很小的晶格间隙中时，会造成严重的晶格畸变。如钢中的氢、氮、碳等，尽管它们的原子半径很小，但仍比晶格中的间隙大得多，所以造成的晶格畸变远比空位严重。间隙原子也是一种热平衡缺陷，在一定温度下有一定的平衡浓度，对于异类间隙原子来说，常将这一平衡浓度称为固溶度或溶解度。

(3) 置换原子　原来基体平衡位置上的原子被异类原子所替代，这类原子称为置换原子，如图1-14中1、6所示。由于置换原子的大小与原来基体原子不可能完全相同，同样引起其周围邻近原子偏离其平衡位置，造成晶格畸变。置换原子在一定温度下也有一个平衡浓度值，一般也称为固溶度或溶解度。

综上所述，不管是哪类点缺陷，都会引起周围原子偏离平衡位置而造成晶格畸变，从而对材料的性能产生影响，如电阻增大、体积变化等。此外，点缺陷的存在和运动将加速金属中的扩散过程，因而也会引起与此相关的材料性能的改变。

2. 线缺陷

晶体中的线缺陷就是各种类型的位错，它是在晶体中某处有一列或若干列原子发生了有规律的错排现象，使长达几百乃至几万个原子间距、宽约几个原子间距范围内的原子离开其平衡位置，发生了有规律的错动。其中最简单、最基本的类型有两种：一种是刃型位错，另一种是螺型位错。位错是一种极为重要的晶体缺陷，它对于晶体的塑性变形及断裂等过程起着决定性的作用。这里主要介绍位错的基本类型和一些基本概念。

(1) 刃型位错　刃型位错的模型如图1-15a所示。设有一简单立方晶体，其中某一原子面在晶体内部中断，这个原子平面中断处的边缘就是一个刃型位错。此半原子面犹如一把锋利的钢刀插入晶体上半部分，钢刀刃口处的原子列被称为刃型位错线。

刃型位错有正负之分，若额外半原子面位于晶体的上半部，则此处的位错线称为正刃型位错，以符号“⊥”表示；反之，若额外半原子面位于晶体的下半部，则称为负刃型位错，以符号“⊤”表示（图1-15b）。实际上这种正负之分并无本质上的区别，只是为了表示两者的相对位置，便于讨论而已。

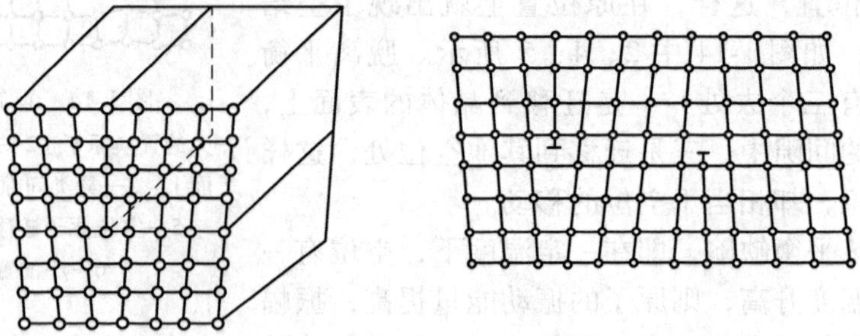

a)　　　　　　b)

图 1-15　刃型位错示意图

a）刃型位错模型　b）正、负刃型位错

事实上，晶体中的位错并不是由于外加额外半原子面造成的，它的形成可能由于多种原因，例如晶体在塑性变形时，由于局部区域的晶体发生滑移而形成位错。设想在晶体局部施加一切应力，促使此部分晶体的原子沿着一定滑移面移动一个原子间距，由于此时对应此部分晶体的另一边存在尚未滑移的原子，于是在晶体内部就出现了已滑移区和未滑移区的边界。在边界附近，原子排列的规则遭到了破坏，其中，既有正应变，又有切应变。此边界线就相当于图 1-15a 中额外半原子面的边缘，其结构恰好是一个正刃型位错。因此，可以把位错理解为晶体中已滑移区和未滑移区的边界。

从以上的刃型位错模型中，可以看出刃型位错具有以下几个重要特征：

1）刃型位错有一额外半原子面。

2）位错线是一个细长的具有一定宽度的晶格畸变区域。对于正刃型位错，滑移面之上晶格受到压应力，滑移面之下受到拉应力；负刃型位错与此相反。

3）位错线与晶体的滑移方向垂直，位错线运动的方向垂直于位错线。

（2）螺型位错　如图 1-16 所示，设想在立方晶体右端施加一切应力 τ，使右端上下两部分沿滑移面 *ABCD* 发生了一个原子间距的相对切变，于是就出现了已滑移区和未滑移区的边界线，即位错 *AB*。从滑移面上下相邻两层晶面上的原子排列情况可以看出，在 *Aa* 的右侧，晶体的上下两部分相对错动了一个原子间距，上下两层相邻原子之间发生了错排的现象，这一地带的原子排列

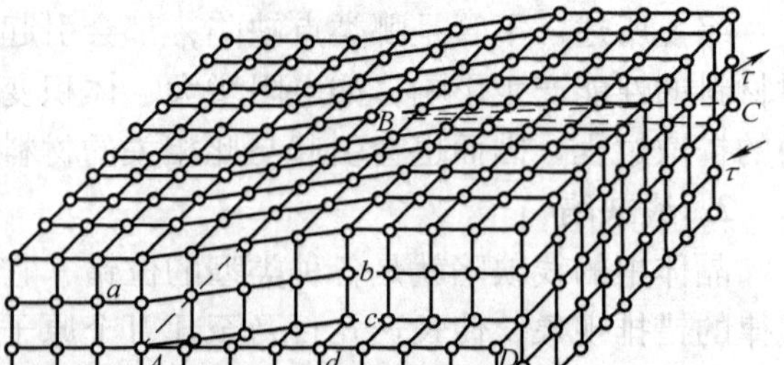

图 1-16　螺型位错示意图

被扭曲成了螺旋形。由于位错线附近的原子是按螺旋形排列的，所以这种位错线被称为螺型

位错。

螺型位错与刃型位错不同，它没有额外半原子面。在晶格畸变的细长区域中，只存在切应变，而无正应变。此外，从螺型位错的模型中还可以看出，螺型位错线与晶体滑移方向平行，但位错线前进的方向与位错线垂直。

因此，与刃型位错相比，螺型位错具有以下重要特征：

1）螺型位错没有额外半原子面。

2）螺型位错线是一个具有一定宽度的细长的晶格畸变区域，其中只有切应变，而无正应变。

3）位错线与晶体的滑移方向平行，位错线运动的方向与位错线垂直。

（3）位错密度　应用一些物理和化学实验方法可以观察晶体中的位错。如用浸蚀法可以得到位错腐蚀坑，由于位错附近的能量较高，所以位错在晶体表面露头的地方最容易受到腐蚀，从而产生蚀坑，位错腐蚀坑与位错是一一对应的。

由于位错是已滑移区和未滑移区的边界，所以位错线不能中止在晶体内部，而只能中止在晶体的表面或晶界上。在晶体内部，位错线一定是封闭的，或者自身封闭成一个位错圈，或者构成三维位错网络。在实际晶体中经常含有大量的位错，通常把单位体积中所包含的位错线的总长度称为位错密度，即

$$\rho = \frac{L}{V}$$

式中，V 为晶体的体积；L 为该晶体中位错线的总长度。

位错密度的另一个定义是：穿过单位截面积的位错线数目。一般在经过充分退火的多晶体金属中，位错密度为 $10^{10} \sim 10^{12}\,\mathrm{m}^{-2}$，而经剧烈冷塑性变形的金属，其位错密度高达 $10^{15} \sim 10^{16}\,\mathrm{m}^{-2}$。

位错的存在对金属材料的力学性能，对扩散及相变等材料演变过程都有着重要影响。金属晶体的强度与位错密度之间的关系如图1-17所示。如果金属中不含位错（图1-17中位置1），那么它将有极高的强度，目前采用一些特殊方法已能制造出几乎不含位错的结构完整的小晶体——晶须（图1-17中位置2），其变形抗力很高。如果采用冷塑性变形等方法使金属中的位错密度大大提高，则金属的强度也可以随之提高。图中位错密度 ρ_m 处，晶体的抗拉强度最小，相当于退火状态下的晶体强度（图1-17中位置3）；经加工变形后，位错密度增加（图1-17中位置4），由于位错之间的相互作用和制约，晶体的强度增加。

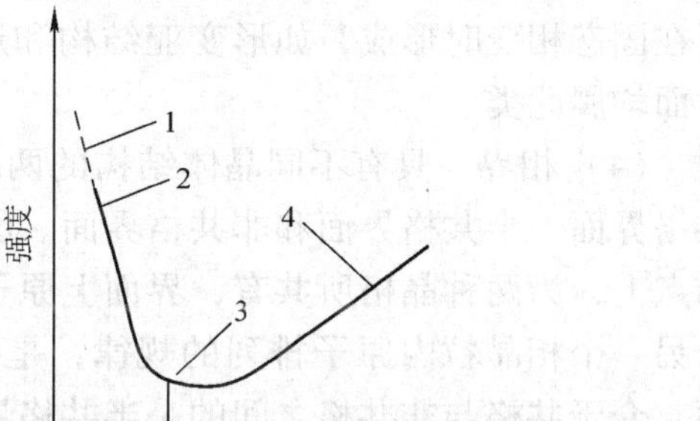

图1-17　晶体强度与位错密度的关系

1—理想晶体强度　2—晶须强度　3—退火状态下的晶体强度　4—经加工变形后的晶体强度

3. 面缺陷

晶体的面缺陷包括晶体的外表面（表面或自由界面）和内界面两类，其中的内界面又有晶界、亚晶界、孪晶界、堆垛层错和相界等。

（1）晶体表面　晶体表面是指金属与真空或气体、液体等外部介质相接触的界面。处

于这种界面上的原子同时受到晶体内部的自身原子和外部介质原子或分子的作用力。由于这两个作用力不平衡，内部原子对界面原子的作用力明显大于外部原子或分子的作用力，这样，表面原子就会偏离其正常平衡位置，并因而牵连到邻近的几层原子，造成表面层的晶格畸变。由于这种晶格畸变，导致其能量升高，将这种单位面积上升高的能量称为比表面能，简称表面能，表面能还可以用单位长度上的表面张力表示。

基于上述分析，影响表面能的因素主要有：

1）外部介质的性质。介质不同，其分子或原子对晶体界面原子的作用力就不同，外部介质作用力与晶体内部原子对界面原子的作用力差别越大，则表面能越大，反之亦然。

2）裸露晶面的原子密度。实验结果表明，当裸露的表面是密排晶面时，则表面能最小，非密排晶面的表面能则较大。

3）晶体表面的曲率。表面能的大小与表面的曲率有关，表面的曲率越大，则表面能越大。

此外，表面能的大小和晶体的性质有关，如晶体本身的结合能越高，则表面能越大。

（2） 晶界　晶体结构相同但位向不同的晶粒之间的界面称为晶粒间界，或简称晶界。当相邻晶粒的位向差小于10°时，称为小角度晶界；位向差大于10°时，称为大角度晶界。晶粒的位向差不同，则其晶界的结构和性质也不同。现代研究表明，小角度晶界基本上由位错构成，大角度晶界的结构十分复杂，目前尚不十分清楚，而多晶体金属材料中的晶界大都属于大角度晶界。

（3） 亚晶界　实际晶体中，每个晶粒内的原子排列并不是绝对规则整齐的，往往能观察到这样的亚结构，即晶粒内有直径为10～100μm 的晶块，这些晶块彼此间存在极小的位向差（通常小于2°），成为亚晶粒，这些亚晶粒之间的界面称为亚晶粒间界，简称亚晶界。亚晶粒和亚晶界的含义是广泛的，它们分别泛指尺寸比晶粒更小的所有细微组织及其界面。这些细微组织及其界面可在凝固时形成，可在形变时形成，也可在回复、再结晶时形成，还可在固态相变时形成，如形变亚结构和形变退火时（多边形化）形成的亚晶和它们之间的界面均属此类。

（4） 相界　具有不同晶体结构的两相之间的分界面称为相界。相界的结构有三类，即共格界面、半共格界面和非共格界面。所谓共格界面是指界面上的原子同时位于两相晶格的结点上，为两种晶格所共有，界面上原子的排列既符合这个相晶粒内的原子排列规律，又符合另一个相晶粒内原子排列的规律，是一种具有完美共格关系的相界。反之，为非共格界面。介于共格与非共格之间的是半共格界面。一般两相的晶体结构或多或少地会有所差异，因此在共格界面上，或多或少地存在着弹性畸变，使相界能量升高。非共格界面的界面能最高，半共格界面的界面能次之，共格界面的界面能最低。

1.3 合金的相结构

合金中不同的相具有不同的金属晶体结构，虽然相的种类极为繁多，但根据相的晶体结构特点可以将其分为固溶体和金属化合物两大类。

1.3.1 固溶体

固溶体是合金组元之间以不同比例相互混合后形成的固相，其晶体结构与组成合金的某一组元的相同，这种组元就称为溶剂，其他的组元即为溶质。工业上所使用的金属材料绝大多数以固溶体为基体，有的甚至完全由固溶体组成。例如，广泛应用的碳钢和合金钢均以α固溶体（铁素体）为基体相，其含量占合金的绝大部分，因此，研究固溶体有很重要的实际意义。

1. 固溶体的分类

根据固溶体的不同特点，可以将其进行分类。

（1）按溶质原子在晶格中所占位置分类

1）置换固溶体。是指溶质原子位于溶剂晶格的某些结点位置所形成的固溶体，这些结点上的溶剂原子好像被溶质原子置换一样，因此称为置换固溶体，如图1-18a所示。

2）间隙固溶体。溶质原子不是占据溶剂晶格的正常结点位置，而是填入溶剂原子间的一些间隙中，如图1-18b所示。

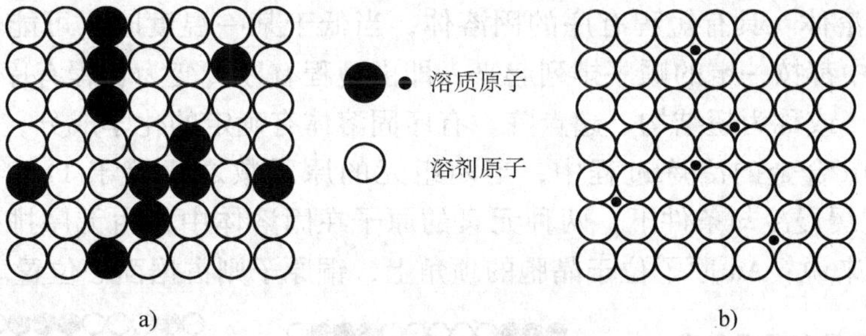

图1-18　固溶体的两种类型
a）置换固溶体　b）间隙固溶体

（2）按固溶度分类

1）有限固溶体。在一定条件下，溶质组元在固溶体中的浓度有一定的限度，超过这个限度就不再溶解了，这一溶解极限称为溶解度或固溶度，这种固溶体就称为有限固溶体。大部分固溶体都属于这一类。

2）无限固溶体。溶质能以任意比例溶入溶剂，固溶体的溶解度可达100%，这种固溶体就称为无限固溶体。事实上此时很难区分溶剂与溶质，二者可以互换。通常以含量大于50%的组元为溶剂，含量小于50%的组元为溶质。由此可见，无限固溶体只能是置换固溶体。能形成无限固溶体的合金系不很多，Cu-Ni、Ag-Au等合金系可形成无限固溶体。

（3）按溶质原子与溶剂原子的相对分布分类

1）无序固溶体。溶质原子统计地或随机地分布于溶剂的晶格中，或者占据着与溶剂原子等同的一些位置，或者占据着溶剂原子的间隙位置，看不出有什么次序或规律性，这类固溶体叫做无序固溶体。

2）有序固溶体。当溶质原子按照适当比例并按一定的顺序和方向围绕着溶剂原子分布时，这种固溶体就叫有序固溶体，它既可以是置换式的有序，也可以是间隙式的有序。

除上述分类方法外，还有一些其他的分类方法，如以纯金属为基的固溶体称为一次固溶体，以化合物为基的固溶体称为二次固溶体等。

2. 固溶体的结构

虽然固溶体仍保持着溶剂的晶格类型，但与纯组元相比，结构还是发生了变化，有的变化还相当大，主要表现在以下几个方面。

（1）晶格畸变　由于溶质与溶剂的原子大小不同，因而在形成固溶体时，必然在溶质原子附近的局部范围内造成晶格畸变，并因此而形成一弹性应力场。晶格畸变的大小可由晶格常数的变化所反映。对置换固溶体来说，当溶质原子较溶剂原子大时，晶格常数增加；反之，当溶质原子较溶剂原子小时，则晶格常数减小。形成间隙固溶体时，晶格常数总是随着溶质原子的溶入而增大。

（2）偏聚与有序　理论上，人们认为溶质原子在固溶体中的分布是统计的、均匀的和无序的（图 1-19a）。但经精细研究表明，溶质原子在固溶体中的分布总是在一定程度上不是完全无序状态，存在着分布的不均匀性。当同种原子间的结合力大于异种原子间的结合力时，溶质原子倾向于成群地聚集在一起，形成许多偏聚区（图 1-19b）；反之，当异种原子间的结合力较大时，则溶质原子的近邻皆为溶剂原子，溶质原子倾向于只在短距离小范围内按一定的规则有序分布，这种分布通常称为短程有序（图 1-19c）。

（3）有序固溶体　具有短程有序的固溶体，当低于某一温度时，可能使其溶质和溶剂原子在整个晶体中都按一定的顺序排列起来，即由短程有序转变为长程有序，这样的固溶体称为有序固溶体，或称为超结构、超点阵。有序固溶体有确定的化学成分，可以用化学式表示。例如在 Cu-Au 合金的冶炼过程中，当两组元的原子数之比等于 1∶1（CuAu）或 3∶1（Cu_3Au）时，在缓慢冷却条件下，两种元素的原子在固溶体中将由无序排列转变为有序排列。对于 Cu_3Au 来说，Au 原子位于晶胞的顶角上，铜原子则占据面心位置。

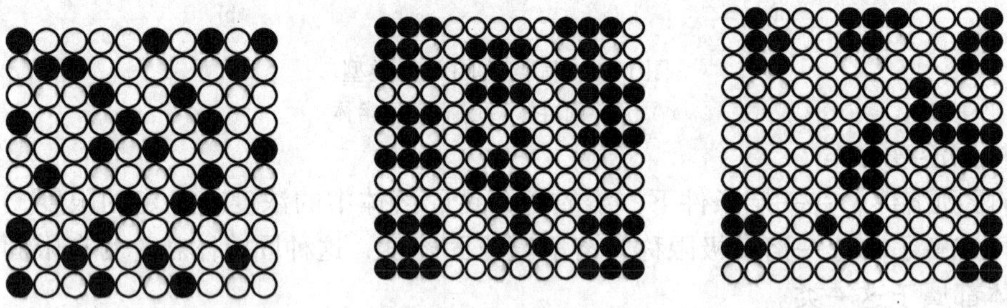

a)　　b)　　c)

图 1-19　固溶体中溶质原子分布示意图

a）无序分布　b）偏聚分布　c）短程有序分布

当有序固溶体加热至某一临界转变温度时，将转变为无序固溶体，而在缓慢冷却至这一温度时，又可转变为有序固溶体。这一转变过程称为有序化，发生有序化的临界温度称为固溶体的有序化温度。

3. 固溶体的性能

在固溶体中，随着溶质浓度的增加，由溶质原子与溶剂原子的尺寸差别所引起的晶格畸变使固溶体的强度、硬度提高，而塑性、韧性有所下降，这种现象称为固溶强化。溶质原子与溶剂原子的尺寸差别越大，强化效果越好。由于间隙原子造成的晶格畸变比置换原子大，所以其强化效果也较好。

在物理性能方面，随着溶质原子含量的增加，溶质原子对自由电子的移动的阻碍增加，使固溶体的电阻率升高，电阻温度系数下降。因此工业上应用的精密电阻等都广泛应用固溶体合金材料。此外，Fe-Ni 等的固溶体合金可用作磁性材料。

1.3.2　金属化合物

合金组元原子间经相互作用除可形成固溶体外，当超过固溶体的固溶度极限时，还可形成金属化合物，又称为中间相。金属化合物的晶体结构及性能均不同于任一组元，可以用分子式来大致表示其组成。大多数金属化合物的原子间结合键是金属键与离子键或共价键相混合的结合方式，这取决于元素的电负性差值，因而具有一定的金属性质，所以称为金属化合物。碳钢中的 Fe_3C、黄铜中的 CuZn、铝合金中的 $CuAl_2$ 等都是金属化合物。

由于结合键和晶体结构的多样性，使金属化合物具有许多特殊的物理化学性能，其中已有不少正在开发应用，作为新的功能材料和耐热材料，对现代科学技术的进步起着重要的推动作用。例如具有半导体性能的金属化合物 GaAs，其性能远远超过了现在正广泛应用的硅半导体材料，已应用于发光二极管等的制造；Nb_3Sn 具有高的超导转变温度，已成为重要的实用超导材料；NiAl 和 Ni_3Al 是超音速飞机喷气发动机的候选材料。此外，还有能记忆原始形状的记忆合金 NiTi 等。由于金属化合物一般均具有较高的熔点、硬度和脆性，当合金中出现金属化合物时，将使合金的强度、硬度、耐磨性及耐热性提高（但塑性和韧性有所降低），因此金属化合物已是工业上应用最广泛的结构材料和工具材料中不可缺少的合金相。

金属化合物的种类很多，下面主要介绍三种：正常价化合物、电子化合物、间隙相和间隙化合物。

1. 正常价化合物

正常价化合物通常是由金属元素与周期表中ⅣA、ⅤA、ⅥA 族元素组成的，服从原子价规律，例如 MgS、Mg_2Si 等。MnS 是钢铁材料中常见的夹杂物，Mg_2Si 则是铝合金中常见的强化相。

2. 电子化合物

电子化合物是由ⅠB 族或过渡族金属元素与ⅡB、ⅢA、ⅣA 族金属元素形成的金属化合物，它不遵守原子价规律，而是按照一定电子浓度的比值形成的化合物，电子浓度不同，所形成的化合物的晶体结构也不同。例如电子浓度为 3/2（21/14）时，具有体心立方结构，称为 β 相；电子浓度为 21/13 时，具有复杂立方结构，称为 γ 相；电子浓度为 21/12 时，具有密排六方结构，称为ε相。这类化合物可以用化学式表示，但其成分不固定，可以在一定范围内变化，可以把这类材料看做是以化合物为基的固溶体。电子化合物的原子间结合键以金属键为主，通常具有很高的熔点和硬度，但脆性很大。

3. 间隙相和间隙化合物

间隙相和间隙化合物主要受组元的原子尺寸因素控制，通常是由过渡族金属与原子半径很小的非金属元素 H、N、C、B 所组成。

根据非金属元素与金属元素原子半径的比值，可将其分为两类：当 $r_{非}/r_{金} < 0.59$ 时，形成具有简单结构的化合物，称为间隙相；当 $r_{非}/r_{金} > 0.59$ 时，形成具有复杂晶体结构的化合物，称为间隙化合物。由于氢和氮的原子半径较小，所以过渡族金属的氢化物和氮化物都是间隙相。硼的原子半径最大，所以过渡族金属的硼化物都是间隙化合物。碳的原子半径也比较大，但比硼的小，所以一部分碳化物是间隙相，另一部分则为间隙化合物。间隙相和间隙化合物中的原子间结合键为金属键与共价键相混合。

（1）间隙相　间隙相都具有简单的晶体结构，如面心立方、体心立方、密排六方或简单六方等，金属原子位于晶格的正常结点上，非金属原子则位于晶格的间隙位置。间隙相的化学成分可以用简单的分子式表示，但是它们的成分可以在一定的范围内变动，这是由于间隙相晶格中的间隙未被填满，即某些本应为非金属原子占据的位置出现空位，相当于以间隙相为基的固溶体，这种以缺位方式形成的固溶体称为缺位固溶体。

间隙相不但可以溶解组元元素，而且可以溶解其他间隙相，有些具有相同结构的间隙相甚至可以形成无限固溶体，如 TiC-ZrC、TiC-NbC 等。

应当指出，间隙相与间隙固溶体之间有本质的区别，间隙相是一种化合物，它具有与其组元元素完全不同的晶体结构，而间隙固溶体则仍保持着溶剂组元的晶格结构。间隙相具有极高的熔点和硬度，具有明显的金属特性，如具有金属光泽和良好的导电性。它们是硬质合金的重要组成相，用硬质合金制作的高速切削刀具、各种冷冲模已得到了广泛的应用。间隙相还是合金工具钢和高温金属陶瓷的重要组成相。此外，用渗入或涂层的方法使钢的表面形成含有间隙相的薄层，可显著增加钢的表面硬度和耐磨性，延长零件的使用寿命。

（2）间隙化合物　间隙化合物一般具有复杂的晶体结构，Cr、Mn、Fe 的碳化物均属此类。它的种类很多，在合金钢中经常遇到的有 M_3C（如 Fe_3C、Mn_3C）、$M_{23}C_6$（如 $Cr_{23}C_6$）和 M_6C（如 Fe_3W_3C）等。其中 Fe_3C 是钢铁材料中的一种基本组成相，称为渗碳体。Fe_3C 中的铁原子可以被其他金属原子（如 Mn、Cr、Mo 等）所置换，形成以间隙化合物为基的固溶体，称为合金渗碳体。其他间隙化合物中的金属原子也可被其他金属元素置换。

间隙化合物也具有很高的熔点和硬度，但与间隙相相比，它们的熔点和硬度要低些，而且加热时也较易分解。这类化合物是碳钢及合金钢中的重要组成相。

本章小结

本章从金属材料的使用性能入手，主要概述了金属材料的力学性能、物理性能、化学性能、工艺性能及经济性能。力学性能包括强度、硬度、弹性、塑性、冲击韧性等，是材料的基本性能；物理、化学性能主要包括密度、熔点、热膨胀、导热、电性能、磁性能、耐蚀性能等，它们是现代功能材料的基础性能，在对工程器件性能要求越来越高的今天，起到不可替代的作用。此外，在现代工程中，经济成本也是人们关注的重要方面，因此材料的可加工性和经济性受到人们的普遍重视，材料的这些性能也在推动社会进步、改变人类生活方式等方面起到重要的作用。

任何材料的性能都是由材料的结构和组织决定的，构成材料的基本粒子是原子，金属材料的原子是通过金属键结合起来的，原子间相互作用的存在使材料原子必然以紧密、规则的形式排列，以保持材料最稳定的状态。原子在空间中有规则地周期性重复排列的固体物质为晶体，相反，则为非晶体。在原子构成的晶格点阵中，能够完全反映晶格特征的最小几何单元为晶胞。常见的金属元素大多数为比较简单的晶体结构，其中，最典型的晶体结构为体心立方、面心立方和密排六方结构。以一定的方式可以确定晶胞中的晶向和晶面。

组成金属材料最基本的、独立的物质为组元，组元之间由于物理、化学作用，可形成具有一定晶体结构和成分的相。不同的相具有不同的晶体结构，根据相的晶体结构特点可以将其分为固溶体和金属化合物两大类。固溶体的晶体结构与组成合金的某一组元的结构相同；而金属化合物是合金组元间发生相互作用而形成的一种新相。这些相（固溶体或金属化合物）往往构成材料的基体。但在实际金属材料中，原子的排列不可能完美无缺，总是不可避免地存在一些原子不规则排列的区域，这就是晶体缺陷。按晶体缺陷的几何形态特征可分为点缺陷、线缺陷、面缺陷。点缺陷包括空位、间隙原子和置换原子。线缺陷主要指位错，位错按其性质主要分为刃型位错、螺型位错。位错是一种极为重要的晶体缺陷，它对于晶体的强度、断裂和塑性变形等起着决定性的作用。面缺陷包括晶体的外表面（表面或自由界面）和内界面两类，其中的内界面又有晶界、亚晶界、孪晶界和相界等。这些材料缺陷在材料组织中所占份额不大，但对材料的性能及材料冶金过程的影响程度要大得多，因此，熟练掌握和理解它们对于分析材料的组织性能是非常重要的。

第2章　纯金属的结晶

内容提要： 纯金属的结晶是合金结晶的基础，本章将介绍纯金属的结晶，包括纯金属的结晶条件、结晶过程、细化晶粒的措施、铸锭的组织及缺陷、钢中杂质等。

教学重点： 过冷度、结晶晶粒大小的控制。

教学难点： 纯金属结晶的条件。

2.1　金属结晶的现象

一般的金属制品都是经过熔炼和浇注后经压力加工成形，也有一些是铸造后直接使用的，但都要经历由液态到固态的凝固过程。通常把金属由液态转变为固态的过程称为一次结晶，简称结晶，而把金属从一种固体晶态转变为另一种更为稳定的固体晶态的过程称为二次结晶或重结晶。金属结晶后所形成晶粒的形状、大小和分布等，将极大地影响到金属的加工性能和使用性能。研究和控制金属的结晶过程，已成为改善金属材料力学性能和工艺性能的一个重要手段。

绝大多数工业用金属材料都是合金，合金的结晶过程比纯金属复杂得多，但两者都遵循结晶的基本规律。本章只介绍纯金属的结晶。

纯金属的结晶过程是一个十分复杂的过程，这里先从结晶的宏观现象入手，进而了解结晶过程的微观本质，从而揭示金属结晶的基本规律。

2.1.1　金属结晶的宏观现象

金属液体不透明，它的凝固过程不能直接观察，通常是用一定的实验方法来间接了解，热分析法是其中常用的方法之一。先将纯金属熔化成液体，然后让液态金属缓慢冷却下来，在冷却过程中，每隔一定时间测量一次温度，将记录下来的数据绘制在温度-时间坐标中，获得如图2-1所示的纯金属冷却曲线，又称热分析曲线。从热分析曲线可以看出结晶过程的两个十分重要的宏观特征。

1. 过冷现象

由纯金属的冷却曲线可见，液态金属随着冷却时间的增加，由于热量向外散失，温度不断下降。当冷却到理论结晶温度 T_m（熔点）时，并未开始结晶，而是需要冷却到 T_m 之下的某一温度 T_n 时，液态金属才开始结晶。金属的实际结晶温度 T_n 低于理论结晶温度 T_m 的现象称为过冷现象。理论结晶温度与实际结晶温度之差称为过冷度，用 ΔT 表示，过冷度 $\Delta T = T_m - T_n$。

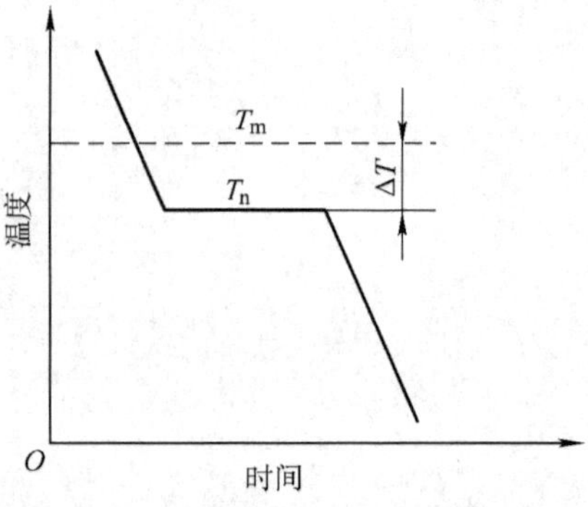

图2-1　纯金属冷却曲线示意图

过冷度随金属的本性、纯度以及冷却速度的差异而不同。金属不同，过冷度的大小不同；金属纯度越高，过冷度越大；冷却速度越快，过冷度越大，实际结晶温度越低。金属总是在一定的过冷度下结晶的，过冷是结晶的必要条件。对于一定的金属来说，过冷度有一最小值，若过冷度小于此值，结晶过程就不能进行。

2. 结晶潜热

金属结晶时从液相转变为固相要放出热量，称为结晶潜热。由于结晶潜热的释放，补偿了金属散失到周围环境的热量，使温度并不随冷却时间的延长而下降，所以在冷却曲线上出现了平台（图2-1）。结晶结束后，没有结晶潜热补偿散失的热量，于是温度又重新下降。

2.1.2 金属结晶的微观现象

液态金属结晶的微观过程是形核与长大的过程，这一过程可用图2-2来示意。

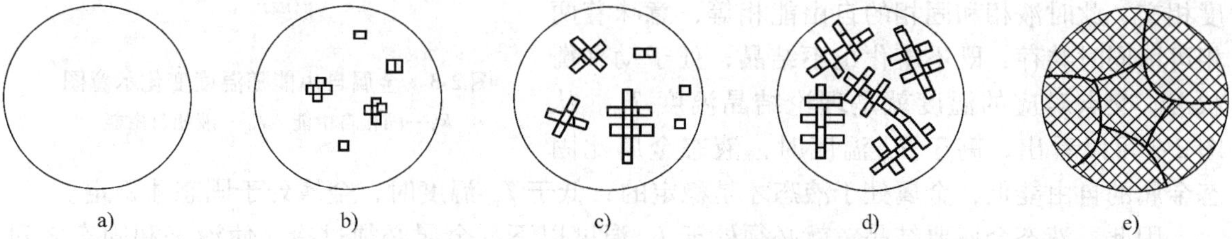

图2-2 纯金属结晶过程示意图

a）孕育期 b）形成临界尺寸晶核 c）产生第二批晶核
d）晶核不断出现并长大 e）结晶结束

结晶时，首先在金属液体中形成具有临界尺寸的晶核，然后原子以它们为核心不断积聚长大。当液态金属过冷至理论结晶温度 T_m 以下的实际结晶温度 T_n 时，晶核并未立即形成，而是经过了一定时间后才开始形成第一批晶核。结晶开始前的这段时间称为孕育期。随着时间的推移，已形成的晶核不断长大，与此同时，液态金属中又产生第二批晶核。原有的晶核不断长大，新的晶核不断产生，就这样，液态金属中不断形核、不断长大，使液态金属越来越少，直到各个晶体相互接触，液态金属消失，结晶过程便告结束。由一个晶核长成的小晶体就是一个晶粒。由于各个晶核是随机形成的，其位向各不相同，所以各晶粒的位向也不相同，这样就形成一块多晶体金属。如果在结晶过程中只有一个晶核形成并长大，那么就形成一块单晶体金属。

2.2 金属结晶的条件

2.2.1 金属结晶的热力学条件

液态金属在理论结晶温度不能结晶，必须在一定的过冷条件下才能进行，这是由热力学条件决定的。热力学定律指出，在等温等压条件下，物质系统总是自发地从自由能较高的状态向自由能较低的状态转变，说明只有引起体系自由能降低的过程才能自发进行。对于结晶过程而言，结晶能否发生，要看液相和固相自由能的高低。如果固相的自由能比液相的自由能低，那么液相将自发地转化为固相，使系统的自由能降低，处于更为稳定的状态，即金属发生结晶。反之，如果液相的自由能比固相低，金属将熔化。液态金属和固态金属的自由能之差，就是促进转变的驱动力。

在一般情况下，液态金属和固态金属的自由能都随温度的升高而降低。由于液态金属中原子排列的混乱程度比固态金属中的大，所以液态金属和固态金属的自由能随温度升高而变化的情况不相同，液态金属的自由能 F_L 随温度升高而降低得更快些，即液态金属的自由能随温度变化的曲线的斜率比固态金属要大。纯金属液、固两相的自由能随温度而变化的情况如图 2-3 所示。液、固两相的自由能随温度而变化的曲线斜率不同，则两线必然在某一温度相交，此时液相和固相的自由能相等，意味着两相可以同时共存，既不熔化也不结晶，处于动平衡状态。交点对应的温度就是理论结晶温度 T_m。从图 2-3 可以看出，高于 T_m 温度时，液态金属比固态金属的自由能低，金属处于液态才是稳定的；低于 T_m 温度时，金属处于固态才稳定。

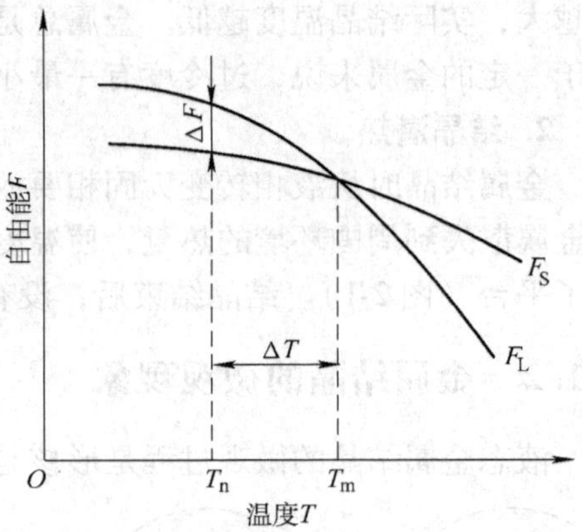

图 2-3　金属自由能随温度变化示意图
F_S—固相自由能　F_L—液相自由能

因此，液态金属要结晶，就必须处于 T_m 温度以下，金属必须过冷，使液态和固态之间存在一个自由能差。这个自由能差就是促进液体结晶的驱动力。液、固两相自由能的差值越大，则相变驱动力越大，结晶速度也越快。

2.2.2　金属结晶的结构条件

金属结晶是晶核的形成和长大的过程，晶核的形成是有条件的。

在固态金属晶体中，大范围区域内的原子是呈有序排列的，称为远程有序。而在液态金属中，原子做不规则运动，在大范围内原子是无序分布的，但是在小范围区域内，存在着许多类似于晶体中原子有规则排列的小原子集团，称为短程有序。在理论结晶温度以上，这些短程有序的原子集团是不稳定的，瞬时出现，瞬时消失，此起彼伏。这种不断变化着的短程有序的原子集团称为结构起伏，或称为相起伏。只有在过冷液体中出现的尺寸较大的相起伏才有可能在结晶时转变为晶核，因此这些尺寸较大的相起伏被称为晶胚。

2.3　金属结晶的过程

在一定的过冷度条件下，固相的自由能低于液相的自由能，原子由液态转变为固态将使系统的自由能降低，这是结晶的驱动力；另一方面，由于形成晶胚，其表面所带来的表面能使系统的能量升高，它是结晶的阻力。因此，只有当液体的过冷度达到一定值，使结晶的驱动力大于结晶的阻力时，结晶过程才能进行。

2.3.1　晶核的形成方式

在过冷液体中形成固态晶核时，可能有两种形核方式：一种是均匀形核，又称为自发形核；另一种是非均匀形核，又称非自发形核。若液相中各个区域出现新相晶核的几率都是相同的，这种形核方式就是均匀形核；反之，新相优先出现在液相中的某些区域，则称为非均匀形核。均匀形核时晶核由液相的原子集团直接形成，不受杂质或外表面的影响，是液体金属自发长出晶核的过程。非均匀形核则是液相中原子依附于杂质或外来表面形核。实际金属往往是不纯净的，内部总含有这样或那样的杂质，杂质（包括型壁）的存在能够促进晶核依附在其表面上形成，减少表面能，有效降低形核阻力。所以在实际金属的结晶过程中，均匀形核和非均匀形核是同时存在的，但主要按非均匀形核的方式进行。

2.3.2 晶体的长大方式

当液态金属中出现第一批晶核后，金属的结晶过程就开始了。新晶核连续不断地产生，对每一个晶粒来说，稳定晶核出现之后，马上就进入了长大阶段。晶体的长大从宏观来看，是晶体界面向液相逐步推进的过程；从微观来看，则是原子逐个由液相扩散到晶体表面，以一定的方式与晶体稳定牢固地结合起来的过程。

晶体的长大有平面长大和树枝状长大两种方式。

1. 平面长大

在冷却速度较小的情况下，纯金属晶体以其表面向前平行推移的方式长大。平面长大方式在实际金属的结晶中比较少见。受已结晶固相和型壁的散热条件控制，晶体沿不同方向长大的速度不一样，根据表面能最小原则，以沿原子最密排面的垂直方向的长大速度最慢，而非密排面的长大速度较快，所以，平面式长大的结果是晶体获得表面为密排面的规则形状，如图2-4所示。亚金属Sb、Si等以及合金中的一些金属间化合物往往具有规则的形状。

2. 树枝状长大

在冷却速度较大的情况下，特别是存在杂质时，金属晶体往往以树枝状的方式长大。由于液固界面前沿的液体中过冷度较大，晶体优先沿过冷度较大方向生长出空间骨架，形同树干，称为一次晶轴。在一次晶轴增长和变粗的同时，其上会出现很多凸出尖端，它们长大成为枝干，称为二次晶轴。对一定的晶体来说，二次晶轴与一次晶轴有确定的角度，在立方晶系中，二者是相互垂直的。二次晶轴生长到一定程度后，又在它上面长出三次晶轴，如此不断地成长和分枝，形成如树枝状的骨架，称为树枝晶，如图2-5所示。每一个枝晶长成为一个晶粒，当所有枝晶都严密地对接起来，且液相消失时，就分不出树枝状了，只能看到各个晶粒的边界（参见图2-2）。实际金属结晶时，一般都以树枝状方式长大，得到树枝晶。

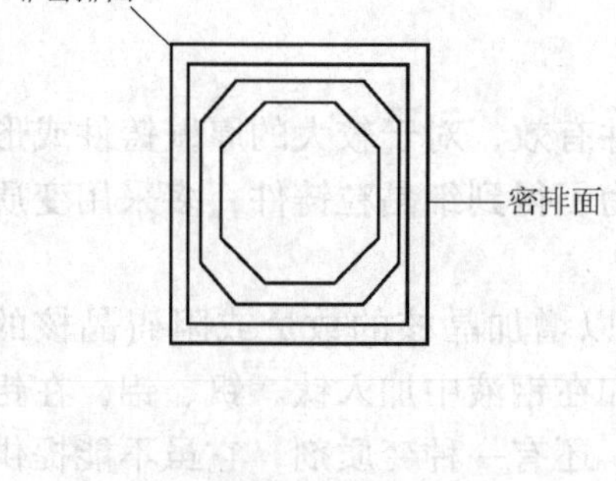

图2-4 晶体平面长大示意图

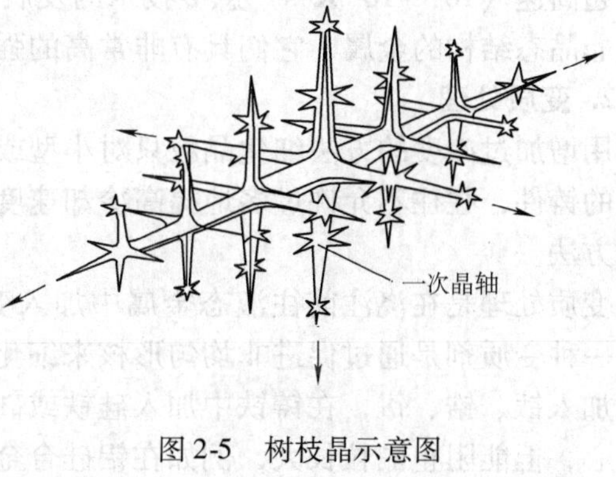

图2-5 树枝晶示意图

2.4 晶粒大小的控制

金属结晶后，获得由大量晶粒组成的多晶体，而每一个晶粒则是由一个晶核长成的晶体。实际金属的晶粒在显微镜下呈颗粒状，晶粒的大小对金属的力学性能有很大影响。在常温下，金属的晶粒越细小，金属的强度和硬度越高，同时塑性和韧性也越好。细化晶粒对于提高金属材料的常温力学性能作用很大，这种通过细化晶粒来提高材料强度的方法称为细晶强化。但是，对于高温下工作的金属材料，晶粒过于细小反而不好。

晶粒的大小取决于形核率 N 和长大速度 G 的相对大小。形核率即为在单位时间单位体积液体内形成晶核的数目。形核率越大，则单位体积中晶核数目越多，每个晶核长大的空间越小，因而长成的晶粒越细小。长大速度即为液固界面向前移动的速度。长大速度越快，则晶粒越粗大。因此晶粒的大小取决于形核率 N 和长大速度 G 之比，即 N/G 比值越大，晶粒越细小。形核率和长大速度与过冷度密切相关，随着过冷度增大，形核率和长大速度都会增大，但两者的增加速率不同，形核率的增长率要大于长大速度的增长率，如图 2-6 所示。因此，在一般的过冷度范围内，过冷度越大，N/G 比值越大，晶粒越细小。但当过冷度增大到一定值后，形核率和长大速度都会下降。凡能促进形核、抑制长大的因素都能细化晶粒。

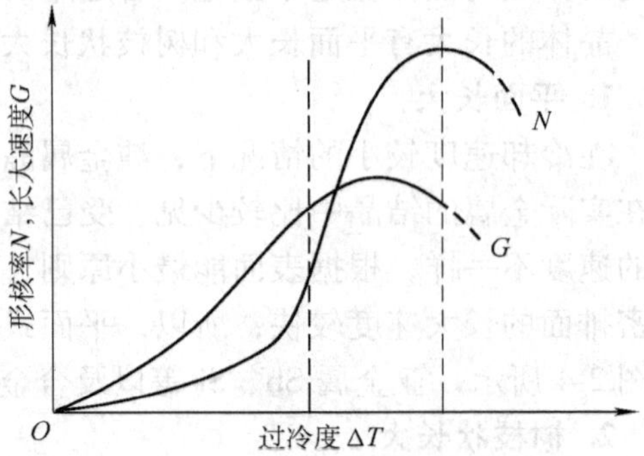

图 2-6 形核率、长大速度与过冷度的关系

在工业生产中，可采用以下方法细化晶粒：

1. 增大金属的过冷度

增加过冷度的方法主要是提高液态金属的冷却速度。在铸造生产中，可以采用金属型或石墨型代替砂型，并增加金属型的厚度，降低金属型的温度，采用蓄热多、散热快的金属型，局部还可加冷铁等办法增加过冷度。增加过冷度的另一种方法是采用低的浇注温度来减慢铸型温度的升高，或者进行慢浇注，这样做一方面可使铸型温度不致升高太快，另一方面由于延长了凝固时间，晶核形成的数目增多，也可获得较细小的晶粒。

超高速（$10^5 \sim 10^{11}$K/s）急冷技术的发展，可获得超细化晶粒的金属、亚稳态结构的金属和非晶态结构的金属，它们具有非常高的强度和韧性。

2. 变质处理

用增加过冷度的方法细化晶粒只对小型或薄壁的铸件有效，对于较大的厚壁铸件或形状复杂的铸件，往往不允许过多地提高冷却速度。生产上为了得到细晶粒铸件，多采用变质处理的方法。

变质处理是在浇注前往液态金属中加入变质剂，用以增加晶核的数量或阻碍晶核的长大。一种变质剂是通过促进非均匀形核来细化晶粒，例如在钢液中加入钛、钒、铝，在铝合金中加入钛、锆、钒，在铸铁中加入硅铁或硅钙合金等。还有一种变质剂，它虽不能提供结晶核心，但能阻止晶粒长大，例如在铝硅合金中加入钠盐，钠能富集于硅的表面，降低硅的长大速度，从而使合金细化。

3. 振动、搅动

对即将凝固的金属进行振动或搅动，破碎正在生长中的树枝状晶体，可以形成更多的结晶核心，从而达到细化晶粒的目的。进行振动或搅动的方法很多，例如用机械的方法使铸型振动或变速转动；使液态金属流经振动的浇注槽；进行超声波处理；将金属置于交变的电磁场中，利用电磁感应现象使液态金属翻滚等。

2.5 金属铸锭的组织与缺陷

在实际生产中，液态金属是在铸锭模或铸型中凝固的，前者得到铸锭，后者得到铸件。冶炼后的液态金属及其合金，除少数直接铸成铸件外，绝大部分要先铸成铸锭，然后再进行轧制，制成各种型材。铸锭的组织和质量不但影响到它的压力加工性能，还影响到压力加工后的金属材料的组织和性能。因此，有必要了解铸锭的组织及其形成规律，并设法改善铸锭的组织。

2.5.1 铸锭的组织

铸锭的宏观组织通常分为三个各具特征的晶区，即外表层的细晶区、中间的柱状晶区和心部的等轴晶区，如图 2-7 所示。

1. 细晶区

当高温的金属液体倒入铸型后，结晶首先从型壁处开始。这是由于温度较低的型壁有强烈的吸热和散热作用，使靠近型壁的一薄层液体产生极大的过冷，同时型壁可以作为非均匀形核的基底，因此在这一薄层液体中立即产生大量晶核，并同时向各个方向生长。由于晶核数量多，临近的晶核很快彼此相遇，不能继续生长，因此在靠近型壁处形成一薄层等轴细晶区。

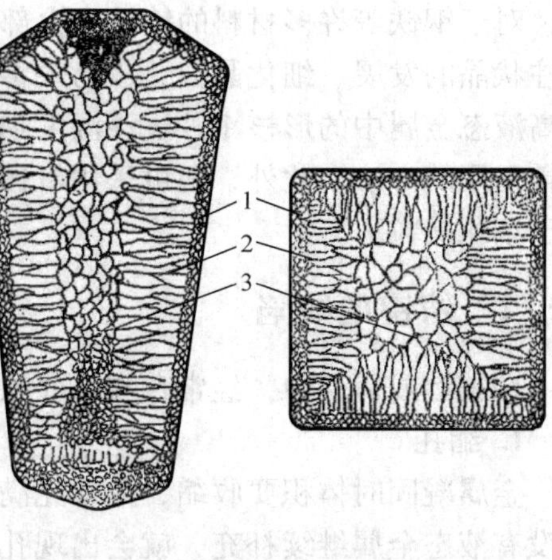

图 2-7　铸锭的三个晶区示意图

1—细晶区　2—柱状晶区　3—等轴晶区

细晶区的晶粒十分细小、组织致密、力学性能很好。但纯金属铸锭表层的细晶区一般都很薄，有的只有几毫米厚，因此没有多大实际意义，而合金铸锭一般则有较厚的表层细晶区。

2. 柱状晶区

在表层细晶区形成的同时，一方面型壁的温度由于被液态金属加热而迅速升高，另一方面由于金属凝固后收缩，使细晶区和型壁脱离，形成空气层，阻碍了液态金属的散热，同时，细晶区的形成释放出大量结晶潜热，结果导致液体金属冷却速度降低，过冷度减小，形核速率下降。由于垂直于型壁方向散热最快，因而晶体沿其相反方向择优生长，形成柱状晶。

在柱状晶区，晶粒彼此间的界面比较平直，气泡缩孔很小，组织比较致密。但当沿着不同方向生长的两组柱状晶相遇时，在柱状晶的交界处常会聚集杂质、气泡等，形成铸锭的脆弱结合面，简称弱面。例如方形铸锭的对角线处就很容易形成弱面。当压力加工时，易于沿这些弱面形成裂纹或开裂，所以，对于杂质多、塑性差的金属及合金，如钢铁、镍基合金等，不希望形成发达的柱状晶。但是，对于塑性好的金属，即使全部为柱状晶组织，也能顺利通过热轧而不致开裂，例如铝、铜等有色金属及其合金，往往希望得到发达的致密柱状晶组织。

柱状晶的性能具有明显的方向性，沿柱状晶晶轴方向的强度较高，对于那些主要受单向载荷的机器零件，例如汽轮机叶片等，柱状晶结构是非常理想的。

熔化温度高、浇注温度高、浇注速度快等因素有利于在铸锭的截面上保持较大的温度梯度，获得较发达的柱状晶。结晶时单向散热，也有利于柱状晶的生成。

3. 等轴晶区

随着柱状晶区的发展，心部液体金属的冷却速度逐渐减慢，过冷度大大减小，温度差不断降低，趋于均匀化，柱状晶的长大速度也越来越小，散热逐渐失去方向性，剩余液体中存在的大量枝晶的残枝碎片作为晶核，向各个方向均匀长大，形成中心等轴晶区。

中心等轴晶区的各个晶粒在长大时彼此嵌入，枝杈间的搭接牢固，裂纹不易扩展，不存在明显的弱面，性能均匀，没有方向性，是一般情况下的金属特别是钢铁铸件所要求的组织。但是，等轴晶的树枝状晶体比较发达，分枝较多，因而显微缩孔也较多，组织不够致密。但这些显微缩孔一般均未氧化，经热压力加工后，一般均可焊合，对性能影响不大。

对于钢铁等许多材料的铸锭和大部分铸件来说，一般都希望得到尽可能多的等轴晶。限制柱状晶的发展、细化晶粒，成为改善铸造组织、提高铸件性能的重要途径。为此，应设法提高液态金属中的形核率。浇注温度越低，则晶粒尺寸越小。对于大型铸件，进行变质处理是最常用的方法。此外，还可采用机械振动、电磁搅拌等物理方法，破坏柱状晶的形成，有利于细化晶粒。

2.5.2 铸锭的缺陷

在铸锭或铸件中，经常存在一些缺陷，常见的有缩孔、缩松、气孔和夹杂等。

1. 缩孔

金属凝固时体积要收缩，原来充满铸型的液态金属，凝固收缩后就不能再填满铸型，如果没有液态金属继续补充，就会出现孔洞，称为缩孔。缩孔是一种严重的铸造缺陷，对性能影响很大，它的出现是不可避免的，只能通过改变结晶时的冷却条件和铸锭的形状来控制其出现的部位和分布状况。缩孔一般在轧制前予以切除。

为了使铸锭的缩孔尽可能提高到顶部，减少切头率，提高材料的利用率，通常采取加快底部冷却速度的方法，如在铸锭模底部安放冷铁，使凝固尽可能自下而上地进行，从而使缩孔大大减小。或在铸锭顶部加保温冒口，使铸锭上部的液体最后凝固，收缩时可得到液体的补充，把缩孔集中到顶部的保温冒口中。

2. 缩松

缩松即分散缩孔，是树枝晶结晶时不能保证液体的补给而在枝晶间和枝晶内形成的细小分散的缩孔。铸件中心的等轴晶区最容易生成这种缩孔。为了减少缩松，可提高浇注时的液面以改善液体的补给条件。铸锭中的缩松在热轧过程中可以焊合。

3. 气孔

金属液体比固体溶解的气体多，凝固时要析出气体；铸型中的水分、铸型表面的锈皮等与液体作用时可能产生气体；浇注时液体流动过程也可能卷进气体，等等。如果这些气体在凝固时来不及逸出，就会保留在金属内部，形成气泡。若表面凝固快，气体停留在表面附近，则形成所谓皮下气孔。在铸锭轧制过程中，气孔大多可以焊合。但孔面已经氧化的气孔，特别是皮下气孔，能造成微细裂纹和表面起皱现象，严重影响金属的质量，所以在冶炼和浇铸过程中，应严格控制可能产生气体的各种因素。

4. 夹杂

铸锭中的夹杂物，根据来源可分为两类：一类是外来夹杂物，如在浇注过程中混入的耐火材料等；一类是内生夹杂物，即在液态金属冷却过程中形成的，如金属与气体形成的金属氧化物或其他金属化合物等。夹杂物的存在对铸锭（件）的性能会产生一定的影响。

2.5.3 钢中的杂质元素

在钢的冶炼过程中，不可能除尽所有杂质，总会或多或少地有少量杂质残留。常存杂质元素有锰、硅、硫、磷等，这些杂质元素的存在会影响钢的质量和性能。氢、氮、氧等元素对性能也有影响。

1. 锰

一般地，锰作为钢中的有益元素存在。在炼钢过程中，锰作为脱氧剂，和 FeO 反应生成 MnO，把 FeO 还原成铁。锰还可以和硫反应生成 MnS，起到除硫的作用，减轻硫的危害。脱氧剂中的锰总会有一部分溶于钢液中，冷却凝固后固溶于铁素体中，起到固溶强化作用，还能增加珠光体的相对量，这些因素都能提高钢的强度和硬度。通常碳钢中锰的质量分数小于 0.8%，当锰含量不高，在钢中仅作为少量杂质存在时，对钢的力学性能影响并不显著。

2. 硅

硅和锰一样，也是钢中的有益元素。作为脱氧剂，硅和 FeO 反应生成 SiO_2，残留的硅冷却后溶于固溶体，能较明显地提高钢的强度、硬度。钢中硅的质量分数一般小于 0.5%，当含量较高时，将使钢的塑性、韧性下降。

3. 硫

硫是钢中的有害杂质，来源于炼钢时的矿石和燃料。硫不溶于铁，以 FeS 的形式存在。FeS 会与 Fe 形成（Fe + FeS）共晶体，分布在奥氏体晶界上。钢材进行热加工的温度一般为 1150 ~ 1250℃，而（Fe + FeS）共晶体的熔点只有 989℃，加工时已在晶界处熔化，导致工件沿晶界开裂。这种现象称为“热脆”。

钢中要严格控制硫含量，普通碳素钢的硫的质量分数应不超过 0.055%，优质碳素钢应不超过 0.040%，高级优质碳素钢应不超过 0.030%。加入适量锰可除硫，因锰与硫形成 MnS，避免了 FeS 生成。MnS 的熔点为 1620℃，并且在高温下有一定的塑性，不会引起热脆。一般工业用钢中，含锰量常是含硫量的 5 ~ 10 倍。

硫能提高钢的可加工性。易切削钢的硫的质量分数为 0.08% ~ 0.2%，锰的质量分数为 0.5% ~ 1.2%。

4. 磷

磷也是钢中的有害杂质，来源于矿石和生铁等炼钢原料。磷在铁中有较大的溶解度，全部固溶在铁素体中，使钢的强度、硬度提高，但会使塑性、韧性急剧下降，尤其是低温韧性降低，使钢变脆，称为“冷脆”。因此，钢中应严格控制磷含量。

磷也能提高钢的可加工性。

5. 氢

氢是钢中的有害元素，来源于含水的炉料，或含有水蒸气的炉气通过扩散进入钢内。氢会导致“氢脆”和“白点”。“氢脆”是指在低于钢材强度极限的情况下，事先无任何预兆就发生突然断裂。“白点”是指在钢材内部产生的大量细微裂纹，因在钢材的断面上呈现银白色的斑点而得名。“白点”使钢材的塑性、韧性显著下降，有时可接近于零。因此有“白点”的钢是不能使用的。

本章小结

本章主要包括如下内容：

1）金属结晶的条件：有一定的过冷度。

2）金属结晶的驱动力：固态金属和液态金属之间的自由能差。

3）金属结晶过程：形核、长大。以非均匀形核为主，绝大部分以树枝状方式长大。

4）细化铸态金属晶粒的措施：晶粒的大小取决于形核率 N 和长大速度 G 的相对大小。细化晶粒可通过增大过冷度、变质处理、振动等措施来实现。

5）铸锭的宏观组织分为三个晶区：外表层的细晶区、中间的柱状晶区和心部的等轴晶区。

第 3 章　合金的结晶

内容提要：本章介绍二元相图的一般知识、杠杆定律及几种典型的二元相图。通过介绍二元匀晶、共晶、包晶等相图，讨论二元合金的结晶过程，从而对二元合金的性能与相图的关系有所了解。简单介绍三元相图。

教学重点：理解相、组织的概念，掌握杠杆定律，掌握二元匀晶、共晶、包晶相图的特点，理解二元合金的结晶过程。

教学难点：三元合金相图。

3.1　固态合金中的相与组织

纯金属在人类生活及生产中使用广泛，但由于纯金属的强度、硬度等力学性能一般都很低，因此不适宜制作对力学性能要求较高的零部件，工业上更为广泛使用的金属材料是合金。合金的结晶过程较为复杂，通常利用合金相图来分析合金在结晶过程中各种组织的形成及变化规律。

一种金属元素同另一种或几种其他元素结合所形成的具有金属特性的物质称为合金。如碳钢和铸铁都是铁和碳组成的合金，黄铜是铜和锌组成的合金。

组成合金的最基本的、独立的物质叫做组元。组元可以是金属、非金属，也可以是稳定的化合物。由两个组元组成的合金称为二元合金，三个组元组成的合金叫做三元合金，多个组元组成的合金叫做多元合金。工程上常用的铁碳合金就是二元合金。

合金可以通过熔炼、烧结或其他方法获得，应用最多的是熔炼法。合金的结晶过程同纯金属一样也是形核和长大的过程，但合金结晶的产物是包含两种或多种元素的小晶粒，这些小晶粒的化学成分和晶体结构可能是完全均匀一致的，也可能是不一致的。在金属或合金

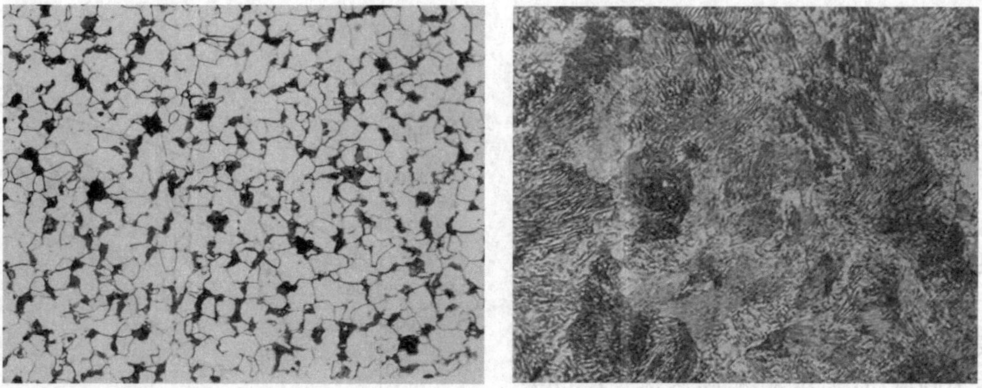

a)　　　　　　　　b)

图 3-1　不同含碳量的铁碳合金的平衡组织

a) $w_C = 0.2\%$　b) $w_C = 0.77\%$

中，凡化学成分相同、晶体结构相同并有界面与其他部分分开的均匀组成部分叫做相。相分固溶体和金属间化合物两大类。如果合金是由化学成分、晶体结构都相同的同一种晶粒组成，则属于由同一种相构成，称为单相合金；如果合金由化学成分、晶体结构各不相同的几种晶粒组成，则合金由这几种相构成，称为多相合金。

把金属材料的金相试样放在金相显微镜下观察，所看到的内部微观形貌称为组织。两种不同含碳量的铁碳合金的平衡组织如图 3-1 所示。图 3-1a 是 $w_C=0.2\%$ 的钢的平衡组织，图 3-1b 是 $w_C=0.77\%$ 的钢的平衡组织，两者的组成相相同，都是铁素体和渗碳体，但组织明显不同。

组织由相构成，相是组织的基本组成部分，相的形态、大小、数量和分布方式不同，则形成的组织也不同。在相同条件下，不同的组织对应不同的性能，因此，在生产上可以通过控制化学成分和工艺过程来得到不同的组织，从而获得不同的性能。如图 3-2 所示，同样是 $w_C=0.77\%$ 的钢，经过热处理后获得粒状珠光体组织，与图 3-1b 所示的组织形态完全不同，性能也发生了很大变化。

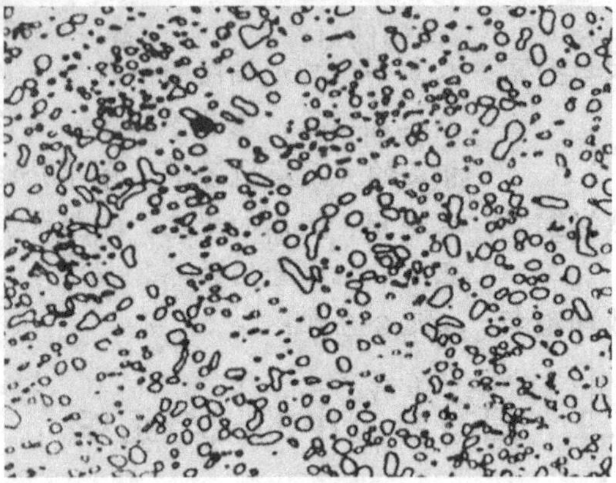

图 3-2　粒状珠光体

3.2　二元合金相图的建立

合金存在的状态通常由合金的成分、温度和压力三个因素确定，一般合金的熔炼和加工都是在常压下进行，因此，常压下合金的状态就取决于温度和成分。相图是表示合金系中合金的状态与温度、成分之间关系的图解。相图能够表示合金系中每一种合金在任何温度下所存在的相或状态，由于相图是在极缓慢的冷却条件下测定的，系统中各相长时间共存而不互相转化，合金系的状态稳定，不随时间而改变，因此合金处于平衡状态。

3.2.1　二元相图的表示方法

合金的状态由合金的成分和温度决定，对于二元合金，通常用横坐标表示成分，纵坐标表示温度，以成分-温度坐标平面上的任一点的坐标值来表示一个合金的成分和温度。以铜镍合金为例，如图 3-3 所示，A 点合金的成分为 $w_{Ni}=40\%$、$w_{Cu}=60\%$，B 点表示成分为 $w_{Ni}=60\%$、$w_{Cu}=40\%$ 的合金在 1000℃时为单相 α 固溶体，C 点表示成分为 $w_{Ni}=30\%$、$w_{Cu}=70\%$ 的合金在 1200℃时处于液相 L 和固相 α 的两相共存状态。

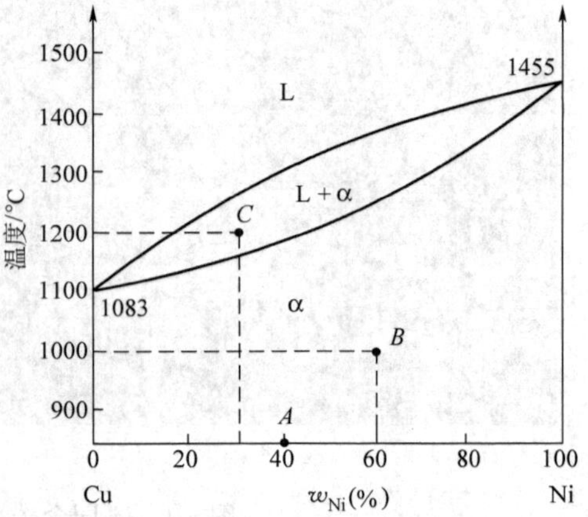

图 3-3　二元相图的表示方法

3.2.2 二元合金相图的测定方法

相图大部分是根据实验方法测定的，测定方法也很多，现以 Cu-Ni 合金为例，说明用热分析法测定二元合金相图的过程。

1）首先配制一系列不同成分的 Cu-Ni 合金，合金的数目越多，测得的相图就越精确。如图 3-4 所示，选取纯铜，镍含量 w_{Ni}分别为 30%、50%、70% 的 Cu-Ni 合金及纯镍。

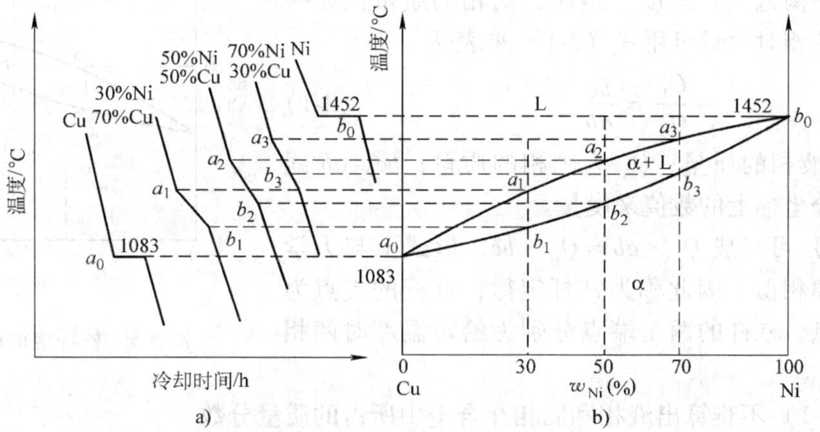

图 3-4 热分析法测得的 Cu-Ni 合金相图

a）Cu-Ni 合金冷却曲线 b）Cu-Ni 合金相图

2）用热分析法分别测出各种合金从液态到室温的冷却曲线。

3）找出各种合金冷却曲线上的相变点。在纯铜和纯镍的结晶过程中，由于释放出的结晶潜热能使结晶保持在恒温下进行，因此冷却曲线上有一个平台，只有一个相变点。其他合金的冷却曲线都有两个转折点（相变点），一个是结晶开始点，另一个是结晶终了点，表明合金是在一个温度范围内结晶的（图 3-4a）。

4）将各个合金的相变点分别标注在横坐标为成分、纵坐标为温度的坐标平面图中相应的合金成分线上。

5）将所有合金的结晶开始点连线，称为液相线，再将所有合金的结晶终了点连线，称为固相线，这样就获得了 Cu-Ni 合金相图。液相线以上所有合金都处于液态。固相线以下，所有合金都结晶完毕，处于固相状态。在液相线和固相线之间，表示合金在结晶过程中，处于液相和固相两相共存状态（图 3-4b）。

在测定相图过程中，配制合金的数目、金属的纯度、冷却速度及实验设备等因素都会影响测定精度。

3.2.3 杠杆定律

由 Cu-Ni 合金相图可以看出，在液、固单相区内，相的成分就是合金的成分，相的质量就是合金的质量。而在液-固两相区内，由于合金处在结晶过程中，两相的成分及相对含量都在不断地变化。但某一成分的合金在某一温度下，两相的成分是可以确定的，两相的质量比也是一定的。

1. 平衡相成分的确定

如图 3-5 所示，成分为 b 的合金在 T_1 温度下处于液相 L 和固相 α 两相共存状态，如何确定 T_1 温度下液相 L 和固相 α 的成分呢？

过温度 T_1 作水平线，分别交液相线和固相线于 a 点和 c 点，则 a 点和 c 点在成分坐标轴上的投影点即为液相 L 和固相 α 的成分。

2. 平衡相相对含量的确定

在两相平衡区内，温度一定时，两相的质量比是一定的，两相的相对含量可用式（3-1）来表达

$$\frac{Q_L}{Q_\alpha}=\frac{bc}{ab} \tag{3-1}$$

式中，Q_L 为液相的质量；Q_α 为固相的质量；bc、ab 线段长度用成分坐标上的数值来度量。

式（3-1）可写成 $Q_L \cdot ab = Q_\alpha \cdot bc$，形式上与力学中的杠杆定律相似，因此称为杠杆定律，杠杆的支点为合金的成分点，杠杆的两个端点分别为给定温度时两相的成分点。

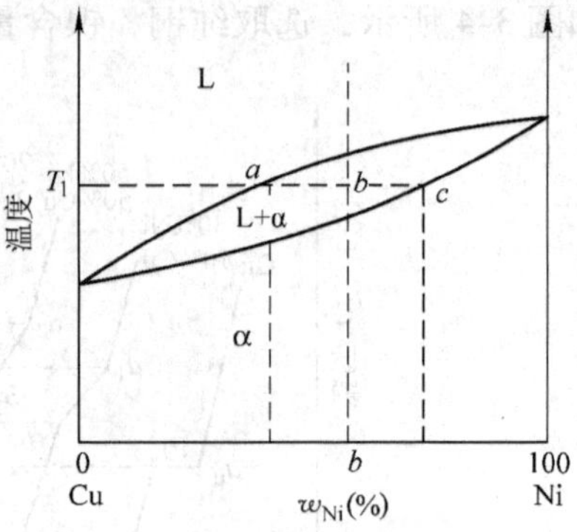

图 3-5　杠杆定律的用法

由式（3-1）不难算出液相和固相在合金中所占的质量分数

$$w_L=\frac{Q_L}{Q_{合金}}=\frac{bc}{ac}$$

$$w_\alpha=\frac{Q_\alpha}{Q_{合金}}=\frac{ab}{ac}$$

运用杠杆定律时要注意：它只适合于相图中的两相区，并且只能在平衡状态下使用。

3.3　几种典型的二元合金相图

3.3.1　二元匀晶相图

两组元不但在液态无限互溶，而且在固态也无限互溶的二元合金系所形成的相图，称为匀晶相图。具有这类相图的二元合金主要有 Cu-Ni、Fe-Cr、Ag-Au 等。在这类合金中，结晶时都是从液相结晶出单相固溶体，这种结晶过程称为匀晶转变，几乎所有的二元合金相图都包含匀晶转变部分。下面以 Cu-Ni 合金为例，分析二元匀晶相图。

如图 3-6 所示，相图只有两条线，上面一条是液相线，下面一条是固相线。液相线以上是液相区 L，固相线以下是固相区 α，液、固相线之间是液、固两相共存区 L＋α。

平衡结晶是指在极缓慢冷却条件下进行的结晶。下面以图 3-6 所示的合金为例分析其平衡结晶过程。合金在 t_1 点温度以上都是液相 L，缓慢冷却至 t_1 点时，从液相中开始结晶出 α 固溶体，此时液相、固相成分分别为 L_1 点和 α_1 点在成分坐标轴上的投影，因为刚刚开始结晶，因此基本上全部是液相。继续缓慢冷却到 t_2 温度，原子已经过充分扩散，液相、固相成分分别为 L_2 点和 α_2 点在成分坐标轴上的投影，这时固相的质量有所增加，液相的质量已经减少。到达 t_3 点，全部结晶完了，获得与原合金成分相同的单相 α 固溶体。可见，结晶

过程中液相成分沿液相线变化，固相成分沿固相线变化，同时液相的相对质量逐渐减少，固相的相对质量逐渐增加。二元匀晶合金平衡结晶过程可以用组织示意图来表示，如图 3-7 所示。

应该注意，合金的平衡结晶是在一定温度范围内进行的，随着温度缓慢下降，原子充分扩散，如果冷却速度较快，原子扩散不能充分进行，则会形成成分不均匀的固溶体。先结晶的树枝晶轴含高熔点的组元（如 Ni）较多，后结晶的树枝晶枝干含低熔点的组元（如 Cu）较多，这样就造成一个晶粒内部化学成分不均匀的现象，称为枝晶偏析。枝晶偏析会降低合金的力学性能和工艺性能，生产上常采用均匀化退火来消除其影响，即把钢加热到高温（低于固相线 100℃ 左右），进行长时间保温，使原子充分扩散，从而获得成分均匀的固溶体。

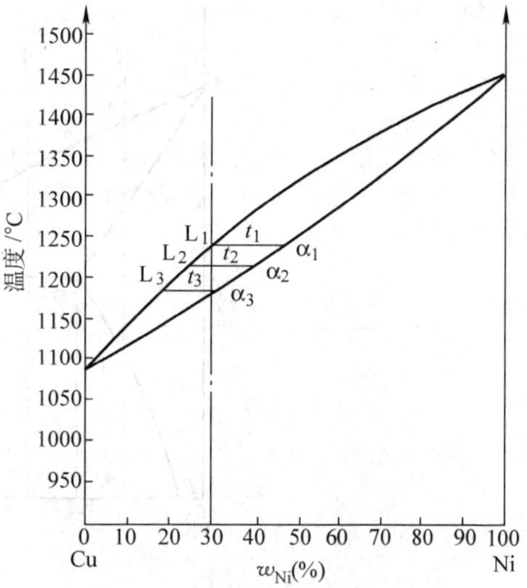

图 3-6　二元匀晶相图（Cu-Ni 合金）

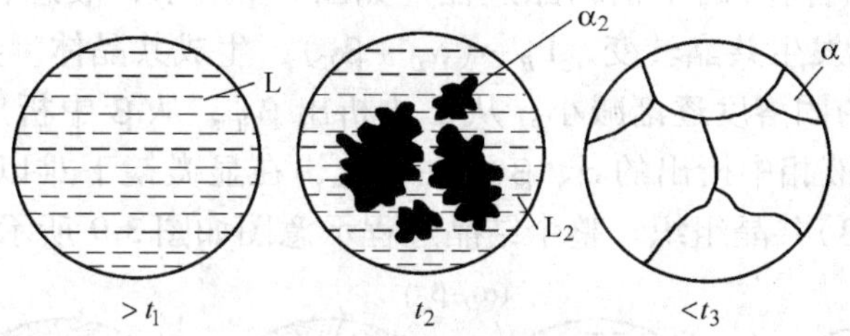

图 3-7　二元匀晶合金平衡结晶过程示意图

3.3.2　二元共晶相图

二元合金系中的两组元在液态时无限互溶，在固态时有限互溶，并发生共晶转变，这类二元合金的相图称为二元共晶相图。具有这类相图的二元合金系主要有 Pb-Sn、Pb-Sb、Ag-Cu、Al-Si 等。下面以 Pb-Sn 合金相图为例，分析二元共晶相图。

1. 相图分析

图 3-8 为 Pb-Sn 合金相图，图中 *ABC* 为液相线，*ADBEC* 为固相线。

成分在 *DE* 之间的合金，在三相共存水平线对应的温度下将发生一种转变，即 *B* 点成分的液相 L_B 同时结晶出 *D* 点成分的 α_D 相和 *E* 点成分的 β_E 相，转变的反应式为

$$L_B \xrightleftharpoons{t_B} (\alpha_D + \beta_E)$$

这种由一种液相在恒温下同时结晶出两种固相的反应叫做共晶反应，所生成的两相混合物叫共晶体（或共晶组织），*B* 点是共晶点。

相图中有两条重要的曲线，*DF* 线为 α 相的固溶度（即 Sn 在 Pb 中的溶解度）曲线，*EG* 线为 β 相的固溶度（即 Pb 在 Sn 中的溶解度）曲线。随着温度下降，固溶体的固溶度降低，α 相中的 Sn 以 β 相的形式析出，为了区别于从液相中结晶出的 β 相，称为二次 β 相，写作 β_{II}。同样，β 相中的 Pb 以 α 相的形式析出，称为二次 α 相，写作 α_{II}。

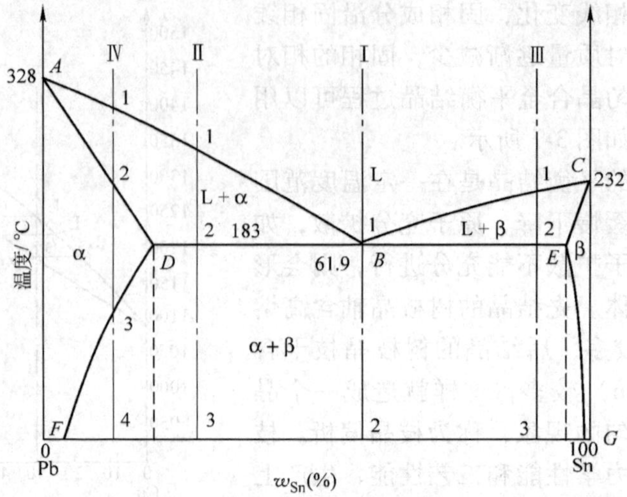

图 3-8　二元共晶相图（Pb-Sn 合金）

2. 合金的结晶过程

（1）合金Ⅰ(共晶合金)的平衡结晶过程　如图 3-8 所示，液态合金Ⅰ冷却到 1 点（共晶温度)时，在恒温下发生共晶转变，$L_B \rightarrow (\alpha_D + \beta_E)$，生成共晶体。共晶转变完成后，随着温度下降，$\alpha_D$ 和 β_E 的固溶度逐渐减小，从 α 中析出 $\beta_{Ⅱ}$，从 β 中析出 $\alpha_{Ⅱ}$，但析出的 $\alpha_{Ⅱ}$ 和 $\beta_{Ⅱ}$ 量不多，而且和从液相中析出的 α、β 混在一起，在显微镜下难以分辨，一般不予考虑，因此室温组织为(α + β)共晶组织。整个结晶过程示意图如图 3-9 所示。

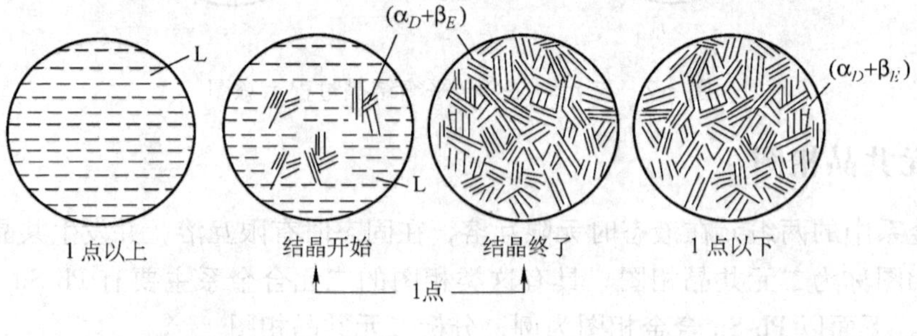

图 3-9　合金Ⅰ（共晶合金）的平衡结晶过程示意图

（2）合金Ⅱ(*DB* 之间的合金)的平衡结晶过程　合金Ⅱ称为亚共晶合金。如图 3-8 所示，液态合金Ⅱ冷却到 1 点时，发生匀晶转变，从液相中开始结晶出 α 固溶体，这种从液相中直接析出的 α 固溶体称为初晶 α。当温度降至接近 2 点时，组织为液相 L 与初晶 α 的混合物。当温度降至 2 点时，液相 L 发生共晶转变，$L_B \rightarrow (\alpha_D + \beta_E)$，初晶 α 保持不变。温度继续下降，初晶 α 固溶体的溶解度逐渐减小，从初晶 α 中析出 $\beta_{Ⅱ}$，同时从共晶体$(\alpha_D + \beta_E)$中析出的 $\beta_{Ⅱ}$ 和 $\alpha_{Ⅱ}$ 不予考虑，因此室温组织为初晶 $\alpha + \beta_{Ⅱ} + (\alpha_D + \beta_E)$，整个结晶过程示意图如图 3-10 所示。

（3）合金Ⅲ(*BE* 之间的合金)的平衡结晶过程　合金Ⅲ称为过共晶合金。如图 3-8 所示，其平衡结晶过程与亚共晶合金类似，室温组织为 $\beta + \alpha_{Ⅱ} + (\alpha_D + \beta_E)$。

（4）合金Ⅳ(*FD* 间的合金)的平衡结晶过程　如图 3-8 所示，液态合金Ⅳ冷却到 1 点时，发生匀晶转变，从液相中开始结晶出 α 相，随着温度下降，液相成分沿液相线 *AB* 变

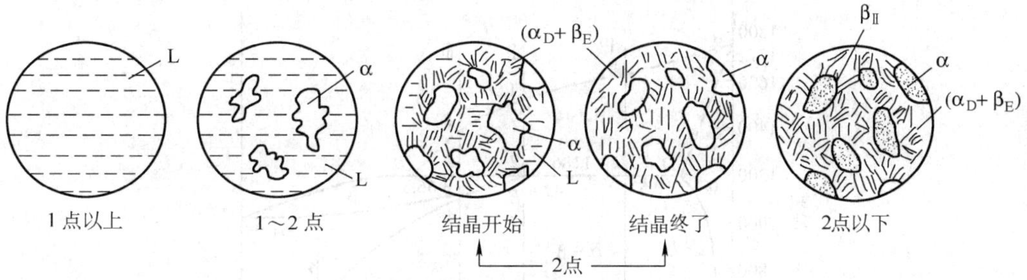

图3-10 合金Ⅱ的平衡结晶过程示意图

化，固相成分沿固相线 *AD* 变化，结晶出的 α 相逐渐增多，液相逐渐减少，到2点全部结晶成 α 相。在2～3点温度范围内，α 相不发生变化。从3点开始，Sn 在 α 相中的溶解度达到饱和，随着温度下降，α 相的溶解度沿 *DF* 线逐渐减小，Sn 以 β_{II} 的形式从 α 相中析出，到室温时组织为 $\alpha+\beta_{II}$。整个结晶过程示意图如图3-11所示。

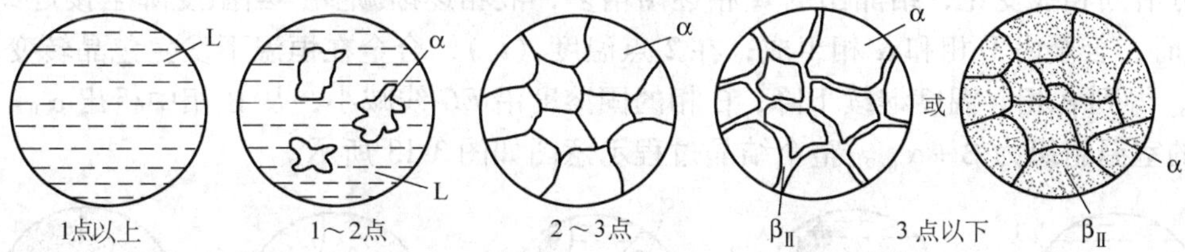

图3-11 合金Ⅳ的平衡结晶过程示意图

成分位于 *EG* 之间的合金，其结晶过程与 *FD* 间的合金类似，室温组织为 $\beta+\alpha_{II}$。

3.3.3 二元包晶相图

二元合金系中的两组元在液态时无限互溶，在固态时有限互溶，并发生包晶转变的相图，称为二元包晶相图。具有这类相图的二元合金系主要有 Pt-Ag、Sn-Sb 等。下面以 Pt-Ag 相图为例，简要分析包晶相图。

1. 相图分析

图3-12为 Pt-Ag 合金相图，图中 *ABC* 为液相线，*ADEC* 为固相线。

相图中有三个基本相：α、β 和液相 L。α 是 Ag 溶于 Pt 中的固溶体，β 是 Pt 溶于 Ag 中的固溶体，液相 L 是 Pt 与 Ag 形成的液溶体。三个基本相对应相图上三个单相区，单相区之间有三个两相区：L + α、L + β 和 α + β。一条水平线 *DEB* 对应 L、α、β 三相共存区。

成分在 *DEB* 之间的合金，在三相共存水平线对应的温度(t_E)下将发生一种转变，即 *B* 点成分的液相 L_B 和 *D* 点成分的 α_D 相反应生成 *E* 点成分的 β_E 相，转变的反应式为

$$L_B+\alpha_D \xrightarrow{t_E} \beta_E$$

这种由一种液相与一种固相在恒温下发生反应生成另一种固相的过程叫做包晶反应，*E* 点是包晶点。

2. 合金的结晶过程

(1) 合金Ⅰ(包晶点 *E* 合金)的平衡结晶过程　如图3-12所示，液态合金Ⅰ冷却到1点时，发生匀晶转变，从液相中开始结晶出 α 相，随着温度下降，液相成分沿液相线变化，

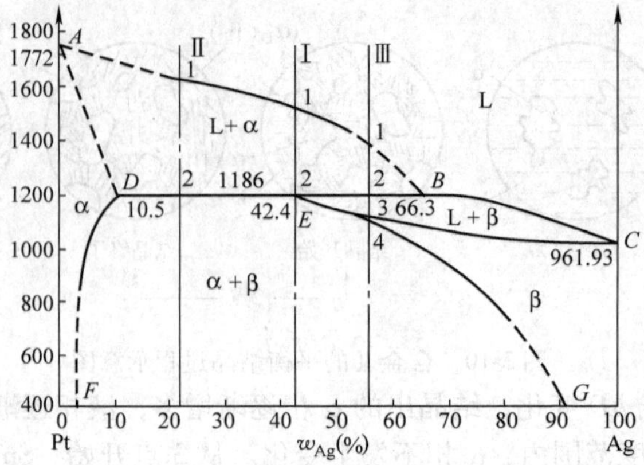

图 3-12 二元包晶相图（Pt-Ag 合金）

固相成分沿固相线变化，结晶出的 α 相逐渐增多，液相逐渐减少；当温度降至接近 2 点（包晶点 E）时，合金由 L 相和 α 相组成；在 2 点温度（t_E），合金在恒温下发生包晶转变，$L_B+\alpha_D \rightarrow \beta_E$，得到 β 相。温度继续下降，β 相的固溶度沿 EG 线减小，从 β 相中析出 $\alpha_{\text{Ⅱ}}$，因此，合金Ⅰ的室温组织为 $\beta+\alpha_{\text{Ⅱ}}$。整个结晶过程示意图如图 3-13 所示。

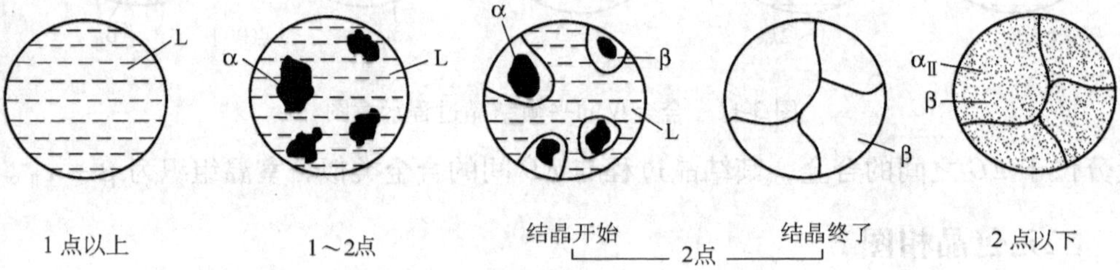

图 3-13 合金Ⅰ的平衡结晶过程示意图

（2）合金Ⅱ（DE 之间的合金）的平衡结晶过程 如图 3-12 所示，液态合金Ⅱ冷却到 1 点时，从液相中开始结晶出初晶 α 相，随着温度下降，结晶出的 α 相逐渐增多，液相逐渐减少；温度接近 2 点时，合金由 L_B 和 α_D 两相组成，与合金Ⅰ相比，α 相的相对量较多，液相的相对量较少。当温度冷却到 2 点时，则合金发生包晶转变，$L_B+\alpha_D \rightarrow \beta_E$，由于液相的相对量较少，使得包晶转变完成后 α 相有剩余，包晶转变完成后的组织为 β_E + 初晶 α。温度继续下降，β 相的固溶度沿 EG 线减小，从 β 相中析出 $\alpha_{\text{Ⅱ}}$，α 相的固溶度沿 DF 线降低，从 α 相中析出 $\beta_{\text{Ⅱ}}$，因此，合金Ⅱ的室温组织为 $\beta+\alpha_{\text{Ⅱ}}+\alpha+\beta_{\text{Ⅱ}}$。整个结晶过程示意图如图 3-14 所示。

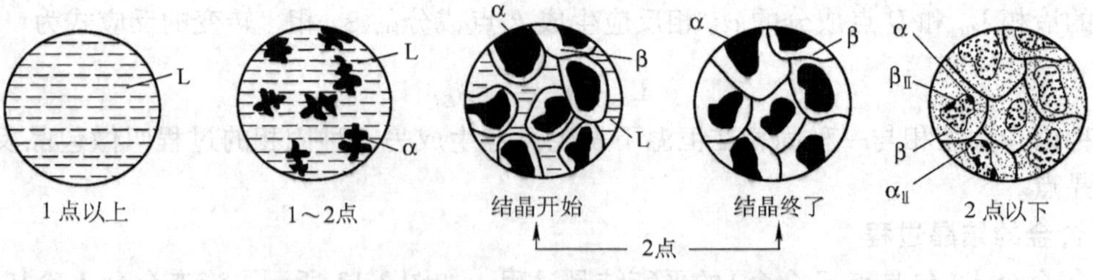

图 3-14 合金Ⅱ的平衡结晶过程示意图

（3）合金Ⅲ（EB 之间的合金）的平衡结晶过程　如图3-12所示，液态合金Ⅲ冷却到1点时，从液相中开始结晶出初晶 α 相，随着温度下降，结晶出的 α 相逐渐增多，液相逐渐减少；当温度冷却至接近2点时，合金由 L_B 相和 α_D 相组成，与合金Ⅰ相比，L相的相对量较多，α 相的相对量较少。当温度降至2点时，合金发生包晶转变，$L_B+\alpha_D \rightarrow \beta_E$，由于 α 相的相对量较少，使得液相有剩余，因此，包晶转变完成时合金的组织为 β_E+L。温度降至2～3点之间，合金进行匀晶转变，从L相中析出 β 相，当温度降至3点时，液相全部转化为 β 相，此时合金全部由 β 相组成。温度降至3～4点之间，β 相不变化。当温度降至4点时，β 相的固溶度将随着温度下降而沿着 EG 线逐渐减小，从 β 相中不断析出 $\alpha_{Ⅱ}$，因此，合金Ⅲ的室温组织为 $\beta+\alpha_{Ⅱ}$。整个结晶过程示意图如图3-15所示。

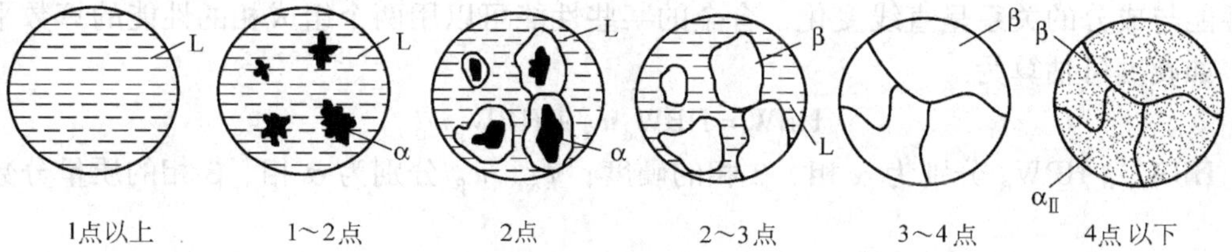

图3-15　合金Ⅲ的平衡结晶过程示意图

3.3.4　二元共析相图

一种固相在恒温下转变成另外两种固相，这种转变叫做共析转变。如图3-16所示，下半部分是共析相图，它与共晶转变的相图相似，不同之处在于共晶转变的反应相是液相，而共析转变的反应相是固相，且共析组织比共晶组织细密。共析转变将在第4章的 $Fe\text{-}Fe_3C$ 相图中详细介绍。

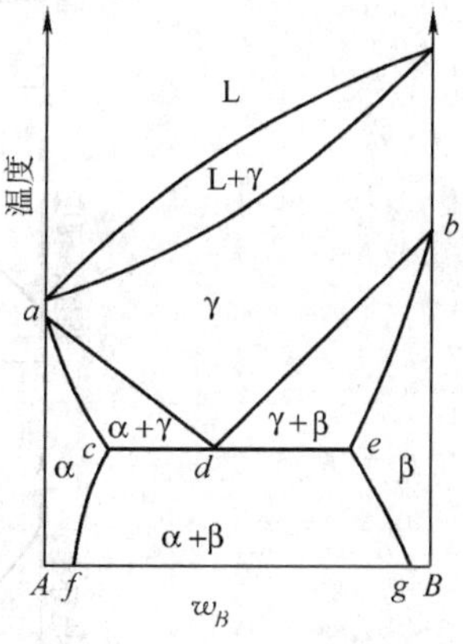

图3-16　二元共析相图

3.3.5　组元间形成稳定化合物的相图

在有些二元系合金中，组元间能形成多个稳定的化合物，化合物具有一定的熔点，在熔点以下保持固有结构而不发生分解，这样就可将相图分解成多个简单相图来进行分析，如图3-17所示。组元间能形成稳定化合物的二元系合金有Mg-Si、Mg-Cu、Cu-Ti等。

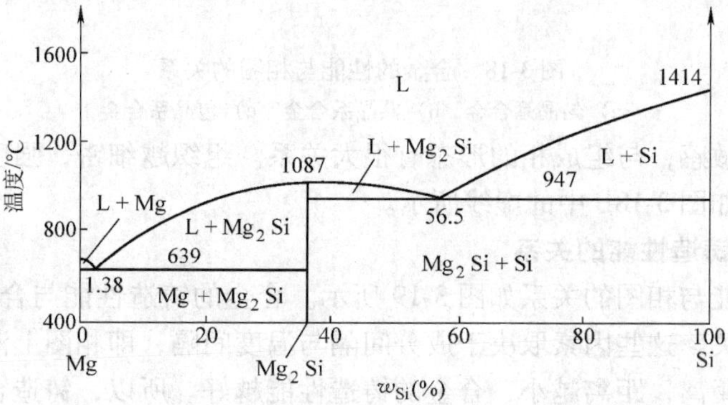

图3-17　Mg-Si合金相图

3.4 相图与合金性能的关系

1. 相图与合金使用性能的关系

相图与合金在平衡状态下的使用性能之间有一定的联系。图3-18表示具有匀晶、共晶及包晶相图的合金其使用性能随成分变化的一般规律。单相固溶体合金的强度、硬度随溶质溶入量的增加而提高，其塑性随溶质溶入量的增加而降低。这是由于固溶体中溶质原子的溶入造成晶格畸变，阻碍位错运动，会产生固溶强化的结果，固溶强化是金属强化的主要途径之一。对于两相混合物组成的合金，当两相的大小、分布都比较均匀时，合金的力学性能和物理性能与成分的关系呈直线变化，合金的某些性能可以用两个组成相的性能的算数平均值估算。如硬度可估算为

$$HBW = HBW_{\alpha} w_{\alpha} + HBW_{\beta} w_{\beta} \tag{3-2}$$

式中，HBW_{α}、HBW_{β} 分别为 α 相、β 相的硬度；w_{α}、w_{β} 分别为 α 相、β 相的质量分数。

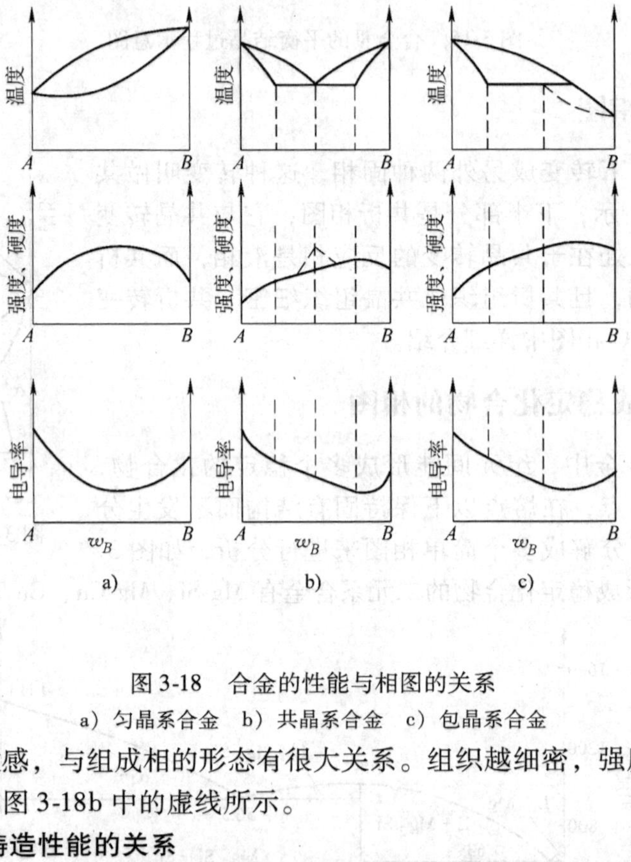

图3-18 合金的性能与相图的关系

a）匀晶系合金 b）共晶系合金 c）包晶系合金

强度对组织较敏感，与组成相的形态有很大关系。组织越细密，强度、硬度越偏离直线关系而出现峰值，如图3-18b中的虚线所示。

2. 相图与合金铸造性能的关系

合金的铸造性能与相图的关系如图3-19所示。合金的铸造性能与合金的流动性、缩孔、热裂倾向等因素有关，这些因素取决于成分间隔与温度间隔，即相图上液相线与固相线之间的水平距离与垂直距离，距离越小，合金的铸造性能越好。所以，铸造合金常选共晶点附近成分的合金。

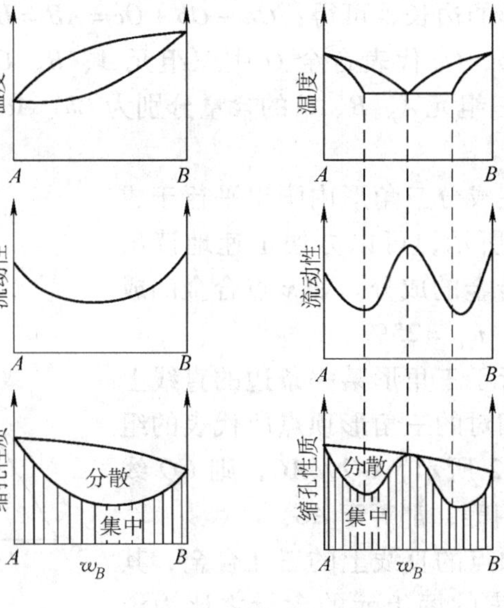

图 3-19　合金的铸造性能与相图的关系

3.5　三元合金相图简介

在工业生产中应用的金属材料很多是三元合金或多元合金。由于组元间的相互作用复杂，不能简单地由二元合金的性能去推断三元合金的性能，因为在二元合金中加入第三组元后，会改变原合金组元间的溶解度，甚至会产生新的组成相，因此，这些合金的组织、性能、加工及处理工艺通常都不同于二元合金。只有当第三组元含量很少或其影响很小时，才可以先以二元合金相图为基础进行研究，然后再考虑第三组元的影响。

在多元合金相图中，三元合金相图是最简单且较易测定的一种，但与二元合金相图相比，三元合金相图的类型多而复杂，至今比较完整的三元合金相图只测出了十几种，实际使用的往往是三元相图中某些有用的截面图和投影图。下面简单介绍三元合金相图的表达和使用方法。

1. 三元合金相图的表示方法

三元合金任意两个组元的含量确定后，第三个组元的含量就随之确定了。因此，常压下，三元合金相图的变量有三个，一个是温度，其他两个是三元合金两个组元的成分。三元合金的成分可以由两个成分坐标轴确定，两个坐标轴构成一个平面，温度坐标轴垂直于成分坐标轴所在平面，形成了三维立体的三元合金相图。

在三元相图中，表示成分的坐标轴通常采用等边三角形表示，称为成分三角形或浓度三角形，有些情况下也有采用等腰三角形或直角三角形表示。如图 3-20 所示，等边三角形的三个顶点 A、B、C 分别代表三个组元，三角形的三条边分别代表 A-B、B-C、C-A 三个组元中两两组成的二元系合金的成分，三角形内的任一点 O 就代表一定成分的三元合金。

设等边三角形 ABC 的三条边 AB、BC、CA 按顺时针方向分别代表三组元 B、C、A 的含量，自 O 点分别引平行于三角形三条边的三条线段 Oa、Ob、Oc，分别交 BC、CA、AB 于 a、b、c 点。根据等边三角形的几何性质：由等边三角形内任一点作三条边的平行线，所得三条线段之和等于等边三角形的边长，可得：$Oa + Ob + Oc = AB = BC = CA$。三角形的边长代表合金的总量100%，$Oa$、$Ob$、$Oc$ 代表合金 O 中三组元 A、B、C 的含量。由图可知，$Oa = Cb$、$Ob = Ac$、$Oc = Ba$，则三组元 A、B、C 的含量分别为 Cb、Ac、Ba，组元含量一般按顺时针方向标注。

为了方便使用，通常在成分三角形内画出平行于成分坐标的网格，如图 3-21 所示，可以方便迅速地读出成分三角形内任一点三元合金的成分。如 x 点合金的成分为 $w_A = 55\%$、$w_B = 20\%$、$w_C = 25\%$。

在成分三角形中，平行于三角形某一条边的直线上的合金，其所含与平行线相对的三角形顶点所代表的组元的含量为定值。如图 3-22 所示，$GQ /\!/ AC$，则 GQ 线上各点合金的 B 组元含量相等，都等于 AG。

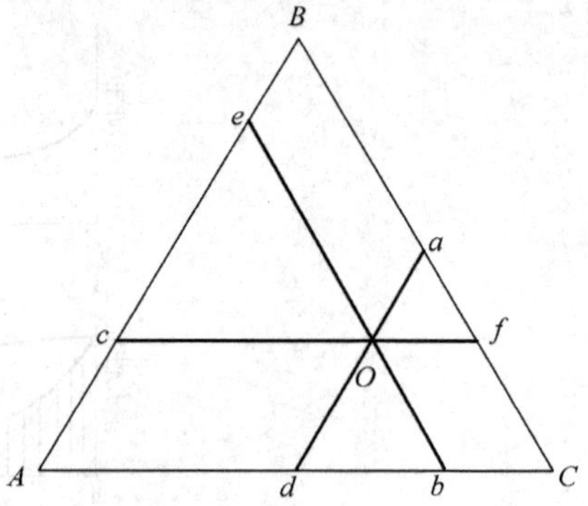

图 3-20　成分三角形

通过等边三角形某一顶点的直线上的三元合金，其所含的由另外两顶点所代表的两组元的含量之比为定值。如图 3-22 所示，在 BE 线上各点所代表的合金中，A 组元与 C 组元的含量之比为定值，即

$$\frac{w_A}{w_C} = \frac{Ba_1}{Bc_1} = \frac{Ba_2}{Bc_2} = \frac{Ba}{Bc} = \frac{EC}{AE}$$

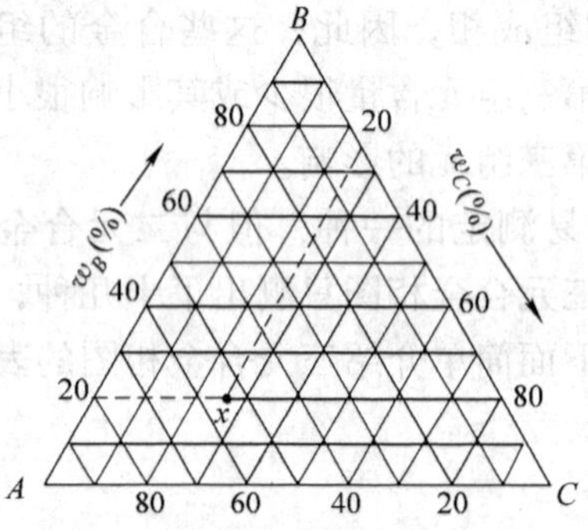

图 3-21　有网格的成分三角形

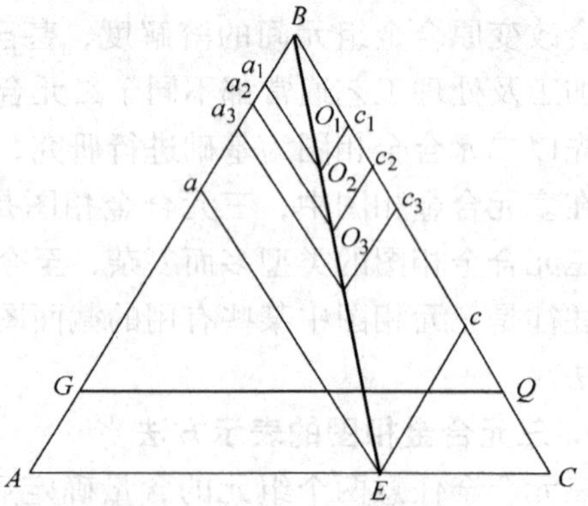

图 3-22　成分三角形中的特征线

2. 三元系平衡相的定量法则

当三元系合金处于两相平衡或三相平衡时，可用直线法则、杠杆定律和重心法则来确定和计算各相的成分及相对含量。

如图 3-23 所示，在某一温度下，三元系中某合金 O 处于两相（$\alpha+\beta$）平衡状态时，这两相的成分点分别为 a、b，则 a、b、O 三点一定在一条直线上，且 O 点位于 a、b 两点之间，这就是直线法则，同时两平衡相的质量之比为 $\frac{w_\alpha}{w_\beta} = \frac{Ob}{Oa}$ 这就是三元合金相图的杠杆定律。

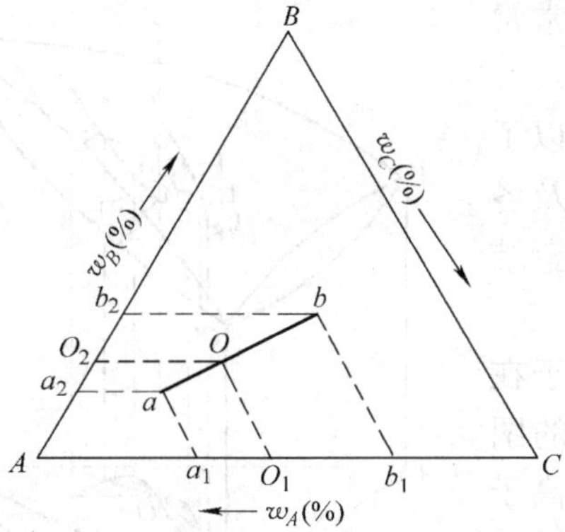

图3-23　直线法则和杠杆定律

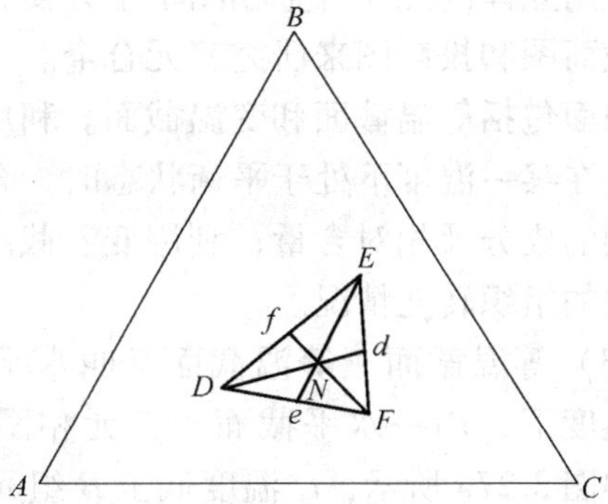

图3-24　重心法则

在某一温度下，当成分为N的三元合金处于α、β、γ三相平衡时，如图3-24所示，三个相的成分点分别为D、E、F，则合金的成分点必定位于△DEF的重心，且合金的质量分数w_N与α、β、γ三相的质量分数w_α、w_β、w_γ之间的关系为

$$w_N \cdot Nd = w_\alpha \cdot Dd$$
$$w_N \cdot Ne = w_\beta \cdot Ee$$
$$w_N \cdot Nf = w_\gamma \cdot Ff$$

这就是三元合金的重心法则。

3. 三元匀晶相图

在三元合金中，若任意两组元在液态和固态都可以无限互溶，则其三元合金的液态和固态均可无限互溶，这样的合金相图称为三元匀晶相图。Fe-Cr-V、Au-Ag-Pd、Cu-Ni-Mn等三元系都具有这样的相图。

（1）相图分析　图3-25是三元匀晶相图，其三棱柱体的底面△ABC是成分三角形，三个组元为A、B、C，三条垂线是温度轴，t_A、t_B、t_C分别为三个组元的熔点，三棱柱体的三个侧面是组元间形成的三个二元匀晶相图，它们的液相线和固相线分别连接成三元相图的两个空间曲面：位于上方的上凸的曲面是液相面，液相面以上是液相区域；位于下方的下凹的曲面是固相面，固相面以下的区域是固相区；液相面和固相面之间的区域是液、固两相区。

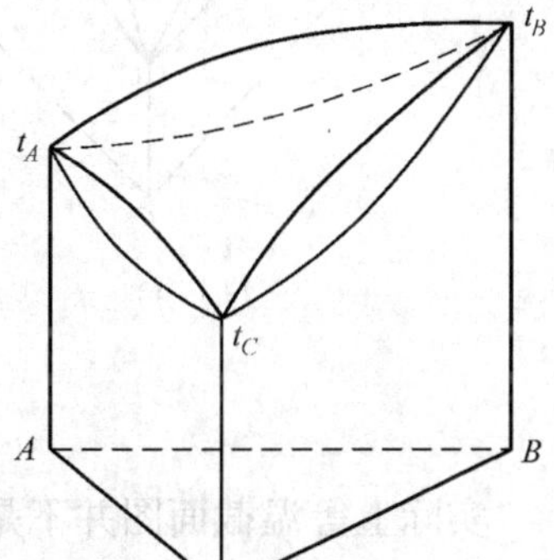

图3-25　三元匀晶相图

（2）固溶体结晶过程　成分点为O点的合金的结晶过程如图3-26所示。合金在液相面以上温度时处于液态，当温度缓慢降至与液相面相交的温度t_1时，O点合金开始结晶出成分为S_1的α固溶体，S_1位于固相面上，这时液相的成分L_1等于合金的成分。随着温度缓慢下降至t_2点时，固相的成分沿固相面由S_1变为S_2，液相的成分沿液相面由L_1变为L_2，固相的数量逐渐增加，液相的数量逐渐减少。根据直线法则可知，S_2与L_2的连线必定通过合金的成分点O点。当缓慢冷却至位于固相面上的t_4温度时，结晶完成，此时固相的成分S_4等于合金的成分。固相的成分变化空间曲线$S_1S_2S_3S_4$与液相的成分变化空间曲线$L_1L_2L_3L_4$既不处于同一水平面上，也不处于同一垂直面上，它们在成分三角形上的投影呈现蝴蝶状。

应用立体的三元合金相图很不方便，实际研究中常常应用截面图和投影图来研究三元合金。

截面包括等温截面和变温截面。利用等温截面可以了解合金在某一温度下处于平衡状态时，合金的组成相及各组成相的成分及相对含量；利用变温截面可以研究合金结晶过程的组织转变情况。

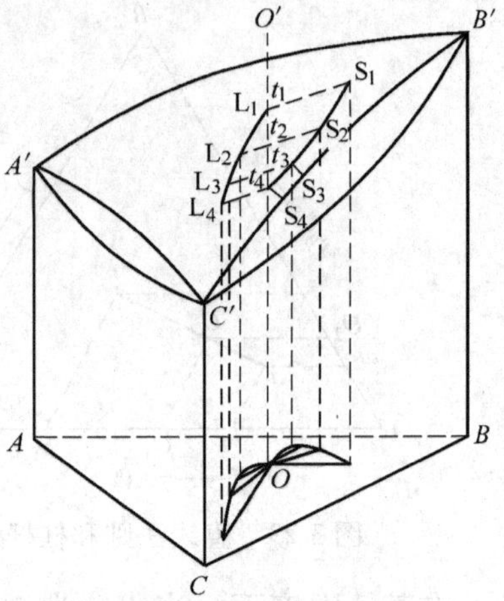

图 3-26　三元固溶体结晶时液、固相的成分变化

（3）等温截面　等温截面又叫水平截面，相当于在某一温度下，用一水平截面与三元相图相截所得到的图形。如图 3-27a 所示，t_1 温度低于 B 组元的熔点 B'，高于 A 组元的熔点 A' 和 C 组元的熔点 C'。t_1 温度水平面与液相面相截的交线为 L_1L_2，与固相面相截的交线为 S_1S_2，将这两条线分别投影到成分三角形上就得到了等温截面，如图 3-27b 所示。L_1L_2 称为液相等温线，S_1S_2 称为固相等温线，这两条线把等温截面分成三个区：ACL_2L_1 是液相区，用符号 L 表示；S_1S_2B 是固相区，用 α 表示；$L_1L_2S_2S_1$ 是两相平衡区，用 L + α 表示。

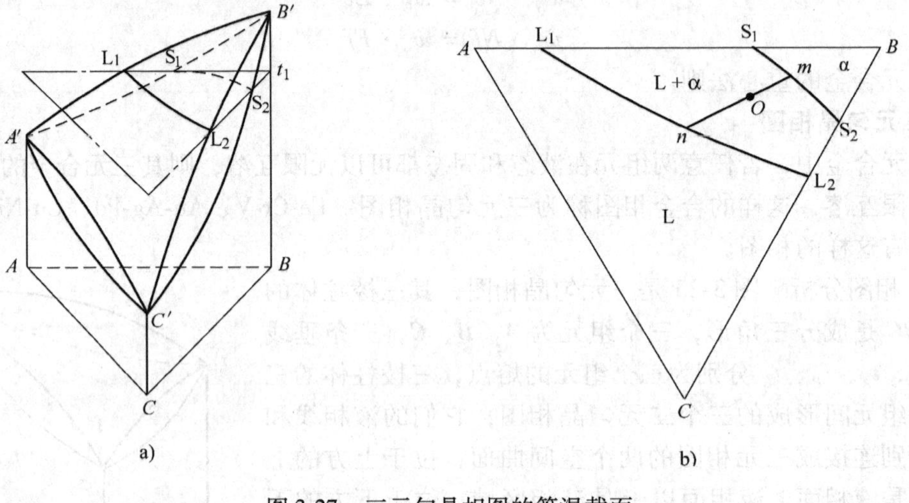

图 3-27　三元匀晶相图的等温截面

a）空间模型　b）t_1 温度时的等温截面

实际上等温截面图并不是从三元相图上截取下来的，而是通过实验测定出来的。

处于单相区的合金，相的成分与合金的成分相同。在两相区，液相与固相的成分存在一定的对应关系。两个平衡相中，只有一个相的成分可以独立改变，另一个相的成分只能随之而变。在图 3-27b 中，成分为 O 的三元合金在 t_1 温度时通过实验测得固相的成分为 m，根据直线法则，两平衡相成分点间的连线必定通过合金的成分点，可知 mO 与 L_1L_2 的交点 n 就是液相的成分点。

确定了液相、固相的成分点后，可以利用杠杆定律计算两平衡相的相对含量

$$w_{\alpha} = \frac{nO}{mn} \times 100\%$$

$$w_{\mathrm{L}} = \frac{mO}{mn} \times 100\%$$

（4）变温截面 变温截面是由垂直于成分三角形的平面与三元相图模型相交而截得的图形，又称为垂直截面。利用变温截面可以研究合金在结晶过程中的组织转变情况。

选取变温截面在成分三角形中的位置一般有两种：一种是截面平行于成分三角形的一条边，这时位于截面上所有合金中某一组元的含量是相同的；另一种是截面通过成分三角形某一顶点，这时这个截面上所有合金中另外两个顶点所代表的组元之比是一定的，这样变温截面上的合金成分只有一个变量，可用一个坐标轴来表示合金的成分。变温截面的截取如图3-28所示，分别与底面垂直的两个面 *FE* 和 *GB* 与三元相图相截，其中 *FE* 面平行于成分三角形的 *AB* 边，*GB* 面经过成分三角形的一个顶点 *B*。则 *FE* 变温截面上所有合金的 *C* 组元含量固定不变，*GB* 变温截面中所有合金的 *C* 组元与 *A* 组元含量之比是定值。*FE* 面和 *GB* 面与液相面的交线分别为 L_1L_2 和 bL_3，与固相面的交线分别为 a_1a_2 和 ba_3，L_1L_2 和 bL_3 称为液相线，a_1a_2 和 ba_3 称为固相线。液相线和固相线把变温截面分成三个区：液相区 L、固相区 α 和液、固两相区 L + α。

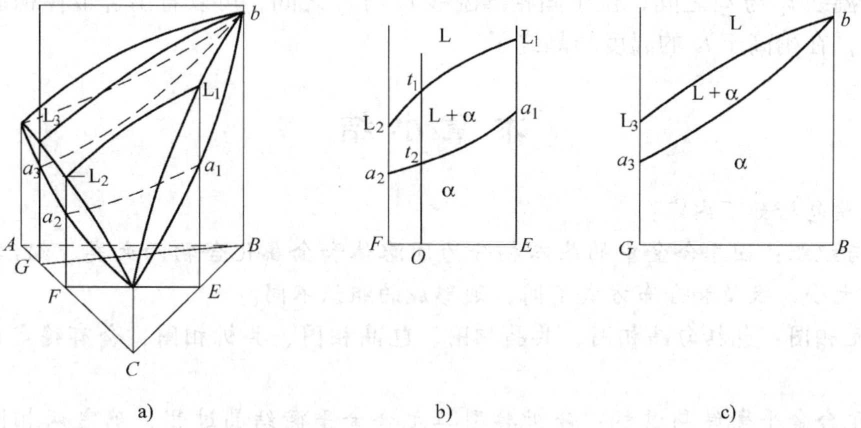

图3-28 三元匀晶相图的变温截面
a）空间模型 b）*FE* 变温截面 c）*GB* 变温截面

利用变温截面可以分析合金的结晶过程。以合金 *O* 为例，如图3-28b所示，当合金 *O* 缓慢冷却至 t_1 温度时，开始从液相结晶出 α 固溶体，随着温度下降，结晶出的 α 相越来越多，当温度降到 t_2 温度时，液相全部凝固成 α 固溶体。

变温截面与二元相图的形状相似，分析结晶过程也基本相同，但两者之间有本质区别。三元匀晶合金在结晶过程中，其液、固两相成分点分别沿着液相曲面和固相曲面上的液相线和固相线变化，这两条线的轨迹不在同一平面内，因此，变温截面中的液相线和固相线并不表示合金结晶过程中液相和固相成分变化的轨迹，所以，不能利用直线法则和杠杆定律来确定两相区内两平衡相的成分和相对含量。

变温截面也是通过实验测定出来的。

（5）投影图 在三元相图空间图形上作一系列的等温截面，将它们的等温线投影到成分三角形上，在每条线上标注相应的温度，如图3-29所示，即可得到液相等温线和固相等温线的投影图。投影图类似于地图上的等高线，从相图各处的坡度可以看出空间图形中各相界面的变化趋势，也可从温度变化角度分析合金的变化过程。如 *M* 成分的合金，其成分点

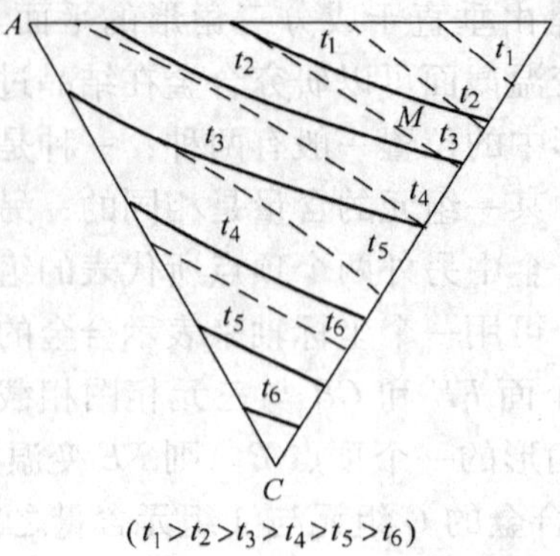

图 3-29　三元匀晶相图的投影图

位于液相等温线 t_1 与 t_2 之间，位于固相等温线 t_2 与 t_3 之间，可以看出合金在稍低于 t_1 的温度开始结晶，在稍高于 t_3 的温度结晶终了。

本章小结

本章主要包括如下内容：

1）相与组织：固态合金中的基本相分为固溶体和金属化合物两大类。组织由相构成，相的形态、大小、数量和分布方式不同，则形成的组织不同。

2）二元相图：包括匀晶相图、共晶相图、包晶相图、共析相图、含有稳定化合物的相图等。

3）二元合金平衡结晶过程：分析典型二元合金平衡结晶过程，确定两相区的相的成分，液相成分沿液相线变化，固相成分沿固相线变化。利用杠杆定律确定两相的相对质量。

4）合金性能与相图的关系：固溶强化；利用两相含量估算合金硬度；铸造合金常选共晶点附近的合金。

5）三元合金相图：成分三角形、直线法则、重心法则。

第4章 铁碳合金

内容提要： 本章将重点介绍铁碳合金相图、铁碳合金的平衡结晶过程及铁碳合金成分、组织及性能之间的关系。

教学重点： 铁碳合金相图分析，包晶转变、共晶转变、共析转变，亚共析钢、共析钢、过共析钢的平衡结晶过程，铁碳合金成分、组织和性能的关系。

教学难点： 三个恒温转变及铁碳合金的平衡结晶过程。

4.1 铁碳合金的组元

碳钢与铸铁是现代工农业生产中使用最为广泛的金属材料，它们均是由铁和碳两种主要元素组成的铁碳合金。合金的成分不同，则组织和性能也不同，因而它们在实际工程上的应用也不一样。

1. 纯铁

铁（Fe）是元素周期表中第 26 个元素，其相对原子质量为 55.85，属于过渡族元素。铁在一个大气压下的熔点为 1538℃，在 20℃时的密度为 7.87g/cm^3。

很多金属在固态下无论温度如何变化也只有一种晶体结构，如铝、铜等金属始终是面心立方晶格。但有些金属在固态下存在两种或两种以上的晶格形式，在加热或冷却过程中，随着温度变化其晶格发生改变。金属具有不同的晶体结构的现象被称为具有多晶形性或同素异构性，这种金属在固态下随着温度的改变，由一种晶格转变为另一种晶格的过程，称为多晶形性转变或同素异构转变。能够发生同素异构转变的金属有铁、钛、钴等。纯铁在结晶过程中会发生同素异构转变，其冷却曲线如图 4-1 所示。

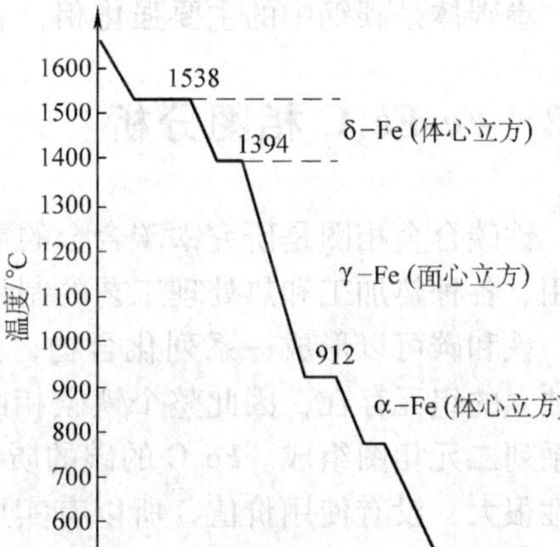

图 4-1 纯铁的冷却曲线

液态纯铁在 1538℃开始结晶，产物为 δ-Fe，具有体心立方晶格，当温度降至 1394℃时，δ-Fe 转变为具有面心立方晶格的 γ-Fe，当温度继续降到 912℃时，γ-Fe 又转变成具有体心立方晶格的 α-Fe。912℃以下，铁的晶体结构不再发生变化。这样纯铁就具有三种同素异构状态，即 δ-Fe、γ-Fe、α-Fe。

铁的多晶型转变具有很重要的实际意义，它是钢的合金化和热处理的基础。

金属的同素异构转变过程与液态金属的结晶过程相似，也包括形核和长大两个过程，也存在过冷现象，也会放出结晶潜热。由于同素异构转变是在固态下进行的，因此转变需要较大的过冷度。由于不同晶格的致密度不同，晶格的转变会导致金属的体积随之发生变化，如 γ-Fe 在 912℃转变为 α-Fe 时，体积大约会膨胀 1%，它可引起钢淬火时产生较大的内应力，严重时会导致工件变形、开裂。

应当指出，纯铁的居里点是770℃，即α-Fe在770℃时会发生磁性转变，由高温的顺磁性转变为低温的铁磁性状态。但因为铁的晶格类型没有发生改变，所以磁性转变不属于相变。

工业纯铁的力学性能大致如下：

抗拉强度 σ_b 180 ~ 280 MPa

屈服强度 σ_s 100 ~ 170 MPa

伸长率 δ 30% ~ 50%

断面收缩率 ψ 70% ~ 80%

冲击韧度 a_K $1.6\times10^6 \sim 2\times10^6 J/m^2$

硬度 50 ~ 80HBW

纯铁由于强度很低，很少用作结构材料，主要用途是利用它所具有的铁磁性，如用于仪器仪表的铁心等。

2. 渗碳体

渗碳体（Fe_3C）是铁与碳形成的间隙化合物，具有复杂的晶体结构，碳的质量分数为6.69%，可以用 C_m 表示，是铁碳相图中重要的基本相。

渗碳体的力学性能特点是硬而脆，大致性能如下：

抗拉强度 σ_b 30MPa

伸长率 δ 0

断面收缩率 ψ 0

冲击韧度 a_K 0

硬度 800HBW

渗碳体是碳钢中的主要强化相，它的形态与分布对钢的性能有很大影响。

4.2 Fe-Fe_3C 相图分析

铁碳合金相图是研究铁碳合金的重要工具，了解铁碳合金相图，对于钢铁材料的研究与使用、各种热加工和热处理工艺的制订都有很重要的指导意义。

铁和碳可以形成一系列化合物，如 Fe_3C、Fe_2C、FeC 等，而稳定的化合物可以作为一个独立的组元存在，因此整个铁碳相图可视为由 Fe-Fe_3C、Fe_3C-Fe_2C、Fe_2C-FeC、FeC-C 等一系列二元相图组成。Fe_3C 的碳的质量分数为6.69%，碳质量分数超过6.69%的铁碳合金脆性很大，没有使用价值，所以有实用意义并被深入研究的只是 Fe-Fe_3C 部分。一般来说，铁碳合金相图实际上是指 Fe-Fe_3C 相图，如图4-2所示。

4.2.1 相图中的基本相

Fe-Fe_3C 相图中存在五种单相。

1. 铁素体

铁素体是碳固溶于α-Fe中形成的间隙固溶体，用符号F或α表示，具有体心立方晶格。铁素体中碳的固溶度很小，室温时碳的质量分数为0.0008%，在727℃时溶碳量最大，为

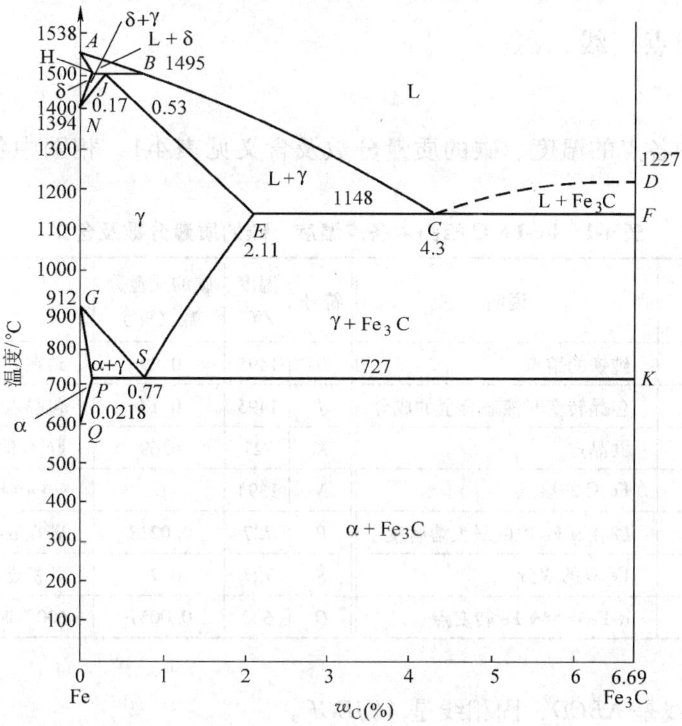

图 4-2 Fe-Fe_3C 合金相图

0.0218%。

铁素体的力学性能与工业纯铁基本相同。

2. 奥氏体

奥氏体是碳固溶于 γ-Fe 中形成的间隙固溶体，用符号 A 或 γ 表示，具有面心立方晶格。奥氏体中碳的固溶度较大，在 1148℃时溶碳量最大，其质量分数达 2.11%。

奥氏体的强度较低，硬度不高，易于塑性变形，具有顺磁性。

铁素体具有体心立方晶格，奥氏体具有面心立方晶格，体心立方晶格的致密度小于面心立方晶格，但铁素体的溶碳能力却远远低于奥氏体，这与晶格的间隙尺寸有关。碳原子通常溶于八面体间隙中，γ-Fe 的八面体间隙半径和碳原子半径尺寸接近，所以碳在奥氏体中的溶解度较大；α-Fe 的八面体间隙半径远小于碳原子半径，所以碳在铁素体中的溶解度很小。

3. 高温铁素体

高温铁素体是碳固溶于 δ-Fe 中形成的间隙固溶体，用符号 δ 表示，具有体心立方晶格。高温铁素体在 1394℃以上存在，在 1495℃溶碳量最大，其质量分数为 0.09%。

4. 液相

液相 L 是铁与碳的液溶体。

5. 渗碳体

渗碳体 Fe_3C 在前面已经介绍过，渗碳体根据生成条件不同有条状、网状、片状、粒状等不同形态，对铁碳合金的力学性能有很大影响。

4.2.2 相图中的点、线、区

1. 相图中的点

Fe-Fe_3C 相图中各点的温度、碳的质量分数及含义见表 4-1，相图中各特性点的符号是国际通用的。

表 4-1 Fe-Fe_3C 相图中各点温度、碳的质量分数及含义

符号	温度/℃	碳的质量分数（%）	说明	符号	温度/℃	碳的质量分数（%）	说明
A	1538	0	纯铁的熔点	*H*	1495	0.09	碳在 δ-Fe 中的最大溶解度
B	1495	0.53	包晶转变时液态合金的成分	*J*	1495	0.17	包晶点
C	1148	4.3	共晶点	*K*	727	6.69	Fe_3C 的成分
D	1227	6.69	Fe_3C 的熔点	*N*	1394	0	γ-Fe ⟸⟹ δ-Fe 转变点
E	1148	2.11	碳在 γ-Fe 中的最大溶解度	*P*	727	0.0218	碳在 α-Fe 中的最大溶解度
F	1148	6.69	Fe_3C 的成分	*S*	727	0.77	共析点
G	912	0	α-Fe ⟸⟹ γ-Fe 转变点	*Q*	600	0.0057	600℃时碳在 α-Fe 中的溶解度

2. 相图中的线

相图中的液相线是 *ABCD*，固相线是 *AHJECF*。

（1）水平线　相图上有三条重要的水平线：

HJB——包晶转变线；

ECF——共晶转变线；

PSK——共析转变线，又称 A_1 线、共析线。

事实上，Fe-Fe_3C 相图即由包晶反应、共晶反应、共析反应三部分连接而成。

（2）特性曲线　相图中还有三条比较重要的特性曲线，分别是 *GS* 线、*ES* 线和 *PQ* 线。

GS 线又称为 A_3 线，是奥氏体与铁素体发生同素异构转变的温度线。

ES 线是碳在奥氏体中的固溶度曲线，通常称为 A_{cm} 线。奥氏体在 1148℃溶碳量最大，可达 2.11%，随着温度下降，溶碳量逐渐减小，碳会以渗碳体的形式从奥氏体中析出，到 727℃时，所溶解的碳的质量分数降为 0.77%。从奥氏体中析出的渗碳体称为二次渗碳体，用 Fe_3C_{II} 表示，即 A_{cm} 线是二次渗碳体的析出线。

PQ 线是碳在铁素体中的固溶度曲线。铁素体的溶碳量在 727℃时达到最大，碳的质量分数为 0.0218%，随着温度下降，溶碳量逐渐减小，碳会以渗碳体的形式从铁素体中析出，到室温时碳的质量分数仅为 0.0008%。从铁素体中析出的渗碳体称为三次渗碳体，用 Fe_3C_{III} 表示。*PQ* 线是三次渗碳体的析出线。

3. 相图中的区

相图中有五个单相区：

液相区（L）——*ABCD* 以上；

高温铁素体区（δ）——*AHNA*；

奥氏体区（A 或 γ）——*NJESGN*；

铁素体区（F 或 α）——*GPQG*；

渗碳体区（Fe_3C 或 C_m）——*DFK*。

分析相图应紧紧抓住这五个单相区和上述三条水平线 *HJB*、*ECF*、*PSK*。三条水平线为三相共存区，除单相区和三相区外，其余部分均为两相区，两相区的组成相由与该相区相邻的两单相组成。

4.2.3 包晶转变

含碳量在 *HJB* 之间的合金，即碳的质量分数在 0.09%～0.53%之间的合金，在平衡结晶过程中都要在 1495℃发生包晶转变。这一区间的合金冷却到 1495℃时，$w_C=0.53\%$ 的液相 L 与 $w_C=0.09\%$ 的高温铁素体 δ 发生包晶反应，生成 $w_C=0.17\%$ 的奥氏体 A。反应在恒温下进行，反应过程中 L、δ、A 三相共存，即前面提到的 *HJB* 水平线三相区。根据相图的形状特征，可以很容易地写出包晶反应式。*HJB* 线段上有三个单相区接触点，即线段两端分别和液相、高温铁素体两个单相区接触，水平线中间和奥氏体单相区接触，且奥氏体单相区在水平线下面。根据这些形状特征，可以写出转变式：与水平线两端接触的两个单相合起来生成水平线下与之接触的单相，即液相 L 与高温铁素体 δ 合起来生成下面的单相奥氏体 A，成分点也分别对应水平线与单相接触点的含碳量，即反应式为

$$L_{0.53}+\delta_{0.09}\xrightleftharpoons{1495℃}A_{0.17}$$

4.2.4 共晶转变

凡是含碳量在 *ECF* 之间，即碳的质量分数在 2.11%～6.69%之间的铁碳合金在平衡结晶过程中都要在 1148℃发生共晶转变。这一区间的合金在平衡冷却到 1148℃时，$w_C=4.3\%$ 的液相 L 转变为 $w_C=2.11\%$ 的奥氏体 A 和 $w_C=6.69\%$ 的渗碳体 Fe_3C。共晶转变是在恒温下进行的，反应过程中 L、A、Fe_3C 三相共存，即前面提到的 *ECF* 水平线三相区。同样，根据相图的形状特征，也可以很容易地写出共晶反应式。*ECF* 线段两端分别和奥氏体、渗碳体单相区接触，水平线中间和液相单相区接触，且液相单相区在水平线上面，则水平线上面的液相 L 生成水平线两端的单相奥氏体 A 和渗碳体 Fe_3C，成分点也分别对应水平线与单相接触点的含碳量，即反应式为

$$L_{4.3}\xrightleftharpoons{1148℃}A_{2.11}+Fe_3C$$

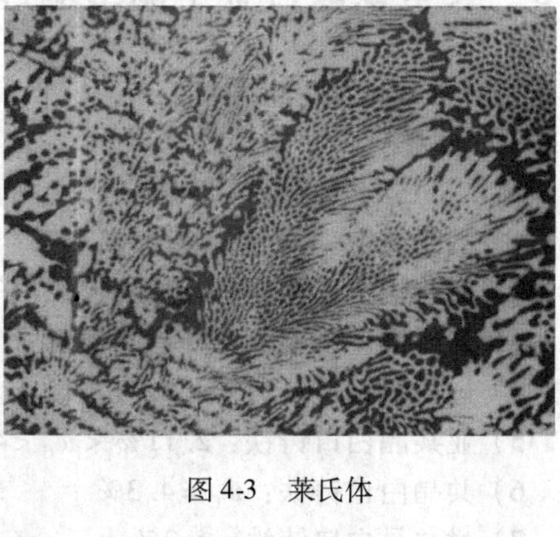

图 4-3 莱氏体

共晶反应的产物是奥氏体与渗碳体的共晶混合物，称为莱氏体，用符号 Ld 表示。因而共晶反应式也可以表达为

$$L_{4.3}\xrightleftharpoons{1148℃}Ld_{4.3}$$

莱氏体中的奥氏体呈颗粒状分布在渗碳体的基体上，如图 4-3 所示。莱氏体中的渗碳体称为共晶渗碳体。由于以很脆的渗碳体作基体，所以莱氏体塑性很差。

4.2.5 共析转变

含碳量在 *PSK* 之间，即碳的质量分数大于 0.0218% 的铁碳合金在平衡结晶过程中都要在 727℃发生共析转变。这一区间的合金在平衡冷却到 727℃时，$w_C=0.77\%$ 的奥氏体 A 转变成 $w_C=0.0218\%$ 的铁素体 F 和渗碳体 Fe_3C，形成机械混合物。共析反应在恒温下进行，反应过程中奥氏体 A、铁素体 F、渗碳体 Fe_3C 三相共存，即前面提到的水平线 *PSK* 三相区。同样可以根据相图的形状特征写出共析反应式。水平线 *PSK* 两端分别和铁素体、渗碳体单相区接触，水平线中间和奥氏体单相区接触，且奥氏体单相区在水平线上面，则水平线上面的单相奥氏体 A 生成水平线两侧的单相铁素体 F 和渗碳体 Fe_3C，成分点也分别对应水平线与单相接触点的含碳量，即反应式为

$$A_{0.77} \xrightleftharpoons{727℃} F_{0.0218} + Fe_3C$$

共析反应的产物是铁素体与渗碳体的机械混合物，称为珠光体，用符号 P 表示。因而共析反应式可以表达为

$$A_{0.77} \xrightleftharpoons{727℃} P_{0.77}$$

图 4-4 珠光体

金相显微镜下珠光体 P 呈层片状，在放大倍数较高时，可以清楚看到渗碳体片（薄片）与铁素体片（厚片）相间分布，如图 4-4 所示。珠光体的性能介于两组成相之间，其中的渗碳体称为共析渗碳体。

4.3 典型铁碳合金平衡结晶过程及组织

根据含碳量及组织不同，可将铁碳合金划分为工业纯铁、碳钢和白口铸铁三大类。碳钢包括亚共析钢、共析钢、过共析钢，白口铸铁包括亚共晶白口铸铁、共晶白口铸铁、过共晶白口铸铁，它们的含碳量如下：

1）工业纯铁：$w_C \leqslant 0.0218\%$。

2）亚共析钢：$0.0218\% < w_C < 0.77\%$。

3）共析钢：$w_C = 0.77\%$。

4）过共析钢：$0.77\% < w_C \leqslant 2.11\%$。

5）亚共晶白口铸铁：$2.11\% < w_C < 4.3\%$。

6）共晶白口铸铁：$w_C = 4.3\%$。

7）过共晶白口铸铁：$4.3\% < w_C < 6.69\%$。

下面从每种类型中选择一种合金来分析其平衡结晶过程及相应得到的组织。

4.3.1 工业纯铁

选取 $w_C=0.01\%$ 的工业纯铁为例（图 4-5 中的①），分析其平衡结晶过程。

合金①在 1 点温度以上为液相 L，到达 1 点，开始按匀晶转变结晶出高温铁素体 δ 相。

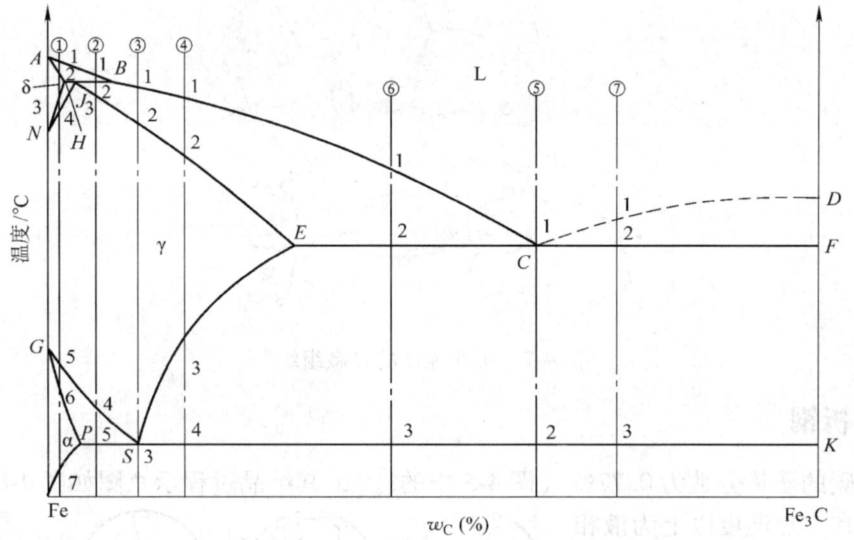

图 4-5 典型铁碳合金冷却时组织转变过程分析图

在 1 ~ 2 点温度范围内，随着温度下降，δ 相越来越多，形态呈树枝状，到达 2 点温度，液相全部结晶成 δ 固溶体。在 2 ~ 3 点之间 δ 相不变，降到 3 点温度，δ 相开始发生同素异构转变，在 δ 相晶界优先形核，生成具有面心立方晶格的奥氏体 A，到达 4 点全部转化成 A。4 ~ 5 点之间 A 不变，温度降到 5 点，A 也开始发生同素异构转变，生成具有体心立方晶格的铁素体 F，降到 6 点温度，A 全部转化为 F。6 ~ 7 点之间，F 不变。冷却到 7 点时，碳在 F 中的溶解度达到饱和，随着温度下降，溶解度沿 *PQ* 线逐渐降低，多余的碳以渗碳体 Fe_3C 的形式析出，即析出三次渗碳体 $Fe_3C_{Ⅲ}$，呈片状分布在 F 晶界处。对于含碳量较高的钢，$Fe_3C_{Ⅲ}$ 数量极少，往往予以忽略，但对于含碳量很低的钢，由于 $Fe_3C_{Ⅲ}$ 沿 F 晶界析出，会使钢的塑性下降或变脆。

工业纯铁的平衡凝固过程如图 4-6 所示，其室温组织为 F + 少量 $Fe_3C_{Ⅲ}$，组织形态为白色块状 F 及其晶界上少量分布的小白片状的 $Fe_3C_{Ⅲ}$ 如图 4-7 所示。

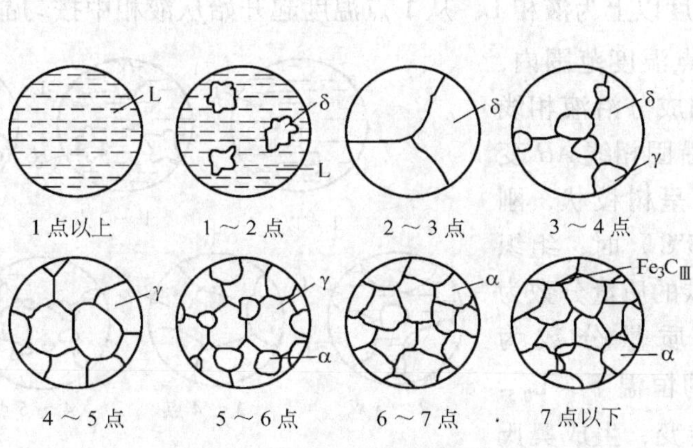

图 4-6 工业纯铁凝固过程示意图

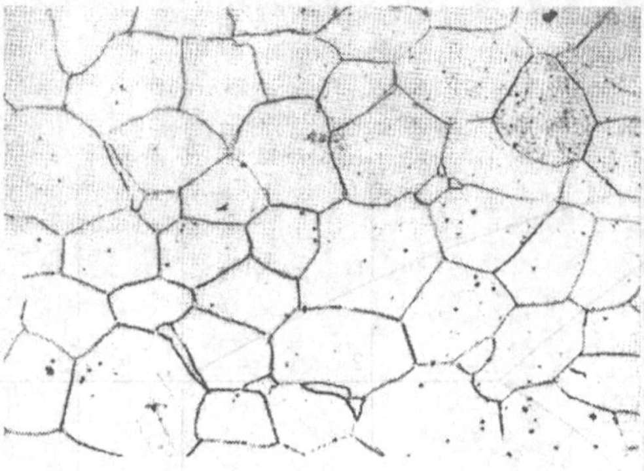

图 4-7　工业纯铁的显微组织

4.3.2　共析钢

共析钢碳的质量分数为 0.77%（图 4-5 中的②），其结晶过程示意图如图 4-8 所示。

合金②在 1 点温度以上为液相 L，从 1 点温度起开始从液相中按匀晶转变结晶出奥氏体 A，到达 2 点温度结晶结束，形成单相 A。2 ~3 点之间，A 不变，到达 3 点温度（727℃），A 在恒温下发生共析转变，即 $A_{0.77} \rightarrow (F_{0.0218} + Fe_3C)$，由奥氏体 A 转变为珠光体 P。在随后的冷却过程中，珠光体中的铁素体的含碳量沿 *PQ* 线降低，从铁素体中析出三次渗碳体 $Fe_3C_{Ⅲ}$，由于 $Fe_3C_{Ⅲ}$ 和 P 中的共析渗碳体连在一起，在显微镜下很难分辨，同时 $Fe_3C_{Ⅲ}$ 数量相对很少，对性能没有明显影响，往往忽略不计。

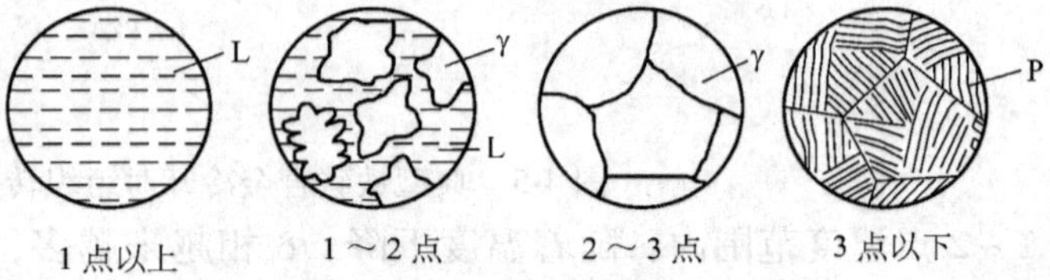

图 4-8　共析钢的结晶过程示意图

共析钢的室温组织为 P，P 的组织形态为层片状（图 4-4）。

4.3.3　亚共析钢

选取 $w_C = 0.45\%$ 的亚共析钢为例（图 4-5 中的③），其结晶过程示意图如图 4-9 所示。

合金③在 1 点温度以上为液相 L，从 1 点温度起开始从液相中按匀晶转变结晶出高温铁素体 δ 相，在 1 ~ 2 点温度范围内，随着温度下降，液相成分沿液相线 *AB* 变化，固相成分沿固相线 *AH* 变化，δ 相逐渐增多，呈树枝状，刚到达 2 点温度（1495℃）时，组织为 L + δ，其中 L 相碳的质量分数为 0.53%，δ 相碳的质量分数为 0.09%。在 1495℃ 的恒温下，$L_{0.53}$ 和 $\delta_{0.09}$ 要发生包晶转变，生成奥氏体 $A_{0.17}$，即 $L_{0.53} + \delta_{0.09} \rightarrow A_{0.17}$。如

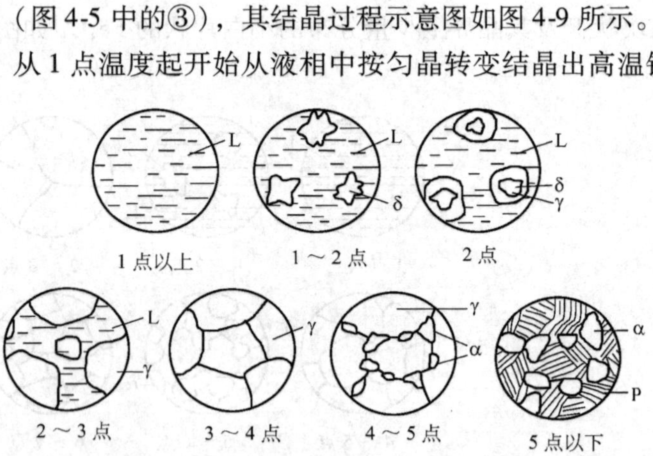

图 4-9　亚共析钢结晶过程示意图

果钢的 $w_C=0.17\%$，则合金在包晶反应终了时，δ 相与 L 相同时耗尽，变为单相 A。碳的质量分数在 0.09% ~0.17% 之间的合金，根据杠杆定律计算可知，反应前 δ 相的量较多，当包晶反应结束后，L 相耗尽，仍有部分 δ 相残留。这部分 δ 相在随后的冷却过程中，通过同素异构转变而变成奥氏体。碳的质量分数在 0.17% ~0.53% 之间的合金，由于 δ 相的量较少，L 相较多，在包晶反应结束后，L 相有剩余，在随后的冷却过程中，剩余的 L 相结晶成 A。

由于包晶反应过程中生成的 A 包在 δ 相外面，如果冷却过程中速度较快，原子扩散不能充分进行，则容易产生较大偏析。对于铁碳合金来说，由于包晶反应温度高，碳原子的扩散较快，所以包晶偏析并不严重。但对于高合金钢来说，合金元素的扩散较慢，就可能造成严重的包晶偏析。

到达 4 点，在 A 晶界上开始析出铁素体 F，称为先共析铁素体。F 成分沿 *GP* 线变化，A 成分沿 *GS* 线变化。降到 5 点时（727℃），A 的碳的质量分数达到 0.77%，发生共析转变，$A_{0.77}$转化成珠光体 P，F 没有变化。在随后的冷却过程中，先共析铁素体和珠光体中的铁素体都要析出三次渗碳体 Fe_3C_{III}，但其数量相对很少，忽略不计。

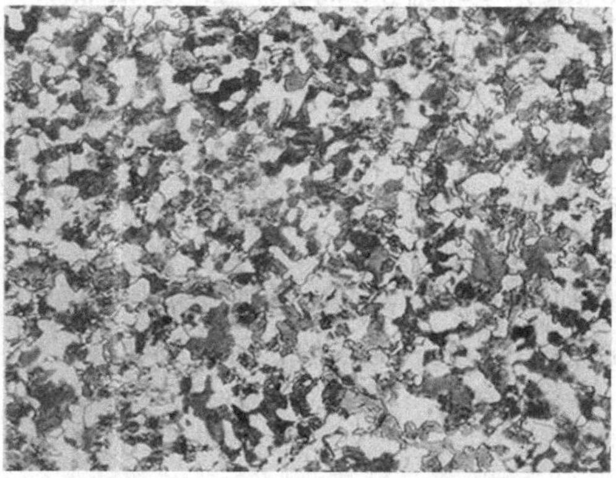
图 4-10 亚共析钢室温平衡组织

亚共析钢的室温组织为 F + P，组织形态为白色块状 F 和层片状 P，如图 4-10 所示。当放大倍数不高时，P 呈灰黑色，钢中含碳量越高，组织中的 P 越多。

利用杠杆定律可以分别计算出 727℃时钢中的组织组成物（F + P）的质量百分数。

$$w_P=\frac{0.45-0.0218}{0.77-0.0218}\times100\%=57.2\%$$

$$w_F=\frac{0.77-0.45}{0.77-0.0218}\times100\%=42.8\%$$

$$或\ w_F=1-w_P=42.8\%$$

由于 F 和 P 密度相近，同时 F 含碳量很低，则钢的含碳量可以估算为 $w_C\approx P\times0.77\%$，P 为珠光体在显微组织中所占面积的百分比。因此可以根据亚共析钢组织组成物中珠光体在显微组织中所占面积的百分比，来估算出钢的含碳量。

4.3.4 过共析钢

选取 $w_C=1.2\%$ 的过共析钢为例（图 4-5 中的④），其平衡结晶过程示意图如图 4-11 所示。

合金④在 1 点温度以上为液相 L，从 1 点温度起开始从液相 L 中按匀晶转变结晶出奥氏体 A，在 1 ~2 点温度范围内，随着温度下降，液相 L 成分沿液相线 *BC* 线变化，固相 A 成分沿固相线 *JE* 线变化，A 逐渐增多，呈树枝状，到达 2 点温度全部转化成 A。冷至 3 点与 *ES* 线相交，随着温度下降，A 中碳的固溶度沿 *ES* 线变化，从 A 中析出二次渗碳体 Fe_3C_{II}，

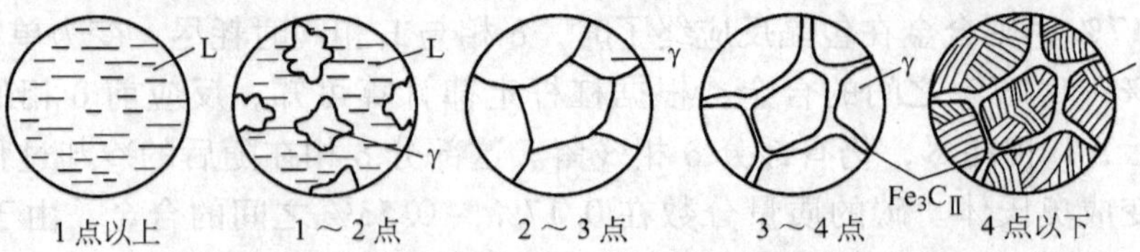

图4-11 过共析钢结晶过程示意图

图4-12 过共析钢室温平衡组织

温度降到4点（727℃）时，A中碳的质量分数降为0.77%，在恒温下A发生共析转变，生成珠光体P。

从A中析出的$Fe_3C_{Ⅱ}$沿A晶界呈网状分布，由于$Fe_3C_{Ⅱ}$硬而脆，强度很低，一旦$Fe_3C_{Ⅱ}$在晶界形成完整的网，会导致合金强度迅速下降，性能恶化。

过共析钢的室温组织为$P+Fe_3C_{Ⅱ}$，组织形态为层片状的P和其晶界上呈网状分布的$Fe_3C_{Ⅱ}$，如图4-12所示。

利用杠杆定律可以分别计算出钢中的组织组成物（$P+Fe_3C_{Ⅱ}$）的质量百分数。

$$w_P=\frac{6.69-1.2}{6.69-0.77}\times100\%=92.7\%$$

$$w_{Fe_3C_{Ⅱ}}=\frac{1.2-0.77}{6.69-0.77}\times100\%=7.3\%$$

4.3.5 共晶白口铸铁

共晶白口铸铁碳的质量分数为4.3%（图4-5中的⑤），其结晶过程示意图如图4-13所示。

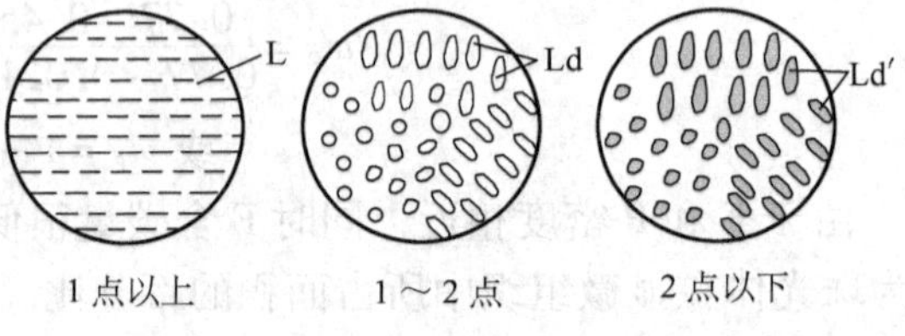

图4-13 共晶白口铸铁结晶过程示意图

合金⑤在1点温度以上为液相L，到达1点温度（1148℃）时，在恒温下发生共晶反应，生成莱氏体Ld，即$L_{4.3}\rightarrow(A_{2.11}+Fe_3C)$。1点以下，随着温度下降，奥氏体A中碳的固溶度沿*ES*线变化，从A中析出二次渗碳体$Fe_3C_{Ⅱ}$，但由于$Fe_3C_{Ⅱ}$依附在作为基体的共晶渗碳体Fe_3C上，在显微镜下难以分辨。温度降到2点（727℃）时，A中碳的质量分数降为0.77%，在恒温下A发生共析转变，生成珠光体P，则莱氏体（$A+Fe_3C$）转化成了（$P+Fe_3C$），称为低温莱氏体或变态莱氏体，用符号Ld′表示。2点温度以下，组织没有明显变化。共晶白口铸铁的室温组织为Ld′，组织形态为粒状或条状P分布在共晶Fe_3C基体上（图4-3）。

4.3.6 亚共晶白口铸铁

以$w_C=3.0\%$的亚共晶白口铸铁为例（图4-5中的⑥），其结晶过程示意图如图4-14所示。

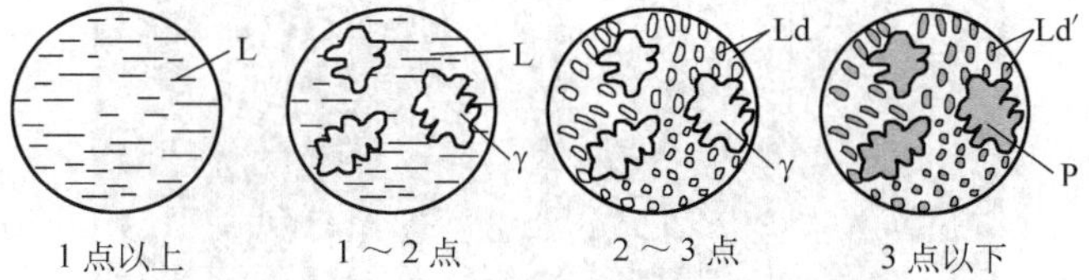

图 4-14 亚共晶白口铸铁结晶过程示意图

合金⑥在1点温度以上为液相L，从1点温度起开始从液相L中按匀晶转变结晶出初晶奥氏体A，在1~2点温度范围内，随着温度下降，液相L成分沿液相线*BC*线变化，固相A成分沿固相线*JE*线变化，并且A逐渐增多，到达2点温度（1148℃）得到$w_C=2.11\%$的初晶奥氏体A和$w_C=4.3\%$的液相L。在恒温下合金发生共晶反应，液相L生成莱氏体Ld。2~3点之间，随着温度下降，奥氏体A的含碳量沿*ES*线降低，从初晶奥氏体和共晶奥氏体中都析出二次渗碳体Fe_3C_{II}，但Fe_3C_{II}与共晶渗碳体连成一片，难以分辨。到3点温度（727℃），奥氏体中碳的质量分数降为0.77%，在恒温下发生共析转变，所有奥氏体A转变成珠光体P，莱氏体Ld转化成低温莱氏体Ld′。

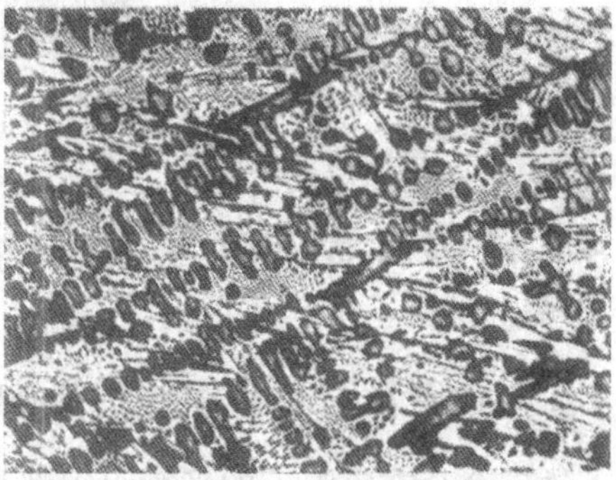

图 4-15 亚共晶白口铸铁室温平衡组织

亚共晶白口铸铁的室温组织为$P+Fe_3C_{II}+Ld'$，组织形态为小颗粒状的珠光体和渗碳体基体构成的低温莱氏体及大块黑色的珠光体，Fe_3C_{II}与共晶渗碳体连成一片，不易分辨，如图4-15所示。

4.3.7 过共晶白口铸铁

以$w_C=5.0\%$的过共晶白口铸铁为例（图4-5中的⑦），其结晶过程示意图如图4-16所示。

合金⑦在1点温度以上为液相L，从1点温度起开始从液相L中结晶出粗大的条状渗碳体，称为一次渗碳体Fe_3C_I。在1~2点温度范围内，随着温度下降，一次渗碳体Fe_3C_I的量逐渐增加，液相L成分沿*DC*线变化，降至2点温度（1148℃），液相L成分降为4.3%，在恒温下发生共晶反应，液相L转变成莱氏体Ld。温度降至3点（727℃）时，在恒温下发生共析转变，莱氏体Ld转变成低温莱氏体Ld′。

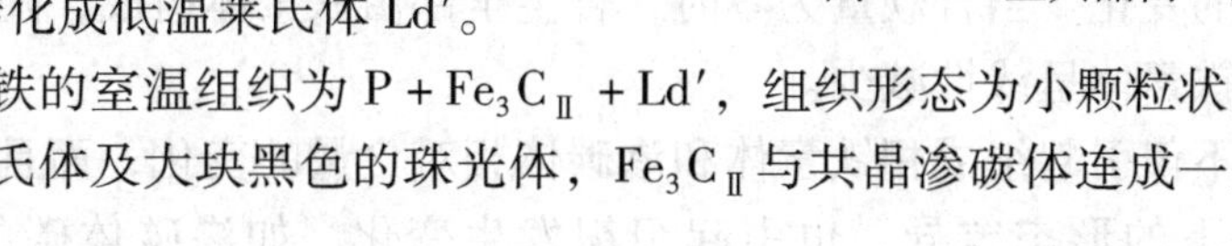

图 4-16 过共晶白口铸铁结晶过程示意图

过共晶白口铸铁的室温组织为Fe_3C_I+Ld'，组织形态为小颗粒状的珠光体和渗碳体基体构成的低温莱氏体及粗大条状的一次渗碳体，如图4-17所示。

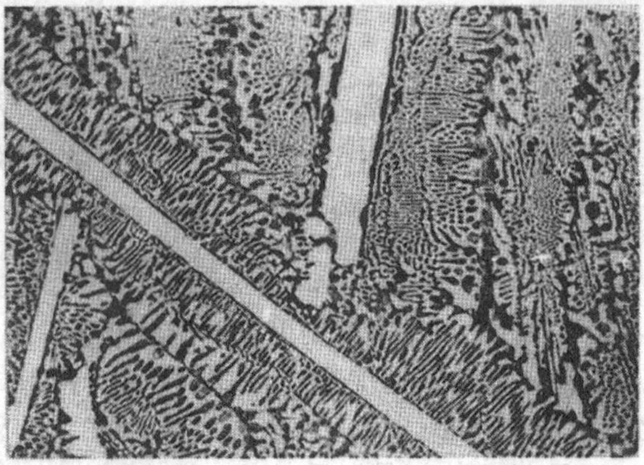

图 4-17 过共晶白口铸铁室温平衡组织

4.4 铁碳合金的成分-组织-性能之间的关系

4.4.1 含碳量对平衡组织的影响

铁碳合金在室温下的平衡组织都是由铁素体和渗碳体两相组成的。合金含碳量的变化会引起两相相对含量的变化。当含碳量为零时，合金全部由铁素体组成，随着含碳量增加，渗碳体呈线性增加，铁素体呈线性减少。

含碳量的变化不仅引起组成相铁素体和渗碳体相对含量的变化，而且由于铁素体和渗碳体在不同生成条件下的形态差异，也引起组织发生变化。如渗碳体碳的质量分数始终为

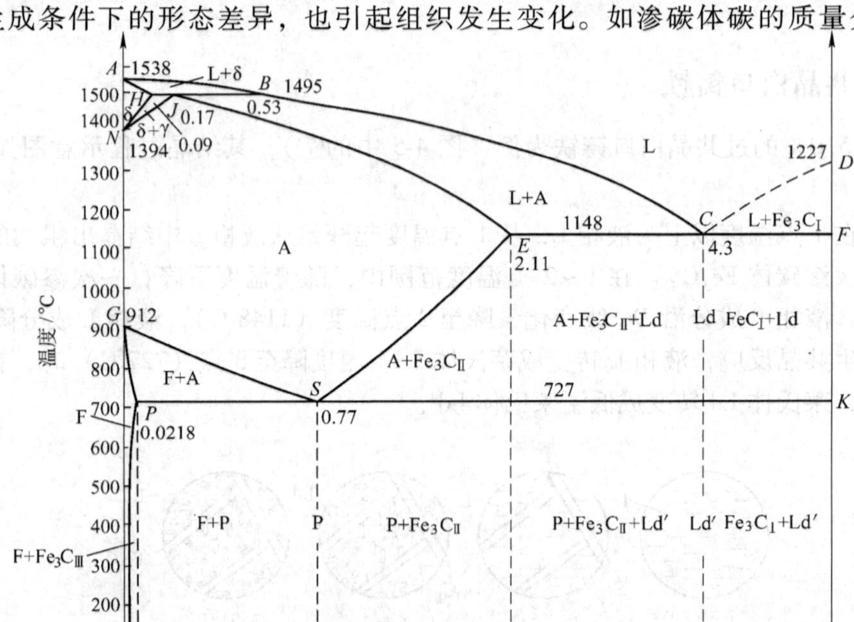

图 4-18 标注组织的 $Fe\text{-}Fe_3C$ 合金相图

6.69%，但一次渗碳体是从液相直接析出的，呈粗大条状；二次渗碳体是从奥氏体中析出的，沿奥氏体晶界呈网状分布；三次渗碳体是从铁素体中析出的，在晶界呈小片状分布；珠光体中的共析渗碳体是层片状的；低温莱氏体 Ld′中的共晶渗碳体又是作为基体出现的。铁碳合金的成分与组织关系如图 4-18 所示。

随着含碳量的增加，铁碳合金的室温组织按下列顺序变化：

$F \to F + P \to P \to P + Fe_3C_{II} \to P + Fe_3C_{II} + Ld' \to Ld' \to Fe_3C_{I} + Ld' \to Fe_3C$，如图 4-19 所示。

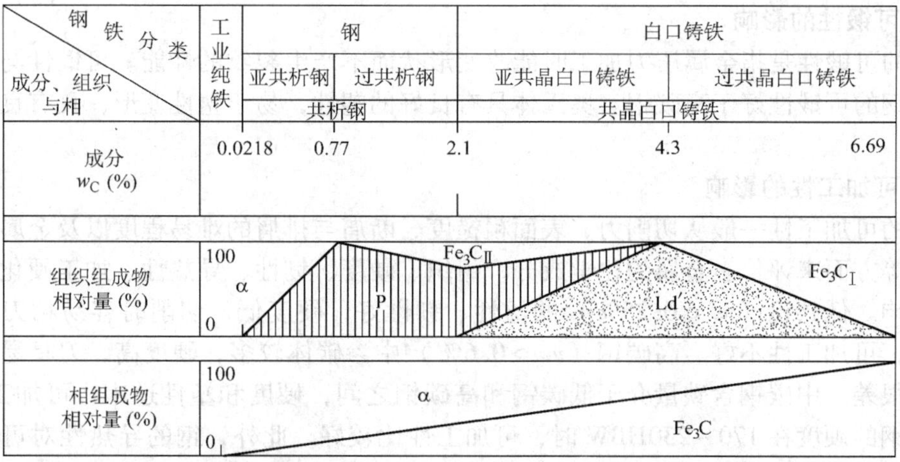

图 4-19 铁碳合金的成分、组织与相

4.4.2 含碳量对力学性能的影响

含碳量的变化会引起组织的变化，组织的变化会直接引起性能的变化。

硬度主要取决于组成相的硬度和数量，铁素体的硬度约为 80HBW，渗碳体的硬度约为 800HBW。随着含碳量的增加，硬度高的渗碳体逐渐增多，硬度低的铁素体逐渐减少，合金的硬度也随着含碳量的增加而呈线性提高。

强度对组织形态很敏感。铁素体的强度较低，抗拉强度约为 180 ~ 280 MPa，渗碳体硬而脆，抗拉强度约为 30 MPa，珠光体中的铁素体和渗碳体呈层片状分布，抗拉强度约为 1000MPa。亚共析钢随着含碳量的增加，珠光体增多而铁素体减少，强度逐渐升高。过共析钢在碳的质量分数达到 0.9% 左右时，强度达到最高值，含碳量继续增加，强度则下降。这是由于在碳的质量分数达到 0.9% 左右时，强度趋近于零的二次渗碳体在晶界处形成连续的网，导致合金脆性增大，强度迅速下降。白口铸铁由于含有大量渗碳体，脆性很大，强度很低。

由于渗碳体的塑性趋近于零，合金的塑性变形主要由铁素体来提供。当含碳量逐渐增加时，铁素体含量逐渐减少，因而塑性逐渐降低。对于白口铸铁，塑性几乎接近于零了。

冲击韧性对组织很敏感，随着渗碳体的增加而降低，相比之下，比塑性下降的幅度还大，尤其是二次渗碳体成网后，韧性急剧下降。

为保证工业上使用的钢具有足够的强度，并具有一定的塑性和韧性，钢中碳的质量分数一般不超过 1.3%。

4.4.3 含碳量对工艺性能的影响

1. 对铸造性的影响

铸铁液相线温度比钢低，其流动性总是比钢好。纯铁和共晶白口铸铁的液相线和固相线距离最小，因此铸造性最好。在铸造生产中共晶点附近的合金得到广泛使用。钢的铸造性总体都不太好。

2. 对可锻性的影响

金属的可锻性是指金属压力加工时能改变形状而不产生裂纹的性能。可锻性与含碳量有关，低碳钢的可锻性好于高碳钢。奥氏体具有良好的塑性，易于塑性变形，具有良好的可锻性。

3. 对可加工性的影响

金属的可加工性一般从切削力、表面粗糙度、断屑与排屑的难易程度以及金属对刀具的磨损程度等方面来评价。金属的化学成分、组织、硬度、韧性、导热性、加工硬化程度等对其均有影响。低碳钢（$w_C \leqslant 0.25\%$）的塑性、韧性好，硬度低，切削时容易粘刀，不易断屑和排屑，可加工性不好。高碳钢（$w_C > 0.6\%$）中渗碳体较多，硬度高，刀具易磨损，可加工性也很差。中碳钢含碳量介于低碳钢和高碳钢之间，硬度和塑性适中，可加工性较好。一般认为钢的硬度在 170 ~ 230HBW 时，可加工性比较好。此外，钢的导热性对可加工性也有很大影响。具有奥氏体组织的钢，由于其导热性差，尽管硬度不高，但可加工性不好。

4.5 Fe-Fe_3C 相图的应用

Fe-Fe_3C 相图在实际生产中的选材和加工工艺的制订等方面具有很重要的实际意义。

1. 选材

Fe-Fe_3C 相图反映了铁碳合金的成分与组织、性能的变化规律，为钢铁材料的选材提供了依据。需要塑性、韧性较高的材料时应采用低碳钢，它具有良好的冷成形性能；需要强度、塑性、韧性都较好，即综合力学性能要求较高的材料，应采用中碳钢，可用于制造机器零件等用途；需要硬度和耐磨性较好的材料，用于制造工具等，则应采用高碳钢；纯铁强度、硬度太低，不宜做结构材料，可做电磁铁的铁心等；白口铸铁具有很高的硬度和脆性，不宜切削加工和锻造，可以铸造成耐磨而不受冲击载荷的制件，如冷轧辊、拔丝模等。

2. 制订热加工工艺

Fe-Fe_3C 相图反映了不同成分的合金在缓慢加热和冷却过程中的组织转变规律，为制订热加工和热处理工艺提供了依据。

（1）铸造　根据相图可以确定浇注温度。浇注温度一般在液相线以上 50 ~ 100℃。此外，前面已经讲过，根据相图还可以判断合金的铸造性能，在生产上总是选择共晶点附近的合金。

（2）热加工　钢处于奥氏体状态时强度较低，塑性较好，因此，在锻造或轧制时要把坯料加热到奥氏体状态。一般始锻、始轧温度控制在固相线以下 100 ~ 200℃ 范围内，而终锻、终轧温度不能过低，以免因塑性差而出现裂纹。因此，对于亚共析钢多控制在稍高于 *GS* 线温度，避免变形时出现铁素体，形成带状组织；对于过共析钢多控制在稍高于 *PSK* 线温度，以便打碎析出的网状二次渗碳体。一般地，碳钢的始锻温度为1150～1250℃，终锻温度为750～850℃ 。

此外，$Fe\text{-}Fe_3C$ 相图对于制订热处理工艺有着重要的指导意义，退火、正火、淬火等热处理的加热温度都要参考相图来制订，这将在后续热处理章节中详细讨论。

4.6 应用 $Fe\text{-}Fe_3C$ 相图应注意的问题

$Fe\text{-}Fe_3C$ 相图虽然是研究钢铁材料的基础，但也有其局限性。

1）$Fe\text{-}Fe_3C$ 相图只能反映铁碳二元合金中相的平衡状态，当钢中加入其他元素时，相图将发生变化，因此，$Fe\text{-}Fe_3C$ 相图无法确切表示多元合金的相的状态，必须借助于三元或多元相图。

2）$Fe\text{-}Fe_3C$ 相图反映的是相的概念，而不是组织的概念，从相图上不能反映出相的形状、大小及分布。

3）$Fe\text{-}Fe_3C$ 相图反映的是平衡条件下铁碳合金中相的状态，不能说明较快速度加热或冷却时组织的变化规律，也看不出相变过程所经历的时间。

本章小结

本章主要包括以下内容：

1）铁碳合金相图：五个单相 L、δ、α、γ、Fe_3C，重要的成分点（碳的质量分数）0.0218%、0.77%、2.11%、4.3%、6.69%，固溶度曲线 *ES*、*PQ*，包晶转变、共晶转变、共析转变。

2）铁碳合金的结晶：典型合金的平衡结晶过程，特别是亚共析钢和过共析钢的结晶，渗碳体的五种组织形态。

3）铁碳合金的成分-组织-性能的关系。

第 5 章　金属的塑性变形、回复和再结晶

内容提要：了解金属塑性变形的实质及塑性变形的主要方式；熟悉金属塑性变形后组织结构与性能之间的变化规律，以及变形金属在加热过程中的组织结构和性能变化特点；掌握加工硬化的概念及其实际应用。

教学重点：单晶体、多晶体的塑性变形；塑性变形对金属组织结构和性能的影响；回复与再结晶。

教学难点：塑性变形原理；滑移、孪生机制。

5.1　单晶体的塑性变形

金属材料经冶炼浇注后获得的铸态组织晶粒往往粗大且不均匀，所以大多数要进行各种压力加工（如轧制、挤压、锻造、冲压、拉拔、冷镦等）才能制成型材或工件。金属材料经压力加工后不仅改变了外形尺寸，而且其内部组织和性能也发生变化。例如，经冷塑性变形后（拉拔、冷镦等），金属材料的强度显著提高而塑性下降；经热塑性变形后（热轧、锻造等），金属的塑性和韧性明显提高，而强度提高不明显；变形后的金属在加热时会发生回复和再结晶，进一步影响工件最终的组织及性能。

因此，探讨金属的塑性变形及再结晶规律具有非常重要的理论和工程实际意义。一方面，可以揭示金属材料强度和塑性变化的实质以探索强化金属材料的方法和途径；另一方面，可为工程实际中各种有关塑性变形问题提供重要的参考，为生产实践中确定合适的压力加工工艺和退火工艺提供依据。

工程实际中应用的金属材料一般为多晶体，在分析多晶体的塑性变形规律之前应首先研究单晶体的塑性变形，掌握单晶体的塑性变形规律有助于理解多晶体塑性变形的实质。

单晶体的塑性变形方式主要有两种，即滑移和孪生。

5.1.1　滑移

滑移是指在切应力作用下，晶体的一部分沿一定的晶面（滑移面）和晶向（滑移方向）相对于另一部分发生相对滑动位移。

1. 滑移的表象

将表面经过抛光的纯铜单晶体进行拉伸变形试验，当试样经过适量的塑性变形后，就可在显微镜下甚至肉眼观察到试样表面上出现的许多互相平行的倾斜线条，这些条纹称为“滑移带”，如图 5-1 所示为铜单晶体拉伸变形前后的示意图。滑移带是晶体在切应力的作用下，一部分相对于另一部分沿着一定的晶

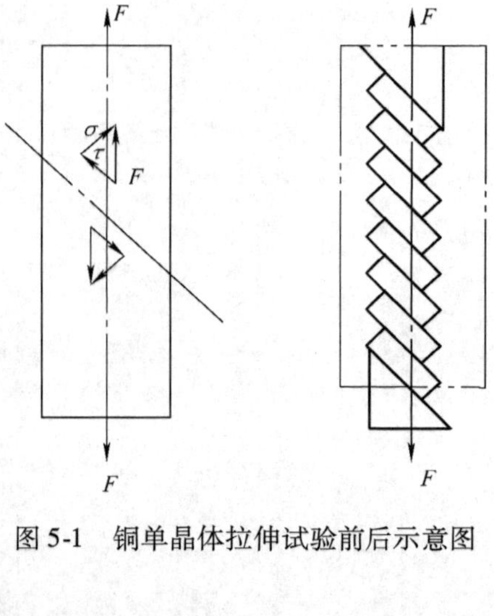

图 5-1　铜单晶体拉伸试验前后示意图

面（滑移面）和一定的晶向（滑移方向）滑移产生的台阶。在高倍电子显微镜下观察，一个滑移台阶实际上就是一束滑移线群的集合体，称为“滑移线”，如图5-2所示为滑移线和滑移带示意图。

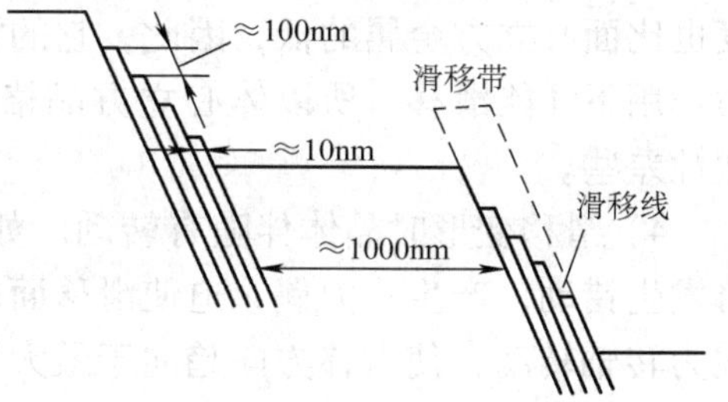

图5-2　滑移线和滑移带示意图

通过对滑移带的观察发现，单晶体变形时，滑移仅在晶体内有限的晶面上进行，是不均匀的。因此，单晶体金属塑性变形的表象是出现了一系列的滑移带，其塑性变形就是众多大小不同的滑移带的综合效果在宏观上的体现。

2. 滑移的特点

1）滑移是晶体内部位错在切应力作用下运动的结果，并且只能在切应力作用下发生。不同金属产生滑移的最小切应力（滑移临界切应力）的大小不同，取决于金属原子间的结合力。

2）滑移是通过位错的运动来实现的，滑移时晶体的一部分相对于另一部分沿滑移方向位移的距离为原子间距的整数倍。如图5-3所示，在切应力作用下，一个多余半原子面从晶体一侧逐步运动到另一侧，即位错自左向右移动时，晶体就产生滑移。由于位错每移出晶体一次即造成一个原子间距的变形量，因此晶体发生的总变形量一定是这个方向上的原子间距的整数倍。

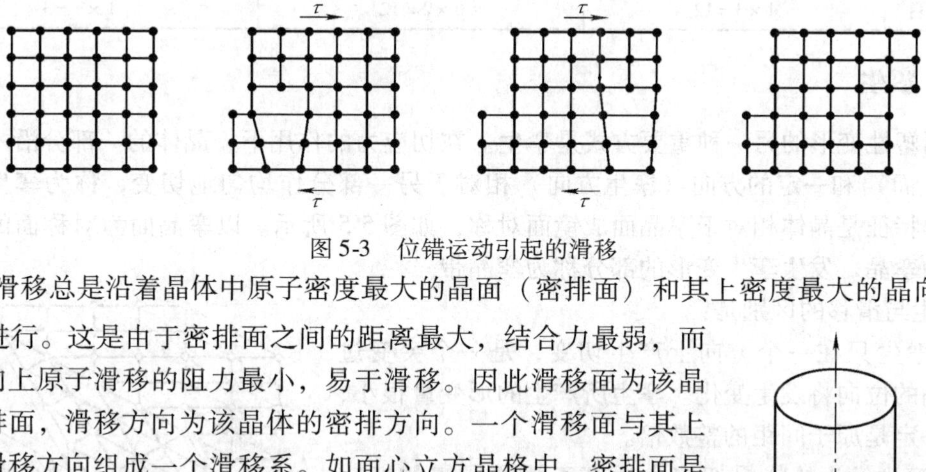

图5-3　位错运动引起的滑移

3）滑移总是沿着晶体中原子密度最大的晶面（密排面）和其上密度最大的晶向（密排方向）进行。这是由于密排面之间的距离最大，结合力最弱，而密排方向上原子滑移的阻力最小，易于滑移。因此滑移面为该晶体的密排面，滑移方向为该晶体的密排方向。一个滑移面与其上的一个滑移方向组成一个滑移系。如面心立方晶格中，密排面是{111}，滑移面共有4个。密排方向为〈110〉，每个滑移面上有3个滑移方向，因此共有12个滑移系。晶体在实际滑移时，不能沿着这12个滑移系同时滑移，只能沿着位向最有利的滑移系产生滑移。三种常见晶格的滑移系见表5-1。滑移系越多，金属发生滑移的可能性越大，塑性就越好。由表5-1可以看出，面心立方和体心立方金属的塑性较好，而密排六方金属的塑性较差。然而，金属塑性的好坏不仅取决于滑移系的多少，还与滑移面上的密排程度和滑移方向的数目等因素有关。例如，α-Fe（体心立方晶体）的滑移方向没有面心立方晶体的多，其滑移面上原子密排程

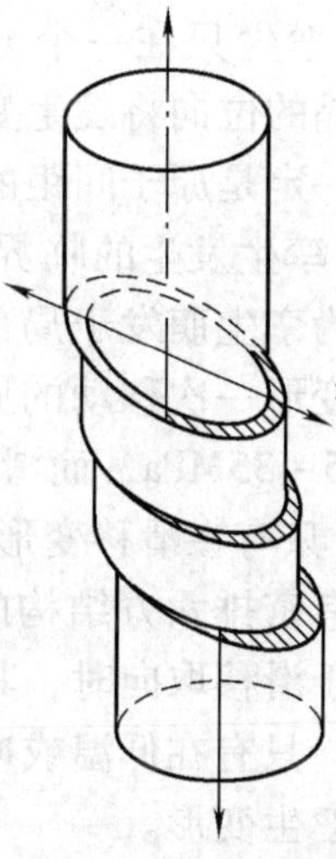

图5-4　单晶体的滑移变形

度也比面心立方金属的低，因此，它的滑移面间距较小，原子结合力较大，必须在很大的应力作用下才能滑移，所以体心立方晶格金属比面心立方晶格金属（铜、铝、金、银等）的塑性差些。

4）滑移变形时晶体伴随有转动。如图 5-4 所示，在拉伸时，单晶体发生滑移，外力轴将发生错动，产生一力偶，迫使滑移面向拉伸轴平行方向转动。同时晶体还会以滑移面的法线为转轴转动，使滑移方向趋向于最大切应力方向。

表 5-1　三种常见金属晶格的滑移系

晶格类型	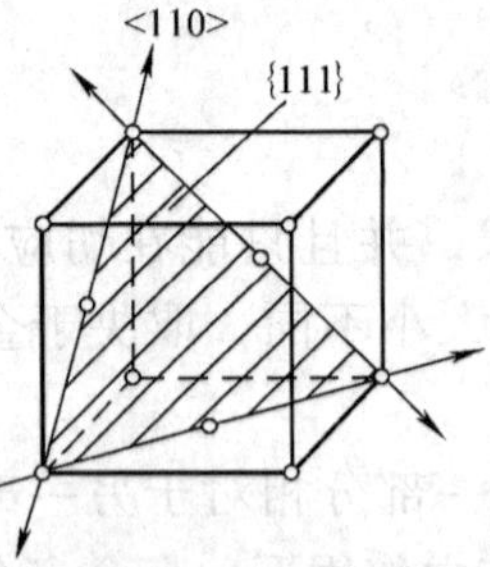 面心立方结构	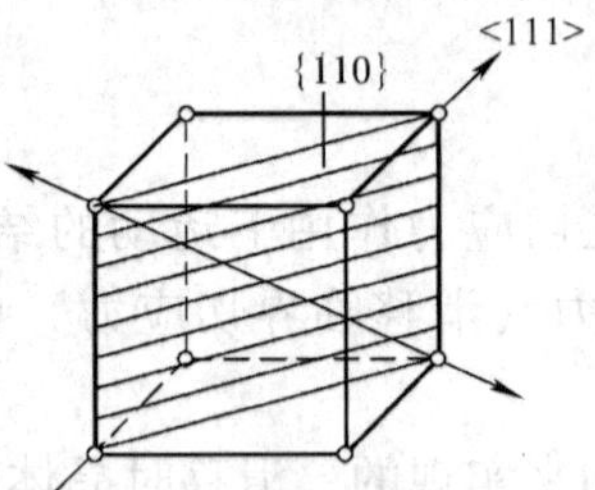 体心立方结构	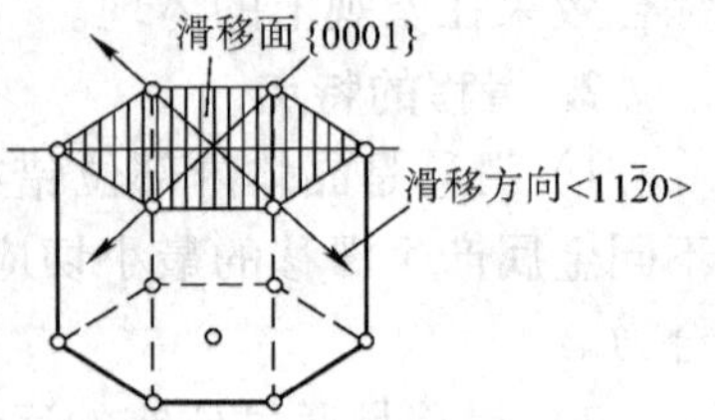 密排六方结构
滑移方向	$\langle 110\rangle \times 3$	$\langle 111\rangle \times 2$	$\langle 11\bar{2}0\rangle \times 3$
滑移面	$\{111\} \times 4$	$\{110\} \times 6$	$\{0011\} \times 1$
滑移系数目	$4\times 3=12$	$6\times 2=12$	$1\times 3=3$

5.1.2　孪生

金属塑性变形的另一种重要方式是孪生。在切应力的作用下，晶体的一部分沿一定的晶面（孪生面）和一定的方向（孪生方向）相对于另一部分作均匀地切变，称为孪生。孪生的晶体学特征是晶体相对于孪晶面成镜面对称，如图 5-5 所示。以孪晶面为对称面的两部分晶体称为孪晶。发生孪生变形的部分称为孪晶带。

孪生与滑移的区别是：

1）孪生只在一个方向上产生切变，是一个突变过程，孪晶的位向将发生变化。孪生所产生的形变量很小，一般不一定是原子间距的整数倍。

2）孪生发生的临界切应力远高于滑移所需的切应力。因为孪生萌发于局部应力集中的地方，且孪生变形较滑移变形一次移动的原子较多。例如镁的孪生临界切应力为 5～35MPa，而滑移临界切应力仅为 0.5MPa。

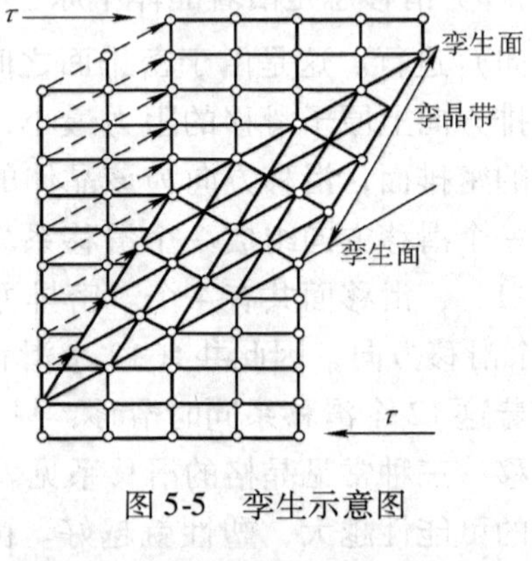

图 5-5　孪生示意图

3）只有在滑移变形难以进行时才会产生孪生变形。一些具有密排六方结构的金属，由于滑移系少，特别是在不利于滑移取向时，其塑性变形常以孪生变形的方式进行；体心立方晶格的金属由于滑移系较多，只有在低温或冲击载荷作用下才发生孪生变形；而具有面心立方晶格的金属则很少会发生孪生变形。

5.2　多晶体的塑性变形

工程上使用的金属材料大多为由位向、形状、大小各不相同的晶粒所组成的多晶体，图5-6所示为纯金属多晶体的显微组织。因此，多晶体的塑性变形与单晶体比较并无本质上的区别，即每个晶粒的塑性变形仍然以滑移或孪生等方式进行。但由于位向不同的晶粒是通过晶界结合在一起的，晶粒的位向和晶界对塑性变形有很大的影响，所以多晶体的塑性变形要比单晶体的复杂得多。

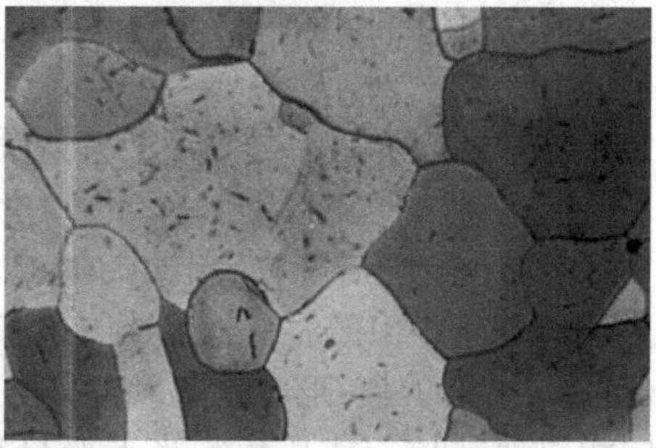

图5-6　纯金属多晶体的显微组织

多晶体的塑性变形表现出如下特点：

1. 塑性变形过程——不均匀

在多晶体中，虽然每个晶粒的结构相同，但位向不相同，以致其内部的滑移面及滑移方向分布也不一致，因此，多晶体在外力（拉伸）作用下，各晶粒内滑移系上的分切应力也不相同，如图5-7所示。有些晶粒所处的位向能使其内部的滑移系获得最大的分切应力，并将首先达到临界分切应力值而开始滑移。这些晶粒所处的位向为易滑移位向，也称为“软位向”；有些晶粒所处的位向使其内部滑移系获得的分切应力小，最难滑移，被称为“硬位向”。由此可见，多晶体的塑性变形将会在不同晶粒中逐渐发生，先发生于软位向晶粒，后发展到硬位向晶粒，是一个不均匀的塑性变形过程。

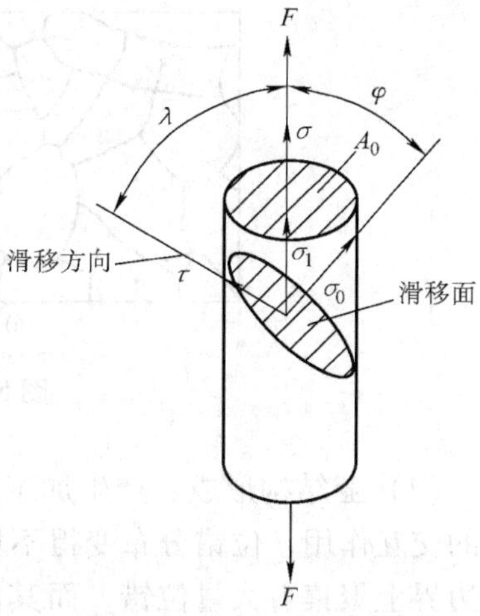

图5-7　滑移面上的切应力分析

2. 晶粒间位向差的影响——阻碍滑移

多晶体各相邻晶粒之间存在位向差，使变形不能同时进行。当一个晶粒发生塑性变形时，周围不发生塑性变形的晶粒必须产生弹性变形来与之协调配合，否则不能保持晶粒间的连续性，甚至造成材料出现孔隙或破裂。因此，需要足够大的外力，才能使某晶粒发生滑移变形的同时带动或引起其他相邻晶粒发生相应的协调变形，这就意味着增大了晶粒变形的抗力，阻碍滑移的进行。

3. 晶界的影响——阻碍位错运动

多晶体中存在大量的晶界，晶界的原子排列不规则，当位错运动到晶界附近时，将受到晶界的阻碍而堆积起来，即形成位错塞积，如图5-8所示。若使变形继续进行，则必须增加外力，即晶界使多晶体的塑性变形抗力提高。

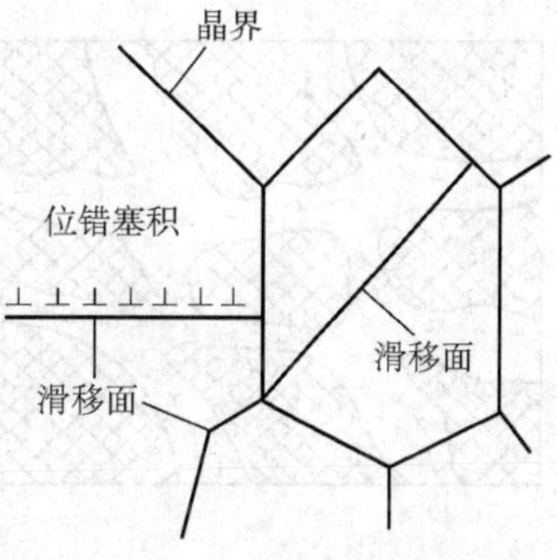

图5-8　位错在晶界塞积示意图

金属的塑性变形抗力不仅与其原子间的结合力有关，而且与金属的晶粒度有关。金属的晶粒越细，晶界越多，塑性变形的抗力便越大，强度也越高。另外，金属晶粒越细，金属的塑性和韧性越好，因为晶粒愈细，单位体积中的晶粒数便越多，在相同外力作用下，有利于滑移和参与滑移的晶粒数目也越多，一定的变形量会由更多的晶粒来承担，减少局部的应力集中，从而推迟了裂纹的产生，即使发生的塑性变形量很大也不致断裂，进而表现出塑性的提高；在强度和塑性同时提高的情况下，金属在断裂前要消耗大量的功，因而其韧性也较好。因此，工业上通过压力加工和（或）热处理使金属获得细而均匀的晶粒，是目前金属材料强韧化的一种很重要的手段。

5.3 塑性变形对金属组织和性能的影响

经过塑性变形后金属的组织和性能将发生一系列重大变化。

（1）纤维组织形成，金属性能趋于各向异性　金属发生塑性变形后，随着金属外形的变化，其内部的晶粒形状也会发生相应的变化，即晶粒发生形变，原本等轴状的晶粒沿形变方向相应地被拉长或压扁。当形变量很大时，晶粒变成细条状或纤维状，称为“纤维组织”，如图 5-9 所示。此时，由于纤维组织的形成，金属的性能产生各向异性，如沿纤维方向的强度和塑性远大于垂直方向的性能。

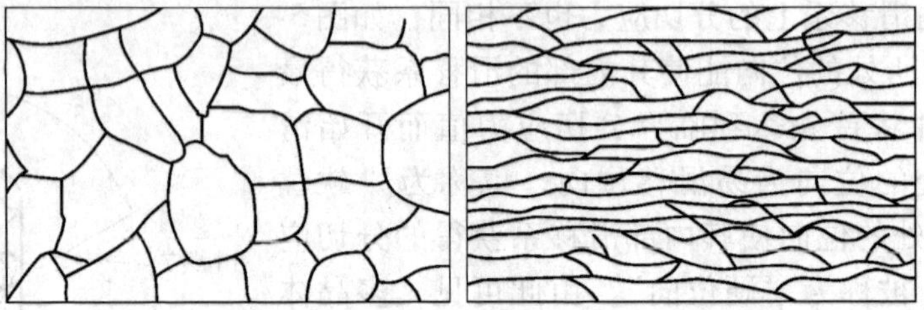

图 5-9　变形前后晶粒形状变化示意图

a）变形前　b）变形后

（2）亚结构形成，产生加工硬化　金属在大量变形之后，由于位错密度的增加及位错间的交互作用，位错分布变得不均匀，并使晶粒碎化成许多位向略有差异的亚晶粒。在亚晶粒边界上聚集着大量位错，而其内部位错则很少，如图 5-10 所示。变形越大，晶粒破碎的程度越大，亚晶界的量便越多。因此，随着变形量的增加，由于晶粒破碎、位错密度增加及亚结构的形成，位错运动的阻力增大，金属的塑性变形抗力迅速增大，即强度和硬度显著提高，而塑性和韧性下降，产生所谓加工硬化现象，也称形变强化，如图 5-11 所示。

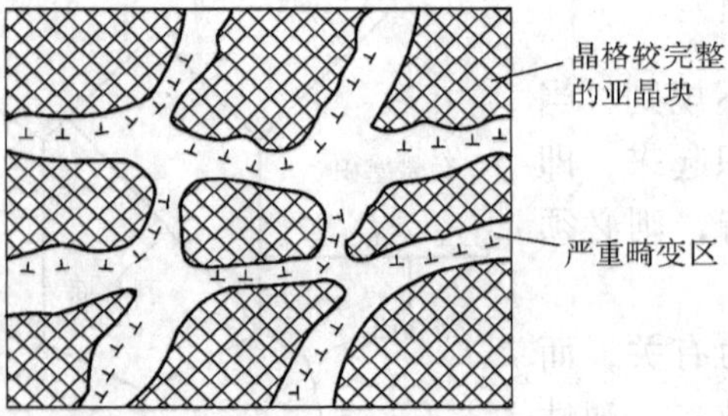

图 5-10　金属变形后亚结构示意图

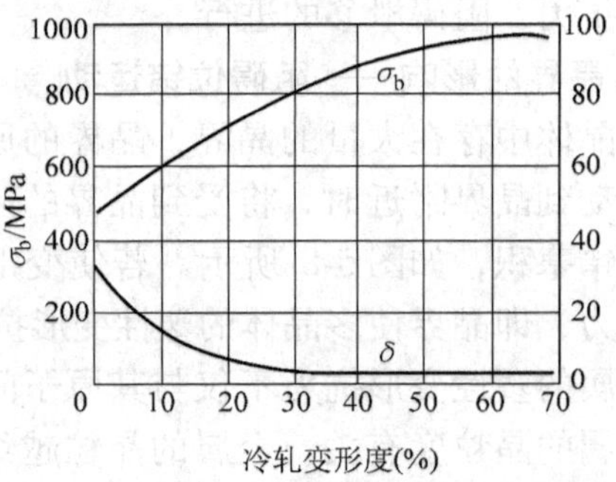

图 5-11　$w_C = 0.3\%$ 的低碳钢的加工硬化现象

金属的加工硬化现象一方面会给金属的进一步加工带来困难，如钢板在冷轧过程中会越轧越硬，以致最后轧不动；另一方面人们可以利用加工硬化现象来提高金属的强度和硬度，如工程生产中通过冷拔高强度钢丝产生的加工硬化来提高钢丝的强度。

（3）织构现象产生，造成制耳现象 当金属塑性变形程度很大（70%以上）时，金属中的晶粒不仅会被破碎拉长，各晶粒的晶格位向也会沿着变形的方向同时发生转动，转动结果使金属中每个晶粒的晶格位向趋于大体一致，即形成织构，它是变形过程中产生的，也称为形变织构。织构的形成表现在性能上的各向异性，即具有择优取向。

金属的形变织构大多数情况下都是不利的，如用有织构的板材冲压制成杯形或筒形零件时，由于在不同方向上的塑性差别很大，使零件的边缘不齐，造成“制耳”现象，如图5-12所示。在有的情况下织构又是有益的，例如变压器用的硅钢片的生产，如果形成具有特定方向的织构，则可提高变压器的功率。

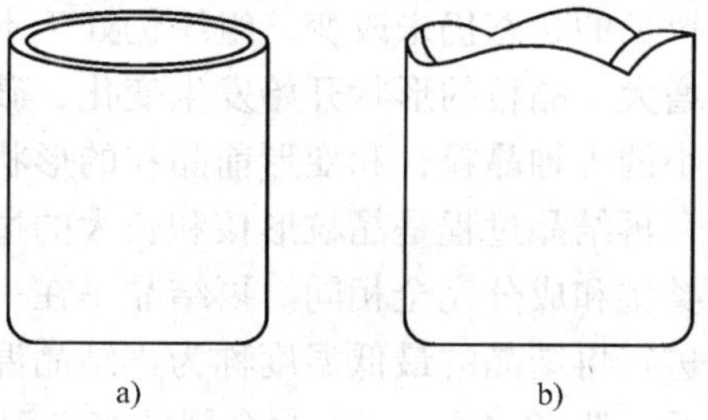

图5-12 形变织构造成的制耳现象
a）无织构 b）有织构

（4）组织不均匀，存在残余应力 在塑性变形过程中，由于各部分的变形不均匀，或晶粒内各部分和各晶粒间的变形不均匀，会导致金属内部形成残余内应力，这在一般情况下都是不利的，会引起零件尺寸不稳定，如冷轧钢板在轧制中就经常会因变形不均匀所残留的内应力而使钢板发生翘曲现象。此外，残余内应力还会使金属的耐蚀性能降低，所以金属在塑性变形之后，通常都要进行退火处理，以消除残余内应力。

5.4 回复和再结晶

如前所述，金属材料在塑性变形后，其组织结构和性能均发生了很大的变化，如组织不均匀，存在残余应力；形成亚结构，产生加工硬化现象等。金属的这种组织变化在热力学上呈不稳定状态。为了消除残余应力或恢复其某些性能（如提高塑性、韧性，降低硬度等），一般要对冷塑性变形后的金属材料进行加热处理，从而引起一系列的组织结构和性能的变化，如图5-13所示。通常将这种组织变化分为回复、再结晶、晶粒长大三个阶段。

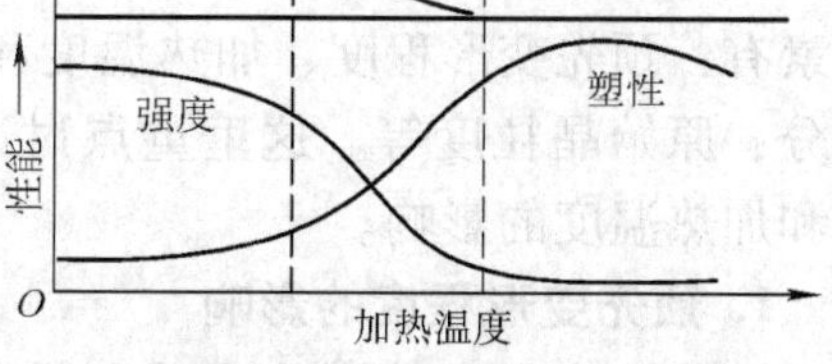

图5-13 冷变形金属加热时的变化

5.4.1 回复

回复是指冷变形金属在较低温度加热时，在光学显微组织发生改变前（即再结晶晶粒形成前）所产生的某些亚结构和性能的变化过程。由于回复时加热温度不高，原子扩散能力不强，因此金属的晶粒大小和形状没有明显的变化，只是在晶粒内发生点缺陷的消失以及位错的迁移等变化，此时材料的强度和硬度只略有降低，塑性有一定提高，但残余应力则大大降低。生产中常利用回复现象将冷变形金属进行低温加热，既可消除内应力，稳定组织，又保留了加工硬化效果，该方法称为去应力退火。例如，冷拔高强度钢丝是利用加工硬化现象使其产生高强度，但存在残余应力，不利于成形。若用冷拔钢丝卷制弹簧，在卷成之后必须要进行一次250～300℃的退火处理，以消除内应力，使其定形。

5.4.2 再结晶

回复阶段虽然金属中的点缺陷大为减少，晶格畸变有所降低，但整个变形金属的晶粒破碎拉长的状态仍未改变，组织仍处于不稳定的状态。当它被加热到较高温度时，原子活动能力增大，晶粒的形状开始发生变化，破碎及被拉长的晶粒重新形核、长大，变成新的均匀、细小的等轴晶粒，和变形前晶粒的形状相似，晶格类型相同，这一阶段称为“再结晶”。

再结晶过程是晶粒形核和长大的过程，并不是一个相变过程，因为再结晶前后晶粒的晶格类型和成分完全相同。再结晶是在一个温度范围内发生的，不是恒温过程。冷变形金属开始进行再结晶的最低温度称为再结晶温度。实验表明，纯金属的再结晶温度与其熔点有如下关系：$T=0.4T_{熔}$，$T_{熔}$ 为金属的熔点温度，T 为再结晶温度。

在再结晶过程中，随着温度升高，金属的组织和性能不断发生变化，显微组织恢复到变形前的状态，其强度、硬度逐渐降低，塑性、韧性不断升高。再结晶结束后，金属中内应力几乎全部消除，消除了加工硬化。生产中，再结晶退火主要用于金属变形后或变形过程中，使其强度、硬度降低，塑性提高，以便于进一步加工。例如，可以利用再结晶软化材料，经过拉拔的线材会产生加工硬化，难以达到最终尺寸，只有进行多次再结晶退火软化才能继续拉拔直到所需尺寸。另外，对于不能通过相变细化晶粒的材料，可以通过形变再结晶工艺使晶粒得到细化。深冲钢和硅钢也可以通过形变再结晶获取合适的织构，达到改善深冲性和磁性的目的。

5.4.3 晶粒长大

再结晶阶段结束后，金属获得了均匀细小的等轴晶粒。这些细小的晶粒具有长大的趋势，若再继续升高温度或延长加热时间，金属的晶粒将会以互相吞并的方式继续长大，这一阶段称为晶粒长大。晶粒长大对金属材料的力学性能极为不利，强度、塑性、韧性均下降，且塑性、韧性的下降更为明显。为了保证变形金属的再结晶退火质量，获得所需的晶粒组织，有必要了解影响再结晶晶粒长大的因素，主要影响因素有：预先变形程度、加热温度和时间、杂质、成分、原始晶粒度等。这里重点讨论预先变形程度和加热温度的影响。

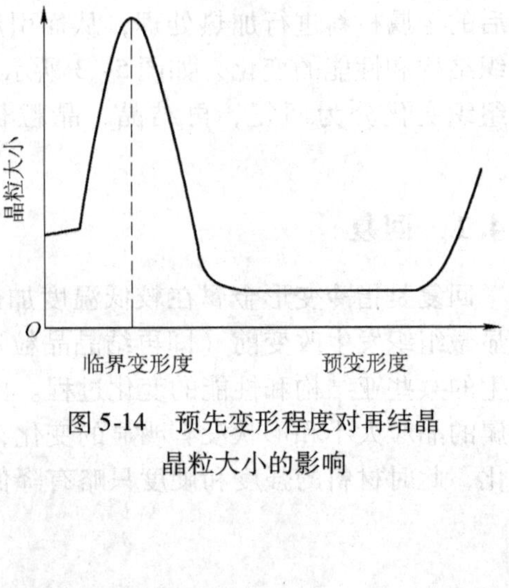

图 5-14 预先变形程度对再结晶晶粒大小的影响

1. 预先变形程度的影响

预先变形程度的影响实质上是对变形均匀程度的影响。如图 5-14 所示，当变形程度很小时，由于金属的畸变能也很小，不足以引起再结晶，因而晶粒仍保持原来的形状。当变形程度达到 2%～10%时，金属中只有部分晶粒发生变形，变形极不均匀，再结晶时形成的晶核数目不多，晶粒可以充分长大，从而导致再结晶后的晶粒特别粗大，这个变形程度称为临界变形度，生产中应尽量避开这一变形程度。超过临界变形程度之后，随着变形量的增加，越来越多的晶粒发生了变形，变形趋向均匀。晶格畸变越大，再结晶的晶核越多，再结晶后的晶粒越细，故可获得均匀细小的晶粒，并且在变形量达到一定程度后，晶粒大小基本不变。

2. 加热温度与保温时间的影响

再结晶加热温度越高，保温时间越长，金属的晶粒就越大，其中加热温度的影响尤为显著。这是由于加热温度升高，原子扩散能力和晶界迁移能力增强，有利于晶粒长大。

5.5　金属材料的热塑性变形

5.5.1　热加工与冷加工的区别

再结晶温度是热加工与冷加工的分界线，高于再结晶温度的压力加工是热加工，低于再结晶温度的压力加工则是冷加工。各种金属材料的再结晶温度相差很大。例如，钢的再结晶温度一般是600～700℃，在500℃对钢进行压力加工为冷加工；钨的再结晶温度是1200℃，在1000℃对其进行压力加工仍为冷加工；而锡的再结晶温度为－7℃以下，所以即使在室温下的压力加工却属于热加工。在热加工中将同时发生加工硬化和再结晶软化两个过程。由于在再结晶温度以上金属材料的塑性较好，且可消除加工硬化，故能连续承受很大的变形而不断裂，这在生产上得到了广泛的应用。

5.5.2　热加工对金属组织和性能的影响

金属材料经过热加工时，不仅引起金属的加工硬化，而且同时发生回复和再结晶软化，其组织和性能均发生明显的变化。

（1）改善铸锭组织缺陷　热加工可使铸态金属中的气孔、微裂纹焊合，从而使其致密度提高，改善材料的塑性和韧性。

（2）细化晶粒　热加工可使铸态金属中的枝晶和柱状晶破碎，通过控制加工的变形度和加工终了温度，可获得细小均匀、等轴的再结晶晶粒，从而使金属的力学性能提高。

（3）形成锻造流线　热加工可使铸态金属中的枝晶偏析和非金属夹杂分布发生改变，使它们沿着变形的方向被细碎拉长呈流线分布，形成“纤维组织”。流线使纵向的强度、塑性和韧性显著大于横向。如果合理利用热加工流线，尽量使流线与零件工作时承受的最大拉应力方向一致，而与外加切应力或冲击力方向相垂直，则可提高零件的使用寿命。

（4）形成带状组织　若钢在铸态下存在夹杂物偏析，或热变形加工时的温度过低，则在钢中会出现沿变形方向呈带状或层状分布的显微组织，称为带状组织。带状组织使钢的性能变坏，特别是横向的塑性、韧性降低。轻微的带状组织可通过正火来消除。

可见通过热加工可使铸态金属的组织和性能得到一系列重大的改善。因此工业上凡受力复杂，负荷较大的重要工件大多数要经过热加工的方式来制造。

5.6　金属的断裂

断裂是金属材料在外力的作用下丧失连续性的过程，包括裂纹的萌生和扩展两个基本过程。零件完全断裂后，不仅彻底丧失了服役能力，还可能造成不应有的经济损失，甚至引起重大的伤亡事故。从各种机器零件到桥梁、船舶、压力容器等在使用过程中都有不少断裂的例子，断裂的后果比塑性变形严重得多，是最危险的失效类型。因此，对断裂过程的研究在工程上具有非常大的实际意义。

目前，对断裂的研究涉及到断裂物理、断裂化学、断裂力学及断口等方面。本节仅介绍有关断裂的一些基本概念。

5.6.1　断裂的基本形式

1. 按工程应用分类

根据断裂前产生的宏观塑性变形大小可把断裂分为韧性断裂和脆性断裂。

（1）韧性断裂　韧性断裂又称为塑性断裂或延性断裂，断裂前发生明显的宏观塑性变形，断裂时承受的工程应力大于材料的屈服强度。由于断裂前产生明显的塑性变形，容易提醒人们注意，从而可以采取措施防止断裂的发生，即使局部发生断裂，也不会造成灾难性事故。对于使用时只可能发生韧性断裂的金属材料，设计时只需按材料的屈服强度计算其承载能力，一般就能安全使用。

（2）脆性断裂　脆性断裂前基本上不发生明显的塑性变形，是一种突然发生的断裂。脆性断裂一般具有如下特点：

1）脆断时的工作应力一般低于材料的屈服强度，甚至低于按强度理论确定的许用应力。

2）温度降低，脆断倾向大。

3）脆断裂纹总是从材料的宏观缺陷处开始。

4）脆断端口平齐光亮，断口呈人字纹放射花样。

由于断裂前无明显征兆，因而危害性极大。历史上曾发生过很多脆性断裂事故，例如，美国油船船体断裂沉没，澳大利亚铁桥断裂毁坏，法国核电站压力容器爆炸等，都是由脆性断裂造成的严重事故。一般高强度钢对裂纹十分敏感，而中、低强度钢的脆断多发生在较低的温度。工程中选择有可能发生脆断的金属材料作构件时，应从断裂的角度计算其承载能力，而且要充分估计过载的可能性。

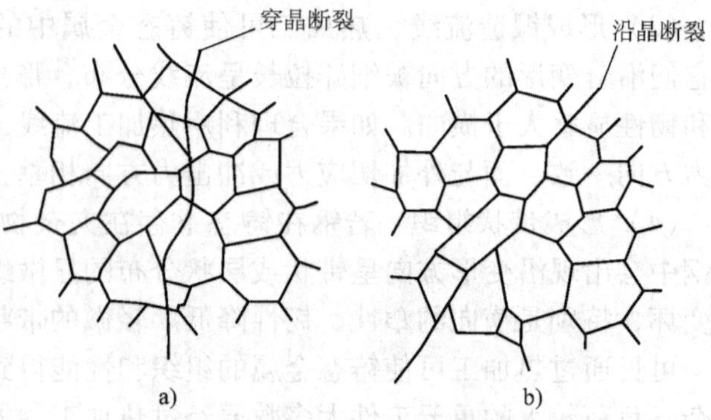

图 5-15　穿晶断裂和沿晶断裂示意图

a）穿晶断裂　b）沿晶断裂

2. 按裂纹扩展路径分类

多晶体金属断裂时，根据其裂纹扩展所走的路径可分为穿晶断裂和沿晶断裂两大类，如图5-15所示。

（1）穿晶断裂　穿晶断裂时裂纹穿过晶粒内部扩展，它既可以是韧性断裂，也可以是脆性断裂。低碳钢在室温拉伸时即为穿晶断裂。

（2）沿晶断裂　沿晶断裂时裂纹沿着晶界扩展。当晶界有夹杂物或有沉淀析出物时，金属材料在室温下也可能发生沿晶断裂。沿晶断裂多数是脆性断裂，焊接热裂纹、应力腐蚀和氢脆断裂一般都是沿晶断裂。

3. 按断裂微观机制分类

断裂是由裂纹的萌生和扩展两个基本过程所组成的。根据裂纹的萌生和扩展机制不同，将断裂分为如下几类。

（1）纯剪切断裂（切离或滑断）　即在切应力作用下，纯金属或单晶体金属沿着滑移面滑移而造成沿滑移面分离开的断裂，如图5-16所示。若是单滑移系，则端口呈锋利的楔形；若是多滑移系，则端口呈刀刃形或钉尖形，其断面收缩率可达100%。工程结构材料中很少有该种方式的断裂。

（2）微孔聚集型断裂　工业上多数制造重要零件的金属材料都呈微孔聚集型断裂，如图5-17所示。低碳钢拉伸时的断裂即为此种断裂，其特征是在端口附近产生大量的塑性变形痕迹，如“缩颈”，断口呈“杯锥状”，断口底部在低放大倍率的显微镜下是灰色的，呈纤维状，也常称为纤维状断口。其断裂过程是微孔形成、扩大和连接的过程，具体如下：在大的应力作用下，基体产生塑性变形，导致在基体和某些非金属夹杂物、析出第二相粒子等周围产生应力集中，使界面拉开，或使异相颗粒折断而形成微孔，这些微孔在应力作用下不断聚集并连接起来，细缩成一线，最后由于金属与金属间的连接太少，不足以承载而导致整个工件的断裂。

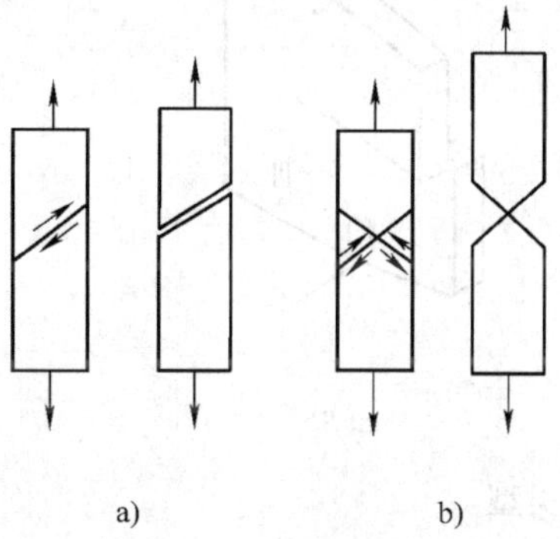

图5-16　纯剪切断裂示意图

a）单晶滑移　b）多系滑移

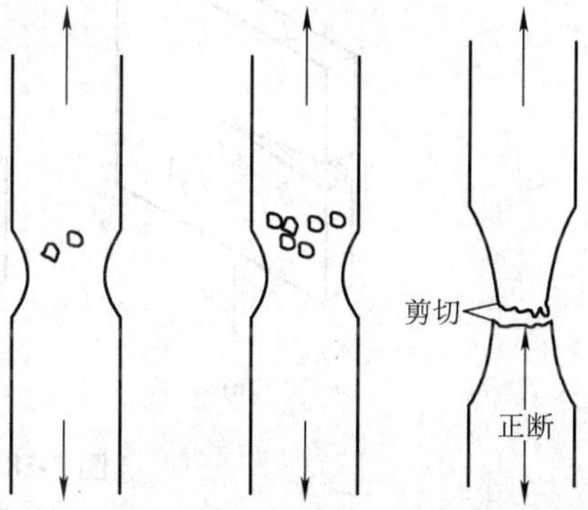

图5-17　微孔聚集型断裂示意图

（3）解理断裂　解理断裂是在正应力的作用下产生的一种穿晶断裂，通常断裂面是沿一定的晶面（解理面）分离。解理断裂常见于体心立方和密排六方金属及其合金中，低温、应力集中、冲击载荷等因素常促使解理断裂的发生，而面心立方金属很少发生解理断裂。

4. 按断裂面取向分类

根据断口的宏观取向与最大正应力的交角，将断裂分为正断型和切断型两类。

（1）正断型断裂　正断型断裂的宏观断面与最大切应力相垂直，例如，解理断裂就属于正断型断裂。

（2）切断型断裂　切断型断裂的宏观断面与最大正应力方向一致，与最大正应力约呈45°夹角。例如，图 5-17 中，接近试样表面的部分即为切断断裂，试样中央部分即为正断断裂。

5.6.2　影响断裂的基本因素

金属材料断裂不仅与其化学成分和组织结构有关，还与工作环境、应力状态、加载方式等因素有关，下面介绍几个主要影响因素。

1. 裂纹的影响

实验研究表明，大量脆性断裂事故是由于材料中存在微小裂纹和缺陷引起的。试验表明，随着材料表面裂纹深度的增大，断裂强度逐渐下降。当表面裂纹深度等于临界裂纹深度时，断裂强度等于屈服强度；若表面裂纹深度小于临界裂纹深度，则断裂强度大于屈服强度，意味着材料此时为韧性断裂；若表面裂纹深度大于临界裂纹深度，则断裂强度小于屈服强度，断裂前材料不会产生宏观塑性变形，而直接发生脆性断裂。在工程应用中，由于高强钢对裂纹十分敏感，所以用它制造零件时，必须从断裂的角度考虑其承载能力，若只根据屈服强度或抗拉强度设计，往往会出现低应力断裂事故。

此外，裂纹扩展方式不同也会对断裂强度产生影响。图 5-18 中给出了材料中裂纹扩展的三种类型，即张开型（Ⅰ型）裂纹、滑开型（Ⅱ型）裂纹和撕开型（Ⅲ型）裂纹。在工程构件中，张开型扩展是最危险的，容易引起低应力脆断，材料对这种裂纹扩展的抗力最低。因此，即使是其他形式的裂纹扩展也按张开型（Ⅰ型）裂纹处理，这样会更安全。

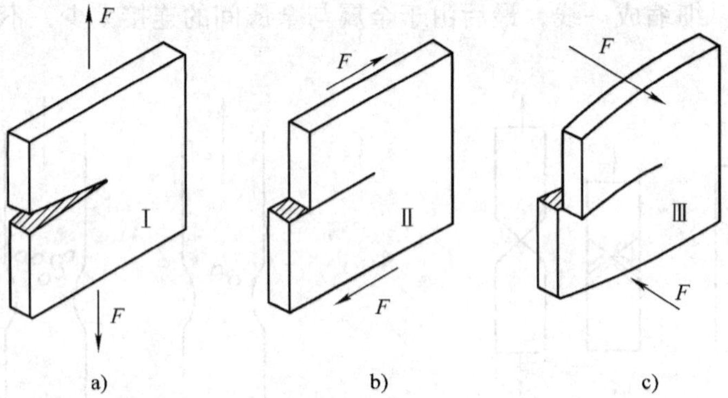

图 5-18　裂纹扩展的三种类型

a）张开型　b）滑开型　c）撕开型

2. 应力状态的影响

材料内部存在裂纹时，会在裂纹尖端引起很高的应力集中，并产生复杂的应力状态。断裂力学分析表明，当裂纹深度较小且靠近试样表面时，裂纹尖端前沿为平面应力状态；当裂纹较深且试样厚度较大时，裂纹尖端前沿处于三向拉应力的平面应变状态。以上两种应力状态相比，后者的应力较大，此时，即使外力很小，也能在裂纹尖端产生超过材料屈服极限的应力集中，在裂纹尖端形成塑性变形区，并在该区的异相硬质点处形成微孔，导致裂纹的扩展。

3. 温度的影响

温度也是影响材料断裂行为的一个重要因素。实验表明，对于大多数塑性金属材料

(低、中碳钢)，都有随温度降低从韧性断裂向脆性断裂转变的倾向，尤其是当试样上带有缺口和裂纹时，这种倾向更为明显。也就是说，在室温拉伸时呈韧性断裂的低、中碳钢，在较低的温度下可能产生脆性断裂，其断裂应力可能远低于室温的屈服强度。因此，在使用这类钢材时，必须注意温度这一影响因素。

4. 其他影响因素

影响材料断裂的外界因素很多。除材料本身的因素外，环境介质和变形速度等对断裂也有很大影响。例如，某些金属与合金在腐蚀性介质和拉应力的作用下，会产生应力腐蚀断裂，黄铜的“季裂”即属此例。另外，金属材料经酸洗、电镀或从周围介质中吸收了氢之后，容易产生氢脆断裂。变形速度的影响比较复杂，一方面，变形速度增加，金属的加工硬化严重，塑性降低；另一方面，变形热的产生来不及散出，使加工硬化消除，塑性提高。究竟哪一个因素占主要地位，要看具体情况而定。

本章小结

塑性变形是强化金属的重要手段。金属的塑性变形方式主要为滑移和孪生，滑移是通过位错在滑移面上的运动来实现的。

金属经塑性变形后，其组织结构和性能都发生变化，出现“加工硬化”现象，即强度和硬度显著提高，塑性和韧性明显下降。

金属在塑性变形后加热时其组织将依次发生回复、再结晶和晶粒长大。

金属在高温下变形抗力小，塑性好，易于进行变形加工。对于大尺寸或塑性不太好的金属，生产上常在加热状态下进行塑性变形。

断裂是金属材料在外力的作用下丧失连续性的过程，包括裂纹的萌生和扩展两个基本过程。金属材料断裂不仅与化学成分和组织结构有关，还与工作环境、应力状态、加载方式等因素有关。

第 6 章 钢的热处理原理

内容提要： 了解钢加热时奥氏体化的基本过程；理解过冷奥氏体等温冷却和连续冷却曲线的物理意义；熟悉影响等温转变图形状和位置的因素，以及等温转变图在热处理生产中的实际应用；掌握过冷奥氏体转变产物（珠光体、索氏体、托氏体、马氏体、贝氏体）的组织和性能特点。

教学重点： 奥氏体的形成，珠光体、贝氏体和马氏体转变的微观机制及特点，回火过程的各个阶段及组织性能。

教学难点： 钢在加热、冷却和回火时的转变。

6.1 热处理概述

热处理是一种重要的金属热加工工艺，它主要是指把固态金属材料在一定介质中加热、保温、冷却，以改变其组织，从而获得所需性能的一种热加工工艺，其热加工工艺曲线示意图如图 6-1 所示。金属材料在热处理过程中会发生一系列的组织变化，这些转变具有严格的规律性，因此，将金属材料组织转变的规律称做热处理原理。

热处理的实质是把金属材料在固态下加热到预定的温度，保温一定时间，然后以预定的方式冷却下来，以改变金属材料内部的组织结构，从而赋予工件预期的性能。热处理的目的在于改变工件的性能（改善金属材料的工艺性能，提高金属材料的使用性能）。热处理在机械工业中占有非常重要的地位，通过热处理可以改变钢的组织和性能，充分发挥材料的潜力，调整材料的力学性能，满足机械零件在加工和使用过程中对性能的要求。在实际生产中，凡是重要的零部件一般都要经过适当的热处理。据统计，汽车、拖拉机零件的 70% ~80% 需要进行热处理；各种模具、刀具和量具约 100% 要进行热处理。由此可见，要了解各种热处理对金属材料组织与性能的影响，必须研究其在加热和冷却过程中的相变规律。本章主要介绍钢在加热及冷却过程中的组织转变规律。

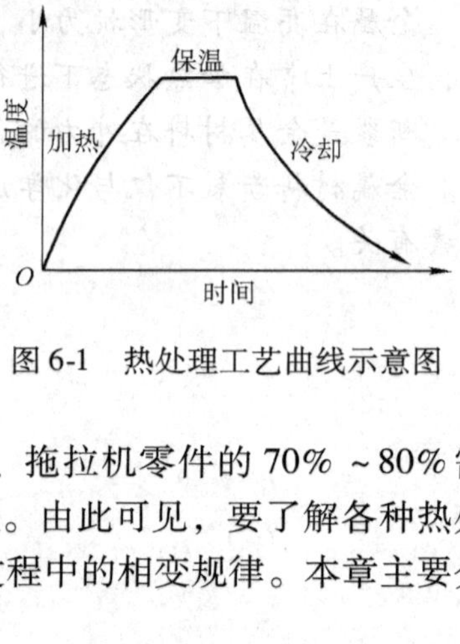

图 6-1 热处理工艺曲线示意图

6.2 钢在加热时的转变

在热处理时，大部分需要将钢加热到一定温度（临界点）进行奥氏体化或部分奥氏体化，获得奥氏体组织，然后再以适当方式（或速度）冷却，以获得所需要的组织和性能。通常把钢加热获得奥氏体的转变过程称为奥氏体化过程。值得注意的是，奥氏体化是使钢获得某种性能的手段而不是目的。

加热后形成的奥氏体成分、晶粒大小、均匀性以及是否存在碳化物或夹杂等其他相，这些因素对于随后的冷却过程中得到的组织和性能等有着直接的影响。因此，研究钢在加热过程中奥氏体的形成过程具有重要的理论和实际价值。

6.2.1　奥氏体转变温度与 Fe-Fe_3C 相图的关系

在 Fe-Fe_3C 相图中，共析钢在加热和冷却过程中经过 *PSK* 线（A_1 线）时，发生珠光体与奥氏体之间的相互转变，亚共析钢经过 *GS* 线（A_3 线）时，发生铁素体与奥氏体之间的相互转变，过共析钢经过 *ES* 线（A_{cm}线）时，发生渗碳体与奥氏体之间的相互转变。A_1、A_3、A_{cm}线为钢在平衡条件下的临界点温度线。在实际热处理生产过程中，加热和冷却不可能极其缓慢，其相变是在非平衡的条件下进行的。研究发现，上述转变往往会产生不同程度的滞后现象。实际转变温度与平衡临界温度之差称为过热度（加热时）或过冷度（冷却时）。过热度或过冷度随加热或冷却速度的增大而增大。图6-2为钢加热和冷却速度为7.5℃/h时对临界温度影响的图形。通常把加热时的临界温度加注下标“c”，如 Ac_1、Ac_3、Ac_{cm}，而把冷却时的临界温度加注下标“r”，如 Ar_1、Ar_3、Ar_{cm}。

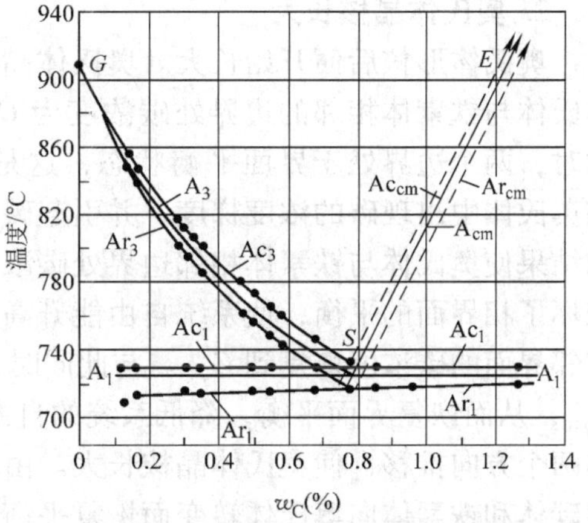

图6-2　加热和冷却速度（7.5℃/h）对临界温度的影响

6.2.2　奥氏体的形成

首先以共析钢为例讨论奥氏体的转变过程。共析钢室温时的平衡组织为珠光体，即由基体相铁素体（含碳量极少的体心立方晶格）和分散相渗碳体（含碳量很高的复杂斜方晶格）组成的两相混合物。珠光体的平均含碳量为 $w_C=0.77\%$。当加热至 Ac_1 以上温度并保温一定时间，珠光体将全部转变为奥氏体。即

$$F\ (w_C=0.0218\%)\ +Fe_3C\ (w_C=6.69\%)\xrightarrow{Ac_1}A\ (w_C=0.77\%)$$

奥氏体的形成过程一般分为四个阶段：奥氏体形核，奥氏体晶核长大，残留渗碳体溶解，奥氏体成分均匀化，如图6-3所示。

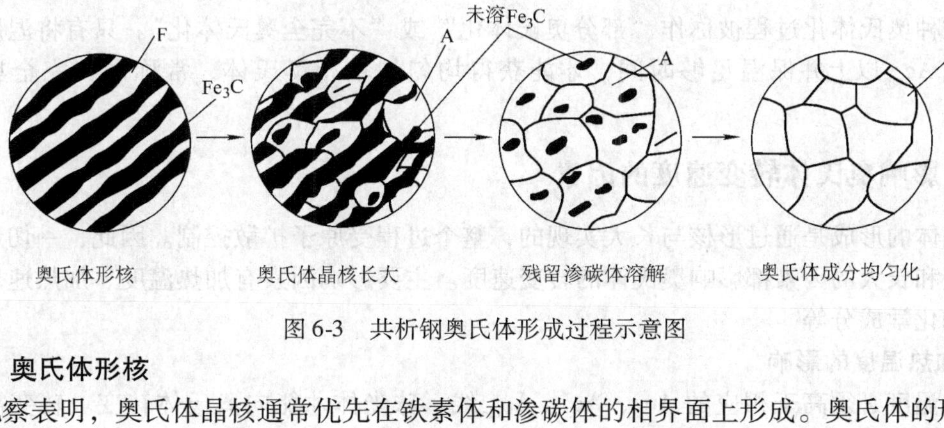

图6-3　共析钢奥氏体形成过程示意图

1. 奥氏体形核

观察表明，奥氏体晶核通常优先在铁素体和渗碳体的相界面上形成。奥氏体的形核和液

态结晶形核一样，需要一定的结构起伏、能量起伏和浓度起伏。而铁素体和渗碳体的相界面上碳浓度分布不均匀，位错密度较高、原子排列不规则，晶格畸变大，处于能量较高的状态，因此为奥氏体形核提供了能量和结构两方面的有利条件。另外，相界面处碳浓度处于铁素体和渗碳体的过渡之间，容易形成较大的浓度起伏，使相界面某一微区能够达到形成奥氏体晶核所需的含碳量。所以，奥氏体形核优先在相界面上形成。

2. 奥氏体晶核长大

奥氏体形核后便开始长大。奥氏体晶核的一面与渗碳体相邻，另一面与铁素体相邻。设奥氏体与铁素体相邻的边界处碳浓度为 $C_{\gamma\text{-}\alpha}$，奥氏体与渗碳体相邻的边界处碳浓度为 $C_{\gamma\text{-C}}$。此时，两个边界处于界面平衡状态，这是系统自由能最低的状态。由于 $C_{\gamma\text{-C}} > C_{\gamma\text{-}\alpha}$，因此，在奥氏体中出现碳的浓度梯度，并引起碳在奥氏体中不断地由高浓度向低浓度的扩散。扩散的结果使奥氏体与铁素体相邻边界处碳浓度升高，而与渗碳体相邻边界处碳浓度降低，从而破坏了相界面的平衡，使系统自由能升高。为了恢复平衡，渗碳体必须溶入奥氏体，使它们相邻界面的碳浓度恢复到 $C_{\gamma\text{-C}}$。与此同时，铁素体转变为奥氏体，使它们之间的界面恢复到 $C_{\gamma\text{-}\alpha}$，从而恢复界面平衡，降低系统的自由能。这样，奥氏体的两个界面就向铁素体和渗碳体两个方向推移，使奥氏体晶核长大。由于奥氏体中碳的扩散不断打破相界面平衡，又通过渗碳体和铁素体向奥氏体转变而恢复平衡的过程循环往复地进行，奥氏体便不断地向铁素体和渗碳体中扩展，从而促进奥氏体长大。

可见，在 Ac_1 以上某温度，共析钢奥氏体晶核的长大是依靠铁、碳原子的扩散使铁素体不断向奥氏体转变，渗碳体不断溶入到奥氏体中进行的。

3. 残留渗碳体溶解

由于铁素体的含碳量和晶体结构与奥氏体的相近，铁素体向奥氏体转变的速度往往大于渗碳体溶入到奥氏体中的速度，所以铁素体总是先于渗碳体消失（图 6-3）。奥氏体形成后，仍有未溶解的渗碳体存在，随着保温时间的延长，未溶渗碳体将继续溶解，直至全部消失。

4. 奥氏体成分均匀化

当残留渗碳体全部溶解完时，奥氏体的成分是不均匀的。原渗碳体存在的地方比铁素体存在的地方含碳量要高，只有继续延长保温时间，让碳原子充分扩散，才能获得均匀化的奥氏体。

亚共析钢和过共析钢的奥氏体化过程同共析钢基本相同。当加热温度刚刚超过 Ac_1 温度时，只能使原始组织中的珠光体部分转变为奥氏体，仍保留一部分先共析铁素体或先共析渗碳体，这种奥氏体化过程被称作“部分奥氏体化”或“不完全奥氏体化”。只有将温度加热到 Ac_3 或 Ac_{cm} 以上并保温足够时间，才能获得均匀的单相奥氏体，常称做“完全奥氏体化”。

6.2.3 影响奥氏体转变速度的因素

奥氏体的形成是通过形核与长大实现的，整个过程受原子扩散控制。因此，一切影响扩散、形核和长大的因素都影响奥氏体的转变速度。主要影响因素有加热温度、加热速度、原始组织和化学成分等。

1. 加热温度的影响

加热温度必须高于相应的 Ac_1、Ac_3、Ac_{cm} 线，珠光体才能向奥氏体转变。转变需要一段孕育期以后才能开始，而且温度越高，孕育期越短。

加热温度越高，奥氏体形成速度就越快，转变所需要的时间就越短。这是由两方面原因造成的：一方面，温度越高则奥氏体与珠光体的自由能差越大，转变的推动力越大；另一方面，温度越高则原子扩散越快，因而碳的重新分布与铁的晶格重组就越快，所以，使奥氏体的形核、长大，残余渗碳体的溶解及奥氏体的均匀化都进行得越快。可见，同一个奥氏体化状态，既可通过较低温度较长时间的加热得到，也可由较高温度较短时间的加热得到。因此，在制订加热工艺时，应全面考虑温度和时间的影响。

2. 加热速度的影响

加热速度对奥氏体化过程也有重要影响，对于共析钢来说，加热速度越快，珠光体的过热度越大，相变驱动力越大，转变的开始温度就越高。研究表明，随着形成温度的升高，形核率的增长速率高于长大速率。如对于 Fe-C 合金，当奥氏体转变温度从 740℃升到 800℃时，形核率增加 270 倍，而长大速率增长 80 倍。因此，加热速度越快，奥氏体形成温度越高，起始晶粒越细小。

3. 原始组织的影响

在化学成分相同的情况下，原始组织中碳化物分散度越大，铁素体和渗碳体的相界面就越多，奥氏体的形核率就越大；原始珠光体越细，其层片间距越小，则相界面越多，越有利于形核；同时，由于珠光体层片间距小，则碳原子的扩散距离小，扩散速度加快，使得奥氏体形成速度加快。因此，钢的原始组织越细，奥氏体的形成速度越快。

4. 化学成分的影响

钢中含碳量增加，则奥氏体的形成速度加快。这是因为随着含碳量增加，渗碳体的数量相应地增加，铁素体和渗碳体相界面的面积增加，因此增加了奥氏体形核的部位，增大了奥氏体的形核率。同时，碳化物数量增加使碳的扩散距离减小，碳和铁原子的扩散系数增大，从而加快了奥氏体的长大速度。

钢中加入合金元素并不改变珠光体向奥氏体转变的基本过程，但能影响奥氏体的形成速度，一般都使之减慢，原因如下：

1）合金元素会改变钢的平衡临界点。镍、锰、铜等都使临界点降低，而铬、钨、钒、硅等则使之升高。因此，在同一温度奥氏体化时，与碳素钢相比合金元素改变了过热度，因而也就改变了奥氏体与珠光体的自由能差，这对于奥氏体的形核与长大都有重要影响。

2）合金元素在珠光体中的分布不均匀。铬、钼、钨、钒、钛等能形成碳化物的元素，主要存在于共析碳化物中，镍、硅、铝等不形成碳化物的元素，主要存在于共析铁素体中。因此，合金钢奥氏体化时，除了必须进行碳的扩散使之重新分布外，还必须进行合金元素的扩散使之重新分布。合金元素的扩散速度比碳原子要慢得多，所以合金钢奥氏体的均匀化要缓慢得多。

3）某些合金元素影响碳和铁的扩散速度。铬、钼、钨、钒、钛等都显著减慢碳的扩散，钴、镍等则加速碳的扩散，硅、铝、锰等影响不大。

4）极易形成碳化物元素，如钛、钒、锆、铌、钼、钨等会形成特殊碳化物，其稳定性比渗碳体高，很难溶入奥氏体，必须进行较高温度较长时间加热才能完全溶解。因此合金钢的奥氏体形成速度一般比碳钢慢，尤其是高合金钢，其奥氏体化温度比碳钢要高，保温时间也较长。

6.2.4 奥氏体的晶粒度及控制因素

钢加热时形成的奥氏体晶粒大小对冷却后转变产物的组织和性能有重要影响。如奥氏体晶粒越细，冷却转变产物的组织也越细小，其强度和韧性也较好。一般情况下，奥氏体的晶粒度每细化一级，其转变产物的冲击韧度 a_K 值就提高 2 ~ 4kg/cm^2。因此，需要了解奥氏体晶粒的长大规律，以便在生产中控制晶粒大小，获得所需性能。

晶粒大小有两种表示方法：一是用晶粒尺寸表示，例如晶粒截面的平均直径、平均面积或单位面积内的晶粒数目等；二是用晶粒度级别来表示，按原冶金工业部标准规定，晶粒度分 8 级，1 级最粗，8 级最细。晶粒度的级别与晶粒大小的关系为 $n=2^{N-1}$，式中 n 为放大 100 倍进行金相观察时，每平方英寸(6.45cm^2)视野中所含晶粒的平均数目；N 为晶粒度的级别数。可见，晶粒度的级别数越高，晶粒就越多、越细。一般把晶粒度为 1~4 级的称为粗晶粒，5~8 级的称为细晶粒，如图 6-4 所示。

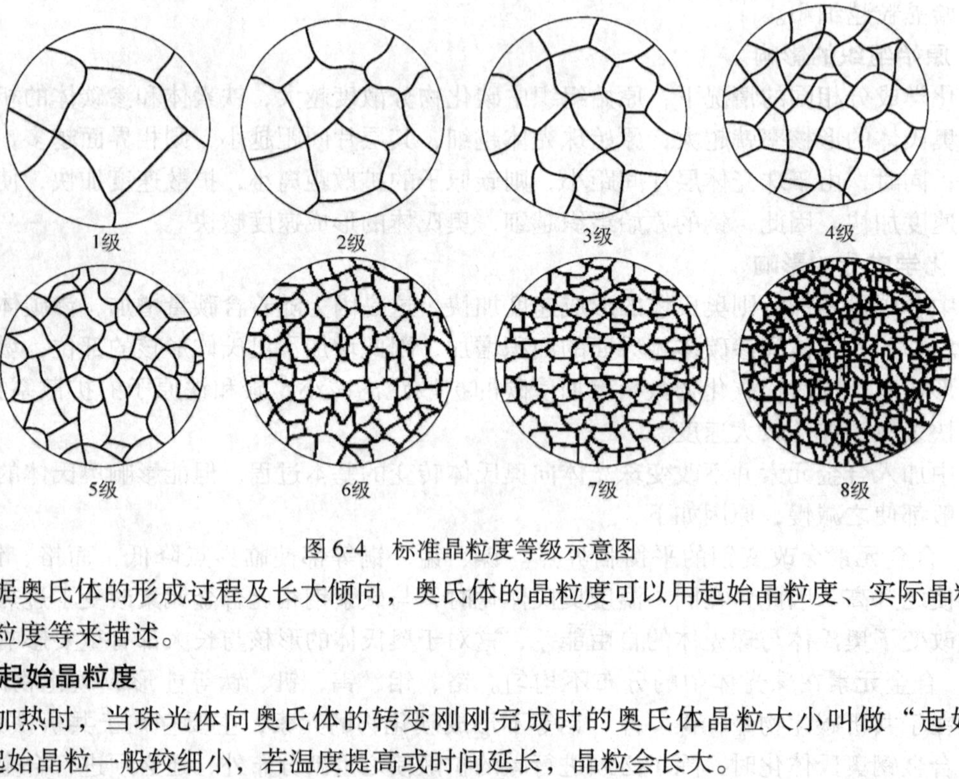

图 6-4 标准晶粒度等级示意图

根据奥氏体的形成过程及长大倾向，奥氏体的晶粒度可以用起始晶粒度、实际晶粒度和本质晶粒度等来描述。

1. 起始晶粒度

钢加热时，当珠光体向奥氏体的转变刚刚完成时的奥氏体晶粒大小叫做“起始晶粒度”。起始晶粒一般较细小，若温度提高或时间延长，晶粒会长大。

2. 实际晶粒度

通常将在某一具体加热条件下所得到的奥氏体晶粒大小称为“实际晶粒度”。即实际晶粒度为在具体的加热条件下加热时所得到奥氏体的实际晶粒大小，它直接影响钢在冷却以后的性能。

3. 本质晶粒度

本质晶粒度是用来表示钢加热时奥氏体晶粒长大倾向的晶粒度。钢的本质晶粒度取决于钢的成分和冶炼条件。对成分不同的钢加热，有的加热时奥氏体晶粒很容易长大，而有的钢就不容易长大，这说明不同钢的晶粒长大倾向是不同的。凡是奥氏体晶粒容易长大的钢就称为“本质粗晶粒钢”，反之，称为“本质细晶粒钢”。

本质晶粒度是根据标准 GB/T 6394—2002《钢的晶粒度测定法》测定的，即将试样加热到(860±10)℃，保温1h，冷却后测定奥氏体晶粒大小。通常是在放大100倍的情况下，与标准晶粒度等级图(图6-4)进行比较评级。晶粒度是1~4级的定为本质粗晶粒钢，5~8级的定为本质细晶粒钢。

奥氏体晶粒的长大是奥氏体晶界迁移的过程，其实质是原子在晶界附近的扩散过程。所以一切影响原子扩散迁移的因素都能影响奥氏体晶粒长大。

1）加热温度越高，保温时间足够长，奥氏体晶粒越容易自发长大粗化。当加热温度确定后，加热速度越快，相变时过热度越大，相变驱动力也越大，形核率提高，晶粒越细，所以快速加热，短时保温是实际生产中细化晶粒的手段之一。加热温度一定时，随保温时间延长，晶粒也会不断长大。但保温时间足够长后，奥氏体晶粒就几乎不再长大而趋于相对稳定。若加热时间很短，即使在较高的加热温度下也能得到细小晶粒。

对同一种钢而言，当奥氏体晶粒细小时，冷却后的组织也细小，其强度较高，塑性、韧性较好；当奥氏体晶粒粗大时，在同样冷却条件下，冷却后的组织也粗大。粗大的晶粒会导致钢的力学性能下降，甚至在淬火时形成裂纹，所以，凡是重要的工件，如高速切削刀具等，淬火时都要对奥氏体晶粒度进行金相评级，以保证淬火后有足够的强度和韧性。可见，加热时如何获得细小的奥氏体晶粒常常成为保证热处理性能的关键问题之一。

2）在一定范围内，随着钢的含碳量增加，奥氏体晶粒长大的倾向增大，但是含碳量超过某一限度时，奥氏体晶粒反而变得细小。这是因为随着含碳量的增加，碳在钢中的扩散速度以及铁的自扩散速度均增加，故增大了奥氏体晶粒长大的倾向性。但是，当含碳量超过一定限度以后，钢中出现二次渗碳体，随着含碳量的增加，二次渗碳体数量增多，渗碳体可以阻碍奥氏体晶界的移动，故奥氏体晶粒反而细小。

3）钢中形成难熔化合物的合金元素，如 Ti、Zr、V、Al、Nb、Ta 等，可阻碍晶粒长大。因为这些元素形成碳、氮化合物分布在晶界上，阻碍晶界的迁移，因此阻碍奥氏体晶粒长大；非碳化物形成元素有的阻碍晶粒长大，如 Cu、Si、Ni 等，有的促进晶粒长大，如 P、Mn。

4）一般来说，钢的原始组织越细，碳化物弥散度越大，奥氏体的起始晶粒越细小。

实际生产中因加热温度不当，使奥氏体晶粒长大粗化的现象叫“过热”，过热后将使钢的性能恶化，因此，控制奥氏体晶粒大小是热处理和热加工制订加热温度时必须考虑的重要问题。

6.3 钢在冷却时的转变

钢的加热是为了获得细小、均匀的奥氏体，然而奥氏体化不是目的，因为大多数零件都在室温下工作，高温奥氏体最终要冷却下来。奥氏体化后的钢只有通过适当的冷却才能得到所需要的组织和性能，所以，冷却也是热处理的关键工序，它决定着钢在热处理后的组织和性能。研究不同冷却条件下钢中奥氏体组织的转变规律，对于正确制订热处理冷却工艺，获得预期的性能具有重要的实际意义。

奥氏体化后的钢采用不同的冷却方式将获得不同的组织，性能也明显不同。

生产中经常采用的冷却方式有两种：一种是等温冷却，如等温淬火、等温退火等，它是将奥氏体化后的钢由高温快速冷却到临界温度以下某一温度，保温一段时间以进行等温转变，然后再冷却到室温，如图6-5中的曲线1所示；一种是连续冷却，如炉冷、空冷、油冷、水冷等，它是将奥氏体化后的钢从高温连续冷却到室温，使奥氏体在一个温度范围内发生连续转变，如图6-5中的曲线2所示。

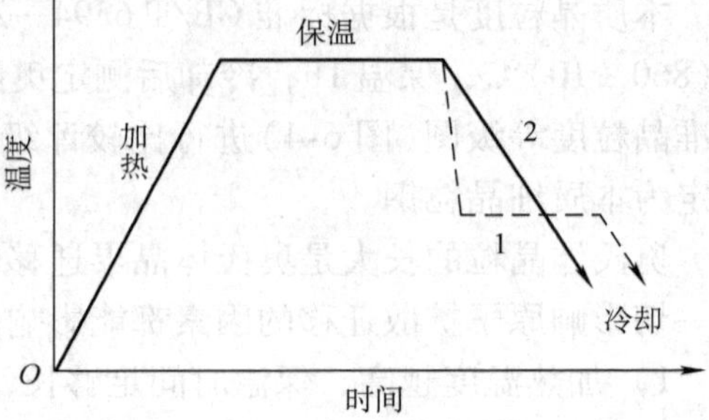

图6-5　奥氏体不同冷却方式示意图
1—等温冷却　2—连续冷却

奥氏体冷至临界温度以下，处于热力学不稳定状态，经过一定孕育期后，才可转变。这种在临界点以下尚未转变的处于不稳定状态的奥氏体称为过冷奥氏体。钢在等温冷却的情况下，可以控制温度和时间两个因素，获得过冷奥氏体等温转变图。研究对过冷奥氏体转变的影响，从而有助于弄清过冷奥氏体的转变过程及转变产物的组织和性能。

6.3.1　过冷奥氏体的等温转变图

过冷奥氏体的等温转变图综合反映了过冷奥氏体在不同过冷度下的等温转变过程，包括转变开始和转变终了时间、转变产物的类型以及转变量与时间、温度之间的关系等。因其形状通常像英文字母“C”，故称为“C曲线”，亦称为“TTT(Time Temperature Transformation)”曲线。

1. 过冷奥氏体等温转变曲线的建立

由于过冷奥氏体在转变过程中不仅有组织转变和性能变化，而且还有体积和磁性的转变，因此可以采用膨胀法、磁性法、金相-硬度法等来测定过冷奥氏体等温转变曲线。下面以金相-硬度法为例介绍共析钢过冷奥氏体等温转变曲线的建立过程。将共析钢加工成圆片状试样(ϕ10mm×1.5mm)，并分成若干组，每组试样5～10个。首先选一组试样加热至奥氏体化后，迅速转入 A_1 以下一定温度(700℃、650℃、600℃、500℃)的盐浴中等温处理(每一温度下有一组样品)，等温处理的同时记录下等温时间(等温时间可以从几秒到几天)，每个试样停留不同时间之后，逐个取出，迅速淬入盐水中激冷，使尚未分解的过冷奥氏体转变为马氏体，这样在金相显微镜下就可观察到过冷奥氏体的等温分解过程，根据转变产物颜色和硬度的不同(转变产物呈暗黑色，未转变的奥氏体冷却后呈白亮色)，记下过冷奥氏体向其他组织转变开始和转变终了的时间。等温时间不同，转变产物量就不同。一般将奥氏体转变量为1%～3%所需的时间定为转变开始时间，而把转变量为98%所需的时间定为转变终了时间。由一组试样可以测出一个温度下转变开始和转变终了时间，多组试样在不同温度下进行试验，将各温度下的转变开始点和终了点描绘在温度-时间坐标系中，并将转变开始点和转变终了点分别连接成曲线，就可以得到共析钢的过冷奥氏体等温转变图，如图6-6所示。

2. 过冷奥氏体等温转变曲线分析

图6-6中的水平虚线 A_1 表示钢的临界点温度(723℃)，即奥氏体与珠光体的平衡温度。A_1 线以上是奥氏体稳定区。图中的 M_s(230℃)为马氏转变开始温度线，M_f(－50℃)为马氏

体转变终了温度。M_s 线至 M_f 线之间区域为马氏体转变区，过冷奥氏体冷却至 M_s 线以下将发生马氏体转变。A_1 与 M_s 线之间有两条 C 曲线，左侧一条为过冷奥氏体转变开始线，右侧为过冷奥氏体转变终了线。过冷奥氏体转变开始线与转变终了线之间区域为过冷奥氏体转变区，在该区域过冷奥氏体向珠光体或贝氏体转变。在转变终了线右侧的区域为过冷奥氏体转变产物区。A_1 线以下、M_s 线以上以及纵坐标与过冷奥氏体转变开始线之间的区域为过冷奥氏体区，过冷奥氏体在该区域内不发生转变，处于亚稳定状态。在 A_1 温度以下某一温度，过冷奥氏体转变开始线与纵坐标之间的水平距离称为过冷奥氏体在该温度下的孕育期，孕育期的长短表示过冷奥氏体稳定性的高低。随着等温温度降低，孕育期缩短，过冷奥氏体转变速度增大，在 550℃左右共析钢的孕育期最短，过冷奥氏体稳定性最低，转变速度最快，称为 C 曲线的“鼻尖”。

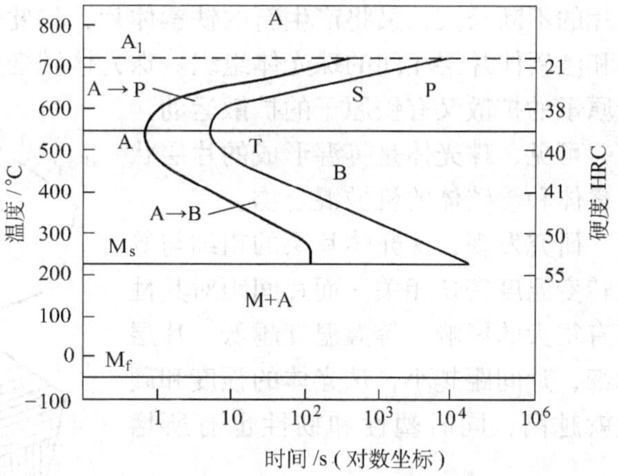

图 6-6　共析钢的过冷奥氏体等温转变图

此后，随着等温温度下降，孕育期又不断增加，转变速度减慢，因此使过冷奥氏体等温转变曲线呈“C”字形。过冷奥氏体转变终了线与纵坐标之间的水平距离则表示在不同温度下转变完成所需要的总时间。转变所需的总时间随温度的变化规律和孕育期的变化规律相似。

过冷奥氏体的稳定性同时由两个因素控制：一个是新相与旧相之间的自由能差 ΔG；另一个是原子的扩散系数 D。等温温度越低，过冷度越大，自由能差 ΔG 也越大，过冷奥氏体的转变速度则越快。但原子扩散系数却随温度降低而减小，从而减慢过冷奥氏体的转变速度。高温时，自由能差 ΔG 起主导作用。低温时，原子扩散系数起主导作用。处于“鼻尖”温度 550℃左右时，两个因素综合作用的结果是使转变孕育期最短，转变速度最大。

3. 过冷奥氏体等温转变产物的组织及其性能

从前面的分析可知，过冷奥氏体冷却转变时，转变温度区间不同，转变方式不同，转变产物的组织性能也不同。以共析钢为例，在不同的过冷度下，奥氏体将发生三种不同的转变，即珠光体转变(高温转变)、贝氏体转变(中温转变)和马氏体转变(低温转变)。

(1) 珠光体转变　共析成分的过冷奥氏体从 A_1 以下至 C 曲线的“鼻尖”以上，即 A_1 ~550℃温度范围内会发生奥氏体向珠光体的转变，其反应式为 $A \to P(F + Fe_3C)$。

奥氏体转变为珠光体的过程也是一个形核和长大的过程。

当奥氏体过冷到 Ar_1 温度时，由于能量、成分、结构起伏三者满足了形核条件，在奥氏体晶界处形成薄片状的渗碳体核心，如图 6-7 所示。Fe_3C 的含碳量为 $w_C = 6.69\%$，它必须依靠其周围的奥氏体不断地供应碳原子而向奥氏体晶内长大，同时，渗碳体周围奥氏体的含碳量不断降低，为铁素体的形核创造了有利条件，铁素体晶核便在渗碳体两侧形成，这样就形成了一个珠光体晶核。由于铁素体的含碳量很低，$w_C < 0.0218\%$，其长大过程中需将过剩的碳排出来，使相邻奥氏体中的含碳量增高，这又为产生新的渗碳体创造了条件。随着渗碳

体片的不断长大，又将产生新的铁素体片，如此交替进行下去，奥氏体最终全部转变为铁素体和渗碳体片层相间的珠光体组织。珠光体转变是全扩散型转变，即在这一转变过程中既有碳原子的扩散又有铁原子的扩散运动。

可见，珠光体是等温形成的片层状铁素体和渗碳体的机械混合物。

研究发现，珠光体片层的粗细与等温转变温度密切相关，而片间距对其性能有很大的影响。等温温度越低，片层越细，片间距越小，珠光体的强度和硬度就越高，同时塑性和韧性也有所增加。

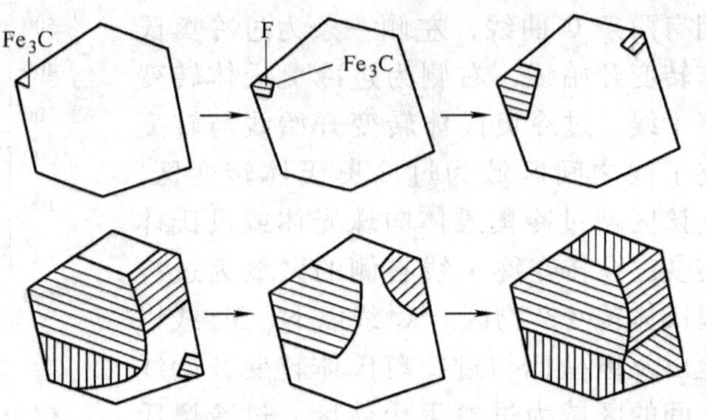

图 6-7 片状珠光体形成示意图

当温度在 A_1~650℃范围内时，形成片层较粗的珠光体，硬度为 10~20HRC。通常所说的珠光体就指这一类，用“P”表示，其片层形貌在 500 倍光学显微镜下就能分辨出来。

在 650~600℃温度范围内形成片层较细的珠光体，硬度为 20~30HRC，被称为索氏体，用“S”表示。要在 800~1500 倍的光学显微镜下才能分辨清楚。

在 600~550℃温度范围内形成片层极细的珠光体，硬度为 30~40HRC，被称为托氏体，用“T”表示。只有在电子显微镜下才能分辨出来。

珠光体、索氏体和托氏体都是由渗碳体和铁素体组成的层片状机械混合物，只是由于层片的大小不同，决定了它们的力学性能各异。表 6-1 给出了共析钢的珠光体转变产物类型、形成温度、层片间距及硬度等参考值。

表 6-1 共析钢珠光体转变产物参考表

组织类型	形成温度/℃	层片间距/μm	硬度 HRC
珠光体（P）	A_1 ~650	>0.4	5~27
索氏体（S）	650~600	0.4~0.2	27~33
托氏体（T）	600~550	<0.2	33~43

（2）贝氏体转变 把共析奥氏体过冷到 C 曲线“鼻子”以下至 M_s 线之间，即 230~550℃之间，将发生奥氏体向贝氏体的转变。贝氏体是由含碳过饱和的铁素体与渗碳体组成的两相混合物。和珠光体转变不同，在贝氏体转变中，由于过冷度很大，没有铁原子的扩散，而是靠切变进行奥氏体向铁素体的点阵转变，并由碳原子的短距离“扩散”进行碳化物的沉淀析出。因此，贝氏体转变的机理、转变产物的组织形态都不同于珠光体。贝氏体转变属于半扩散型转变，贝氏体有两种常见的组织形态，即上贝氏体和下贝氏体。

1）上贝氏体。过冷奥氏体在 350~550℃之间转变将得到羽毛状的组织，称为上贝氏体，用“$B_上$”表示。奥氏体向贝氏体转变时，首先沿奥氏体晶界析出过饱和的铁素体，由于此时碳处于过饱和状态，有从铁素体中脱溶向奥氏体方向扩散的倾向。随着密排铁素体条的伸长和变宽，铁素体中的碳原子不断通过界面排到周围的奥氏体中，使条间奥氏体中的碳原子不断富集，当其浓度足够高时，便在条间沿条的长轴方向析出碳化物，形成上贝氏体组织。在中、高碳钢中，当上贝氏体形成量不多时，在光学显微镜下可以观察到成束排列的铁素体条自奥氏体晶界平行伸向晶内，具有羽毛状特征，条间的渗碳体分辨不清，如图6-8a所示。在电子显微镜下可以清楚地看到在平行条状铁素体之间常存在断续的、粗条状的渗碳体，如图6-8b所示。上贝氏体中铁素体的亚结构是位错，其密度为$10^8 \sim 10^9/cm^2$。上贝氏体硬度较高，可达40~45HRC，但由于其铁素体片较粗，因此塑性和韧性较差，在生产中应用较少。

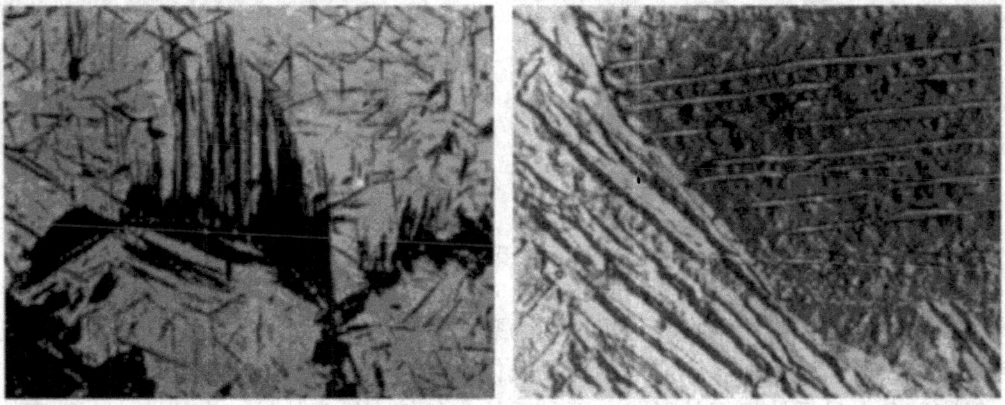

a)　　　　　　　　　　　　b)

图6-8　上贝氏体显微组织

a）光学显微组织500×　b）电子显微组织4000×

2）下贝氏体。下贝氏体的形成温度在350℃~M_s，用“$B_下$”表示。下贝氏体可以在奥氏体晶界上形成，但更多的是在奥氏体晶粒内部形成。典型的下贝氏体是由含碳过饱和的片状铁素体和其内部沉淀的碳化物组成的机械混合物。下贝氏体的空间形态呈双凸透镜状，与试样磨面相交呈片状或针状。在光学显微镜下，当转变量不多时，下贝氏体呈黑色针状或竹叶状，针与针之间呈一定角度，如图6-9a所示。在电子显微镜下可以观察到下贝氏体中碳化物的形态，它们细小、弥散分布，呈粒状或短条状，沿着与铁素体长轴成55°~60°角的取向平行排列，如图6-9b所示。下贝氏体中铁素体的亚结构为位错，其位错密度比上贝氏体中铁素体的高。下贝氏体的铁素体内含有过饱和的碳。由于细小碳化物弥散分布于铁素体针内，而针状铁素体又有一定的过饱和度，因此，弥散强化和固溶强化使下贝氏体具有较高的强度(可达50~60HRC)、硬度和良好的塑韧性，即具有较优良的综合力学性能。生产中有时对中碳合金钢和高碳合金钢采用“等温淬火”方法获得下贝氏体，以提高钢的强度、硬度、韧性和塑性。

由于贝氏体转变是发生在珠光体与马氏体转变之间的中温区，铁和合金元素的原子难以进行扩散，但碳原子还具有一定的扩散能力，这就决定了贝氏体转变兼有珠光体转变和马氏体转变的某些特点。与珠光体转变相似，贝氏体转变过程中发生碳在铁素体中的扩散；与马氏体转变相似，奥氏体向铁素体的晶格改组是通过共格切变方式进行的。因此，贝氏体转变是一个有碳原子扩散的共格切变过程。

贝氏体的性能主要取决于其组织形态。上贝氏体的形成温度较高，铁素体条粗大，碳的过饱和度低，因而其强度和硬度较低。另外，上贝氏体的碳化物颗粒粗大，且呈断续条状分布于铁素体条间，铁素体条和碳化物的分布具有明显的方向性，这种组织形态使铁素体条间

a)

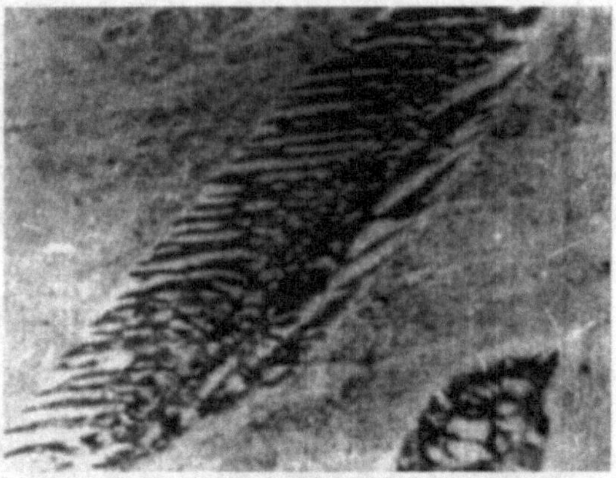

b)

图 6-9 下贝氏体显微组织

a）光学显微组织 500 × b）电子显微组织 12000 ×

易于产生脆断，同时铁素体条本身也可能成为裂纹扩展的路径，所以上贝氏体的冲击韧性较低。越是靠近贝氏体区上限温度形成的上贝氏体，其韧性越差，强度越低。因此，在工程材料中一般应避免上贝氏体组织的形成。下贝氏体中的细小铁素体针分布均匀，在铁素体内沉淀析出大量弥散细小的碳化物，而且铁素体内含有过饱和的碳及高密度位错，因此下贝氏体不但强度高，而且韧性也好，即具有良好的综合机械性能，同时其缺口敏感性和脆性转折温度都较低，因此是一种理想的组织。在生产中以获得下贝氏体组织为目的的等温淬火工艺得到了广泛的应用。

（3）马氏体转变 马氏体是碳在 α-Fe 中的过饱和固溶体，用“M”表示。钢从奥氏体化状态快速冷却，抑制其扩散性分解，在较低温度下(低于 M_s 点)发生的转变称为马氏体转变。

1）马氏体的组织形态。钢中马氏体的组织形态包括板条马氏体和片状马氏体两种类型，如图 6-10 所示。

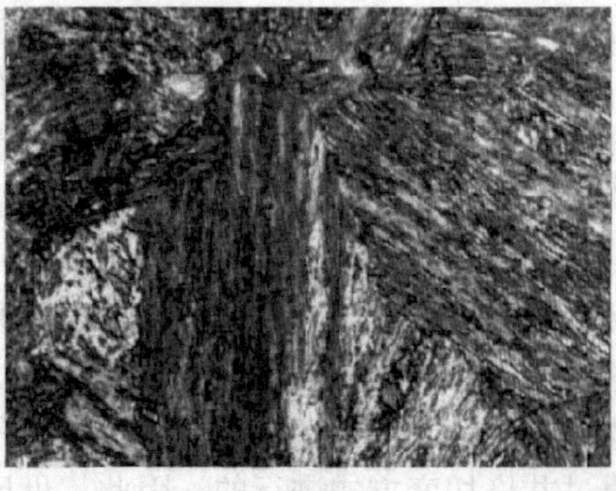

a)

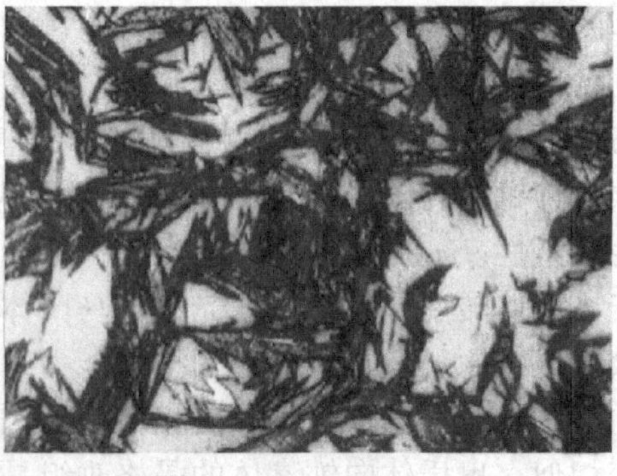

b)

图 6-10 马氏体显微组织

a）板条马氏体 b）片状（针叶）状马氏体

① 板条马氏体。板条马氏体是在低、中碳钢及马氏体时效钢、不锈钢等铁基合金中形

成的一种典型马氏体组织。图6-11是低碳钢中板条马氏体的组织示意图，是由许多成群的、相互平行排列的板条所组成，故称为板条马氏体。板条马氏体的空间形态是扁条状的，许多相互平行的板条组成一个板条束，一个奥氏体晶粒内可以有几个板条束（通常3~5个）。板条马氏体的亚结构是位错，故又称位错马氏体。

② 片状马氏体。片状马氏体是在中、高碳钢中形成的一种典型马氏体组织。图6-12所示为高碳钢中典型的片状马氏体组织示意图。片状马氏体的空间形态呈双凸透镜状，由于与试样磨面相截，在光学显微镜下则呈针状或竹叶状，故又称为针状马氏体。片状马氏体内部的亚结构主要是孪晶。孪晶间距为5~10nm，因此片状马氏体又称为孪晶马氏体。

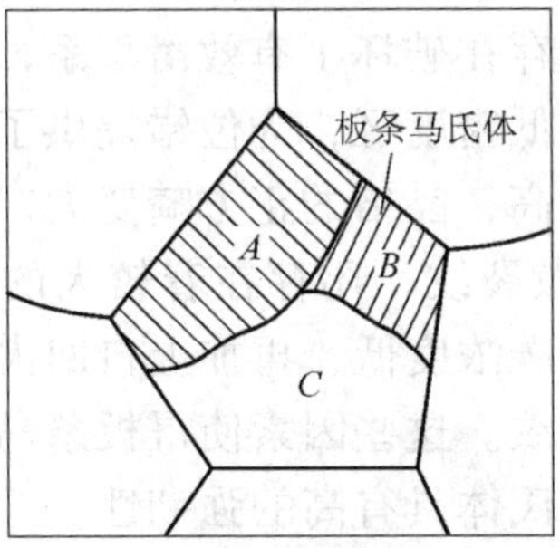

图6-11　板条马氏体组织示意图

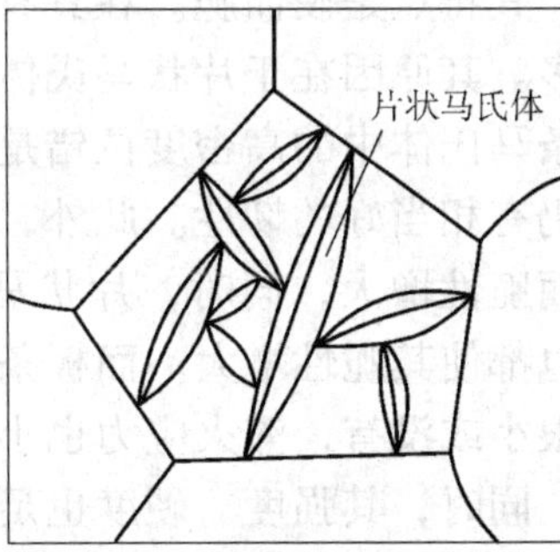

图6-12　片状马氏体组织示意图

实验证明，钢的马氏体形态主要取决于钢的含碳量和马氏体的形成温度。对碳钢来说，随着含碳量的增加，板条马氏体的数量相对减少，片状马氏体的数量相对增加。碳的质量分数小于0.2%的奥氏体几乎全部形成板条马氏体，而质量分数大于1.0%的奥氏体几乎只形成片状马氏体，质量分数为0.2%~1.0%的奥氏体则形成板条马氏体和片状马氏体的混合组织。一般认为板条马氏体大多在200℃以上形成，片状马氏体主要在200℃以下形成。碳的质量分数为0.2%~1.0%的奥氏体在马氏体区较高温度先形成板条马氏体，然后在较低温度形成片状马氏体。

2）马氏体的性能。钢中马氏体力学性能的显著特点是具有高硬度和高强度。马氏体的硬度主要取决于其含碳量，随含碳量的增加而升高。当碳的质量分数达到0.6%时，淬火钢硬度接近最大值，含碳量进一步增加时，虽然马氏体的硬度会有所提高，但由于残留奥氏体量增加，反而使钢的硬度有所下降。合金元素对马氏体的硬度影响不大，但可以提高其强度。

马氏体具有高硬度、高强度的原因是多方面的，主要包括固溶强化、相变强化、时效强化以及晶界强化等原因。

① 固溶强化。过饱和的间隙原子碳在α相晶格中造成晶格的正方畸变，形成一个强烈的应力场，该应力场与位错发生强烈的交互作用，阻碍位错的运动，从而提高马氏体的硬度和强度。

② 相变强化。马氏体转变时，在晶体内造成晶格缺陷密度很高的亚结构，如板条马氏体中高密度的位错、片状马氏体中的孪晶等，这些缺陷都将阻碍位错的运动，使得马氏体强度提高。

③ 时效强化。马氏体形成以后，由于一般钢的 M_s 点大都处在室温以上，因此在淬火过程中及在室温停留时，或在外力作用下都会发生“自回火”，即碳原子和合金元素原子向位错及其他晶体缺陷处的扩散偏聚或碳化物的弥散析出都会起到钉扎位错，使位错难以运动的效果，从而造成马氏体时效强化。

④ 晶界强化。原始奥氏体晶粒大小及板条马氏体束的尺寸对马氏体的强度也有一定的影响。原始奥氏体晶粒越细小、马氏体板条束越小，则马氏体强度越高，这是由于相界面阻碍位错运动造成的马氏体强化。

马氏体的塑性和韧性主要取决于马氏体的亚结构。片状马氏体具有高强度、高硬度，但韧性很差，其特点是硬而脆。在具有相同屈服强度的条件下，板条马氏体比片状马氏体的韧性要好得多。其原因在于片状马氏体中微细孪晶亚结构的存在破坏了有效滑移系，使脆性增大；而板条马氏体中的高密度位错是不均匀分布的，存在低密度区，为位错提供了活动的余地，所以仍有相当好的韧性。此外，片状马氏体的碳浓度高，晶格的正方畸变大，这也使其韧性降低而脆性增大，同时，片状马氏体中存在许多显微裂纹，还存在着较大的淬火内应力，这些也都使其脆性增大。而板条马氏体则不然，由于碳浓度低，再加上自回火，所以晶格正方度很小或没有，淬火应力也小，而且不存在显微裂纹。这些因素使得板条马氏体的韧性相当好，同时，其强度、硬度也足够高，所以，板条马氏体具有高的强韧性。

可见，马氏体的力学性能主要取决于其含碳量、组织形态和内部亚结构。板条马氏体具有优良的强韧性，片状马氏体的硬度高，但塑性、韧性差。通过热处理可以改变马氏体的形态，增加板条马氏体的相对数量，从而可显著提高钢的强韧性，这是充分发挥钢材潜力的有效途径。

3）马氏体转变的主要特点如下：

① 马氏体转变属于无扩散型转变，转变进行时，只有点阵作有规则的重构，而新相与母相并无成分的变化。

② 马氏体转变是在一定温度范围内完成的，是温度的函数。一般情况下，马氏体转变开始后，必须继续降低温度，才能使转变继续进行，如果中断冷却，转变便停止。在通常冷却条件下马氏体转变的开始温度 M_s 与冷却速度无关。当冷却到某一温度以下，马氏体转变不再进行，此即马氏体转变的终了温度，也称 M_f 点。

③ 通常情况下，马氏体转变不能进行到底，也就是说当冷却到 M_f 点温度后还不能获得100%的马氏体，而在组织中保留有一定数量的未转变的奥氏体，称之为残留奥氏体。淬火后钢中残留奥氏体量的多少和 M_s ~ M_f 点温度范围与室温的相对位置有直接关系，并且和淬火时的冷却速度以及冷却过程中是否停顿等因素有关。

6.3.2 过冷奥氏体的连续冷却转变图

在实际生产中，普遍采用的热处理方式是连续冷却，如炉冷退火、空冷正火、水冷淬火等。因此，研究过冷奥氏体在连续冷却过程中的组织转变规律具有很大的实际意义。

过冷奥氏体连续冷却转变的规律也可以用另一种C曲线表示出来，这就是“连续冷却C曲线”，又称为“CCT(Continuous Cooling Transformation)”曲线。它反映了在连续冷却条件下过冷奥氏体的转变规律，是分析转变产物组织与性能的依据，也是制订热处理工艺的重要参考资料。

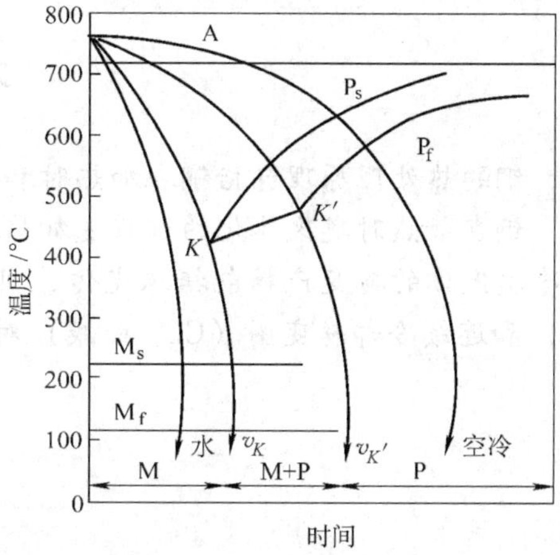

图 6-13　共析钢连续冷却转变示意图

CCT 曲线是通过实验测定的。以共析钢为例，把若干组共析钢的小圆片试样经同样奥氏体化以后，每组试样各以一恒定速度连续冷却，每隔一段时间取出一个试样淬入水中，将高温分解的状态固定到室温，然后进行金相测定，求出每种转变的开始温度、开始时间和转变量。将各个冷却速度的数据绘制在“温度-时间对数”坐标中，如图 6-13 所示即为共析钢的 CCT 曲线示意图。可以看到，珠光体转变区由三条曲线构成，左边是转变开始线 P_s，右边是转变终了线 P_f，下面是转变中止线 KK'。马氏体转变区则由两条曲线构成：一条是温度上限 M_s 线，另一条是冷速下线 v_K。从图中可以看出：

1）当冷却速度 $v < v'_K$ 时，冷却曲线与珠光体转变开始线相交便发生奥氏体向珠光体的转变，与终了线相交时，转变便告结束，全部形成珠光体。

2）当冷速 $v'_K < v < v_K$ 时，冷却曲线只与珠光体转变开始线相交，而不再与转变终了线相交，但会与中止线相交，这时奥氏体只有一部分转变为珠光体。冷却曲线一旦与中止线相交就不再发生转变，只有一直冷却到 M_s 线以下才发生马氏体转变。并且随着冷速 v 的增大，珠光体转变量越来越少，而马氏体量越来越多。

3）当冷速 $v > v_K$ 时，冷却曲线不再与珠光体转变开始线相交，即不发生奥氏体向珠光体的转变，而全部过冷到马氏体区，只发生马氏体转变。

可见，v_K 是保证奥氏体在连续冷却过程中不发生分解而全部过冷到马氏体区的最小冷却速度，称为“上临界冷却速度”，通常也叫做“临界淬火冷速”。v'_K 则是保证奥氏体在连续冷却过程中全部分解而不发生马氏体转变的最大冷却速度，称为“下临界冷却速度”。

4）共析碳钢的连续冷却转变只发生珠光体转变和马氏体转变，不发生贝氏体转变，即共析碳钢在连续冷却时得不到贝氏体组织。

6.3.3　过冷奥氏体转变图的应用

过冷奥氏体冷却转变图是制订热处理工艺的重要依据，也有助于了解热处理冷却过程中钢材组织和性能的变化。

1）可以利用等温转变图定性和近似地分析钢在连续冷却时组织转变的情况。例如要确定某种钢经某种冷却速度冷却后所能得到的组织和性能，一般是将这种冷却速度画到该材料的 C 曲线上，按其交点位置估计其所能得到的组织和性能。

2）等温转变图对于制订等温退火、等温淬火、分级淬火以及变形热处理工艺具有指导作用。

3）利用连续冷却转变图可以定性和定量地显示钢在不同冷却速度下所获得的组织和硬度，这对于制订和选择零件热处理工艺有实际的指导意义，可以比较准确地确定出钢的临界淬火冷却速度(v_K)，正确选择冷却介质。利用连续冷却转变图可以大致估计零件热处理后表面和内部的组织及性能。

本章小结

钢的热处理原理包括钢在加热时和冷却时的组织转变。

钢在加热时奥氏体化的过程受加热速度、加热温度、合金元素及原始组织状态的影响。过冷奥氏体的转变产物包括珠光体、贝氏体和马氏体。过冷奥氏体的等温转变图（TTT 曲线）和连续冷却转变图（CCT 曲线）对制订热处理工艺、控制组织具有重要意义。

第 7 章　钢的热处理工艺

内容提要： 本章主要内容包括钢的普通热处理、表面热处理及化学热处理工艺介绍要求掌握钢的退火、正火、淬火和回火等普通热处理工艺制订原则。

教学重点： 钢的普通热处理工艺。

教学难点： 钢的淬火及淬透性概念。

7.1　钢的热处理工艺分类

根据热处理时加热和冷却方式不同，常用的热处理方法大致分类如下：

- 热处理
  - 普通热处理
    - 退火
    - 正火
    - 淬火
    - 回火
  - 表面热处理
    - 表面淬火
      - 火焰加热表面淬火
      - 感应加热表面淬火
    - 化学热处理
      - 渗碳
      - 渗氮
      - 碳氮共渗

根据热处理工艺在零件生产工艺流程中的位置和作用，热处理又可分为预备热处理和最终热处理。

7.2　钢的普通热处理

钢的普通热处理是将工件整体进行加热、保温和冷却，使其获得均匀组织和性能的一种热加工工艺。普通热处理主要包括退火、正火、淬火和回火。

7.2.1　退火与正火

1. 退火

退火是将钢加热到一定温度并保温一定时间，然后以缓慢的速度冷却，使之获得接近平衡状态组织的热处理工艺。退火是钢的热处理工艺中应用最广、种类最多的一种工艺，根据钢的成分和退火目的、要求不同，退火可分为完全退火、等温退火、球化退火、均匀化退火、去应力退火和再结晶退火等。各种退火的加热温度范围和工艺曲线如图 7-1 所示。

（1）完全退火　将钢件或毛坯加热到 Ac_3 以上 20～30℃，保温一定时间，使钢中组织完全奥氏体化后随炉缓慢冷却到 500～600℃以下出炉，然后在空气中冷却的热处理方式。

完全退火主要适用于碳的质量分数为 0.25%～0.77% 的亚共析成分碳钢、合金钢和工程

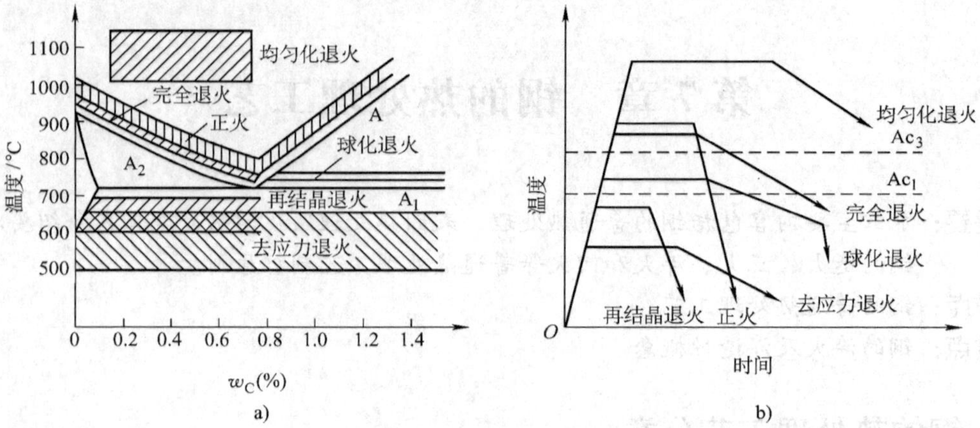

图 7-1 各种退火工艺规范示意图

a）加热温度范围 b）工艺曲线

铸件、锻件及热轧型材。过共析钢不宜采用完全退火，因为过共析钢加热至 Ac_{cm} 以上缓慢冷却时，二次渗碳体会以网状沿奥氏体晶界析出，使钢的强度、塑性和冲击韧性大大降低。

完全退火的目的是细化晶粒、降低硬度以改善切削加工性能和消除铸件、锻件及焊接件的内应力。

（2）等温退火 将钢件加热至 Ac_3（或 Ac_1）以上 20～30℃，保温一定时间，然后较快地冷却至过冷奥氏体等温转变曲线“鼻尖”温度附近（珠光体转变区）并保温一定时间，使奥氏体转变为珠光体后再缓慢冷却下来的热处理方式。

等温退火的目的与完全退火相似，但等温退火转变容易控制，能获得均匀的预期组织，对于大型制件及合金钢制件较适宜，可大大缩短退火周期。

（3）球化退火 将钢件或毛坯加热到略高于 Ac_1 温度，保温较长时间，使钢中的二次渗碳体自发地转变为颗粒状（或球状）渗碳体，然后以缓慢的速度冷却到室温的热处理方法。

球化退火主要适用于碳素工具钢、合金弹簧钢及合金工具钢等共析钢和过共析钢（碳的质量分数大于 0.77%）。

球化退火的目的是降低硬度、均匀组织、改善切削加工性能、为淬火作组织准备。

（4）均匀化退火 为减少铸件或钢锭的化学成分和组织的不均匀性，将其加热到略低于固相线温度（钢的熔点以下 100～200℃），长时间保温并缓慢冷却，使铸件或钢锭的化学成分和组织均匀化的热处理方式。由于扩散退火加热温度高，因此退火后晶粒粗大，可用完全退火或正火细化晶粒。

（5）去应力退火 去应力退火又称为低温退火，它是将钢件加热到 500～650℃（Ac_1 温度以下），保温一段时间，然后缓慢冷却到 300～200℃ 以下出炉的热处理方法。因去应力退火温度低，不改变工件原来的组织，故应用广泛。去应力退火的目的是为了消除铸件、锻件和焊接件内的残余应力以及冷变形加工中所造成的内应力。

（6）再结晶退火 将冷变形后的金属加热到再结晶温度以上，保温一定时间，使变形晶粒重新转变为均匀的等轴晶粒的热处理工艺。再结晶退火的加热温度一般比理论再结晶温度高150~250℃，用于消除冷变形加工(如冷轧、冷拉、冷冲)产生的畸变组织，消除加工硬化。

2. 正火

正火是将钢加热到Ac_3(亚共析钢)或Ac_{cm}(过共析钢)以上30~50℃，保温一段时间，然后在空气中或在强制流动的空气中冷却到室温的热处理方法。正火比退火冷却速度快，因而正火组织比退火组织细，强度和硬度也比退火组织高。由于正火的生产周期短，设备利用率和生产效率高，成本较低，因而在生产中应用比较广泛。正火的目的如下：

(1) 改善切削加工性能　正火可改善低碳钢(碳的质量分数低于0.25%)的切削加工性能。碳的质量分数低于0.25%的碳钢，退火后硬度过低，切削加工时容易“粘刀”，表面光洁度很差。通过正火可使硬度提高到接近最佳切削加工硬度，从而改善切削加工性能。

(2) 作为预先热处理　截面较大的结构钢件，在淬火或调质处理(淬火加高温回火)前常先进行正火处理，以消除魏氏组织和带状组织，并获得均匀细小组织。对于碳的质量分数大于0.77%的碳钢和合金工具钢中存在的网状渗碳体，正火可减少其二次渗碳体量，并使其不形成连续网状，为球化退火作好组织准备。

(3) 作为最终热处理　对强度要求不高的零件可把正火作为最终热处理。正火可以细化晶粒，均匀组织，从而提高钢的强度、硬度和韧性。

7.2.2 退火与正火的选择

生产上退火或正火工艺的选择主要根据钢的种类、加工工艺(冷、热)、零件的使用性能及经济性等进行综合考虑。

对于含碳量w_C<0.25%的低碳钢，通常采用正火替代退火。因为正火工艺具有以下优势：

1) 较快的冷却速度可以防止低碳钢沿晶界析出游离的三次渗碳体，从而提高冲压件的冷变形能力。

2) 可以提高钢的硬度，改善低碳钢的切削加工性能。

3) 可以细化晶粒，提高低碳钢的强度。

对于含碳量w_C=0.25%~0.5%的中碳钢，也可以用正火替代退火，尽管对含碳量接近上限的中碳钢的正火处理会使硬度偏高，但还可以进行切削加工，而且正火的成本较低，生产效率高。但是，对于含合金元素的中碳合金钢，由于合金元素的存在，增加了过冷奥氏体的稳定性，即使在缓慢冷却的情况下仍可得到马氏体或贝氏体组织，因此，若采用正火处理会使硬度偏高，不利于切削加工，应当采用完全退火。

对于含碳量w_C=0.5%~0.75%的碳钢，一般采用完全退火，因为钢的含碳量较高，正火后的硬度显著高于退火的硬度，难以进行切削加工。因此采用退火降低硬度，以改善其切削加工性能。

对于含碳量w_C=0.75%以上的碳钢或工具钢，一般采用球化退火作为预备热处理。若有网状二次渗碳体存在，则应先进行正火消除。

另外，从钢的使用性能考虑，若钢件或零件承载不大，性能要求不高，可直接用正火作为最终热处理来提高钢的力学性能。从经济性方面考虑，由于正火比退火生产周期短，操作简便，工艺成本低。因此，在满足钢的使用性能和工艺性能的前提下，应尽可能采用正火工艺代替退火。

7.2.3 淬火和回火

淬火是指将钢加热到临界温度以上，保温一定时间，然后快速冷却（大于临界冷却速度）以获得马氏体组织的热处理工艺。淬火的目的是为了获得马氏体，并与适当的回火工艺配合，以提高钢的力学性能。淬火是钢的最重要的强化方法，也是应用最广的热处理工艺之一。作为各种机器零件、工具及模具的最终热处理，淬火是赋予零件最终性能的关键工序。

1. 淬火

（1）淬火加热温度　亚共析钢淬火加热温度为 Ac_3 以上 30～50℃；共析钢、过共析钢淬火加热温度为 Ac_1 以上 30～50℃。钢的淬火温度范围如图 7-2 所示。

亚共析钢在上述淬火温度加热是为了获得晶粒细小的奥氏体，从而使淬火后能够获得细小的马氏体组织。若加热温度过高，则引起奥氏体晶粒粗化，淬火后得到的马氏体组织也粗大，从而使钢的性能严重脆化。若加热温度过低，如在 Ac_1～Ac_3 之间，则加热时组织为奥氏体＋铁素体；淬火后，奥氏体转变为马氏体，而铁素体被保留下来，此时的淬火组织为马氏体＋铁素体（＋残留奥氏体），这样就造成了淬火硬度的不足。

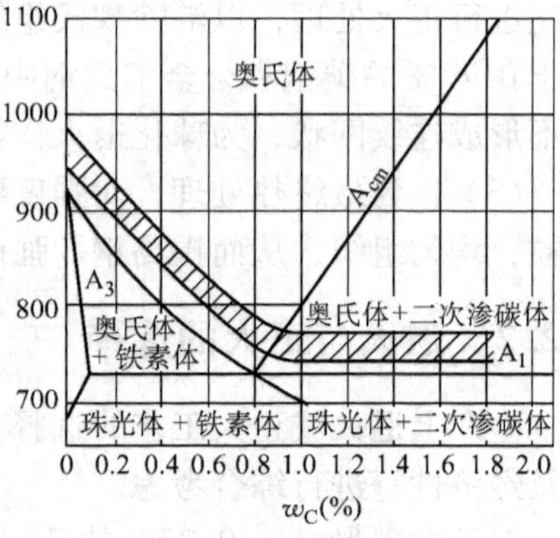

图 7-2　钢的淬火温度范围

共析钢和过共析钢在淬火加热之前已经过球化退火了，故加热到 Ac_1 以上 30～50℃不完全奥氏体化后，其组织为奥氏体和部分未溶的细粒状渗碳体颗粒。淬火后，奥氏体转变为马氏体，未溶渗碳体颗粒被保留下来。由于渗碳体硬度高，因此，它不但不会降低淬火钢的硬度，而且还可以提高它的耐磨性；若加热温度过高，甚至在 Ac_{cm} 以上，则渗碳体溶入奥氏体中的数量增大，奥氏体的含碳量增加，使未溶渗碳体颗粒减少，而且使 M_s 点下降，淬火后残留奥氏体量增多，降低钢的硬度与耐磨性。同时，加热温度过高会引起奥氏体晶粒粗大，使淬火后的组织为粗大的片状马氏体，使显微裂纹增多，钢的脆性大为增加。粗大的片状马氏体还使淬火内应力增加，极易引起工件的淬火变形和开裂。因此加热温度过高是不适宜的。过共析钢的正常淬火组织为隐晶（即细小片状）马氏体的基体上均匀分布着细小颗粒状渗碳体以及少量残留奥氏体，这种组织具有较高的强度和耐磨性，同时又具有一定的韧性，符合高碳工具钢零件的使用要求。

（2）淬火冷却介质　冷却是淬火的关键，冷却的好坏直接决定了钢淬火后的组织和性能。冷却介质应能保证工件获得变形小、不开裂的马氏体。图 7-3 所示为钢的理想淬火冷却曲线，即在 650℃以上缓冷，以降低热应力；650～400℃快速冷却，保证全部奥氏体不分解；400℃以下再缓冷，减少马氏体转变时的相变应力。常用的淬火冷却介质主要是水、油。

水在 650～550℃高温区冷却能力较强，在 300～200℃低温区冷却能力也强。淬火零件易变形开裂，因而适用于形状简单、截面较大的碳钢零件的淬火。

油也是一种常用的淬火介质。目前工业上主要采用矿物油，如锭子油、机油等。油的主要优点是在300~200℃低温区的冷却速度比水小得多，从而可大大降低淬火工件的相变应力，减小工件变形和开裂倾向。油在650~550℃高温区间冷却能力低，但对于过冷奥氏体比较稳定的合金钢，油是合适的淬火介质。与水相反，提高油温可以降低黏度，增加流动性，故可提高高温区间的冷却能力。油温过高容易着火，一般应控制在60~80℃。油适用于形状复杂的合金钢工件的淬火以及小截面、形状复杂的碳钢工件的淬火。

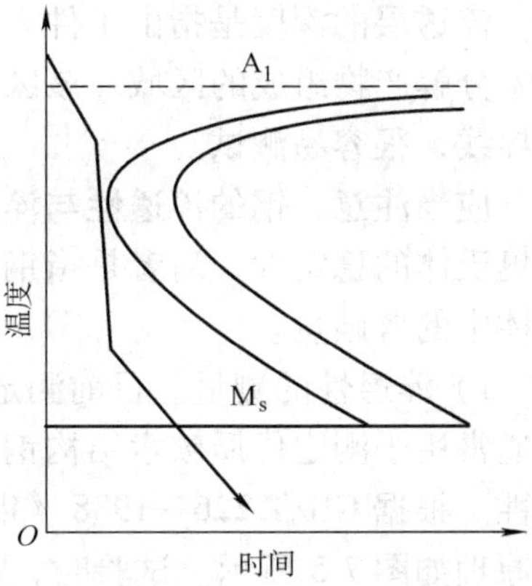

图7-3　钢的理想淬火冷却曲线

为减少工件的变形，熔融状态的盐也常用作淬火介质，称作盐浴。其特点是沸点高，冷却能力介于水、油之间，常用于等温淬火和分级淬火，处理形状复杂、尺寸小、变形要求严格的工件等。

（3）淬火冷却方式　淬火冷却方式的选择主要以获得马氏体和减少内应力、减少工件的变形和开裂为依据。常用的淬火方式有：单介质淬火、双介质淬火、分级淬火、等温淬火。图7-4所示为不同淬火方式示意图。

1）单介质淬火。工件在一种介质中冷却，如水淬、油淬。该方式操作简单，易于实现机械化，应用广泛，但淬火应力大，工件容易变形、开裂。在油中淬火时，冷却速度小，淬透直径小，大型工件不易淬透。

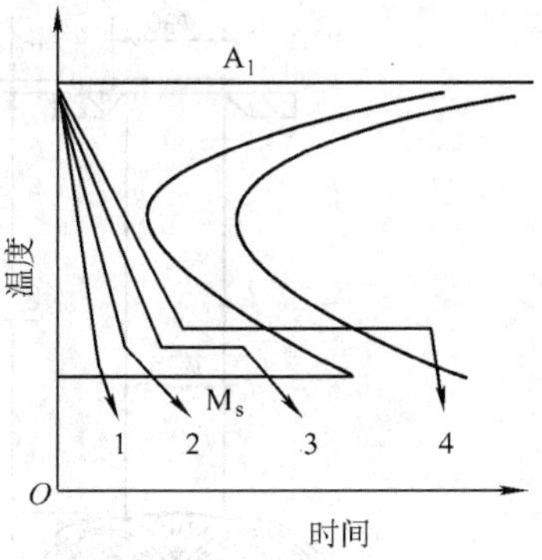

图7-4　不同淬火方式示意图

2）双介质淬火。工件先在较强冷却能力介质中冷却到300℃左右，再在冷却能力较弱的介质中冷却，如先水淬后油淬，这样可有效减少马氏体转变的内应力，减小工件变形、开裂倾向。该方式可用于形状复杂、截面不均匀的工件淬火。双液淬火的缺点是难以掌握双液转换的时机，转换过早容易淬不硬，过迟容易淬裂。为了克服这一缺点，发展了分级淬火法。

3）分级淬火。工件在低温（M_s点附近）盐浴或碱浴炉中淬火，在该温度停留2~5min，然后取出空冷，这种冷却方式叫分级淬火。分级冷却的目的是为了使工件内外温度较为均匀，能够同时进行马氏体转变，大大减小淬火应力，防止变形、开裂。实践表明，在M_s点以下温度分级淬火的效果更好。例如，高碳钢模具在160℃的碱浴中分级淬火，淬火硬度大，变形小。所以，目前分级淬火应用很广泛。

4）等温淬火。工件在等温盐浴中淬火，盐浴温度在贝氏体区的下部（稍高于M_s），把工件等温停留一段时间，直到贝氏体转变结束，取出空冷。等温淬火用于中碳或中碳以上的钢，目的是为了获得下贝氏体组织，以提高工件的强度、硬度、韧性和耐磨性等综合力学性能。低碳钢一般不采用等温淬火。

（4）钢的淬透性　淬透性是指钢在淬火时获得马氏体的能力，其大小用钢在一定条件下淬火所获得的淬透层深度来表示。同样形状和尺寸的工件，用不同的钢材制造，在相同的条件下淬火，淬透层较深的钢，其淬透性较好。淬透性是钢的固有属性，是选材和制订热处理工艺的重要依据。

淬透层的深度是指由工件表面至半马氏体区的深度。半马氏体区是指由50%马氏体和50%分解产物组成的区域。该区域组织变化及硬度变化显著，并且在酸蚀的断面上有明显的分界线，很容易测试。

应当注意，钢的淬透性与淬硬性是两个不同的概念，前者取决于钢的临界冷却速度及过冷奥氏体的稳定性，后者是指钢淬火后形成的马氏体组织所能达到的硬度，它主要取决于马氏体中的含碳量。

1）淬透性的测量。目前测定钢的淬透性最常用的方法是末端淬火法，简称端淬法。此法通常用于测定优质碳素结构钢或合金结构钢，也可用于测定弹簧钢、轴承钢及工具钢的淬透性。根据GB/T 226—1988《钢的淬透性末端淬火试验方法》，规定的试样形状、尺寸及试验原理如图7-5所示。试验时，将ϕ25mm×100mm的标准试样加热至奥氏体状态后迅速取出置于试验装置上，对其末端喷水冷却，试样上距末端越远的部分其冷却速度越小，因此硬度值越低。试样冷却完毕后，沿其轴线方向相对的两侧各磨去0.2~0.5mm，在此平面上从试样末端开始，每隔1.5mm测一硬度值，绘出硬度与到末端距离的关系曲线，称为钢的淬透性曲线。

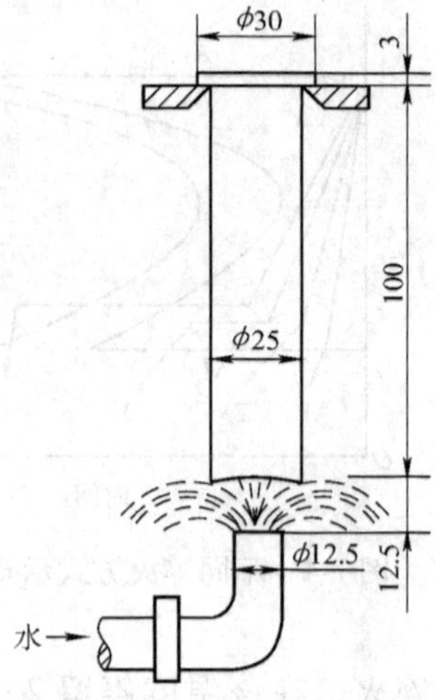

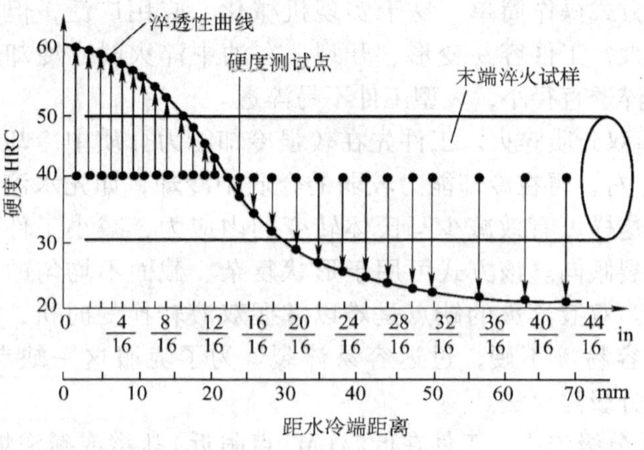

图7-5 末端淬火法示意图

a）试样尺寸及冷却 b）淬透性曲线

根据钢的淬透性曲线，钢的淬透性值通常用$J\frac{HRC}{d}$来表示。其中J表示末端淬透性，d表示至末端的距离，HRC表示该处测得的硬度值。例如淬透性值$J\frac{60}{5}$即表示在淬透性带上距末端5mm处的硬度值为60HRC，$J\frac{45}{10-15}$即表示距末端10~15mm处的硬度值为45HRC。

在生产中常用临界淬火直径来表示钢的淬透性。它是指圆柱形试样在某种淬火介质中淬火时，心部为半马氏体组织的最大圆柱形直径，用D_0表示。显然，在相同的冷却条件下，

D_0越大，则钢的淬透性也越大。表7-1列出了几种常用钢在水和油中淬火时的临界淬透直径。

表7-1　几种常用钢在水和油中淬火时的临界淬透直径

钢号	D_0（水）/mm	D_0（油）/mm	心部组织
45	10~18	6~8	50%M
60	20~25	9~15	50%M
40Mn	18~38	10~18	50%M
40Cr	20~36	12~24	50%M
18CrMnTi	32~50	12~20	50%M
T8~T12	15~18	5~7	95%M

2）淬透性的意义。钢的淬透性在生产中具有重要的实际意义。工件在整体淬火条件下，从表面至中心能否淬透对其机械性能具有重要影响。在拉伸、压缩、剪切或弯曲载荷作用下的尺寸较大的零件，如齿轮、轴等应选用淬透性较高的钢种制造，以保证整个截面能被淬透，从而使整个截面的机械性能均匀一致。否则，如果钢的淬透性低，工件整个截面不能被全部淬透，则心部的冲击韧性很低。另外，对于形状复杂、要求淬火变形小的工件（如精密模具、量具等），如果选用淬透性较高的钢，则可以在较缓和的介质中淬火，减小淬火应力，减小工件变形。但是在某些情况下反而希望钢的淬透性低些。例如承受弯曲或扭转载荷的轴类零件，其外层承受应力最大，轴心部分应力较小，因此选用淬透性较小的钢，淬透工件半径的1/3~1/2即可。表面淬火用钢也应采用低淬透性钢，淬火时只是表层得到马氏体。焊接用钢也希望淬透性小，目的是为了避免焊缝及热影响区在焊后冷却过程中淬火得到马氏体，避免焊接结构的变形和开裂。

3）影响淬透性的因素。淬透性是钢的固有属性，在同样的奥氏体条件下，同一种钢的淬透性是相同的。讨论淬透性必须排除工件的形状尺寸和淬火介质的冷却能力等条件的影响。淬透性取决于钢的临界冷却速度，具体影响淬透性的因素如下：

① 含碳量：在碳钢中，共析钢的临界冷速最小，淬透性最好；亚共析钢随含碳量增加，临界冷速减小，淬透性提高；过共析钢随含碳量增加，临界冷速增加，淬透性降低。

② 合金元素：除钴以外，其余合金元素溶于奥氏体后均降低临界冷却速度，使过冷奥氏体的转变曲线右移，提高钢的淬透性，因此合金钢的淬透性往往比碳钢要好。

③ 奥氏体化温度：提高钢材的奥氏体化温度可以降低钢的临界冷却速度，增加其淬透性。

④ 钢中未溶第二相：钢加热至奥氏体化时，未溶入奥氏体中的碳化物、氮化物及其他非金属夹杂物会成为奥氏体分解的非自发形核核心，使临界冷却速度增大，降低淬透性。

淬透性好的钢材经调质处理后，整个截面都是回火索氏体，力学性能均匀，强度高，韧性好；而淬透性差的钢表层为回火索氏体，心部为片状索氏体+铁素体，心部强韧性差。因此，钢材的淬透性是影响工件选材和热处理强化效果的重要因素。图7-6为淬透性不同的钢调质后的力学性能比较。

2. 回火

将淬火后的零件加热到低于 Ac_1 以下某一温度，保温一定时间后冷却到室温的热处理工艺称为回火。淬火钢一般不直接使用，必须进行回火。回火的目的是降低淬火钢的脆性，消除或减小内应力，减小变形和开裂的倾向，使不稳定的淬火马氏体和残留奥氏体转变为较稳定的铁素体和渗碳体或碳化物的两相混合物。从而保证了工件在使用过程中组织、形状和尺寸的稳定性，满足零件不同的使用要求，获得强度、硬度、塑性和韧性的适当配合。

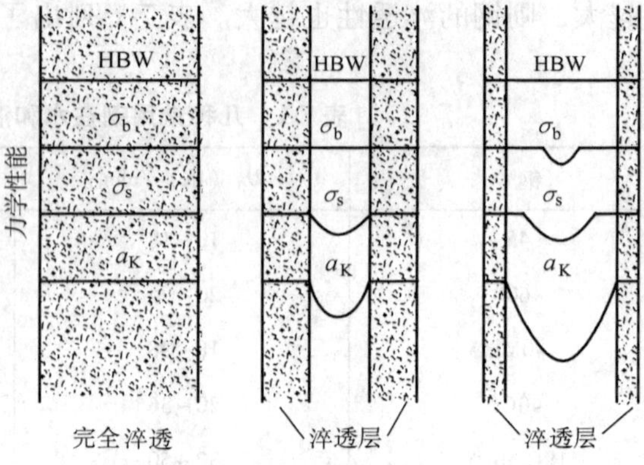

图 7-6 淬透性不同的钢调质后的力学性能比较

（1）钢在回火时的组织转变　钢淬火后的室温组织主要是马氏体或马氏体加残留奥氏体，它们在室温下是不稳定的，处于亚稳定状态，有自发向稳定组织(铁素体加渗碳体)转变的倾向。回火可加速这种自发转变过程。根据转变发生的过程和形成的组织，回火可分为四个阶段，即马氏体分解、残留奥氏体转变、碳化物的转变、渗碳体的聚集长大与 α 相的再结晶。

第一阶段：马氏体分解(100～200℃)。100℃以上回火，马氏体开始分解，从过饱和的 α 固溶体中析出弥散的ε碳化物，这种碳化物的成分和结构不同于渗碳体，是亚稳相。随回火温度升高，马氏体中的含碳过饱和度下降。高碳淬火钢在200℃以下回火，得到具有一定过饱和度的 α 固溶体和弥散分布的ε碳化物，这种复相组织称为回火马氏体。

第二阶段：残留奥氏体转变(200～300℃)。在200～300℃之间回火时，钢中的残留奥氏体将分解成过饱和的 α 固溶体和ε碳化物组成的复相组织，相当于回火马氏体或下贝氏体组织。

第三阶段：碳化物的转变(300～400℃)。在300～400℃回火，ε碳化物将自发地向稳定的渗碳体相转变。到400℃左右，α 固溶体已分解完成，处于饱和状态，但仍保持其针状外形。这种由饱和针状 α 固溶体和细小颗粒状的渗碳体组成的组织称为回火托氏体。

第四阶段：渗碳体的聚集长大与 α 相的再结晶(400℃以上)。回火温度超过400℃以上，渗碳体开始聚集长大。同时，α 相的状态也在发生变化。一般地，回火温度升高到400℃以上时 α 相发生回复，到600℃发生再结晶，由针状转变成等轴状的铁素体。这种由等轴的 α 相和粗颗粒状的渗碳体组成的组织称为回火索氏体。

（2）钢在回火时的性能变化　回火时，力学性能总的变化趋势是随着回火温度的升高，碳钢的硬度、强度降低，塑性提高，但回火温度太高时塑性会有所下降。冲击韧度随着回火温度升高而增大，但在250～400℃和450～650℃这两个温度区间回火时，可能出现冲击韧度显著降低的现象，如图7-7所示，这种脆化现象称为钢的回火脆性。根据脆化现象产生的机理和温度区间可将回火脆性分为两类：第一类回火脆性(低温回火脆性)和第二类回火脆性(高温回火脆性)。

1）第一类回火脆性(低温回火脆性)。钢在250～400℃范围内回火时出现的脆性称为低温回火脆性。因为这种回火脆性产生后无法消除，所以也称它为不可逆回火脆性。回火后的冷却速度对这种脆性没有影响。低温回火脆性产生的原因是由于回火马氏体中分解出稳定的细片状化合物而引起的。为了防止低温回火脆性，通常的办法是避免在脆化温度范围内回火，有时为了保证要求的力学性能而必须在脆化温度回火时，可采取等温淬火。

2）第二类回火脆性（高温回火脆性）。含 Cr、Ni、Mn 等元素的合金钢，在 450～650℃高温回火后缓冷时，会使冲击韧度下降，而回火后快冷则不出现脆性。这种脆性称为高温回火脆性，有时也称为可逆回火脆性。这种脆性的产生与加热和冷却条件有关。

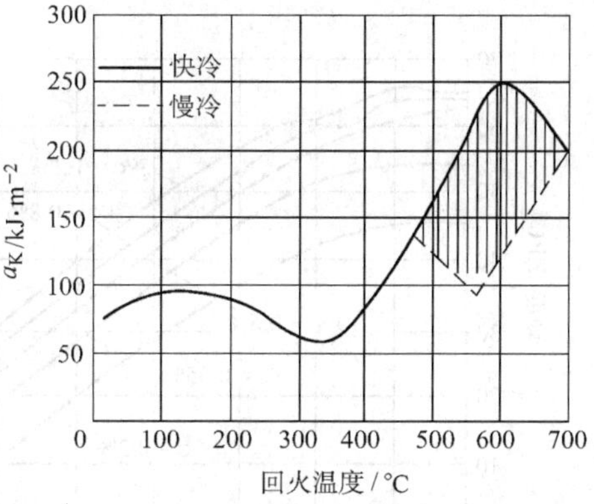

图 7-7　钢的冲击韧度与回火温度的关系

（3）钢的回火工艺　制订钢的回火工艺时，应根据钢的化学成分、工件的性能要求以及工件淬火后的组织和硬度来正确选择回火温度、保温时间、回火后的冷却方式等，以保证工件回火后能获得所需要的性能。决定工件回火后的组织和性能最重要的因素是回火温度。生产中根据工件所要求的力学性能及所用回火温度的高低，可将回火分为低温回火、中温回火和高温回火。

1）低温回火。低温回火温度范围一般为 150～250℃。低温回火钢大部分是淬火高碳钢和淬火高合金钢，经低温回火后得到隐晶马氏体加细粒状碳化物组织，即回火马氏体。亚共析钢低温回火后组织为回火马氏体；过共析钢低温回火后组织为回火马氏体＋碳化物＋残留奥氏体。低温回火的目的是：在保持高硬度（58～64HRC）、高强度和耐磨性的情况下，适当提高淬火钢的韧性，同时显著降低钢的淬火应力和脆性。在生产中低温回火大量应用于工具、量具、滚动轴承、渗碳工件、表面淬火工件等。精密量具、轴承、丝杠等零件为了减少在最后加工工序中形成的附加应力，增加尺寸稳定性，可增加一次回火温度在 120～250℃之间，保温时间长达几十小时的低温回火，有时称为人工时效或稳定化处理。

2）中温回火。中温回火温度一般在 350～500℃之间，回火组织是在铁素体基体上大量弥散分布着细粒状渗碳体，即回火托氏体组织。回火托氏体组织中的铁素体还保留着马氏体的形态。中温回火后工件的内应力基本消除，具有高的弹性极限和屈服极限，较高的强度和硬度（35～45HRC）以及良好的塑性和韧性。中温回火主要用于各种弹簧零件及热锻模具。

3）高温回火。高温回火温度为 500～650℃，通常将淬火和随后的高温回火相结合的热处理工艺称为调质处理。高温回火的组织为回火索氏体，即细粒状渗碳体和铁素体。高温回火后钢具有强度、塑性和韧性都较好的综合力学性能，硬度为 25～35HRC，广泛应用于中碳结构钢和低合金结构钢制造的各种受力比较复杂的重要结构零件，如发动机曲轴、连杆、连杆螺栓、汽车半轴、机床齿轮及主轴等，也可作为某些精密工件如量具、模具等的预先热处理。

除上述三种回火方法之外，某些不能通过退火来软化的高合金钢也可以在 600～680℃进行软化回火。钢在不同温度下回火后其硬度随回火温度的变化如图 7-8 所示，钢的力学性能与回火温度的关系如图 7-9 所示。

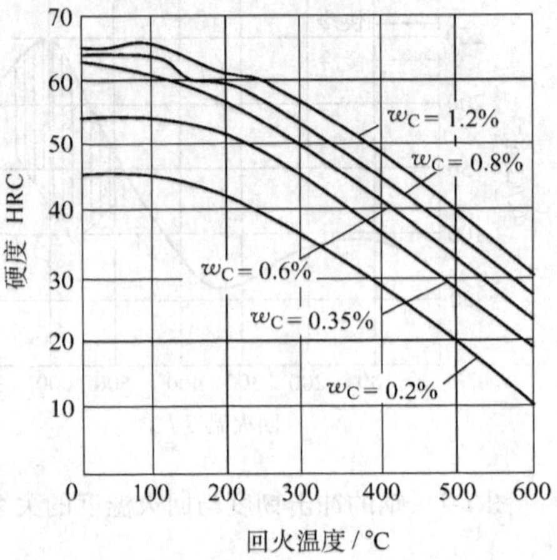

图 7-8 钢的硬度随回火温度的变化

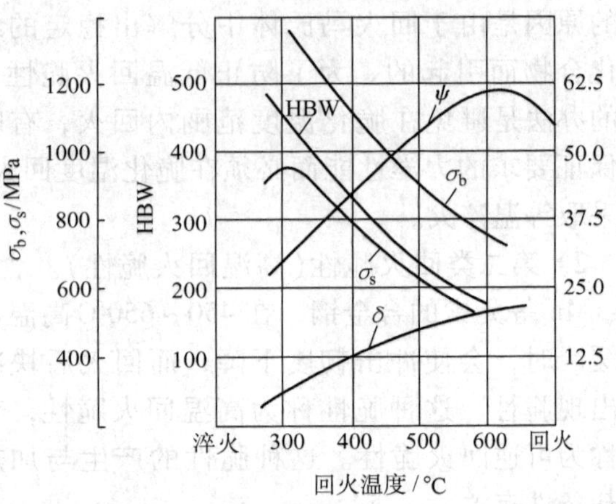

图 7-9 钢的力学性能与回火温度的关系图

7.3 钢的表面热处理

仅对钢的表面快速加热、冷却，把表层淬成马氏体，心部组织保持不变的热处理工艺称为表面热处理。常用的表面热处理工艺可分为两类：一类是只改变表面组织而不改变表面化学成分的表面淬火热处理；另一类是同时改变表面化学成分和组织的表面化学热处理。

许多机器零件如齿轮、凸轮、曲轴等都是在弯曲、扭转载荷下工作，同时受到强烈的摩擦、磨损和冲击。这时应力沿工件断面的分布是不均匀的，越靠近表面应力越大，越靠近心部应力越小。这种工件需要表层硬而耐磨，即一定厚度的表层得到强化，而心部仍可保留高韧性状态。要同时满足这些要求，仅仅依靠选材是比较困难的，用普通的热处理也无法实现，这时可通过表面热处理的手段来满足工件的使用要求。

按照加热方式分类，较常用的表面淬火热处理方法有感应加热表面淬火、火焰加热表面淬火和电接触加热表面淬火、激光加热表面淬火等，其中感应加热表面淬火应用最为广泛。

7.3.1 感应加热表面热处理

1. 基本原理

感应加热是利用电磁感应原理，将工件置于用铜管制成的感应圈中，当向感应圈中通交流电时，在它的内部和周围将产生一个与电流频率相同的交变磁场。若把工件置于磁场中，则在工件(导体)内部会产生感应电流，由于电阻的作用工件被加热。由于交流电的“集肤效应”，靠近工件表面电流密度最大，而工件心部电流几乎为零。这样几秒钟内工件表面温度就可以达到 800~1000℃，而心部仍接近于室温。当表层温度升高至淬火温度时，立即喷液冷却使工件表面淬火。图 7-10 为感应加热表面淬火示意图。

电流透入工件表层的深度主要与电流频率有关，频率越高，透入层深度越小。对于碳钢，淬硬层深度与电流频率存在以下关系：$\delta = \frac{500}{\sqrt{f}}$。式中，$\delta$ 为淬硬层深度(mm)；f 为电流频率(Hz)。可见，电流频率越大，淬硬层深度越薄。因此，通过改变交流电的频率可以得到不同厚度的淬硬层，生产中一般根据工件尺寸大小及所需淬硬层的深度来选用感应加热的频率，见表7-2。

感应加热设备的频率不同，其使用范围也不同。高频加热表面淬火主要用于中小模数齿轮和轴类零件；中频加热表面淬火主要用于曲轴、凸轮和大模数齿轮；工频加热表面淬火主要用于冷轧辊和车轮等。

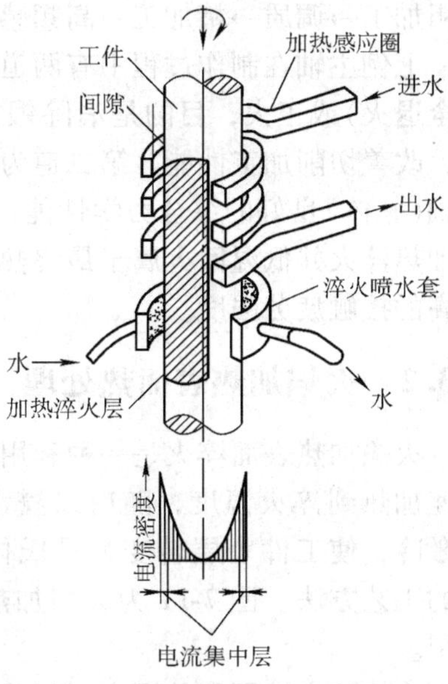

图7-10　感应加热表面淬火示意图

2. 感应加热表面热处理的特点

1）由于感应加热速度极快，过热度增大，使钢的临界点升高，故感应加热淬火温度(工件表面温度)高于一般淬火温度。

2）由于感应加热速度快，奥氏体晶粒不易长大，淬火后获得非常细小的隐晶马氏体组织，使工件表层硬度比普通淬火高2~3HRC，耐磨性也有较大提高。

3）表面淬火后，淬硬层中马氏体的比体积较原始组织大，因此表层存在很大的残余压应力，能显著提高零件的抗弯曲及扭转疲劳强度。小尺寸零件可提高2~3倍，大尺寸零件可提高20%~30%。

表7-2　电流频率与淬硬层深度的关系

电流频率	高频 (200~300kHz)	中频 (2500~8000Hz)	工频 (50Hz)
淬硬层深度 /mm	0.5~2.0	2~5	10~15
应用	中小型零件，如小模数齿轮、中小直径轴类零件	大模数齿轮、大直径轴类零件	轧辊、火车车轮等大件

4）由于感应加热速度快、时间短，故淬火后无氧化、脱碳现象，且工件变形也很小，易于实现机械化与自动化。

由于以上特点，感应加热表面淬火在热处理生产中得到了广泛的应用。其缺点是设备昂贵，形状复杂的零件处理比较困难。感应加热淬火后，为了减小淬火应力和降低脆性，需进行170~200℃的低温回火，尺寸较大的工件也可利用淬火后的工件余热进行自回火。

3. 感应加热应用举例

感应加热表面淬火一般适用于中碳钢和中碳低合金钢(w_C = 0.4%~0.5%)，如45钢、40Cr、40MnB等。用于齿轮、轴类零件的表面硬化，提高耐磨性和疲劳强度。表面淬火零件一般先通过调质或正火处理，使心部保持较高的综合力学性能，表层则通过表面淬火+低温回火获得高硬度(大于50HRC)、高耐磨性。

一般感应加热淬火零件的加工工艺路线为：下料→锻造→退火或正火→粗加工→调质→精加工→表面淬火→低温回火→(粗磨→时效→精磨)。

例：某机床主轴选用40Cr钢制造，其制作工艺如下：下料→锻造成毛坯→退火或正火

→粗加工→调质→精加工→高频感应加热淬火→低温回火→研磨→入库。

上例主轴在制作过程中有两道中间热处理工序，第一道为锻造之后的毛坯件退火(采用完全退火)或正火，目的是消除锻造应力，均匀成分，消除带状组织，细化晶粒，调整硬度，改善切削加工性能。第二道为精加工之前的调质热处理，它有两个重要目的：一是赋予主轴(整体)良好的综合力学性能；二是调整好表层组织，为感应加热淬火作组织准备。感应加热淬火并低温回火属于最终热处理，赋予主轴轴颈部位(表层)的耐摩擦、耐磨损性能和高的接触疲劳强度。

7.3.2 火焰加热表面热处理

火焰加热表面淬火是一种利用乙炔-氧气或煤气-氧气混合气体的燃烧火焰，将工件表面迅速加热到淬火温度，随后以浸水和喷水方式进行激冷，使工件表层转变为马氏体而心部组织不变的工艺方法。图 7-11 为火焰加热表面热处理示意图。

火焰淬火淬硬层的深度一般为 1~6mm。火焰加热表面淬火的特点是设备简单、成本低、工件大小不受限制，但是淬火硬度和淬透性深度不易控制，常取决于操作工人的技术水平和熟练程度，生产效率低，只适合单件和小批量生产。

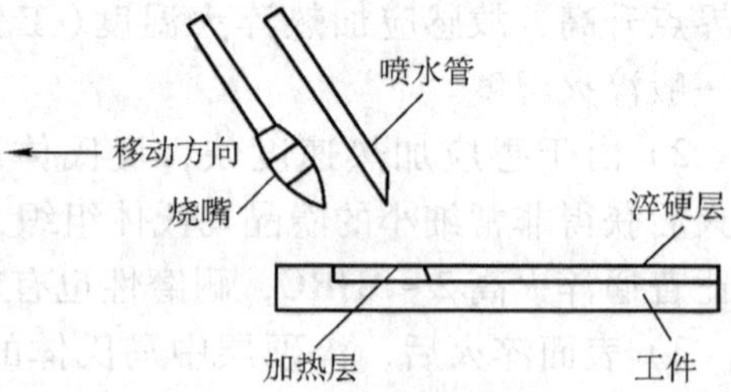

图 7-11 火焰加热表面热处理示意图

7.4 钢的化学热处理

化学热处理是将钢件置于一定温度的活性介质中保温，使介质中的一种或几种元素原子渗入工件表层，以改变钢件表层化学成分和组织，进而达到改进表面性能，满足技术要求的热处理工艺。

表面化学成分的改变通过以下三个基本过程实现：

1）化学介质的分解，通过加热使化学介质释放出待渗元素的活性原子，例如渗碳时 $CH_4 \rightarrow 2H_2 + [C]$，渗氮时 $2NH_3 \rightarrow 3H_2 + 2[N]$。

2）活性原子被钢件表面吸收和溶解，进入晶格内形成固溶体或化合物。

3）原子由表面向内部扩散，形成一定的扩散层。

按表面渗入元素的不同，化学热处理可分为渗碳、渗氮、碳氮共渗、渗硼、渗铝等。目前，生产上应用最广的化学热处理是渗碳、渗氮和碳氮共渗。

7.4.1 渗碳

渗碳通常是指为提高工件表层的含碳量而将工件在渗碳介质中加热、保温，使碳原子渗入工件表面的化学热处理工艺。渗碳用钢为低碳钢及低碳合金钢，如 20 钢、20Cr、20CrMnTi 等。

渗碳的目的是通过渗碳及随后的淬火和低温回火，使工件表面具有高的硬度、耐磨性和良好的抗疲劳性能，而心部具有较高的强度和良好的韧性。渗碳并经淬火加低温回火与表面淬火不同，表面淬火不改变表层的化学成分，而是依靠表面加热淬火来改变表层的组织，从而达到表面强化的目的；而渗碳并经淬火加低温回火则能同时改变表层的化学成分和组织，因而能更有效地提高表层的性能。

1. 渗碳方法

渗碳方法有气体渗碳、固体渗碳和液体渗碳。目前广泛应用的是气体渗碳法。气体渗碳法是将低碳钢或低碳合金钢工件置于密封的渗碳炉中，加热至完全奥氏体化温度(奥氏体溶碳量大，有利于碳的渗入)，通常是900~950℃，并通入渗碳介质使工件渗碳。气体渗碳介质可分为两大类：一是液体介质(含有碳氢化合物的有机液体)，如煤油、苯、醇类和丙酮等，使用时直接滴入高温炉罐内，经裂解后产生活性碳原子；二是气体介质，如天然气、丙烷气及煤气等，使用时直接通入高温炉罐内，经裂解后用于渗碳。图7-12所示为气体渗碳装置示意图。

气体渗碳具有生产效率高、劳动条件好、容易控制、渗碳层质量较好等优点，在生产中广泛应用。

固体渗碳是将工件装入渗碳箱中，周围填满固体渗碳剂，用盖子和耐火泥封好，送入加热炉内，加热至900~950℃，保温足够长时间，从而得到一定厚度的渗碳层。固体渗碳剂通常是一定粒度的木炭与15%~20%的碳酸盐的混合物。木炭提供渗碳所需要的活性碳原子，碳酸盐起着催化作用。与气体渗碳相比，固体渗碳法生产效率低、劳动条件差、渗碳层质量不容易控制，因而在生产中较少应用。但由于所用设备简单，在小批量非连续生产中仍有采用。渗碳时间取决于渗碳层厚度的要求，一般按每小时0.1~0.15mm渗碳层深度估算。

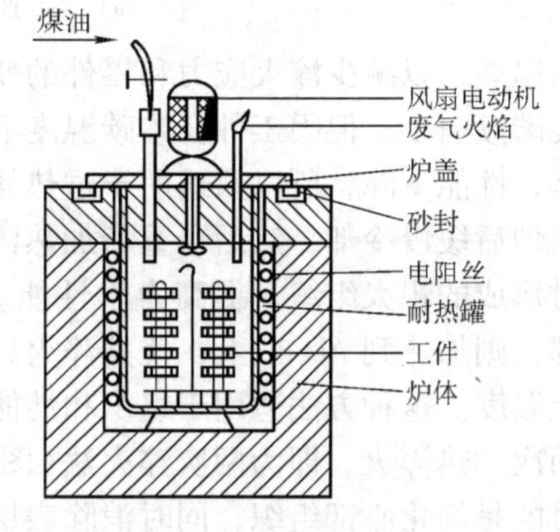

图7-12 气体渗碳装置示意图

2. 渗碳后的组织

工件渗碳后渗层中的含碳量表面最高(碳的质量分数约为1.0%)，由表及里逐渐降低至原始含碳量。所以渗碳后缓冷组织从工件表面至心部依次为过共析组织(珠光体+碳化物)、共析组织(珠光体)、亚共析组织(珠光体+铁素体)，直至心部的原始组织。对于碳钢，渗层深度规定为从表层到过渡层一半(50%P+50%F)的厚度。

根据渗层组织和性能的要求，一般零件表层含碳量最好控制在$w_C=0.85\%\sim1.05\%$之间，若含碳量过高，会出现较多的网状或块状碳化物，则渗碳层变脆，容易脱落；含碳量过低，则硬度不足，耐磨性差。渗碳层含碳量和渗碳层深度依靠控制通入的渗碳剂量、渗碳时间和渗碳温度来保证。当渗碳零件有不允许高硬度的部位时，如装配孔等，应在设计图样上予以注明。该部位可采取镀铜或涂抗渗涂料的方法来防止渗碳，也可采取多留加工余量的方法，待零件渗碳后在淬火前去掉该部位的渗碳层(即退碳)。

3. 渗碳后的热处理

工件渗碳后必须进行适当的热处理，否则就达不到表面强化的目的。渗碳后的热处理方法有直接淬火法、一次淬火法和二次淬火法，如图7-13所示。

工件渗碳后随炉冷(图7-13a)或出炉预冷(图7-13b)到稍高于心部成分的Ar_3温度(避免析出铁素体)，然后直接淬火，这就是直接淬火法。预冷的目的主要是减少零件与淬火介质

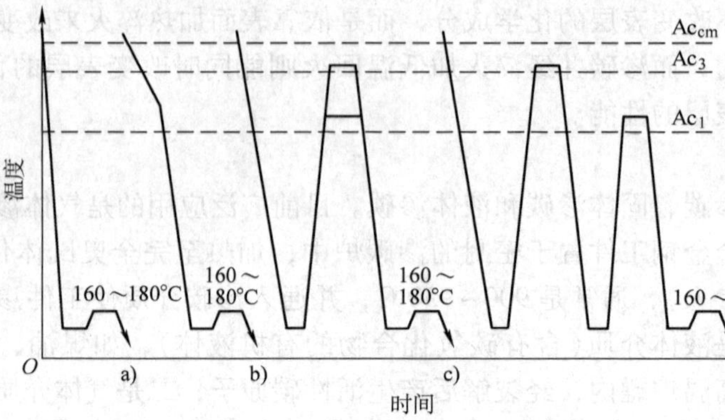

图 7-13　渗碳后热处理示意图

a)、b) 直接淬火　c) 一次淬火　d) 二次淬火

的温差，以减少淬火应力和零件的变形。直接淬火法工艺简单、生产效率高、成本低、氧化脱碳倾向小。但因工件在渗碳温度下长时间保温，奥氏体晶粒粗大，淬火后则形成粗大马氏体，性能下降，所以只适用于过热倾向小的本质细晶粒钢，如 20CrMnTi 等。零件渗碳终了出炉后缓慢冷却，然后再重新加热淬火，称为一次淬火法(图 7-13c)。这种方法可细化渗碳时形成的粗大组织，提高力学性能。淬火温度的选择应兼顾表层和心部要求，如果强化心部，则加热到 Ac_3 以上，使其淬火后得到低碳马氏体组织；如果强化表层，需加热到 Ac_1 以上温度。这种方法适用于组织和性能要求较高的零件，在生产中应用广泛。工件渗碳冷却后两次加热淬火，即为两次淬火法(图 7-13d)。第一次淬火加热温度一般为心部的 Ac_3 以上，目的是细化心部组织，同时消除表层的网状碳化物。第二次淬火加热温度一般为 Ac_1 以上，使渗层获得细小粒状碳化物和隐晶马氏体，以保证获得高强度和高耐磨性。该工艺复杂、成本高、效率低、变形大，仅用于要求表面高耐磨性和心部高韧性的零件。

渗碳件淬火后都要在 160～180℃ 范围内进行低温回火。淬火加回火后，渗碳层的组织由高碳回火马氏体、碳化物和少量残留奥氏体组成，其硬度可达到 58～64HRC，具有高的耐磨性。心部组织与钢的淬透性及工件的截面尺寸有关。全部淬透时是低碳马氏体；未淬透时是低碳马氏体加少量铁素体或托氏体加铁素体。

一般渗碳零件的加工工艺路线为：下料→锻造→正火→机加工→渗碳→淬火 + 低温回火→精加工。

汽车、机车、矿山机械、起重机械等用的大量传动齿轮都采用渗碳热处理工艺提高其耐磨损性能。

例：某汽车变速箱齿轮采用 20CrMnTi 钢制造，其制造工艺如下：下料→锻造→正火→粗车并铣齿成型→精铣齿轮→渗碳淬火 + 低温回火→研磨→入库。

锻造后的正火是中间热处理，目的是降低锻造应力、细化晶粒、均匀化学成分、改善可加工性。渗碳淬火并低温回火是最终热处理，目的是提高齿轮的抗磨损性能和抗接触疲劳性能。

7.4.2　渗氮

渗氮俗称氮化，是指在一定温度下使活性氮原子渗入工件表面，形成含氮硬化层的化学热处理工艺。其目的是提高零件的表面硬度(可达1000~1200HV)、耐磨性、疲劳强度、热硬性和耐蚀性等。渗氮主要用于耐磨性、耐蚀性和精度均要求较高的零件，有许多零件(如高速柴油机的曲轴、气缸套、镗床的镗杆、螺杆、精密主轴、套筒、蜗杆、较大模数的精密齿轮、阀门以及量具、模具等)，它们在表面受磨损、腐蚀和承受交变应力及动载荷等复杂条件下工作，要求表面具有高的硬度、耐磨性、强度、耐蚀性、耐疲劳性等，而心部要求具有较高的强度和韧性。更重要的是还要求热处理变形小，尺寸精确，热处理后最好不要再进行机加工。这些要求用渗碳是不能完全达到的，而渗氮却可以完全满足这些要求。常用的渗氮方法有气体渗氮、离子渗氮、氮碳共渗(软氮化)等。生产中应用较多的是气体渗氮。

气体渗氮是将氨气通入加热至渗氮温度的密封渗氮炉中，使其分解出活性氮原子($2NH_3 \rightarrow 3H_2 + 2[N]$)并被钢件表面吸收、扩散形成一定厚度的渗氮层。渗氮主要通过在工件表面形成氮化物层来提高工件的硬度和耐磨性。氮和许多合金元素如Cr、Mo、Al等均能形成细小的氮化物。这些高硬度、高稳定性的合金氮化物呈弥散分布，可使渗氮层具有更高的硬度和耐磨性，故渗氮用钢常含有Al、Mo、Cr等，而38CrMoAl成为最常用的渗氮钢，其次也有用40Cr、40CrNi、35CrMn等钢种。

由于氨气分解温度较低，故通常的渗氮温度在500~580℃之间。在这种较低的处理温度下，氮原子在钢中的扩散速度很慢，因此，渗氮所需时间很长，渗氮层也较薄。例如，38CrMoAl钢制造的轴类零件，要获得0.4~0.6mm的渗氮层深度，渗氮保温时间需50h以上。渗氮温度低且渗氮后不再进行热处理，所以工件变形小。鉴于此，许多精密零件非常适宜进行渗氮处理。为了提高钢件心部的强韧性，需要在渗氮前对工件进行调质处理。

渗氮的主要缺点是工艺时间太长，例如得到0.3~0.5mm的渗氮层，一般需要20~50h，而得到相同厚度的渗碳层只需要3h左右。另外渗氮成本较高，且渗氮层薄(0.3~0.6mm)而脆。

一般零件氮化工艺路线如下：锻造→退火→粗加工→调质→精加工→除应力→粗磨→氮化→精磨或研磨。

7.4.3 碳氮共渗

碳氮共渗是同时向钢件表面渗入碳和氮原子的化学热处理工艺，俗称氰化。碳氮共渗零件的性能介于渗碳与渗氮零件之间。目前中温(780~880℃)气体碳氮共渗和低温(500~600℃)气体氮碳共渗(即气体软氮化)的应用较为广泛。前者主要以渗碳为主，用于提高结构件(如齿轮、蜗轮、轴类件)的硬度、耐磨性和抗疲劳性；而后者以渗氮为主，主要用于提高工模具的表面硬度、耐磨性和抗咬合性。

碳氮共渗件常选用低碳或中碳钢及中碳合金钢，共渗后可直接淬火和低温回火，其渗层组织为细片(针)回火马氏体加少量粒状碳氮化合物和残留奥氏体，硬度为58~63HRC；心部组织和硬度取决于钢的成分和淬透性。

催渗技术能缩短化学热处理的工艺过程和生产周期，能提高渗层质量，并能显著地提高生产效率。自20世纪80年代我国学者首先发现稀土催渗现象后，催渗研究就在我国蓬勃发展起来。由于起步早，参与面广，我国催渗技术的研究水平目前处于国际领先地位。我国是稀土资源大国，大力发展稀土在化学热处理领域的应用，可充分发挥资源优势以获得最佳的技术、经济效果。

在碳氮共渗过程中加入稀土，不仅可以活化渗入介质，缩短化学热处理的工艺过程和生产周期，还能使渗层组织结构发生新的变化，改善共渗层组织，起到微合金化作用，使钢的共渗层性能得到提高。

气相用稀土碳氮共渗剂的配制原则是在碳氮共渗剂的基础上加入含稀土的有机溶剂，混溶后的共渗剂按一定要求滴入普通滴注式气体渗碳（氮）炉，即可实现稀土碳氮共渗，也可以将碳氮共渗剂和含稀土的有机溶剂分别滴入炉内来实现稀土碳氮共渗。

7.5 钢的热处理新技术

随着科学技术的迅猛发展，热处理生产技术也发生着深刻的变化。先进热处理技术正走向定量化、智能化和精确控制的新水平，各种工程和功能新材料、新工艺为热处理技术提供了更加广阔的应用领域和发展前景。近代热处理技术的主要发展方向可以概括为八个方面，即少无污染、少无畸变、少无质量分散、少无能源浪费、少无氧化、少无脱碳、少无废品、少无人工。

7.5.1 可控气氛热处理

在炉气成分可控的热处理炉内进行的热处理称为可控气氛热处理。

在热处理时实现无氧化加热是减少金属氧化损耗、保证制件表面质量的必备条件。而可控气氛则是实现无氧化加热的最主要措施。正确控制热处理炉内的炉气成分可为某种热处理过程提供元素的来源，即金属零件和炉气通过界面反应，其表面可以获得或失去某种元素。也可以对加热过程的工件提供保护，如可使零件不被氧化，不脱碳或不增碳，保证零件表面的耐磨性和抗疲劳性，从而也可以减少零件热处理后的机加工余量及表面的清理工作。缩短生产周期，节能、省时，提高经济效益——可控气氛热处理已成为在大批量生产条件下应用最成熟最普遍的热处理技术之一。

1. 吸热式气氛

“吸热式气氛”是在气体反应中需要吸收外热源的能量才能使反应向正方向发生的热处理气氛。因此，吸热式气氛的制备均要采用有触媒剂（催化剂）的高温反应炉产生化学反应。

吸热式气氛可用天然气、液化石油气（主要成分是丙烷）、城市煤气、甲醇或其他液体碳氢化合物作原料，按一定比例与空气混合后通入发生器进行加热，在触媒剂的作用下经吸热而制成。吸热式气氛主要用作渗碳气氛和高碳钢的保护气氛。

2. 放热式气氛

“放热式气氛”是用天然气、乙烷、丙烷等作原料，按一定比例与空气混合后，依靠自身的燃烧放热反应而制成的气体。由于反应时放出大量热量，故称为放热式气氛。如用天然气为原料制备反应气的反应式为

$$CH_4+2O_2+7.42N_2 \rightarrow CO_2+2H_2O+7.42N_2$$

放热式气氛是所有制备气氛中最便宜的一种，主要用于防止热处理加热时工件的氧化，在低碳钢的光亮退火，中碳钢的光亮淬火等热处理过程中普遍采用。

3. 滴注式气氛

用液体有机化合物（如甲醇、乙醇、丙酮、甲酰胺、三乙醇胺等）混合滴入或与空气混

合后喷入高温热处理炉内所得到的气氛称为“滴注式气氛”。它主要用于渗碳、碳氮共渗、软氮化、保护气氛淬火和退火等。

7.5.2 真空热处理

真空热处理是在0.0133~1.33Pa真空度的真空介质中对工件进行热处理的工艺。

真空热处理具有无氧化、无脱碳、无元素贫化的特点，可以实现光亮热处理，可以使零件脱脂、脱气，避免表面污染和氢脆；同时可以实现控制加热和冷却，减少热处理变形，提高材料性能；还具有便于自动化、柔性化和清洁热处理等优点。近年来已被广泛采用，并获得迅速发展。

1. 真空热处理的优越性

真空热处理是和可控气氛并驾齐驱的应用面很广的无氧化热处理技术，也是当前热处理生产技术先进程度的主要标志之一。真空热处理不仅可以实现钢件的无氧化、无脱碳热处理，而且还可以实现生产的无污染和工件的少畸变。据国内外经验，工件真空热处理的畸变量仅为盐浴加热淬火的1/3，因而它还属于清洁热处理和精密生产技术范畴。

真空热处理具有下列优点：

(1) 可以减少工件变形　工件在真空中加热时，升温速度缓慢，因而工件内外温度均匀，所以热处理时变形较小。

(2) 可以减少和防止工件氧化　真空中氧的分压很低，金属在加热时的氧化过程受到有效抑制，可以实现无氧化加热，减少工件在热处理加热过程中的氧化、脱碳现象。

(3) 可以净化工件表面　在真空中加热时，工件表面的氧化物、油污发生分解并被真空泵排出，因而可得到表面光亮的工件。洁净光亮的工件表面不仅美观，而且还会提高工件的耐磨性及疲劳强度。

(4) 脱气作用　工件在真空中长时间加热时，溶解在金属中的气体会不断逸出并由真空泵排出。真空热处理的脱气作用有利于改善钢的韧性，提高工件的使用寿命。

除了上述优点以外，真空热处理还可以减少或省去热处理后的清洗和磨削加工工序，改善劳动条件，实现自动控制。

2. 真空热处理应用

由于真空热处理本身所具备的一系列特点，因此这项新的工艺技术得到了突飞猛进的发展。现在几乎全部热处理工艺均可以进行真空热处理，如退火、淬火、回火、渗碳、氮化、渗金属等。而且淬火介质也由最初仅能气淬发展到现在的油淬、水淬、硝盐淬火等。

7.5.3 离子渗扩热处理

离子渗扩热处理是利用阴极(工件)和阳极间的辉光放电产生的等离子体轰击工件，使工件表层的成分、组织及性能发生变化的热处理工艺。

1. 离子渗氮

离子渗氮是在真空室内进行的，如图7-14所示为离子渗氮示意图，工件接高压直流电源的负极，真空钟罩接正极。将真空室的真空度抽到一定值后，充入少量氨气或氢气、氮气的混合气体。当电压调整到400~800V时，氨即电离分解成氮离子、氢离子和电子，并在工件表面产生辉光放电现象。正离子受电场作用加速轰击工件表面，使工件升温到渗氮温度，氮离子在钢件表面获得电子，还原成氮原子而渗入钢件表面并向内部扩散，形成渗氮层。

离子渗氮表面形成的氮化层具有优异的力学性能，如高硬度、高耐磨性、良好的韧性和疲劳强度等，使得离子渗氮零件的使用寿命成倍提高。例如，W18Cr4V 钢刀具在淬火回火后再经 500～520℃离子氮化 30～60min，使用寿命可提高 2～5 倍。此外，离子渗氮节约能源，渗氮气体消耗少，操作环境无污染。离子渗氮速度快，是普通气体氮化的 3～4 倍。其缺点是设备昂贵，工艺成本高，不宜于大批量生产。

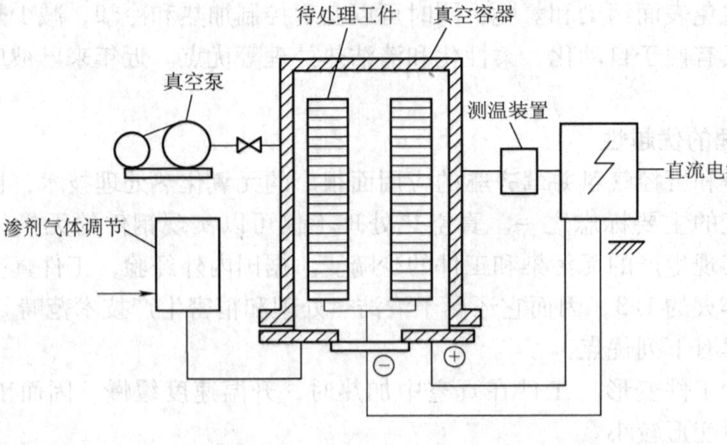

图 7-14 离子渗氮示意图

2. 离子渗碳

离子渗碳是将工件装入温度在 900℃ 以上的真空炉内，在通入碳氢化合物（CH_4 或 C_3H_8）的气氛中加热，同时在工件（阴极）和阳极之间施加高压直流电，产生辉光放电，使活化的碳被离子化，在工件附近加速从而轰击工件表面进行渗碳。

离子渗碳从加热、渗碳到淬火处理都在同一装置内进行，这种真空热处理炉是具有辉光放电机构的加热渗碳室和油淬火室的双室型热处理炉。

离子渗碳的硬度、疲劳强度、耐磨性等力学性能比传统渗碳方法都高，而且渗碳速度快，特别是对狭小缝隙和小孔能进行均匀的渗碳，渗碳层表面碳浓度和渗层深度容易控制，工件不易产生氧化，表面洁净，耗电省和无污染。

根据同样的原理，离子轰击热处理还可以进行离子碳氮共渗、离子硫氮共渗、离子渗金属等，所以在国内外具有很大的发展前途。

7.5.4 形变热处理

所谓形变热处理，就是将形变强化与相变强化综合起来的一种复合强韧化处理方法。从广义上来说，凡是将零件的成形工序与组织改善有效结合起来的工艺都叫形变热处理。形变热处理的强化机理是：奥氏体形变使位错密度升高，由于动态回复形成稳定的亚结构，淬火后获得细小的马氏体，板条马氏体数量增加，板条内位错密度升高，从而使马氏体强化。此外，奥氏体形变后位错密度增加，为碳氮化物弥散析出提供了条件，从而获得弥散强化效果。弥散析出的碳氮化物阻止奥氏体长大，使转变后的马氏体板条更加细化，从而产生细晶强化。马氏体板条的细化及其数量的增加，碳氮化物的弥散析出等，都能使钢在强化的同时得到韧化。

根据形变与相变的关系，形变热处理可分为三种基本类型：在相变前进行形变；在相变中进行形变；在相变后进行形变。这三种类型的形变热处理都能获得形变强化与相变强化的综合效果。现仅介绍相变前进行形变的高温形变热处理和中温形变热处理。

1. 高温形变热处理

高温形变热处理是将钢材加热到奥氏体区域后进行塑性变形，然后立即进行淬火和回火，例如锻热淬火和轧热淬火。此工艺能获得较明显的强韧化效果，与普通淬火相比，其强度可提高 10%~30%，塑性可提高 40%~50%，韧性也成倍提高。而且质量稳定，工艺简单，还可减少工件的氧化、脱碳和变形，适用于形状简单的零件或工具的热处理，如连杆、曲轴、刀具和模具等。图 7-15 为高温形变热处理示意图。

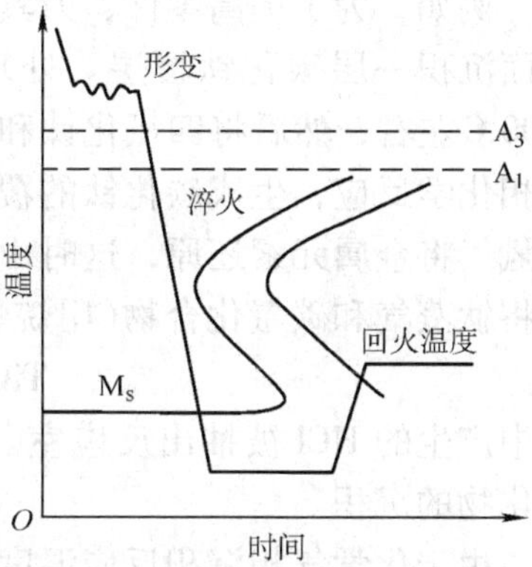

图 7-15　高温形变热处理示意图

2. 中温形变热处理

中温形变热处理是将工件加热到奥氏体区域后急冷至过冷奥氏体的亚稳定区，然后立即对过冷奥氏体进行塑性变形（变形量为 70%~80%），再进行淬火和回火。图 7-16 为中温形变热处理示意图。此工艺与普通淬火比较，在保持塑性、韧性不降低的情况下，能大幅度地提高钢的强度、疲劳强度和耐磨性，特别是强度可提高 300 ~ 1000MPa。因此它主要用于要求高强度和高耐磨性的零件和工具，如飞机起落架、刃具、模具和重要的弹簧等。

此外，这种方法要求钢材具有较高的淬透性和较长的孕育期，并且由于变形温度较低，要求变形速度快，故需用功率大的设备进行塑性变形。

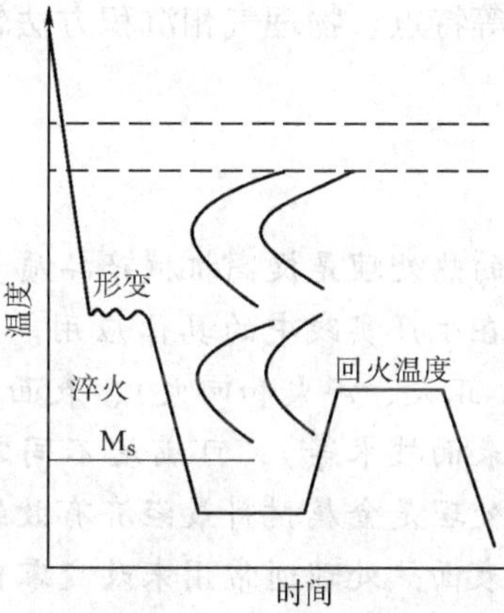

图 7-16　中温形变热处理示意图

形变热处理在机械工业中的应用和发展速度很快，零件的类型和材料的品种不断扩大。对弹簧类零件采用高温形变淬火是强化弹簧的有效方法。可同时提高其强度、塑性、冲击韧性及疲劳强度。特别是对汽车板簧进行形变热处理，能够减少板簧片数、节约钢材、减轻质量、缩小尺寸、提高板簧的使用可靠性。

采用锻热淬火对连杆进行热处理，其效果良好。某厂对柴油机 40Cr 钢连杆采用锻热淬火新工艺，可使热处理工效提高 3 倍，质量稳定，综合力学性能良好。实验研究表明，对传动零件齿轮及链轮进行高温形变淬火，其轮齿强度、耐磨性、弯曲强度比普通热处理高 30% 左右。另外，对其他的零件，如轴承、汽轮机的涡轮盘以及某些结构零件，如活塞销，扭力杆、螺钉等采用不同形式的形变热处理，对于改善其质量，提高工件的可靠性，延长使用寿命等，均具有广阔的前景。

7.5.5　表面技术

表面技术是指改变零件的表面质量或表面状态，使其达到耐磨、耐蚀、美观及精度要求的工艺，包括电镀、喷涂、涂装、氧化等。表面技术虽然是主要针对磨损和腐蚀而应用，但随着社会发展和人类生活需求的提高，产品的外观装饰显得越来越重要，所以表面处理工艺也得到迅速的发展。

1. 化学气相沉积法

化学气相沉积是在高温下将炉内抽成真空或通入氢气，然后通入反应气体并在炉内产生化学反应，使工件表面形成覆层的方法，简称 CVD 法。

例如，为了提高零件、刀具、工具和模具的耐磨性和使用寿命，可以利用 CVD 法在其表面沉积一层碳化钛覆层。处理工艺的基本过程是：将工件置于氢气保护气氛中加热到1000℃左右，然后将四氯化钛和碳氢化合物随氢气通入反应室内，在工件表面产生钛和碳的气相化学反应，生成碳化钛的覆盖层。其反应原理是四氯化钛加热变成蒸气，通入反应室后由氢气将金属元素还原，这时由设备中直流高压的阳极和阴极之间的辉光放电产生的带电粒子将钛蒸气和碳氢化合物（甲烷、甲苯）离子化并产生化学反应

$$TiCl_4 + CH_4 + H_2 \rightarrow TiC + 4HCl + H_2$$

其中产生的 HCl 被抽出反应室。这种化学气相沉积方法可进行钛、钽、锆、铌等碳化物和氮化物的沉积。

由于化学气相沉积反应温度高，并需要通入大量氢气，操作不当易产生爆炸，而且工件易产生氢脆，排出的废气含有 HCl 危害气体等缺点，近年来发展了物理气相沉积方法。

2. 物理气相沉积法

物理气相沉积是把金属蒸气离子化后在高压静电场中使离子加速并直接沉积于金属表面形成覆层的方法，简称 PVD 法。它具有沉积温度低、沉积速度快、渗层成分和结构可控制、无公害等特点。物理气相沉积方法较多，比较常用的为真空溅射、真空蒸发、离子镀。

本章小结

钢的热处理是提高机械产品质量，充分发挥现有材料潜力的重要工艺方法，是钢的热处理理论在生产实践中的具体应用。机械零件在正确选材和加工的前提下，通过普通热处理（退火、正火、淬火和回火）、表面热处理（表面淬火和化学热处理等）及特殊热处理（形变热处理、表面技术等），可满足不同零件的使用要求，发挥材料的潜力，提高零件的使用寿命。热处理是金属材料最经济有效的强化手段。普通热处理通常用来改变零件整体的组织和性能；表面热处理通常用来改变零件表面的成分、组织和性能。

第8章 金属材料

内容提要：本章主要以常用的金属材料为主，按几种方法将钢铁材料及有色金属材料分类，并对它们的性能、特点、牌号及用途进行了阐述。

教学重点：掌握钢的分类、牌号、性能及用途，铸铁的分类、牌号及用途，了解有色金属材料的性能及用途。

教学难点：合金元素在钢中的作用，各类钢的成分、组织、热处理和性能之间的关系，铸铁的石墨化过程以及铝合金的强化。

8.1 工业用钢

金属材料是指金属元素或以金属元素为主构成的具有金属特性的材料的统称。包括纯金属、合金、金属间化合物和特种金属材料等。

金属材料主要包括工业用钢、铸铁和非铁金属材料等三大类。

根据 $Fe\text{-}Fe_3C$ 相图，碳的质量分数在0.0218%～2.11%之间的铁碳合金被称为碳钢。工业用钢是指以碳钢为主，含有少量锰、硅、硫、磷等杂质元素，或有意加入一定量的合金元素的材料。由于碳钢价格低廉，工艺性能好，力学性能能够满足一般工程和机械制造的要求，是工业中用量最大的金属材料，因此得到了广泛的应用。但是，随着现代工业和科学技术的发展，对钢的力学性能和物理、化学性能提出了更高的要求，需要有目的地向钢中加入某些合金元素，从而发展了合金钢。与碳钢相比，合金钢经过合理的加工处理后除了能够获得较高的力学性能，有的还具有耐热、耐酸等特殊的物理及化学性能。但由于其价格较高，加工工艺性能较差，某些专用钢只能应用于特定工作条件。因此应正确选用各类钢材，合理制订其冷、热加工工艺，以达到提高效能、延长寿命、节约材料、降低成本、产生良好经济效益的目的。

8.1.1 钢的分类和编号

1. 钢的分类

（1）传统的分类方法

1）按钢的不同用途可分为结构钢、工具钢及特殊性能钢。

① 结构钢。可分为建筑及工程用钢、机械制造用钢、专业用钢（如桥梁用钢、锅炉用钢）等。

② 工具钢。包括刃具钢、模具钢和量具钢。

③ 特殊性能钢。包括不锈钢、耐热钢、耐磨钢等。

2）按钢的质量（有害杂质硫、磷含量）等级可分为普通钢、优质钢、高级优质钢。

3）按化学成分分类。根据钢中碳的质量分数的不同，可以不太严格地分为低碳钢（w_C <0.25%）、中碳钢（w_C =0.25%～0.60%）、高碳钢（w_C >0.60%）。按钢中合金元素的总质量分数的不同，可分为低合金钢（$w_{Me}<5\%$）、中合金钢（$w_{Me}=5\%\sim10\%$）、高合金钢（$w_{Me}>10\%$）。

（2）新的分类方法　国家标准 GB/T 13304—2008《钢分类》是参照国际标准制定的。按照化学成分、主要质量等级和主要性能及使用特性将钢进行分类，见表 8-1。

表 8-1　钢的分类

分类		钢别
非合金钢	普通质量非合金钢	碳素结构钢、碳素钢筋钢、铁道用一般碳素钢
	优质非合金钢	机械结构用优质碳素钢、工程结构用碳素钢、冲压薄板用低碳结构钢、镀层板带用碳素钢、锅炉和压力容器用碳素钢、造船用碳素钢、铁道用碳素钢、焊条用碳素钢、标准件用钢、冷锻用钢、非合金易切削钢、电工用非合金钢、优质铸造碳素钢等
	特殊质量非合金钢	保证淬透性非合金钢、保证厚度方向性能非合金钢、铁道用特殊非合金钢、航空兵器等用非合金结构钢、核能用非合金钢、特殊焊条用非合金钢、碳素弹簧钢、特殊盘条钢丝、特殊易切削钢、碳素工具钢、电磁纯铁、原料纯铁等
低合金钢	普通质量低合金钢	一般低合金高强度结构钢、低合金钢筋钢、铁道用一般低合金钢、矿用一般低合金钢等
	优质低合金钢	通用低合金高强度结构钢、锅炉和压力容器用低合金钢、造船用低合金钢、汽车用低合金钢、桥梁用低合金钢、自行车用低合金钢、低合金耐候钢、铁道用低合金钢、矿用优质低合金钢、输油管线用低合金钢等
	特殊质量低合金钢	核能用低合金钢、保证厚度方向性能低合金钢、铁道用特殊低合金钢、低温压力容器用钢、舰船及兵器等专用低合金钢等
合金钢	优质合金钢	一般工程结构用合金钢、合金钢筋钢、电工用硅（铅）钢、铁道用合金钢、地质和石油钻探用合金钢、耐磨钢、硅锰弹簧钢等
	特殊质量合金钢	压力容器用合金钢、经热处理的合金结构钢、经热处理的地质和石油钻探用合金钢管、合金结构钢（调质钢、渗碳钢、渗氮钢、冷塑性成形用钢）、合金弹簧钢、不锈钢、耐热钢、合金工具钢（量具刃具用钢、耐冲击工具用钢、热作模具钢、冷作模具钢、塑料模具钢）、高速工具钢、轴承钢、高电阻电热钢、无磁钢、永磁钢、软磁钢等

（3）按冶炼方法分类　按冶炼炉可分为转炉钢和电炉钢。

（4）按金相组织分类　钢的金相组织随处理方法不同而异，按退火组织可分为亚共析钢、共析钢、过共析钢；按正火组织可分为珠光体钢、贝氏体钢、马氏体钢及奥氏体钢。

2. 钢的编号

我国钢材的编号是按碳含量、合金元素的种类和数量以及质量级别来编号的。依据国家标准规定采用国际化学符号与汉语拼音字母并用的原则，即钢号中的化学元素采用国际化学元素符号表示，如 Si、Mn、Cr 等。仅稀土元素例外，用“RE”表示其总含量。

（1）结构钢

1）普通碳素结构钢的牌号表示方法是由代表屈服强度的字母（Q）、屈服强度数值、质量等级符号（A、B、C、D）及脱氧方法符号（F、b、Z、TZ）等四部分按顺序组成。如牌号Q235AF，表示屈服强度为235MPa的A级沸腾钢。质量等级符号反映碳素结构钢中磷、硫含量的多少，A、B、C、D质量等级依次增高。

2）优质碳素结构钢的牌号用钢中平均含碳量的两位数字表示，单位为万分之一。如牌号45，表示平均碳的质量分数为0.45%的钢。

3）对于含锰量较高的钢，须将锰元素标出，即指碳的质量分数大于0.6%、锰的质量分数在0.9%~1.2%的钢，以及碳的质量分数小于0.6%、锰的质量分数在0.7%~1.0%的钢，其牌号的数字后面需附加汉字“锰”或化学元素符号“Mn”。如牌号25Mn，表示平均碳的质量分数为0.25%、锰的质量分数为0.7%~1.0%的钢。

4）沸腾钢、半镇静钢以及专门用途的优质碳素结构钢应在钢号后特别标出，如15g即指碳的平均质量分数为0.15%的锅炉钢。

5）合金结构钢的牌号由“数字+元素+数字”三部分组成。前两位数字表示平均含碳量的万分之几，合金元素以汉字或化学符号表示，合金元素后面的数字表示该元素的近似含量，单位是百分之几。当合金元素的平均质量分数低于1.5%时，则不标明其含量。当平均质量分数大于或等于1.5%~2.49%时，则在元素后面标“2”，依此类推。如为高级优质钢，则在牌号后面应加“高”或“A”。如牌号27SiMn，表示碳的平均质量分数为0.24%~0.32%，硅、锰的质量分数为1.1%~1.40%的钢。

6）滚动轴承钢的牌号前冠以“滚”或“G”，其后为“铬(Cr)+数字”来表示，数字表示铬含量平均值的千分之几。如牌号滚铬15(GCr15)，即表示铬的平均质量分数为1.5%的滚动轴承钢。

（2）工具钢

1）碳素工具钢是在牌号前加“碳”或“T”表示，其后加数字表示钢中平均含碳量的千分之几。如碳的平均质量分数为0.8%的工具钢，记为“碳8”或“T8”。含锰量较高者须注出。高级优质钢则在钢号末尾加“高”或“A”，如“碳10高”或“T10A”。

2）合金工具钢的牌号前用一位数字表示平均含碳量的千分之几。当碳的平均质量分数小于1.0%时，牌号前以千分之几（一位数）表示。例如牌号9Mn2V，表示碳的平均质量分数为0.9%、锰的平均质量分数为2%、含少量钒的合金工具钢。而合金工具钢当碳的平均质量分数大于等于1%时，为了避免与结构钢相混淆，牌号前不标数字，如“CrMn”钢中碳的平均质量分数为1.3%~1.5%。

3）高速钢的牌号一般不标出含碳量，仅标出合金元素的含量，如牌号W6Mo5 Cr4V2，表示 $w_W=6\%$、$w_{Mo}=5\%$、$w_{Cr}=4\%$、$w_V=2\%$（$w_C=0.8\%\sim0.9\%$）。

4）滚动轴承合金钢的牌号前面同滚动轴承钢，其余与合金结构钢牌号规定相同，例如GCr15SiMn钢。

（3）特殊性能钢　这类钢当 $w_C\geqslant0.04\%$ 时牌号前面的数字表示含碳量的万分之几，如牌号95Cr18，表示该钢碳的平均质量分数为0.95%。当 $w_C\leqslant0.03\%$ 时，三位数字表示含碳量的十万分之一，例如022Cr17Ni7表示该钢碳的平均质量分数为0.022%。

（4）铸造碳钢　铸造碳钢的牌号前面是“ZG”二字母，后面第一组数字表示屈服强度，第二组数字表示抗拉强度。如牌号ZG200—400，表示其屈服强度为200MPa，抗拉强度为400MPa。

8.1.2 工业用钢中合金元素的作用

钢中存在的各类元素都会对材料的组织及性能产生各种各样的影响。由于冶炼时所用原料以及冶炼工艺方法等因素的影响，钢中除碳外总不免有少量其他元素存在，如 Si、Mn、S、P 等，这些元素一般作为杂质看待，如第 2 章内容所述，它们的存在对钢的性能也有较大影响。而为了一定目的加入到钢中，能起到改善钢的组织和获得所需性能的元素，才称为合金元素。常用的合金元素有 Cr、Mn、Si、Ni、Mo、W、V、Co、Ti、Al、Cu、B、N、稀土等。合金元素在钢中的作用主要表现为与铁、碳之间的相互作用以及对铁碳相图和热处理相变过程的影响。

1. 合金元素对钢的组成相的影响

钢的基本相主要是固溶体（如铁素体）和化合物（如碳化物）。大多数合金元素（如 Mn、Cr、Ni 等）都能溶于铁素体，引起铁素体晶格畸变，产生固溶强化，使铁素体的强度、硬度升高，塑性、韧性下降，如图 8-1 所示。

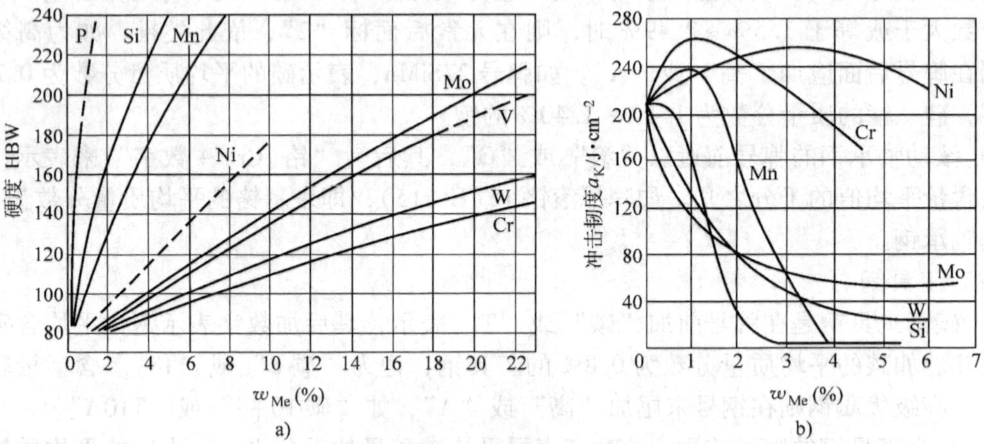

图 8-1 合金元素对铁素体力学性能的影响

a）合金元素对硬度的影响 b）合金元素对韧性的影响

有些合金元素可与碳作用形成碳化物，这类元素称为碳化物形成元素，如 Fe、Mn、Cr、W、V、Nb、Zr、Ti 等（按与碳亲和力由弱到强排列）。与碳的亲和力越强，形成的碳化物就越稳定，硬度就越高。由于与碳的亲和力强弱不同及含量不同，合金元素可以形成不同类型的碳化物：①溶入渗碳体中，可形成合金渗碳体，如 $(Fe,Mn)_3C$、$(Fe,Cr)_3C$ 等；②形成合金碳化物，如 Cr_7C_3 等；③形成特殊碳化物，如 WC、MoC、VC、TiC 等。从合金渗碳体到特殊碳化物，其稳定性及硬度依次升高。碳化物的稳定性越高，高温下就越难溶于奥氏体，也越不易聚集长大。随着碳化物数量的增加，钢的硬度、强度提高，塑性和韧性下降。

非碳化物形成元素 Ni、Si、Al、Co、Cu 等与碳的亲和力很弱，不形成碳化物。

2. 合金元素对钢的组织转变的影响

$Fe\text{-}Fe_3C$ 相图是以铁和碳两种元素为基本组元的相图，如果在这两种元素的基础上加入一定量的合金元素，必将使 $Fe\text{-}Fe_3C$ 相图的相区和转变点等发生变化。

（1）合金元素对相图的影响

1）合金元素对奥氏体相区的影响。Ni、Mn 等合金元素使单相奥氏体区扩大，即使 A_1 线、A_3 线下降。若其含量足够高时，可使单相奥氏体区扩大至常温，即可在常温下保持稳定的单相奥氏体组织。利用合金元素扩大奥氏体相区的作用可生产出奥氏体钢。

Cr、Mo、Ti、Si、Al 等合金元素使单相奥氏体区缩小，即使 A_1 线、A_3 线升高，当其含量足够高时，可使钢在高温与常温均保持铁素体组织，这类钢称为铁素体钢。

2）合金元素对 S 点、E 点的影响。合金元素都使 $Fe\text{-}Fe_3C$ 相图的 S 点和 E 点左移，即使钢的共析含碳量和奥氏体对碳的最大固溶度降低。若合金元素含量足够高时，可以在 w_C =0.4% 的钢中产生过共析组织，在 w_C = 1.0% 的钢中产生莱氏体。例如，在高速钢（w_C = 0.7%~0.8%）的铸态组织中就有莱氏体，故可称之为莱氏体钢。

（2）合金元素对钢的热处理的影响

1）加热时对奥氏体化及奥氏体晶粒长大的影响。合金钢的奥氏体形成过程基本上与碳素钢相同，但合金钢的奥氏体化比碳素钢需要的温度更高，保温时间更长。由于高熔点的合金碳化物、特殊碳化物（特别是 W、Mo、V、Ti 等的碳化物）的细小颗粒分散在奥氏体组织中，能机械地阻碍晶粒长大，所以热处理时合金钢一般不易过热。

2）冷却时对过冷奥氏体转变的影响。除 Co 外，大多数合金元素（如 Cr、Ni、Mn、Mo、B 等）溶于奥氏体后都使钢的过冷奥氏体的稳定性提高，从而使钢的淬透性提高。因此，合金元素一方面有利于大截面零件的淬透，另一方面可采用较缓和的冷却介质淬火，有利于降低淬火应力，减少变形、开裂。有的钢中含有较多的提高淬透性的元素，因此其过冷奥氏体非常稳定，甚至在空气中冷却也能形成马氏体组织，故此类钢称为马氏体钢。除 Co、Al 以外，大多数合金元素都使 M_s 点降低，并增加残留奥氏体量。

3）对回火转变的影响。由于淬火时溶入马氏体的合金元素阻碍马氏体的分解，所以合金钢回火到相同的硬度需要比碳素钢更高的加热温度，这说明合金元素提高了钢的耐回火性（回火稳定性）。所谓耐回火性是指淬火钢在回火时抵抗强度、硬度下降的能力。

在高合金钢中，W、Mo、V 等强碳化物形成元素在 500~600℃ 回火时，会形成细小弥散的特殊碳化物，使钢回火后的硬度有所升高；同时淬火后残留的奥氏体在回火冷却过程中部分转变为马氏体，使钢回火后的硬度显著提高。这两种现象都称为“二次硬化”，如图 8-2 所示。高的耐回火性和二次硬化使合金钢在较高温度（500~600℃）仍保持高硬度（≥60HRC），这种性能称为热硬性。热硬性对高速切削刀具及热变形模具等非常重要。合金元素对淬火钢回火后力学性能的不利方面主要是产生回火脆性，这种脆性主要在含 Cr、Ni、Mn、Si 的调质钢中出现，而 Mo 和 W 可降低这种回火脆性。

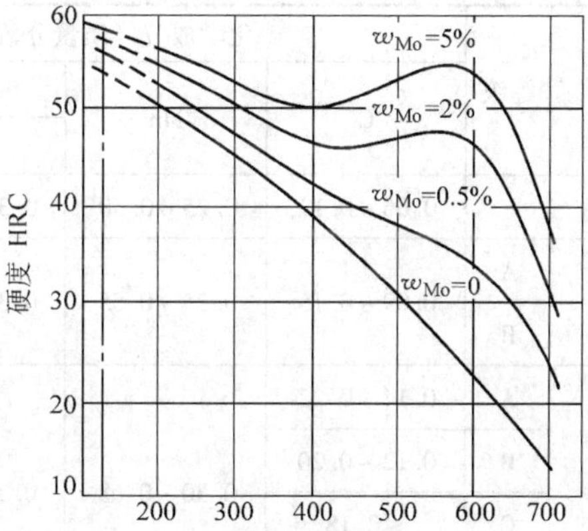

图 8-2 回火温度与硬度的关系

8.1.3 碳素钢

1. 碳素结构钢

（1）普通碳素结构钢　普通碳素结构钢是建筑及工程用非合金结构钢，价格低廉，工艺性能（焊接性、冷变形成形性）优良，用于制造一般工程结构及普通机械零件。通常热轧成扁平成品或各种型材（圆钢、方钢、工字钢、钢筋等），一般不经过热处理，在热轧状态下直接使用。

1）用途。普通碳素结构钢适用于一般工程用热轧钢板、钢带、型钢、棒钢等，可供焊接、铆接、栓接构件使用，如图 8-3 所示。

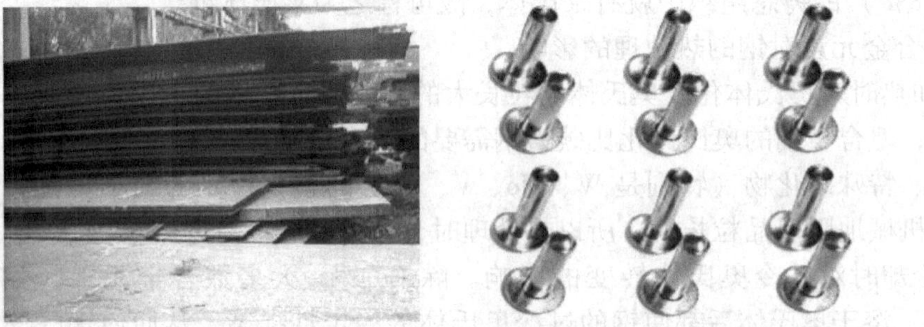

图 8-3　普通碳素结构钢的应用举例

2）成分特点和钢种。普通碳素结构钢碳的平均质量分数为 0.06%～0.38%，虽然含有较多的有害杂质元素和非金属夹杂物，但能满足一般工程结构及普通零件的性能要求，因而应用较广。表 8-2 为其牌号、化学成分、力学性能和应用。

表 8-2　普通碳素结构钢的牌号、化学成分、力学性能和应用

牌号	等级	化学成分（质量分数,%）					力学性能		应用
		C	Mn	Si	S	P	σ_b/MPa	δ_5(%)	
				不大于					
Q195		0.06～0.12	0.25～0.50	0.30	0.050	0.045	315～390	33	
Q215	A	0.09～0.15	0.25～0.55	0.33	0.050	0.045	335～410	31	螺钉、螺母、垫圈，焊接件、冲压件等金属构件
	B				0.045				
Q235	A	0.14～0.22	0.30～0.68	0.30	0.050	0.045	375～470	26	
	B	0.12～0.20			0.045				
	C	≤0.18			0.040	0.040			
	D	≤0.17			0.035	0.035			
Q255	A	0.18～0.28	0.40～0.70	0.30	0.050	0.045	410～510	24	小轴、销子、连杆
	B				0.045				
Q275		0.28～0.38	0.50～0.80	0.35	0.050	0.045	490～610	20	

碳素结构钢一般以热轧空冷状态供应。Q195 与 Q275 牌号的钢是不分质量等级的，出厂时同时保证力学性能和化学成分。

Q195 钢碳含量很低，塑性好，常用作铁钉、铁丝及各种薄板等。Q275 钢属中碳钢，强度较高，能代替 30 钢、40 钢制造零件。Q215、Q235、Q255 等钢，当质量等级为 A 时，出厂时保证力学性能及硅、磷、硫等成分，其他成分不保证。而 Q195、Q275 钢的力学性能及化学成分均保证。

（2）优质碳素结构钢 优质碳素结构钢是用于制造重要机械结构零件的非合金结构钢，在机械制造中应用极为广泛，一般是经过热处理以后使用，以充分发挥其性能潜力。优质碳素结构钢的牌号用两位数字表示，表示钢中碳的平均质量分数为万分之几。若钢中锰的含量较高时，在数字后面加化学元素符号 Mn。优质碳素结构钢的牌号和应用见表 8-3，应用举例如图 8-4 所示。

表 8-3 优质碳素结构钢的牌号和应用

牌号	应用
05F	冶炼不锈钢、耐酸钢、耐热不起皮钢的炉料，也可代替工业纯铁使用，还用于制造薄板、钢带等
08	薄板，制造深冲制品、油桶、高级搪瓷制品，也可用于制成管子、垫片及心部强度要求不高的渗碳和碳氮共渗零件，电焊条等
10	制造锅炉管、油桶顶盖、钢带、钢丝、钢板和型材，也可制作机械零件
15	机械上的渗碳零件、紧固零件、冲锻模件及不需热处理的低负荷零件，如螺栓、螺钉、拉条、法兰盘及化工机械用贮存器、蒸汽锅炉等
20	不经受很大应力而要求韧性的各种机械零件，如拉杆、轴套、螺钉、起重钩等；也用于制造在 884MPa、450℃以下非腐蚀介质中使用的管子、导管等；还可用于心部强度要求不高的渗碳零件及碳氮共渗零件，如轴套、链条的滚子、轴以及不重要的齿轮、链轮等
25	热锻和热冲压的机械零件，机床上的渗碳零件及碳氮共渗零件，以及重型和中型机械制造中负荷不大的轴、辊子、连接器、垫圈、螺栓、螺母等，还可用作铸钢件
30	热锻和热冲压的机械零件、冷拉丝、重型和一般机械用的轴、拉杆、套环，以及机械上用的铸件，如气缸、汽轮机机架、轧钢机机架和零件、机床机架、飞轮等
35	热锻和热冲压的机械零件，冷拉和冷顶镦钢材，无缝钢管，机械制造中的零件，如转轴、曲轴、轴销、杠杆、连杆、横梁、星轮、套筒、轮圈、钩环、垫圈、螺钉、螺母等；还可用来制造汽轮机机身、轧钢机机身、飞轮、均衡器等
40	制造机器的运动零件，如辊子、轴、曲柄销、传动轴、活塞杆、连杆、圆盘等，以及火车的车轴
45	制造蒸汽轮机、压缩机、泵的运动零件，还可用来代替渗碳钢制造齿轮、轴、活塞销等零件，但零件需经高频或火焰表面淬火，并可用作铸件
50	耐磨性要求高、动载荷及冲击作用不大的零件，如铸造齿轮、拉杆、轧辊、轴摩擦盘、次要的弹簧、农机上的掘土犁铧、重负荷的心轴与轴等
55	制造齿轮、连杆、轮圈、轮缘、扁弹簧及轧辊等，也用作铸件
60	制造轧辊、轴、偏心轴、弹簧圈、各种垫圈、离合器、凸轮、钢丝绳等
65	制造气门弹簧、弹簧圈、轴、轧辊、各种垫圈、凸轮及钢丝绳等
70	弹簧

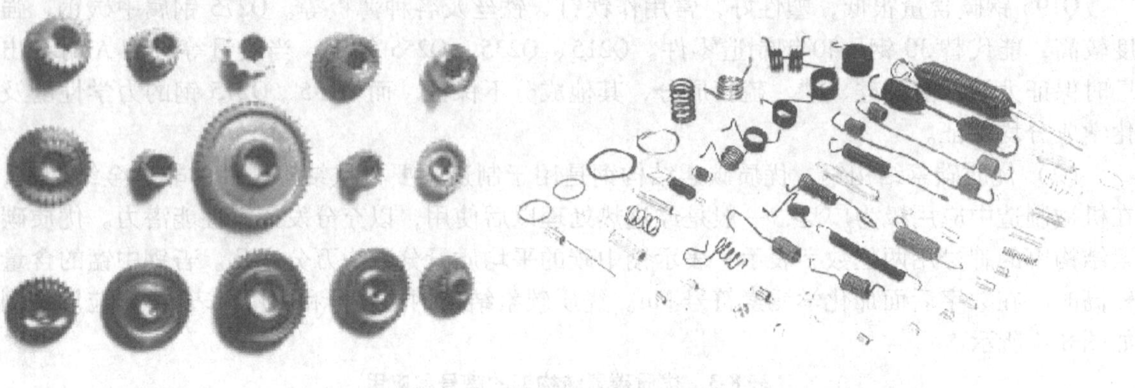

图 8-4 优质碳素结构钢的应用举例

为适应某些专业的特殊用途，对优质碳素结构钢的成分和工艺作一些调整，并对性能作出补充规定，即派生出锅炉与压力容器、船舶、桥梁、汽车、农机、纺织机械等一系列专业用钢，并已制定了相应的国家标准。

（3）易切削结构钢　易切削钢是钢中加入一种或几种元素，利用其本身或与其他元素形成一种对切削加工有利的夹杂物，从而改善钢材的切削加工性。目前常用元素是 S、P、Pb、Ca 等。易切削结构钢的牌号是在同类结构钢牌号前冠以“Y”，以区别其他结构用钢。例如牌号 Y15Pb 中的 $w_P=0.05\%\sim0.10\%$，$w_S=0.23\%\sim0.33\%$，$w_{Pb}=0.15\%\sim0.35\%$。采用高效专用自动机床加工的零件大多用低碳易切削钢。Y12、Y15 是硫磷复合低碳易切钢，用来制造螺栓、螺母、管接头等不重要的标准件；Y45Ca 钢适合于高速切削加工，比用 45 钢的生产效率提高 1 倍以上，用来制造重要的零件如机床的齿轮轴、花键轴等热处理零件。

2. 碳素工具钢

碳素工具钢（非合金工具钢）生产成本较低，加工性能良好，可用于制作低速、手动刀具及常温下使用的工具、模具、量具等。各种牌号的碳素工具钢淬火后的硬度相差不大，但随着含碳量增加，未溶的二次渗碳体增多，钢的耐磨性提高，韧性降低。碳素工具钢的牌号是在 T（碳的汉语拼音字首）的后面加数字表示，数字表示钢中碳的平均质量分数为千分之几。例如 T9 表示平均 $w_C=0.9\%$ 的碳素工具钢。碳素工具钢都是优质钢，若钢号末尾标 A 则表示该钢是高级优质钢。

（1）化学成分特点　碳的质量分数为 0.65%～1.35%，其碳含量范围可保证淬火后有足够高的硬度。虽然该类钢淬火后硬度相近，但随着含碳量增加，未溶渗碳体增多，使钢的耐磨性增加，而韧性下降。

（2）热处理特点　碳素工具钢的预备热处理为球化退火，目的是降低硬度，改善切削加工性，为后面的淬火工艺做组织准备。最终热处理是淬火 + 低温回火，淬火温度为 780℃，回火温度为 180℃，组织为回火马氏体 + 粒状渗碳体 + 少量残留奥氏体。

（3）性能特点　碳素工具钢的锻造及切削加工性好，价格便宜。但缺点是淬透性低，水中淬透直径小于 15mm，且用水作为冷却介质时易淬裂、变形。另外，其淬火温度范围窄，易过热；其耐回火性也差，只能在 200℃ 以下使用。因此，这类钢仅用来制造截面较小、形状简单、切削速度低的工具，用来加工低硬度材料。

（4）钢种、牌号与用途 碳素工具钢的牌号、成分及应用见表8-4，应用举例如图8-5所示。

表8-4 碳素工具钢的牌号、成分、硬度及应用

牌号	化学成分（质量分数,%）			硬度		应用
	C	Si	Mn	供应状态 HBW（不大于）	淬火后 HRC（不小于）	
T7 T7A	0.65～0.74	≤0.35	≤0.40	187	62	承受冲击，韧性较好、硬度适当的工具，如扁铲、手钳、大锤、旋具、木工工具
T8 T8A	0.75～0.84			187		承受冲击，要求较高硬度的工具，如冲头、压缩空气工具、木工工具
T8Mn T8MnA	0.80～0.90		0.40～0.60	187		同T8、T8A，但淬透性较高，可制作截面较大的工具
T9 T9A	0.85～0.94		≤0.40	192		韧性中等，但硬度要求高的工具，如冲头、木工工具、凿岩工具
T10 T10A	0.95～1.04			197		不受剧烈冲击，要求高硬度耐磨的工具，如车刀、刨刀、丝锥、钻头、手锯条
T11 T11A	1.05～1.14			207		同T10、T10A
T12 T12A	1.15～1.24			207		不受冲击，要求高硬度耐磨的工具，如锉刀、刮刀、精车刀、丝锥、量具
T13 T13A	1.25～1.35			217		同T12、T12A，要求更耐磨的工具，如刮刀、剃刀

3. 工程用铸造碳钢

在机械制造业中，许多形状复杂，用锻造方法难以生产，而力学性能要求又比铸铁高的零件可用碳钢铸造生产，但其铸造性能比铸铁差。铸造碳钢广泛用于制造重型机械、矿山机械、冶金机械、机车车辆的某些零件、构件。工程用铸造碳钢的牌号前面加ZG（“铸钢”二字汉语拼音字首），后面第一组数字表示屈服强度，第二组数字表示抗拉强度。工程用铸造碳钢的牌号、成分、力学性能及应用见表8-5。

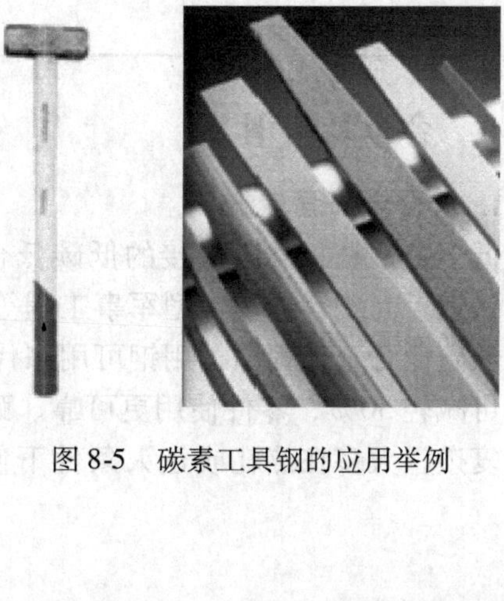

图8-5 碳素工具钢的应用举例

表 8-5　工程用铸造碳钢的牌号、成分、力学性能及应用

牌号	化学成分（质量分数,%）				（室温）力学性能（不小于）					应　用
	C ≤	Mn ≤	Si ≤	P、S ≤	$\sigma_{0.2}$ /MPa	σ_b /MPa	δ_5 (%)	ψ (%)	a_K /kJ·m^{-2}	
ZG200—400	0.20	0.50	0.80	0.04	200	400	25	40	30	良好的塑韧性和焊接性，用于受力不大的机械零件如机座、变速箱壳等
ZG230—450	0.30	0.50	0.90	0.04	230	450	22	32	25	一定的强度和好的塑韧性，焊接性良好。用于受力不大且韧性好的机械零件，如轴承盖、阀体等
ZG270—500	0.40	0.50	0.90	0.04	270	500	18	25	22	较高的强度和较好的塑性，铸造性及焊接性较好，可加工性好，用于曲轴、连杆等
ZG310—500	0.50	0.60	0.90	0.04	310	570	15	21	15	强度和可加工性良好，塑韧性较低。用于载荷较高的大齿轮、缸体等
ZG340—640	0.60	0.60	0.90	0.04	340	640	10	18	10	高的强度和耐磨性，可加工性好，焊接性较差，流动性好，裂纹敏感性较大。用作齿轮等

8.1.4　合金结构钢

1. 低合金高强度钢

低合金钢是一类可焊接的低碳低合金工程结构用钢，主要用于房屋、桥梁、船舶、车辆、铁道、高压容器及大型军事工程等工程结构件，见表 8-6，应用举例如图 8-6 所示。

低碳低合金工程结构用钢可用来代替普通碳素结构钢，其屈服强度可提高 25%~100%，质量可减轻 30%，零件使用更可靠、耐久。这些构件的特点是尺寸大，需冷弯及焊接成形，形状复杂，大多在热轧或正火条件下使用，且可能长期处于低温或暴露于一定的环境介质

表8-6 低合金高强度钢牌号新旧标准对照及应用

新标准	旧标准	应 用
Q295	09MnV、09MnNb、09Mn2、12Mn	车辆的冲压件、冷弯型钢、螺旋焊管、低压锅炉气包、中低压化工容器、输油管道、储油罐、油船等
Q345	12MnV、14MnNb、16Mn、18Nb、16MnRE	船舶、铁路车辆、桥梁、管道、锅炉石油储罐、起重及矿山机械、电站设备
Q390	15MnTi、16MnNb、10MnPNbRE、15MnV	中高压锅炉气包、中高压石油化工容器、桥梁、车辆、起重机及其他较高载荷件
Q420	15MnVN、14MnVTiRE	大型船舶、桥梁、机车车辆、中压或高压锅炉容器及其他大型焊接结构件等
Q460		可淬火加回火后用于大型挖掘机、起重运输机械、钻井平台等

图8-6 低合金高强度钢的应用举例

中，因而要求钢材必须具有①较高的强度和屈强比；②较好的塑性和韧性；③良好的焊接性；④较低的缺口敏感性和冷弯后低的时效敏感性；⑤较低的韧脆转变温度。其主要代表牌号见表8-7。

为了适应某些专业的特殊需要，对低合金高强度结构钢的成分、工艺及性能作了相应的调整和补充规定，从而发展了门类众多的低合金专业用钢，例如锅炉、各种压力容器、船舶、桥梁、汽车、农机、自行车、矿山、建筑钢筋等，许多已纳入国家标准。如汽车用低合金钢是一类用量极大的专业用钢，广泛用于汽车大梁、托架及车壳等结构件。

表 8-7 低合金高强度结构钢的牌号、成分、力学性能及应用

牌号	等级	化学成分(质量分数,%)								力学性能			应用
		C≤	Mn	Si≤	P≤	S≤	V	Nb	Ti	σ_b /MPa	δ_5 (%)	a_K /kJ·m^{-2}	
Q295	A	0.16	0.80~1.50	0.55	0.045	0.045	0.02~0.15	0.015~0.060	0.02~0.20	390~570	23	34	桥梁、车辆、容器、油罐
	B				0.040	0.040							
Q345	A	0.20	1.00~1.60		0.045	0.045				470~630	21	34	桥梁、车辆、压力容器、建筑结构
	B				0.040	0.040					21		
	C				0.035	0.035					22		
	D				0.030	0.030					22		
	E				0.025	0.025					22		
Q390	A	0.20	1.00~1.60		0.045	0.045				490~650	19	34	桥梁、船舶、起重设备、压力容器
	B				0.040	0.040					19		
	C				0.035	0.035					20		
	D				0.030	0.030					20		
	E				0.025	0.025					20		
Q420	A	0.20	1.00~1.70		0.045	0.045	0.02~0.20			520~680	18	34	桥梁、高压容器、大型船舶、电站设备、管道
	B				0.040	0.040					18		
	C				0.035	0.035					19		
	D				0.030	0.030					19		
	E				0.025	0.025					19		
Q460	C	0.20	1.00~1.70		0.035	0.035				550~720	17	34	中温高压容器、锅炉、石油化工高压厚壁容器
	D				0.030	0.030					17		
	E				0.025	0.025					17		

低合金高强钢由于力学性能和加工性能良好，不需进行热处理，因此受到重视，是近年来发展最快、最具有经济价值的一类合金钢。我国1951年开始试制生产低合金高强钢，现已有很大发展，目前其产量已占钢总产量的15.4%左右，是今后钢铁生产的发展方向之一。这类钢的强度级别在不断提高，现已达到800MPa级，相当于调质钢的水平。当前主要的发展方向如下：

（1）通过合金化和热处理改变其基体组织以提高强度　加入较多种类的合金元素，如Cr、Mn、Mo、Ni、Si、B等，通过淬火和高温回火使钢获得低碳索氏体组织，得到良好的综合力学性能和焊接性能。这类钢发展很快，强度已达800MPa级，低温韧性非常好，已用于重型车辆、桥梁及舰艇。

（2）超低碳化　为了充分保证韧性和焊接性能，进一步降低含碳量，碳的质量分数甚至降到0.02%~0.04%，此时需采用真空冶炼或真空去气冶炼工艺。

（3）控制轧制　把细化晶粒与合理轧制工艺结合起来，实现控制轧制。Nb、V等元素在轧制温度下溶入奥氏体中，能抑制或延缓奥氏体的再结晶过程，使钢获得小于5μm的超细晶粒，而保证得到高强度和高韧性。

（4）发展专用钢　为了适应各种专门用途的需要，对某些常用普通低合金高强钢的成分、性能和质量作了一定调整，即派生出了一系列专用钢，例如低温用钢，耐海水、大气腐蚀用钢，钢轨用钢等。

2. 渗碳钢

许多机器零件，如汽车中的变速齿轮，在工作时载荷主要集中在啮合的轮齿上，会在局部产生很大的压应力、弯曲应力和摩擦力，因而要求其表面必须具有很高的硬度、耐磨性以及高的疲劳强度。而在传递动力的过程中，又要求这些零件具有足够的强度和韧性，能承受大的冲击载荷。为解决这一矛盾，首先应从保证零件具有足够的韧性和强度入手，选用含碳量低的钢材，通过渗碳使表面变成高碳，经淬火+低温回火后，心部和表面同时满足要求。

齿轮常见的失效方式为麻点剥落、磨损或轮齿断裂。对其提出的性能要求是：渗碳层表面具有高硬度、高耐磨性、高疲劳抗力及适当的塑韧性；心部具有高的韧性和足够高的强度，即具有良好的综合性能。

（1）用途与性能特点　合金渗碳钢通常是指经渗碳淬火、低温回火后使用的合金钢。合金渗碳钢主要用于制造承受强烈冲击和摩擦磨损的机械零件，如汽车、拖拉机中的变速齿轮，内燃机上的凸轮轴、活塞销等，如图8-7所示。要求其工作表面具有高硬度、高耐磨

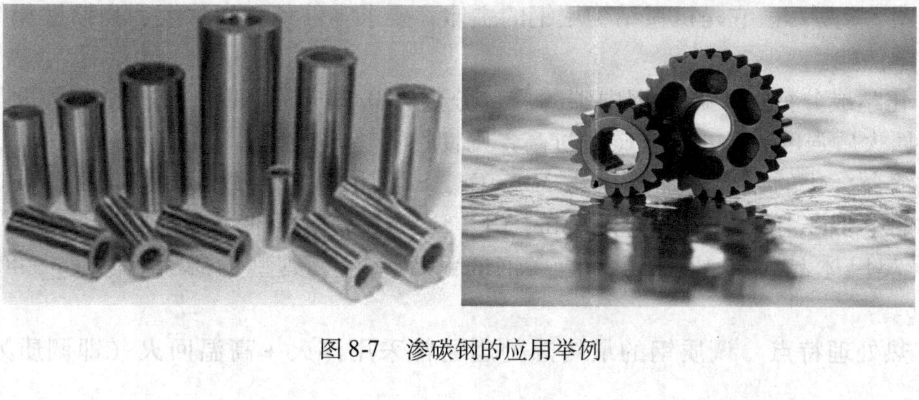

图8-7　渗碳钢的应用举例

性，心部具有良好的塑性和韧性。

（2）化学成分特点　为了保证心部具有足够的强度和良好的韧性，渗碳钢中碳的质量分数为0.10%～0.25%，其主加元素为Si、Mn、Cr、Ni、B，辅加元素为V、Ti、W、Mo。

渗碳钢中合金元素的主要作用是：①Si、Mn、Cr、Ni、B可提高淬透性；②V、Ti、W、Mo可细化晶粒，在渗碳阶段防止奥氏体粗大，从而获得良好的渗碳性能；③碳化物形成元素（Cr、V、Ti、W、Mo）可增加渗碳层硬度，提高耐磨性。

（3）热处理特点　渗碳钢的最终热处理是在渗碳后进行的。对于在渗碳温度下仍保持细小奥氏体晶粒的钢，如20CrMnTi，渗碳后如不需要机加工，则可在渗碳后预冷并直接淬火+低温回火。而对于渗碳时容易过热的钢，如20Cr，渗碳后需先正火消除过热组织，再进行淬火+低温回火，得到心部为低碳回火马氏体，表面为高碳回火马氏体+合金渗碳体+少量残留奥氏体的组织。20CrMnTi是应用最广泛的合金渗碳钢，用于制造汽车、拖拉机的变速齿轮、轴等零件，表面硬度一般为58～64HRC，而心部组织则视钢的淬透性高低及零件尺寸大小而定，可得到低碳回火马氏体或珠光体加铁素体组织。

（4）钢种、牌号及应用　常用渗碳钢的牌号、成分、热处理性能及应用见表8-8。

合金渗碳钢按淬透性或强度不同分为低淬透性、中淬透性及高淬透性三类。

1）低淬透性渗碳钢。水淬临界淬透直径为20～35mm。典型钢种有20Mn2、20Cr、20MnV等，用于制造受力不大、要求耐磨并承受冲击的小型零件。

2）中淬透性渗碳钢。油淬临界淬透直径为25～60mm。典型钢种有20CrMnTi、20Mn2TiB等，用于制造尺寸较大、承受中等载荷或重要的耐磨零件，如汽车齿轮。

3）高淬透性渗碳钢。油淬临界淬透直径为100mm以上，属于马氏体钢。典型钢种有20Cr2Ni4A、18Cr2Ni4WA、15CrMn2SiMo等，用于制造承受重载与强烈磨损或极为重要的大型零件，如航空发动机及坦克齿轮等。

3. 合金调质钢

调质钢主要采用调质处理得到回火索氏体，其综合力学性能好，用作轴、杆类零件。

以轴类零件为例，其作用是传动力矩，且其工作对象受扭转、弯曲等交变载荷，也会受到冲击，因此在配合处有强烈摩擦。其失效方式主要是由于硬度低、耐磨性差而造成的花键磨损，以及承受交变的扭转、弯曲载荷所引起的疲劳破坏。因此，对轴类零件提出的性能要求是高强度，尤其是高疲劳强度、高硬度、高耐磨性及良好的塑韧性。

（1）应用与性能特点　合金调质钢是指经调质后使用的钢，主要用于制造在重载荷下同时又受冲击载荷的一些重要零件，如汽车、拖拉机、机床等的齿轮、轴、连杆、高强度螺栓等，如图8-8所示。它是机械结构用钢的主体，要求零件具有高强度、高韧性相结合的良好综合力学性能。

（2）化学成分特点　调质钢中碳的质量分数为0.25%～0.50%。若含碳量过低，则不易淬硬，回火后强度不足；若含碳量过高，则韧性不够。

调质钢合金化的主要添加元素为Mn、Cr、Si、Ni，辅助添加元素为V、Mo、W、Ti。合金元素的主要作用是提高淬透性（Mn、Cr、Si、Ni等），降低第二类回火脆性倾向（Mo、W），细化奥氏体晶粒（V、Ti），提高钢的耐回火性。典型的牌号为40Cr、40CrNiMo、40CrMnMo。

（3）热处理特点　调质钢的最终热处理通常采用淬火+高温回火（即调质处理）工

表 8-8 常用渗碳钢的牌号、成分、热处理、力学性能及应用

类别	牌号	主要化学成分(质量分数,%)							热处理温度/℃				力学性能(不小于)					应用
		C	Mn	Si	Cr	Ni	V	其他	渗碳	预备热处理	淬火	回火	σ_b /MPa	σ_s /MPa	δ_5 (%)	ψ (%)	a_K /kJ·m^{-2}	
低淬透性	15	0.12~0.19	0.35~0.65	0.17~0.37					930	890±10(空)	770~800(水)	200	500	300	15	55		活塞销
	20Mn2	0.17~0.24	1.40~1.80	0.20~0.40						850~870	770~800(油)		820	600	10	47	600	小齿轮、小轴、活塞销
	20Cr	0.18~0.24	0.50~0.80	0.20~0.40	0.70~1.00					880(水、油)	880(水、油)		850	550	10	40	600	齿轮、小轴、活塞销
	20MnV	0.17~0.24	1.30~1.60	0.20~0.40			0.07~0.12				880(水、油)		800	600	10	40	700	锅炉、高压容器管道
	20CrV	0.17~0.24	0.50~0.80	0.20~0.40	0.80~1.10		0.07~0.12			880	800(水、油)		850	600	12	45	700	齿轮、小轴、活塞销、顶杠、耐热垫圈
中淬透性	20CrMn	0.17~0.24	0.90~1.20	0.20~0.40	0.90~1.20						850(油)		950	750	10	45	600	齿轮、轴、蜗杆、活塞销、摩擦轮
	20CrMnTi	0.17~0.23	0.80~1.10	0.20~0.40	1.00~1.30			Ti0.06~0.12		830(油)	860(油)		1100	850	10	45	700	汽车、拖拉机上的变速箱齿轮
	20Mn2TiB	0.17~0.24	1.50~1.80	0.20~0.40				Ti0.06~0.12 B0.001~0.004			860(油)		1150	950	10	45	700	代 20CrMnTi
	20SiMnVB	0.17~0.24	1.30~1.60	0.50~0.80			0.07~0.12	B0.001~0.004		850~880(油)	780~800(油)		1200	1000	10	45	700	代 20CrMnTi
高淬透性	18Cr2Ni4WA	0.13~0.19	0.30~0.60	0.20~0.40	1.35~1.65	4.00~4.50		W0.80~1.20		950(空)	850(空)		1200	850	10	45	1000	大型渗碳齿轮和轴类件
	20Cr2Ni4A	0.17~0.24	0.30~0.60	0.20~0.40	1.25~1.75	3.25~3.75				880(油)	780(油)		1200	1100	10	45	800	
	15CrMn2SiMo	0.13~0.19	2.00~2.40	0.40~0.70	0.40~0.70			Mo0.40~0.50		880~920(空)	860(油)		1200	900	10	45	800	大型渗碳齿轮、飞机齿轮

图 8-8 合金调质钢的应用举例

艺，回火温度为500～650℃，得到回火索氏体组织，可在具有良好塑性的情况下保证足够的强度。为避免回火脆性，回火后可快冷；对大尺寸的零件，可通过加 Mo、W 来避免回火脆性。对于局部表面要求具有高耐磨性的部位，可在整体调质处理后局部采用高频感应加热表面淬火或渗氮处理；对于带有缺口的零件，可采用调质处理后喷丸或滚压强化来提高疲劳强度，延长其使用寿命；对于要求有特别高的强度的零件，可采用淬火＋低温回火或淬火＋中温回火处理，获得中碳的回火马氏体或回火托氏体组织。

最典型的钢种是 40Cr，用于制造一般尺寸的重要零件。

（4）钢种、牌号与应用　常用调质钢的牌号、成分、热处理、力学性能及应用见表 8-9。按淬透性的高低可把合金调质钢大致分为三类。

1）低淬透性调质钢。这类钢的油淬临界直径为30～40mm，最典型的钢种是 40Cr，广泛用于制造一般尺寸的重要零件。40MnB、40MnVB 钢是为了节省铬而发展的代用钢，40MnB 的淬后稳定性较差，切削加工性能也差一些。

2）中淬透性调质钢。这类钢的油淬临界直径为40～60mm，含有较多合金元素。典型牌号有 35CrMo 等，用于制造截面较大的零件，例如曲轴、连杆等。加入 Mo 不仅使淬透性显著提高，而且可以防止回火脆性。

3）高淬透性调质钢。这类钢的油淬临界直径为60～160mm，多半为铬镍钢。铬镍的适当配合可大大提高淬透性，并获得优良的力学性能，例如 37CrNi3，但对回火脆性十分敏感。铬镍钢中加入适量的钼，例如 40CrNiMo，不仅具有很好的淬透性和冲击韧性，还可消除回火脆性，用于制造大截面、重载荷的零件，如汽轮机主轴、叶轮、航空发动机轴等。

4. 合金弹簧钢

按结构形态可将弹簧分为螺旋弹簧和板簧，弹簧可通过弹性变形储存能量，以达到消振、缓冲或驱动的作用。

在长期承受冲击、振动的周期交变应力下，板簧会出现反复的弯曲，螺旋弹簧会出现反复的扭转，因而其失效方式通常为弯曲疲劳或扭转疲劳破坏，也可能由于弹性极限较低而引起弹簧的过量变形或永久变形而失去弹性。因此弹簧必须具有高的弹性极限与屈服强度，高的屈强比，高的疲劳极限及足够的冲击韧性和塑性。另外，由于弹簧表面受力最大，表面质量会严重影响疲劳极限，所以弹簧钢表面不应有脱碳、裂纹、折叠、夹杂等缺陷。

表 8-9 常用调质钢的牌号、成分、热处理、力学性能及应用

牌号	主要化学成分(质量分数,%)								热处理温度/℃		力学性能(不小于)						应用
	C	Mn	Si	Cr	Ni	Mo	V	其他	淬火	回火	σ_b /MPa	σ_s /MPa	δ_5 (%)	ψ (%)	a_K /kJ·m^{-2}	HBW	
45Mn2	0.42~0.49	1.40~1.80	0.17~0.37						840(油)	550(水、油)	885	735	10	45	47	217	重要螺栓和轴类件
40MnB	0.37~0.44	1.10~1.40	0.17~0.37					B0.0005~0.0035	850(油)	500(水、油)	980	785	10	45	47	207	中、小截面重要调质件
40MnVB	0.37~0.44	1.10~1.40	0.17~0.37				0.05~0.10	B0.0005~0.0035	850(油)	520(水、油)	980	785	10	45	47	207	代40Cr
35SiMn	0.32~0.40	1.10~1.40	1.10~1.40						900(水)	570(水、油)	885	735	15	45	47	229	代40Cr
40Cr	0.37~0.44	0.50~0.80	0.17~0.37	0.80~1.10					850(油)	520(水、油)	980	785	9	45	47	217	汽车后半轴、机床齿轮、轴、花键轴、顶尖套
38CrSi	0.35~0.43	0.30~0.60	1.00~1.30	1.30~1.60					900(油)	600(水、油)	980	835	12	50	55	255	作承受大载荷的轴类件及车辆上的重要调质件
40CrMn	0.37~0.45	0.90~1.20	0.17~0.37						840(油)	550(水、油)	980	835	9	45	47	229	代40CrNi
30CrMnSi	0.27~0.34	0.80~1.10	0.90~1.20	0.80~1.10					880(油)	520(水、油)	1080	835	10	45	39	229	高强度钢,作高速载荷砂轮轴、车轴上的内外摩擦片

（续）

牌号	主要化学成分（质量分数，%）								热处理温度/℃		力学性能（不小于）						应用
	C	Mn	Si	Cr	Ni	Mo	V	其他	淬火	回火	σ_b /MPa	σ_s /MPa	δ_5 (%)	ψ (%)	a_K /kJ·m^{-2}	HBW	
35CrMo	0.32 ~ 0.40	0.40 ~ 0.70	0.17 ~ 0.37	0.80 ~ 1.10		0.15 ~ 0.25			850（油）	550（水、油）	980	835	12	45	63	229	重要调质件，如曲轴、连杆
38CrMoAlA	0.35 ~ 0.42	0.30 ~ 0.60	0.20 ~ 0.45	1.35 ~ 1.65		0.15 ~ 0.25		Al0.70 ~ 1.10	940（水、油）	640（水、油）	980	835	14	50	71	229	渗氮零件
40CrNi	0.37 ~ 0.44	0.50 ~ 0.80	0.17 ~ 0.37	0.45 ~ 0.75	1.00 ~ 1.40				820（油）	500（水、油）	980	785	10	45	55	241	大截面和重要的曲轴、主轴
37CrNi3	0.34 ~ 0.41	0.30 ~ 0.60	0.17 ~ 0.37	1.20 ~ 1.60	3.00 ~ 3.50				820（油）	500（水、油）	1130	980	10	50	47	269	大截面、高强度、高韧性的零件
37SiMn2MoV	0.33 ~ 0.39	1.60 ~ 1.90	0.17 ~ 0.37			0.40 ~ 0.50	0.05 ~ 0.12		870（水、油）	650（水、空）	980	835	12	50	63	269	大截面、重载荷的轴、连杆、齿轮
40CrMnMo	0.37 ~ 0.45	0.90 ~ 1.20	0.17 ~ 0.37	0.90 ~ 1.20		0.20 ~ 0.30			850（油）	600（水、油）	980	785	10	45	63	217	相当于40CrNiMo
25Cr2Ni4WA	0.21 ~ 0.28	0.30 ~ 0.60	0.17 ~ 0.37	1.35 ~ 1.65	4.00 ~ 4.50			W0.80 ~ 1.20	850（油）	550（水）	1080	930	11	45	71	269	制造力学性能要求很高的大截面零件
40CrNiMoA	0.37 ~ 0.44	0.50 ~ 0.80	0.17 ~ 0.37	0.60 ~ 0.90	1.25 ~ 1.65	0.15 ~ 0.25			850（油）	600（水、油）	980	835	12	55	78	269	高强度零件
45CrNiMoVA	0.42 ~ 0.49	0.50 ~ 0.80	0.17 ~ 0.37	0.80 ~ 1.10	1.30 ~ 1.80	0.20 ~ 0.30	0.10 ~ 0.20		860（油）	460（油）	1470	1330	7	35	31	269	高强度、高弹性零件

（1）应用与性能特点　合金弹簧钢是专用结构钢，主要用于制造弹簧等弹性元件。弹簧类零件应有高的弹性极限和屈强比（σ_s/σ_b），还应具有足够的疲劳强度和韧性。

（2）化学成分特点　碳素弹簧钢中碳的质量分数为0.6%~0.9%，合金弹簧钢中碳的质量分数为0.45%~0.70%，中高碳含量用来保证高的弹性极限和疲劳极限。其合金化主加元素为Mn、Si、Cr，辅加元素为Mo、V、Nb、W。

合金元素的主要作用是提高淬透性（Mn、Si、Cr），提高耐回火性（Cr、Si、Mo、W、V、Nb），细化晶粒，防止脱碳（Mo、V、Nb、W），提高弹性极限（Si、Mn）等，典型牌号为60Si2Mn、65Mn。

（3）热处理特点　弹簧按加工工艺不同可分为冷成形弹簧和热成形弹簧两种。对于大型弹簧或复杂形状的弹簧，采用热轧成形后淬火+中温回火（450~550℃）工艺，获得回火托氏体组织，保证高的弹性极限、疲劳极限及一定的塑韧性。对于小尺寸的弹簧，按其强化方式和生产工艺的不同可分为三种类型。

1）铅浴等温淬火冷拉弹簧钢丝。冷拔前将钢丝加热到Ac_3(Ac_{cm})+100~200℃，完全奥氏体化，再在铅浴（480~540℃）中进行等温淬火，得到塑性高的索氏体组织，经冷拔后绕卷成形，再进行去应力退火（200~300℃），这种方法能生产强度很高的钢丝。

2）油淬回火弹簧钢丝。冷拔钢丝退火后冷绕成弹簧，再进行淬火+中温回火处理，得到回火托氏体组织。

3）硬拉弹簧钢丝。冷拔至要求尺寸后，利用淬火+回火来进行强化，再冷绕成弹簧，并进行去应力退火，之后不再进行热处理。

（4）钢种、牌号及应用

1）以Si、Mn元素合金化的弹簧钢，代表性钢种是60Si2Mn。其淬透性显著优于碳素弹簧钢，可制造截面尺寸较大的弹簧。Si、Mn复合合金化的性能比只加Mn的好，这类钢主要用作汽车、拖拉机及机车上的板簧和螺旋弹簧，如图8-9所示。

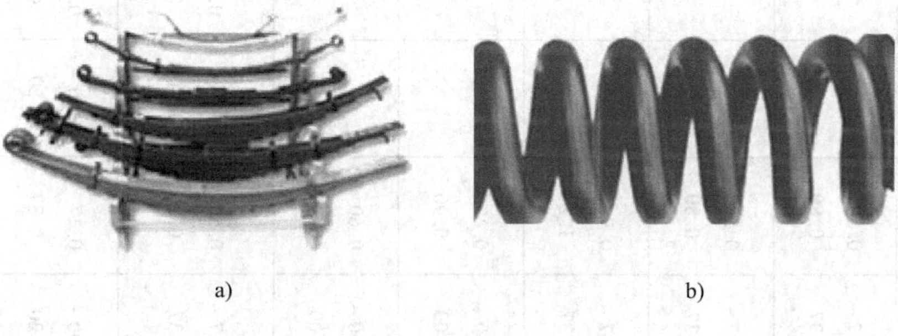

图8-9　常用弹簧钢的应用举例

a）板簧　b）螺旋弹簧

2）含Cr、V、W等元素的弹簧钢，具有代表性的钢种是50CrVA。Cr、V的复合加入不仅使钢具有较高的淬透性，而且具有较高的高温强度、韧性和较好的热处理工艺性能。因此，这类钢可制作在350~400℃下承受重载的较大型弹簧，如阀门弹簧、高速柴油机气门弹簧等。

常用合金弹簧钢及碳素弹簧钢的钢种、牌号及应用见表8-10。

表 8-10 常用弹簧钢的牌号、成分、热处理、力学性能及应用

类别	牌号	主要化学成分(质量分数,%)						热处理温度/℃		力学性能(不小于)				应用
		C	Si	Mn	Cr	V	其他	淬火	回火	σ_b /MPa	σ_s /MPa	δ_{10} (%)	ψ (%)	
碳素弹簧钢	65	0.62 ~ 0.70	0.17 ~ 0.37	0.50 ~ 0.80				840 (油)	500	800	1000	9	35	直径小于 12mm 的一般机器上的弹簧
	85	0.82 ~ 0.90	0.17 ~ 0.37	0.50 ~ 0.80				820 (油)	480	1000	1150	6	30	直径小于 12mm 的一般机器上的弹簧
	65Mn	0.62 ~ 0.70	0.17 ~ 0.37	0.90 ~ 1.20				830 (油)	540	800	1000	8	30	直径小于 12mm 的一般机器上的弹簧
合金弹簧钢	55Si2Mn	0.52 ~ 0.60	1.50 ~ 2.00	0.60 ~ 0.90				870 (油)	480	1200	1300	6	30	直径 20 ~ 25mm 的弹簧,工作温度低于 230℃
	60Si2Mn	0.56 ~ 0.60	1.50 ~ 2.00	0.60 ~ 0.90				870 (油)	480	1200	1300	5	25	直径 25 ~ 30mm 的弹簧,工作温度低于 300℃
	50CrVA	0.46 ~ 0.54	0.17 ~ 0.37	0.50 ~ 0.80	0.80 ~ 1.10	0.10 ~ 0.20		850 (油)	500	1150	1300	10 (δ_5)	40	直径 30 ~ 50mm 的弹簧,工作温度低于 210℃ 的气阀弹簧
	60Si2CrVA	0.56 ~ 0.64	0.90 ~ 1.20	0.17 ~ 0.37	0.90 ~ 1.20	0.10 ~ 0.20		850 (油)	410	1700	1900	6 (δ_5)	20	直径小于 50mm 的弹簧,工作温度低于 250℃
	50SiMnMoV	0.52 ~ 0.60	0.80 ~ 1.10	0.90 ~ 1.20		0.08 ~ 0.15	Mo0.20 ~ 0.30	880 (油)	550	1300	1400	6	30	直径小于 75mm 的弹簧,重型汽车、越野汽车大截面弹簧

5. 滚动轴承钢

滚动轴承钢主要用来制造滚动轴承的滚动体、内外套圈。当轴转动时，位于轴承正下方的钢球承受轴的颈向载荷最大。由于接触面积小，其接触应力可达1500～5000MPa，应力交变次数达每分钟数万次。常见的失效方式为由于接触疲劳破坏而产生的麻点或剥落，由于长期摩擦造成磨损而丧失精度，由于处于润滑油环境下带来的锈蚀。因此对这类零件提出的性能要求为具有高的接触疲劳强度、高硬度、高耐磨性，以及良好的耐蚀性。

（1）应用与性能特点　滚动轴承钢主要用于制造滚动轴承的内、外套圈以及滚动体，此外还可用于制造某些工具，如模具、量具等，如图8-10所示。由于滚动轴承在工作时承受很大的交变载荷和极大的接触应力，受到严重的摩擦磨损，并受到冲击载荷、大气和润滑介质腐蚀的作用，这就要求滚动轴承钢必须具有高而均匀的硬度和耐磨性、高的接触疲劳强度、足够的韧性和对大气的耐蚀能力。

图8-10　滚动轴承钢应用举例

（2）化学成分特点　滚动轴承钢中碳的质量分数为0.95%～1.10%，以保证具有高硬度、高耐磨性和高强度。其主加元素为Cr，辅加元素为Si、Mn、V、Mo。

Cr的作用是能提高淬透性，并形成$(Fe,Cr)_3C$，细小且均匀分布，从而提高耐磨性和接触疲劳强度；能提高耐回火性及耐蚀性。其缺点是$w_{Cr}>1.65\%$时，会增大残留奥氏体量，并增大碳化物的带状分布趋势，使硬度和疲劳强度下降。因此，为进一步提高淬透性，补加Mn、Si来制造大型轴承。而通过加入V、Mo，可阻止奥氏体晶粒长大，防止过热，还可进一步提高钢的耐磨性。

（3）热处理特点　滚动轴承钢的最终热处理是淬火＋低温回火，组织为极细的回火马氏体、均匀分布的细粒状碳化物及微量的残留奥氏体，硬度为61～65 HRC。淬火温度要求十分严格，过高会引起奥氏体晶粒长大，出现过热；过低则奥氏体中铬与碳溶解不足，影响硬度。

对于精密轴承，为稳定其尺寸，保证长期存放和使用中不变形，淬火后可立即进行冷处理，并且在回火和磨削加工后进行120～130℃保温5～10h的尺寸稳定化处理，尽量减少残留奥氏体量，并充分去除应力。

（4）钢种、牌号与应用　我国轴承钢主要分为两类：

1）铬轴承钢，最有代表性的是GCr15，使用量占轴承钢的绝大部分。由于其淬透性不是很高，多用于制造中、小型轴承，也常用来制造冷冲模、量具、丝锥等。可添加Si、Mn提高淬透性（如GCr15MnSi钢等），用于制造大型轴承，见表8-11。

2）无铬轴承钢。为了节约铬，在 GCr15 基础上研究出了以 Mo 代 Cr，并加入稀土，使钢的耐磨性有所提高的无铬轴承钢，如 GSiMnV、GSiMnMoVRE 等，其性能与 GCr15 相近。

表 8-11　滚动轴承钢的牌号、成分及硬度

牌号	化学成分（质量分数,%）									退火硬度 HBW
	C	Si	Mn	Cr	Mo	P	S	Ni	Cu	
						不大于				
GCr4	0.95 ~ 1.05	0.15 ~ 0.30	0.15 ~ 0.30	0.35 ~ 0.50	≤0.08	0.025	0.020	0.25	0.20	179 ~ 207
GCr15	0.95 ~ 1.05	0.15 ~ 0.35	0.25 ~ 0.45	1.40 ~ 1.65	≤0.10	0.025	0.025	0.30	0.25	179 ~ 207
GCr15SiMn	0.95 ~ 1.05	0.45 ~ 0.75	0.95 ~ 1.25	1.40 ~ 1.65	≤0.10	0.025	0.025	0.30	0.25	179 ~ 217
GCr15SiMo	0.95 ~ 1.05	0.65 ~ 0.85	0.20 ~ 0.40	1.40 ~ 1.70	0.30 ~ 0.40	0.027	0.020	0.30	0.25	179 ~ 217
GCr18Mo	0.95 ~ 1.05	0.20 ~ 0.40	0.25 ~ 0.40	0.65 ~ 1.95	0.15 ~ 0.25	0.025	0.020	0.25	0.25	179 ~ 207

8.1.5　合金工具钢

工具钢是用来制造刃具、模具和量具的钢。按化学成分可分为碳素工具钢、低合金工具钢、高合金工具钢等；按用途可分为刃具钢、模具钢和量具钢。合金工具钢与碳素工具钢相比，主要是合金元素提高了钢的淬透性、热硬性和强韧性。合金工具钢通常按用途分类，包括量具刃具钢、耐冲击工具钢、冷作模具钢、热作模具钢、无磁工具钢和塑料模具钢。高速工具钢（简称高速钢）用于制造较高速切削的刃具，有锋钢之称。

1. 合金刃具钢

刃具钢主要是指制造车刀、铣刀、钻头等金属切削刃具的钢种。刃具切削时承受着压力、弯曲力和摩擦力，同时因摩擦产生热量，使刃部温度升高，有时可达 500 ~ 600℃。此外，还承受着一定的冲击和振动。其常见的失效方式为磨损、崩刃或折断。因此对刃具钢提出的性能要求为：①高硬度，一般为 60HRC 以上；②高耐磨性，由高硬度的基体和其上分布的碳化物颗粒的类型、数量、大小和分布来决定；③高强度，用来承受压缩、扭转、弯曲等力；④高热硬性，即在高温下保持高硬度的能力（随温度升高出现硬度的下降，是由马氏体的分解、碳化物聚集长大及基体的再结晶引起的，若能提高钢的耐回火性、推迟马氏体分解及利用二次硬化现象都可保证钢的热硬性）；⑤足够的塑性和韧性，防止刃具受冲击或振动时折断或崩刃。

（1）应用与性能特点　主要用于制造形状较复杂、截面尺寸较大的低速切削刃具，如铰刀、丝锥、成形刀、钻头等，如图 8-11 所示。也用于制造如卡尺、千分尺、块规、样板等在机械制造过程中控制工件加工精度的测量工具。刃具切削时受切削力作用，且切削时要发热，还要承受一定的冲击与振动，因此刃具钢要具有高强度、高硬度、高耐磨性、高热硬性和足够的塑性与韧性。与碳素工具钢相比，由于合金元素的加入，提高了淬透性、耐回火性，降低了过热倾向。因而，低合金工具钢可采用油淬，降低其淬火变形开裂倾向；允许淬火加热温度区增大；使用温度可达到250℃。但添加合金元素相应地成本也就提高，且锻压及切削加工性降低。

图8-11 合金刃具钢应用举例

（2）化学成分特点 低合金工具钢中碳的质量分数为0.9%～1.1%，用以保证高硬度和高耐磨性。常加入的合金元素为Cr、Mn、Si、W、V。合金元素的作用是提高淬透性（Cr、Mn、Si），提高耐回火性（Cr、Si），提高硬度和耐磨性（W、V），细化晶粒，降低过热敏感性（W、V）。

（3）热处理特点 预备热处理为球化退火。最终热处理为淬火+低温回火，其组织为回火马氏体+未溶碳化物+残留奥氏体。

（4）钢种、牌号及应用 合金刃具钢的牌号、成分、热处理、硬度及应用见表8-12。

合金刃具钢的典型钢种为9SiCr，含有提高耐回火性的Si，经230～250℃回火后硬度仍不低于60HRC，使用温度可达250～300℃，广泛用于制造各种低速切削刃具如板牙、丝锥等，也常用作冷冲模。

表8-12 合金刃具钢的牌号、成分、热处理、硬度及应用

牌号	化学成分（质量分数,%）					淬火		交货状态硬度HBW	应用
	C	Si	Mn	Cr	其他	温度/℃	硬度HRC		
9SiCr	0.85～0.95	1.20～1.60	0.30～0.60	0.95～1.25		820～860油	≥62	241～197	丝锥、板牙、钻头、铰刀、齿轮铣刀、冷冲模、轧辊
8MnSi	0.75～0.85	0.30～0.60	0.80～1.10			800～820油	≥60	≤229	一般多用作木工凿子、锯条或其他刀具
Cr06	1.30～1.45	≤0.40	≤0.40	0.50～0.70		780～810油	≥64	241～187	用作剃刀、刀片、刮片、刻刀、外科医疗刀具
Cr2	0.95～1.10	≤0.40	≤0.40	1.30～1.65		830～860油	≥62	229～179	低速、材料硬度不高的切削刀具、量规、冷压辊等
9Cr2	0.80～0.95	≤0.40	≤0.40	1.30～1.70		820～850油	≥62	217～179	主要用作冷压辊、冷冲头及冲头、木工工具等
W	1.05～1.25	≤0.40	≤0.40	0.10～0.30	W0.80～1.20	800～830水	≥62	229～187	低速切削硬金属的工具，如麻花钻、车刀等
9Mn2VCrMn	0.85～0.95	≤0.40	1.70～2.00		V0.10～0.25	780～810油	≥62	≤229	丝锥、板牙、铰刀小冲模、冷压模、料模、剪刀等
CrWMn	0.90～1.05	≤0.40	0.80～1.10	0.90～1.20	W1.20～1.60	800～830油	≥62	255～207	长刀、长丝锥、量规及形状复杂、精度高的冲模、丝杠等

2. 合金模具钢

模具钢一般分为冷作模具钢和热作模具钢两大类。由于冷作模具钢和热作模具钢的工作条件不同，因而对冷作、热作模具钢的性能要求也有所区别。为了满足其性能要求，必须合理选用钢材，正确制订热处理工艺。制造模具的材料很多，碳素工具钢、高速钢、轴承钢、耐热钢等都可制作各类模具，用得最多的是合金工具钢。根据用途模具用钢可分为冷作模具钢、热作模具钢和塑料模具钢。

尺寸较小的冷作模具可选用 9Mn2V、CrWMn 等。而承受重载荷、形状复杂、要求淬火变形小、耐磨性高的大型模具，则必须选用淬透性强的高铬、高碳的 Cr12 型冷作模具钢或高速钢。常用的热作工具钢有 5CrNiMo 等。冷作模具钢的最终热处理一般是淬火后低温回火，硬度可达到 62～64 HRC。热作模具钢的最终热处理为淬火后高温（或中温）回火，组织为回火索氏体，硬度在 40 HRC 左右。

（1）冷作模具钢　冷作模具钢是指使金属在冷状态下变形的模具用钢，用于制作使金属冷塑性变形的模具，如冷冲模、冷镦模、冷挤压模等，其工作温度不超过 200～300℃。

1）应用与性能特点。冷作模具在工作时承受较大的弯曲应力、压力、冲击及摩擦，由于被加工材料的变形抗力较大，模具的工作部分受到强烈的摩擦和挤压，有些还受到很大的冲击力的作用。其常见的失效方式为磨损，也有崩刃或疲劳断裂等现象。因此，冷作模具钢应具有高硬度、高耐磨性、足够的韧性和疲劳抗力，这与刃具钢的性能要求较为相似，图 8-12 所示为典型的冷作模具。

2）化学成分特点。冷作模具钢中碳的质量分数为 1.3%～2.3%，以便形成足够数量的碳化物来保证高的耐磨性。其主加元素为 Cr，质量分数高达 11%～13%，辅加元素为 Mo、V。铬的主要作用是提高淬透性和耐回火性，并配合高碳形成大量铬的碳化物分布在马氏体基体上，提高耐磨性。钼和钒的作用主要是细化奥氏体晶粒，也有提高耐磨性的作用。

图 8-12　冷作模具钢的应用举例

3）热处理特点。Cr12 型钢属于莱氏体钢，其铸态组织中有网状共晶碳化物，因此要通过轧制将其打碎，并注意改善碳化物分布的不均匀性和偏析。

4）钢种、牌号与应用。大部分要求不高的冷作模具可用碳素工具钢和低合金工具钢来制造，这两类材料已在前面介绍过。大型冷作模具采用 Cr12 型钢，即 Cr12 或 Cr12MoV 钢，它们的牌号、成分、热处理及硬度见表 8-13。

（2）热作模具钢　热作模具和冷作模具在工作时的受力方式是一样的，有冲击力、压应力、拉应力、摩擦力等。它们的不同之处在于冷作模具加工的是冷工件，而热作模具加工的是热工件，变形抗力较小，但型腔表面与高温金属接触，可被加热至 300～400℃，局部可达 500～600℃。反复加热、冷却，造成热应力引起热疲劳裂纹。其常见的失效方式是磨损、塌陷、崩裂及龟裂等，因此对热作模具钢主要的性能要求是：①高的热硬性和高温耐磨性；②高的抗氧化能力，高的热强性和足够高的韧性；③高的热疲劳抗力。

1）应用与性能特点。热作模具钢用于制作使金属在高温下塑性变形的模具，如热锻模、热挤压模、压铸模等，工作时型腔表面温度可达 600℃以上。热作模具的工作条件与冷作模具有很大不同，其在工作时承受很大的压力和冲击，并反复受热和冷却，因此要求热作模具钢在高温下具有足够的强度、硬度、耐磨性和韧性，以及良好的耐热疲劳性，即在反复的受热、冷却循环中，表面不易热疲劳（龟裂），还应具有良好的导热性及高的淬透性。热作模具钢应用举例如图 8-13 所示。

图 8-13 热作模具钢的应用举例

表 8-13 冷作模具钢的化学成分、牌号、热处理及硬度

牌号	化学成分(质量分数,%)							淬火		交货状态硬度 HBW
	C	Si	Mn	Cr	W	Mo	V	温度/℃	硬度 HRC	
9Mn2V	0.85 ~ 0.95	≤0.40	1.70 ~ 2.00				0.10 ~ 0.25	780 ~ 810(油)	≥62	≤229
CrWMn	0.90 ~ 1.05	≤0.40	0.80 ~ 1.10	0.90 ~ 1.20	1.20 ~ 1.60			800 ~ 830(油)	≥62	255 ~ 207
Cr12	2.00 ~ 2.30	≤0.40	≤0.40	11.50 ~ 13.00				950 ~ 1000(油)	≥60	269 ~ 267
Cr12Mo1V1	1.40 ~ 1.60	≤0.60	≤0.60	11.00 ~ 13.00		0.70 ~ 1.20	0.50 ~ 1.10	1000(盐浴)或 1010(炉控气氛)空冷,200 回火	≥59	≤255
Cr12Mo1V	1.45 ~ 1.70	≤0.40	≤0.40	11.00 ~ 12.50		0.40 ~ 0.60	0.15 ~ 0.32	950 ~ 1000(油)	≥58	≤255
Cr5Mo1V	0.95 ~ 1.05	≤0.50	≤1.00	4.75 ~ 5.50		0.90 ~ 1.40	0.15 ~ 0.50	940(盐浴)或 950(炉控气氛)空冷,200 回火	≥60	≤255
9CrWMn	0.85 ~ 0.95	≤0.40	0.90 ~ 1.20	0.50 ~ 0.80	0.50 ~ 0.80			800 ~ 830(油)	≥62	241 ~ 197
Cr4W2MoV	1.12 ~ 1.25	0.40 ~ 0.70	≤0.40	3.50 ~ 4.00	1.90 ~ 2.60	0.80 ~ 1.20	0.80 ~ 1.10	960 ~ 980(油) 1020 ~ 1040(油)	≥60	≤269
6Cr4W3Mo2VNb (0.20% ~ 0.35% Nb)	0.60 ~ 0.70	≤0.40	≤0.40	3.80 ~ 4.40	2.50 ~ 3.50	1.80 ~ 2.50	0.80 ~ 1.20	1100 ~ 1160 油	≥60	≤255
6W6Mo5Cr4V	0.55 ~ 0.65	≤0.40	≤0.60	3.70 ~ 4.30	6.00 ~ 7.00	4.50 ~ 5.50	0.70 ~ 1.10	1180 ~ 1200(油)	≥60	≤269
7CrSiMnMoV	0.65 ~ 0.75	0.85 ~ 1.15	0.65 ~ 1.05	0.90 ~ 1.20		0.20 ~ 0.50	0.15 ~ 0.30	870 ~ 900 油或空冷,150 回火	≥60	≤235

2）化学成分特点。热作模具钢中碳的质量分数为0.3%～0.6%，以保证足够的强度和韧性。其合金化主加元素为Cr、Ni、Mn、Si等，辅加元素为Mo、W、V。合金元素的作用是提高淬透性（Cr、Ni、Mn、Si）；提高回火稳定性（Cr、Ni、Mn、Si）；防止第二类回火脆性（Mo、W）；产生二次硬化（W、Mo、V）；阻止奥氏体晶粒长大（W、Mo、V）。

3）热处理特点。热作模具钢最终热处理是采用淬火+高温回火工艺，得到回火索氏体组织，获得良好的综合力学性能。其实，热作模具钢的成分、热处理方式都与调质钢相似，但分属于不同的使用范围，故牌号表示上有差别，如40CrNiMo为调质钢，5CrNiMo为热作模具钢。

4）钢种、牌号与应用。用来制造热锻模具的材料为5CrMnMo、5CrNiMo。5CrNiMo的淬透性要比5CrMnMo好些。用来制造热挤压模具的材料为4Cr5MoSiV、4Cr5W2SiV、3Cr2W8V，其淬透性更高，强韧性也好，抗氧化和抗热疲劳性能都好。常见的热作模具钢牌号、成分、热处理及硬度见表8-14。

3. 合金量具钢

量具钢用于制造各种测量工具，如游标卡尺、千分尺、螺旋测微仪、量规、塞规等，如图8-14所示。量具在使用中与工件表面之间有摩擦作用，会使量具磨损而失去精确度。另外，由于组织和应力的原因，也会引起量具在长期使用和存放过程中尺寸精度发生变化。这种现象称为时效效应。

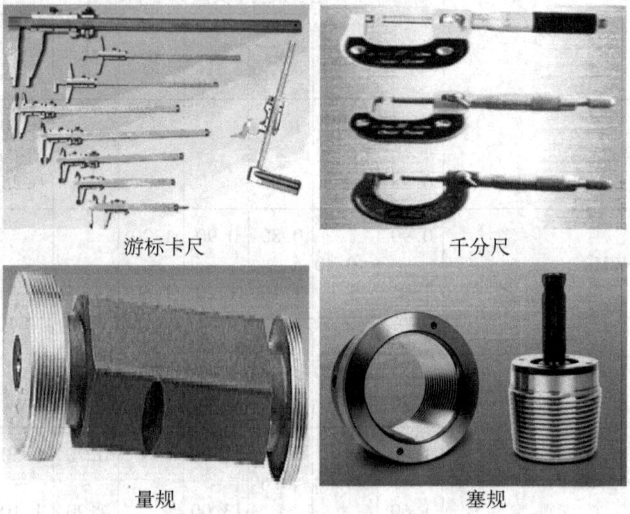

图8-14　量具钢的应用举例

（1）应用与性能特点

1）量具在使用过程中主要受磨损，因此应该具有较高的硬度和耐磨性。

2）高的尺寸稳定性及一定的韧性，热处理变形要小，以保证在存放和使用过程中尺寸不发生变化。

表8-14　热作模具钢的化学成分、牌号、热处理及硬度

牌号	化学成分（质量分数，%）								淬火温度/℃	交货状态硬度HBW
	C	Si	Mn	Cr	W	Mo	V	其他		
5CrMnMo	0.50～0.60	0.25～0.60	1.20～1.60	0.60～0.90		0.15～0.30			820～850（油）	241～197
5CrNiMo	0.50～0.60	≤0.40	0.50～0.80	0.50～0.80		0.15～0.30		Ni1.40～1.80	830～860（油）	241～197
3Cr2W8V	0.35～0.40	≤0.40	≤0.40	2.20～2.70	7.50～9.00		0.20～0.50		1075～1125（油）	≤225

（续）

牌号	化学成分(质量分数,%)								淬火温度/℃	交货状态硬度HBW
	C	Si	Mn	Cr	W	Mo	V	其他		
5Cr4Mo3SiMnVAl	0.47~0.57	0.80~1.10	0.80~1.10	3.80~4.30		2.80~3.40	0.80~1.20	Al0.30~0.70	1090~1120(油)	≤255
3Cr3Mo3W2V	0.32~0.42	0.60~0.90	≤0.65	2.80~3.30	1.20~1.80	2.50~3.00	0.80~1.20		1046~1130(油)	≤255
5CrW5Mo2V	0.40~0.50	≤0.40	≤0.40	3.40~4.40	4.50~5.30	1.50~2.10	0.70~1.10		1100~1150(油)	≤269
8Cr3	0.75~0.85	≤0.40	≤0.40	3.20~3.38					850~880(油)	225~207
4CrMnSiMoV	0.35~0.45	0.80~1.10	0.80~1.10	1.30~1.50		0.40~0.60	0.20~0.40		870~930(油)	241~197
4Cr3Mo3SiV	0.35~0.45	0.80~1.20	0.25~0.70	3.00~3.75		2.00~3.00	0.25~0.75		1010 盐浴或 1020(炉控/空),550 回火	≤229
4Cr5MoSiV	0.33~0.43	0.80~1.20	0.20~0.50	4.75~5.50		1.10~1.16	0.30~0.60		1000 盐浴或 1010(炉控/空),550 回火	≤235
4Cr5MoSiV1	0.32~0.45	0.80~1.20	0.20~0.50	4.75~5.50		1.10~1.75	0.80~1.20		1000 盐浴或 1010(炉控/空),550 回火	≤235
4Cr5W2VSi	0.32~0.42	0.80~1.20	≤0.40	4.50~5.50	1.60~2.40		0.60~1.00		1032~1050(油)	≤229

(2) 化学成分特点　量具钢的成分与低合金刃具钢相同，碳的质量分数为 0.9%～1.5%，并加入提高淬透性的元素 Cr、W、Mn 等。

(3) 热处理特点　为保证量具的高硬度和高耐磨性，应选择的热处理工艺为淬火＋低温回火。量具在淬火后还应立即进行－80～－70℃的冷处理，使残留奥氏体尽可能地转变为马氏体，以保证量具尺寸的稳定性。

(4) 钢种、牌号与应用　量具钢没有专用钢，常见的量具用钢见表 8-15。简单量具如卡尺、样板、直尺、量规等也多用 T10A 等碳素工具钢制造，一些模具钢和滚动轴承钢也可用来制造量具。

表 8-15　量具用钢

常用牌号举例		应　用
钢的类别	牌号	
碳素工具钢	T10A、T11A、T12A	尺寸小、精度不高、形状简单的量规、塞规、样板等
渗碳钢	15、20、15Cr	精度不高、耐冲击的卡板、样板、钢直尺等

（续）

常用牌号举例		应　用
钢的类别	牌号	
合金刃具钢	CrMn、9CrWMn、CrWMn	块规、螺纹塞规、环规、样柱、样套等
滚动轴承钢	GCr15	块规、塞规、样柱等
冷作模具钢	9Mn2V	各种要求精度的量具
不锈钢	4Cr13、9Cr18	要求精度和耐腐蚀的量具

4. 高速钢

高速钢是指用于制造高速切削刀具的钢，该钢具有很高的热硬性，在高速切削时其刃部温度可达600℃，而硬度无明显下降。

（1）应用与性能特点　高速工具钢要求具有高强度、高硬度、高耐磨性以及足够的塑性和韧性。由于在高速切削时其温度可高达600℃，因此，要求其具有良好的热硬性。所谓热硬性是指在很高的温度下保持良好硬度的性能。

高速钢可用于制造生产率及耐磨性高，且在比较高的温度下（600℃左右）能保持其切削性能和耐磨性的工具。其切削速度比碳素工具钢和低合金工具钢提高1～3倍，而耐用性提高7～14倍。

（2）化学成分特点　高速钢中碳的质量分数为0.7%～1.6%，保证马氏体基体的高硬度，并可形成足够数量的碳化物。常加入的合金元素为W、Mo、Cr、V。几乎所有高速钢中铬的质量分数均为4%左右。铬的碳化物在淬火加热时几乎全部溶于奥氏体中，增加过冷奥氏体的稳定性，大大提高钢的淬透性。铬还能提高钢的抗氧化能力。

钨和钼的作用相似，退火态以M_6C碳化物的形式存在，当加热至奥氏体化温度时，一部分溶解进入奥氏体中，在淬火后存在于马氏体中。当回火时，M_6C一方面阻止马氏体的分解，使基体在560℃回火时仍处于回火马氏体状态；另一方面，回火温度达500℃时，开始析出W_2C、Mo_2C特殊碳化物，造成二次硬化，在560℃时硬度达到最高值。这种碳化物在500～600℃范围内非常稳定，不易聚集长大，从而使钢具有良好的热硬性。而在淬火加热时未溶入奥氏体的碳化物可阻止奥氏体晶粒长大并提高耐磨性。

高速钢中钨的加入量可以高达18%的质量分数，或降低到6%再配以质量分数为5%的钼。

高速钢中加入少量的钒，主要是细化奥氏体晶粒并提高钢的耐磨性。VC非常稳定，极难溶解，硬度很高。

（3）热处理特点　高速钢的热处理特点主要是淬火加热温度高（1200℃以上），回火加热温度也高（560℃左右），且回火次数多（三次），热处理后硬度可达63～64HRC。

高速钢应该具有良好的热硬性，要求淬火马氏体中合金化程度要高，即淬火加热至奥氏体化时碳化物能充分溶解到奥氏体中，因此淬火温度应是越高越好；但另一方面，碳化物若全部溶解，奥氏体晶粒会急剧长大，且晶界处易熔化过烧，因此还要控制淬火温度。对于W18Cr4V钢，其最佳的淬火温度为1280℃。由于高速钢导热性差，淬火温度又很高，因此在淬火加热过程中必须预热。对于大型或形状复杂的工具，还要采用两次预热。

淬火方式通常采用油淬或分级淬火。分级淬火可减少变形和开裂倾向。高速钢淬火后的组织为淬火马氏体+未溶碳化物+大量残留奥氏体。

为消除淬火应力，减少残留奥氏体量，以达到所需性能，高速钢通常采用550~570 ℃多次回火的方式。因为在550~570 ℃时，特殊碳化物 W_2C 或 Mo_2C 呈细小弥散状从马氏体中析出，这些碳化物很稳定，难以聚集长大，从而提高了钢的硬度，即“弥散强化”。

另外，在此温度范围内，由于碳化物也从残留奥氏体中析出，使残留奥氏体中的含碳量及合金元素含量降低，M_s 点升高，在随后冷却时，就会有部分残留奥氏体转变为马氏体，即发生“二次淬火”，也使钢的硬度升高。由于以上原因，在回火时便出现了硬度回升的“二次硬化”现象。

多次回火的目的主要是为了充分消除残留奥氏体。W18Cr4V 在淬火状态约有20%~25%的残留奥氏体，通过“二次淬火”可使残留奥氏体在回火冷却时发生部分转变，但转变难以一次完成。通常经一次回火后约剩10%~15%，经二次回火后约剩3%~5%，三次回火后约剩1%~2%。后一次回火还可消除前一次回火时由于奥氏体转变为马氏体所产生的内应力。经三次回火后，其组织为回火马氏体+少量未溶碳化物。W18Cr4V 钢的热处理工艺过程如图8-15所示。常用高速钢的种类、牌号及化学成分见表8-16。

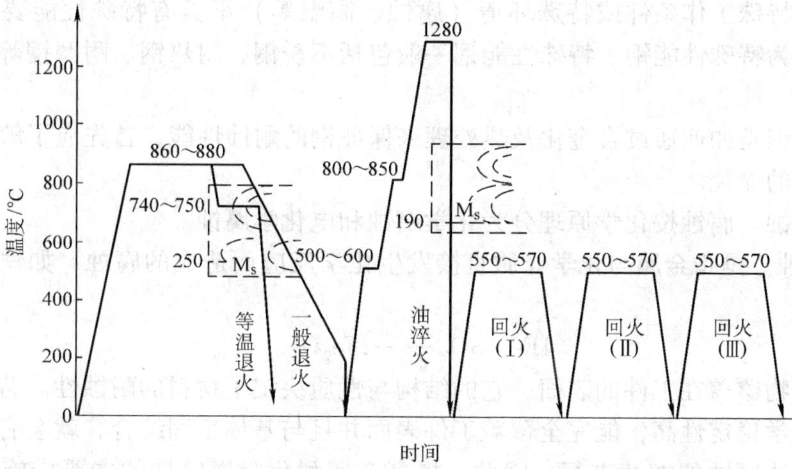

图8-15 W18Cr4V 高速钢的热处理工艺过程示意图

表8-16 常用高速工具钢的牌号、化学成分、热处理及硬度

牌号(代号)	化学成分(质量分数,%)								热处理温度/℃		退火硬度HBW	淬回火硬度HRC
	C	Mn	Si	Cr	W	Mo	V	其他	淬火	回火		
W18Cr4V(T51841)	0.70~0.80	0.10~0.40	0.20~0.40	3.80~4.40	17.50~19.00	≤0.30	1.00~1.40		1270~1285	550~570	≤255	≥63
W18Cr4V2Co5	0.70~0.80	0.10~0.40	0.20~0.45	3.75~4.50	17.50~19.00	0.40~1.00	0.80~1.20	Co4.25~5.75	1280~1300	540~560	≤269	≥63
W6Mo5Cr4V2(T66541)	0.80~0.90	0.15~0.40	0.20~0.45	3.80~4.40	5.00~6.75	4.50~5.50	1.75~2.20		1210~1230	540~560	≤255	≥63

（续）

牌号（代号）	化学成分（质量分数，%）								热处理温度/℃		退火硬度 HBW	淬回火硬度 HRC
	C	Mn	Si	Cr	W	Mo	V	其他	淬火	回火		
W6Mo5Cr4V3	1.00 ~ 1.10	0.15 ~ 0.40	0.20 ~ 0.45	3.75 ~ 4.50	5.00 ~ 6.75	4.75 ~ 6.50	2.25 ~ 2.75		1200 ~ 1220	540 ~ 560	≤255	≥64
W9Mo3Cr4V（T69341）	0.77 ~ 0.87	0.20 ~ 0.40	0.20 ~ 0.40	3.80 ~ 4.40	8.50 ~ 9.50	2.70 ~ 3.30	1.30 ~ 1.70		1220 ~ 1240	540 ~ 560	≤255	≥63
W6Mo5Cr4V2Al	1.05 ~ 1.20	0.15 ~ 0.40	0.20 ~ 0.60	3.80 ~ 4.40	5.50 ~ 6.75	4.50 ~ 5.50	1.75 ~ 2.20	Al0.80 ~ 1.20	1230 ~ 1240	540 ~ 560	≤269	≥65

8.1.6 特殊性能钢

用于制造在特殊工作条件或特殊环境（腐蚀、高温等）下具有特殊性能要求的构件和零件的钢材，称为特殊性能钢。特殊性能钢一般包括不锈钢、耐热钢、耐磨钢等。

1. 不锈钢

要了解这类钢是如何通过合金化及热处理来保证钢的耐蚀性能，首先应了解钢的腐蚀过程及提高耐蚀性的途径。

（1）钢的腐蚀　腐蚀按化学原理分为化学腐蚀和电化学腐蚀。

1）化学腐蚀。是指金属与化学介质直接发生化学反应而造成的腐蚀，如铁的氧化，其反应式为

$$4Fe + 3O_2 \longrightarrow 2Fe_2O_3$$

其特征是腐蚀产物覆盖在工件的表面，它的结构与性质决定了材料的耐蚀性。若产生的腐蚀膜结构致密，化学稳定性高，能完全覆盖工件表面并且与基体牢固结合，就会有效隔离化学介质和金属，阻止腐蚀的继续进行。因此，提高金属耐化学腐蚀性的主要措施之一是加入Si、Cr、Al等能形成致密保护膜的合金元素进行合金化。

2）电化学腐蚀。是指金属在腐蚀介质中由于形成原电池，在其表面有微电流产生而不断腐蚀的电化学反应腐蚀过程。原电池的形成过程如图8-16a所示，阳极失去电子变成离子溶解进入液体介质 H_2SO_4 中，电子跑向阴极，被介质中能够吸收电子的物质所接受，从而形成电流。如果金属或相之间有电位差，能构成原电池的两极，且在大气、海水及酸、碱、盐溶液中相互连通或接触，如图8-16b所示则很容易形成电化学腐蚀。因此，提高材料耐电化学腐蚀的能力可以采用以下方法：①减少原电池形成的可能性，

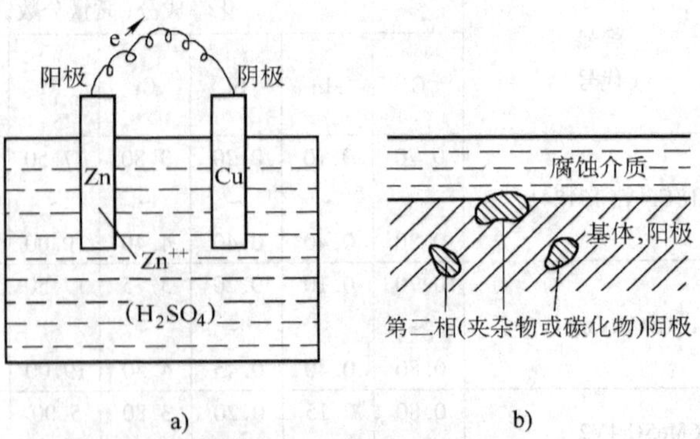

图8-16　电化学腐蚀过程示意图
a）Zn-Cu原电池　b）实际金属

使金属具有均匀的单相组织，并尽可能提高金属的电极电位；②形成原电池时，尽可能减少两极的电极电位差，提高阳极的电极电位；③减少甚至阻断腐蚀电流，使金属“钝化”，即在表面形成致密的、稳定的保护膜，将金属与介质隔离。

金属在大气、海水及酸碱盐介质中工作，腐蚀会自发地进行。统计表明，全世界每年有15%的钢材在腐蚀中失效。为了提高材料在腐蚀介质中的寿命，人们研究了一系列不锈钢。不锈钢是不锈耐酸钢的简称，指在自然环境（大气、水蒸气）或一定工业介质（盐、酸、碱等）中具有高的化学稳定性，能耐腐蚀的一类钢。有时，仅把能耐大气腐蚀的钢称为不锈钢，而在某些侵蚀性强烈的介质中能耐腐蚀的钢称为耐酸钢。这些材料除要求在相应的环境下具有良好的耐蚀性外，还要考虑其受力状态、制造条件等因素，因而要求它具备下列性能要求：①良好的耐蚀性；②良好的力学性能；③良好的工艺性能；④价格低廉。

（2）应用与性能特点　不锈钢主要用来制造在各种腐蚀性介质中工作的零件或构件，如化工装置中的各种管道、阀门和泵，医疗手术器械，防锈刃具和量具等，其应用举例如图8-17所示。对不锈钢性能的要求最重要的是耐蚀性能，还要有合适的力学性能，良好的冷、热加工和焊接工艺性能。对不锈钢的耐蚀性要求越高，其碳含量应越低。加入Cr、Ni等合金元素可提高钢的耐蚀性。

图8-17　不锈钢的应用举例

（3）化学成分特点　不锈钢中碳的质量分数为0.08%～1.2%，其主加元素为Cr、Cr-Ni，且铬的质量分数至少为10.5%，辅加元素有Ti、Nb、Mo、Cu、Mn、N等。

在不锈钢中，碳的变化范围很大，其选取主要考虑两个方面，一方面从耐蚀性的角度来看，碳含量越低越好。因为碳会与铬形成碳化物$Cr_{23}C_6$，沿晶界析出，使晶界周围基体严重贫铬。当铬贫化到耐蚀所必需的最低含量（$w_{Cr}\approx 12\%$）以下时，贫铬区即迅速被腐蚀，造成沿晶界发展的晶间腐蚀，如图8-18所示，使金属产生沿晶脆断的危险。大多数不锈钢碳的质量分数为0.1%～0.2%；另一方面从力学性能的角度来看，含碳量越高，钢的强度、硬度、耐磨性也会相应地提高，因而对于要求高硬度、高耐磨性的刃具和滚动轴承钢，其含碳量要高（$w_C = 0.85\% \sim 0.95\%$），同时要相应提高铬的含量，以保证形成碳化物后基体铬的质量分数仍高于12%。

铬是不锈钢中最重要的合金元素。它能按$n/8$规律显著提高基体的电极电位，即当铬的加入量的原子比达到1/8、2/8、3/8…时，会使钢基体的电极电位产生突变。铬是缩小奥氏体区的元素，当铬含量达到一定值时，能获得单一的铁素体组织。另外，铬在氧化性介质（如水蒸气、大气、海水、氧化性酸等）中极易钝化，生成致密的氧化膜，使钢的耐蚀性大大提高。

镍为扩大奥氏体区元素，它的加入主要是配合铬调整组织形式，当 $w_{Cr} \leqslant 18\%$、$w_{Ni} > 8\%$ 时，可获得单相奥氏体不锈钢。在此基础上进行调整，可获得不同组织形式。如果适当提高铬含量，降低镍含量，可获得铁素体 + 奥氏体双相不锈钢。对于原为单相铁素体的 10Cr17 钢，加入质量分数为 2% 的镍后就变为马氏体型不锈钢 10Cr17Ni2；另外，还可得到 11-7 型奥氏体-马氏体超高强度不锈钢。

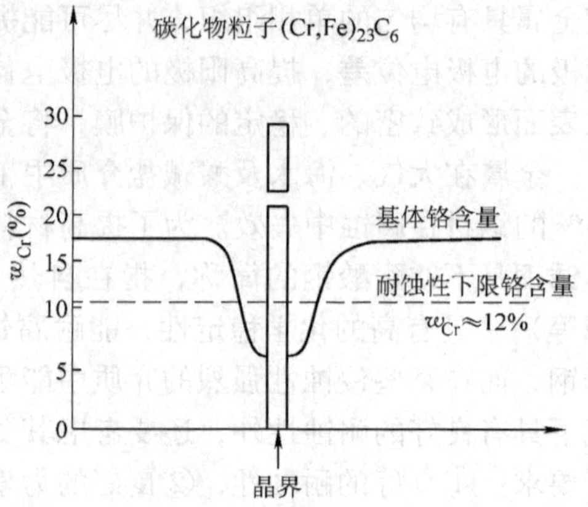

图 8-18　不锈钢中的晶界腐蚀示意图

钛、铌作为与碳的亲和力强的碳化物形成元素会优先与碳形成碳化物，使铬保留在基体中，避免晶界贫铬，从而减轻钢的晶间腐蚀倾向。

钼、铜的加入可提高钢在非氧化性酸中的耐蚀性。

锰、氮也为扩大奥氏体区元素，它们的加入是为了部分取代镍，以降低成本。

（4）常用不锈钢及其热处理特点　根据成分与组织特点不同，不锈钢可分为以下几种类型。

1）奥氏体型不锈钢　这类钢的成分范围为 $w_C \leqslant 0.1\%$、$w_{Cr} \leqslant 18\%$、$w_{Ni} > 8\%$，有时为了避免晶间腐蚀，还加入少量 Ti、Nb。其热处理方式为固溶处理（850～950℃加热，水冷），得到单相奥氏体组织，或者再加一个稳定化退火（850～950℃加热，空冷），以避免晶间腐蚀的产生。

这类钢的耐蚀性很好，同时也具有优良的塑性、韧性和焊接性。其缺点是强度较低。

2）铁素体型不锈钢　这类钢的成分范围为 $w_C < 0.15\%$、$w_{Cr} > 17\%$，加热和冷却时不发生 $\alpha \rightleftharpoons \gamma$ 转变，不能通过热处理改变其组织和性能，通常在退火或正火状态下使用。这类钢具有较好的塑性，强度不高，对硝酸、磷酸有较高的耐蚀性。

3）马氏体型不锈钢　这类钢的成分范围分为二种，即 $w_C = 0.1\% \sim 0.4\%$ 的 Cr13 型、$w_C = 0.8\% \sim 1.0\%$ 的 Cr18 型 。该类钢淬透性很高，正火即可得到马氏体组织。其热处理方式为：12Cr13、20Cr13 采用淬火 + 高温回火工艺，类似于调质钢，作为结构件使用；30Cr13、40Cr13、95Cr18 采用淬火 + 低温回火工艺，类似于工具钢，具有高硬度、高耐磨性。马氏体不锈钢具有很好的力学性能，但其耐蚀性、塑性及焊接性稍差。

4）奥氏体-铁素体型双相不锈钢。双相不锈钢是指不锈钢中同时具有奥氏体和铁素体两种金相组织结构的不锈钢。这类钢的成分范围为 $w_C = 0.03\% \sim 0.14\%$、$w_{Cr} = 22\%$、$w_{Ni} = 5\%$，钢中既有奥氏体又有铁素体组织结构，而且此两相组织要独立存在，含量都较大，一般认为最少相的含量应大于 15%。而实际工程中应用的奥氏体 + 铁素体双相不锈钢（习惯称为 $\alpha + \gamma$ 双相不锈钢或双相不锈钢）多以奥氏体为基体并含有不少于 30% 的铁素体，最常见的是两相各占约 50% 的双相不锈钢。双相不锈钢的英文简写是 DSS（Duplex Stainless Steel）。

由于具有 $\alpha + \gamma$ 双相组织结构，双相不锈钢兼有奥氏体不锈钢和铁素体不锈钢的特点。与铁素体不锈钢相比，$\alpha + \gamma$ 双相不锈钢的韧性高，脆性转变温度低，耐晶间腐蚀性能和焊接性能均显著提高，同时又保留了铁素体不锈钢的一些特点，如 475℃脆性、热导率高、线膨胀系数小、超塑性、有磁性等。与奥氏体不锈钢相比，$\alpha + \gamma$ 双相不锈钢的强度高，特别是屈服强度显著提高，且耐晶间腐蚀、耐应力腐蚀、耐疲劳腐蚀等性能都有明显改善。

常用不锈钢的牌号、成分、热处理及力学性能见表8-17。

表8-17 不锈钢的牌号、成分、热处理及力学性能

类别	牌号	化学成分(质量分数,%)			热处理温度/℃		力学性能(不小于)				
		C	Cr	其他	淬火	回火	$\sigma_{0.2}$/MPa	σ_b/MPa	δ_5(%)	ψ(%)	硬度HBW
马氏体型	12Cr13	≤0.15	11.50 ~ 13.50	Si≤1.00 Mn≤1.00	950 ~ 1000 油冷	700 ~ 750 快冷	345	540	25	55	≥159
马氏体型	20Cr13	0.16 ~ 0.25	12.00 ~ 14.00	Si≤1.00 Mn≤1.00	920 ~ 980 油冷	600 ~ 750 快冷	440	635	20	50	≥192
马氏体型	30Cr13	0.26 ~ 0.35	12.00 ~ 14.00	Si≤1.00 Mn≤1.00	920 ~ 980 油冷	600 ~ 750 快冷	540	735	12	40	≥217
马氏体型	40Cr13	0.36 ~ 0.45	12.00 ~ 14.00	Si≤0.60 Mn≤0.80	1050 ~ 1100 油冷	200 ~ 300 空冷					≥50HRC
马氏体型	95Cr18	0.90 ~ 1.00	17.00 ~ 19.00	Si≤0.80 Mn≤0.80	1000 ~ 1050 油冷	200 ~ 300 油、空冷					≥55 HRC
铁素体型	10Cr17	≤0.12	16.00 ~ 18.00	Si≤1.00 Mn≤1.00	退火780 ~ 850 空冷或缓冷		205	450	22	50	≤183
奥氏体型	06Cr19Ni10	≤0.08	18.00 ~ 20.00	Ni8.00 ~ 11.00	固溶1010 ~ 1150 快冷		205	520	40	60	≤187
奥氏体型	12Cr18Ni9	≤0.15	17.00 ~ 19.00	Ni8.00 ~ 10.00	固溶1010 ~ 1150 快冷		205	520	40	60	≤187
奥氏体-铁素体型	022Cr18 Ni5Mo3Si2	≤0.03	18.00 ~ 19.50	Ni4.5 ~ 5.5 Mo2.5 ~ 3.0 Si1.3 ~ 2.0 Mn1.0 ~ 2.0	固溶920 ~ 1100 快冷		390	590	20	40	≤300
奥氏体-马氏体沉淀硬化型	07Cr17Ni7Al	≤0.09	16.00 ~ 18.00	Ni6.50 ~ 7.75 Al0.75 ~ 1.50	固溶1010 ~ 1150 冷处理、塑性变形或调整处理(750加热,空冷)时效处理(400 ~ 500)		1030	1230	4	10	≤388

注:1. 表中所列奥氏体不锈钢的 w_{Si}≤1%、w_{Mn}≤2%。

2. 表中所列各钢种的 w_P≤0.035%、w_S≤0.030%。

2. 耐热钢

耐热钢是指在高温下具有高的热化学稳定性和热强性的特殊钢，以便能够在300℃以上（有时高达1200℃）的温度下长期工作。

（1）应用及性能特点　耐热钢主要用于热工动力机械（汽轮机、燃气轮机、锅炉和内燃机）、化工机械、石油装置和加热炉等高温条件下工作的构件，如图8-19所示。这类钢的失效有两方面因素：一是温度升高会带来钢的剧烈氧化，形成氧化皮，使工作截面不断缩小，最终导致破坏；二是温度升高会引起强度更急剧的下降而导致破坏。因此对耐热钢提出的性能要求是：①高的抗氧化性；②高的高温力学性能（抗蠕变性、热强性、热疲劳性、抗热松弛性等）；③组织稳定性高；④膨胀系数小，导热性好；⑤工艺性及经济性好。

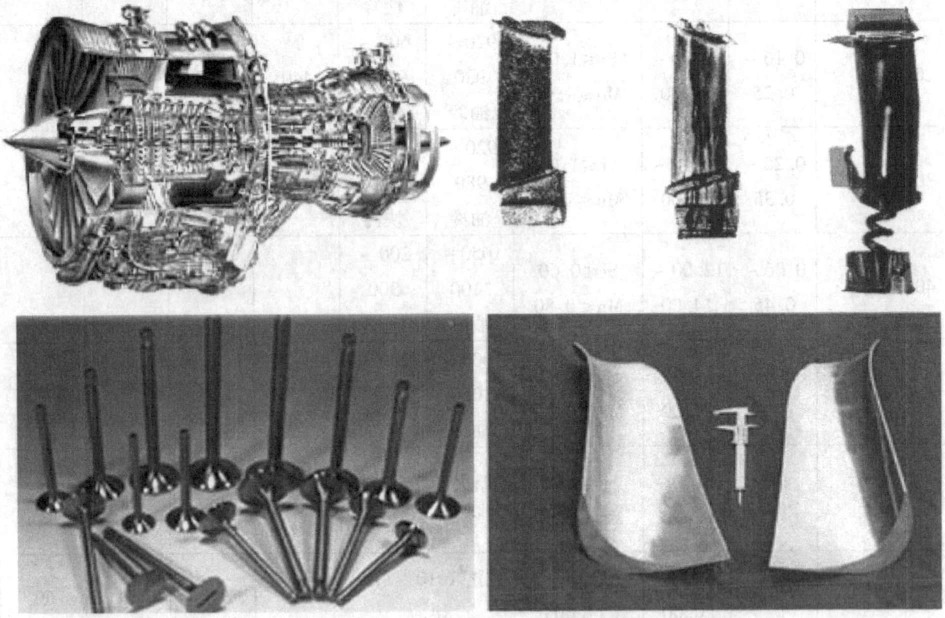

图8-19　耐热钢的应用举例

（2）化学成分特点　耐热钢按性能和应用可分为抗氧化钢和热强钢两类。抗氧化钢主要用于长期在燃烧环境中工作、有一定强度的零件，如各种加热炉底板、辊道、渗碳箱、燃气轮机燃烧室等。

氧化过程是化学腐蚀过程，腐蚀产物即氧化膜覆盖在金属表面，这层膜的结构、性质决定了进一步腐蚀进行的难易程度。在570℃以上，铁的氧化膜主要是FeO，FeO结构疏松，保护性差。所以提高钢的抗氧化性的途径是合金化，通过加入Cr、Si、Al等合金元素，使钢的表面形成致密稳定的合金氧化膜层，防止钢的进一步腐蚀。

（3）失效及强化途径　金属在高温下所表现的力学性能与室温下大不相同。当温度超过再结晶温度时，除受机械力的作用产生塑性变形和加工硬化外，同时还可发生再结晶和软化的过程。当工作温度高于金属的再结晶温度、工作应力超过金属在该温度下的弹性极限时，随着时间的延长金属会发生极其缓慢的变形，这种现象称为“蠕变”。金属的蠕变过程是在高温下通过原子扩散使得由于塑性变形引起的金属强化迅速消除的过程。因此，在蠕变过程中，两个相互矛盾的过程同时进行，即塑性变形使金属强化和由于温度的作用而消除强化。

热强钢的特点是在高温下不仅具有良好的抗氧化能力，而且具有较高的高温强度及较高的高温强度保持能力，例如汽轮机、燃气轮机的转子和叶片、内燃机的排气阀等零件。但由于长期在高温下承载工作，即使所受应力小于材料的屈服极限，也会缓慢而持续地发生塑性变形，产生蠕变，最终将导致零件断裂或损坏。

高温下的强化机制与室温有所不同，高温变形不仅由晶内滑移引起，还有扩散和晶界滑动的贡献。扩散能促进位错运动引起变形，同时本身也能导致变形；高温时晶界强度低，晶粒容易滑动而产生变形、因此提高金属的热强性可采取以下办法：

1）固溶强化。基体的热强性首先决定于固溶体的晶体结构。高温时奥氏体的强度高于铁素体，主要是因为奥氏体结构紧密，扩散较困难，使蠕变难以发生；其次，加入一定量的合金元素 Mo、W、Co 时，增大了原子间的结合力，也减慢了固溶体中的扩散过程，使热强性提高。

2）第二相强化。这是提高热强性最有效的方法之一。为了提高强化效果，第二相粒子在高温下应当非常稳定，不易聚集长大，保持高度的弥散分布。耐热钢主要采用难溶碳化物 MC、M_6C、$M_{23}C_6$ 等作为强化相；耐热合金则多利用金属间化合物如 Ni_3（Ti，Al）来强化。

3）晶界强化。在高温下晶界为薄弱部位。为了提高热强性，应当减少晶界，采用粗晶金属。进一步提高热强性的办法有：定向结晶，消除与外力垂直的晶界，甚至采用没有晶界的单晶体；加入微量的 B、Zr 或 RE 等元素以净化晶界和提高晶界强度；使晶界呈齿状，以阻止晶界滑动等。

（3）常用钢种及热处理特点　耐热钢按其正火组织可分为马氏体型、铁素体型、奥氏体型及沉淀硬化型。常用耐热钢的牌号、化学成分、热处理、力学性能及用途见表 8-18。

1）马氏体型耐热钢。这类钢淬透性好，空冷就能得到马氏体组织。它包括两种类型，一类是低碳高铬钢，是在 Cr13 型不锈钢的基础上加入 Mo、W、V、Ti、Nb 等合金元素，以便强化铁素体，形成稳定的碳化物，提高钢的高温强度。常用的牌号有 14Cr11 MoV、15Cr12WMoV 等，它们在 500℃以下具有良好的蠕变抗力和优良的消振性，最宜制造汽轮机的叶片，故又称叶片钢。另一类是中碳铬硅钢，其抗氧化性好，蠕变抗力高，还有较高的硬度和耐磨性。常用的牌号有 42Cr9Si2、40Cr10Si2Mo 等，主要用于制造使用温度低于 750℃的发动机排气阀，故又称气阀钢。此类钢通常是在淬火（1000～1100℃加热后空冷或油冷）及高温回火（650～800℃空冷或油冷）后获得具有马氏体形态的回火索氏体状态下使用。

2）铁素体型耐热钢。这类钢是在铁素体不锈钢的基础上加入了 Si、Al 等合金元素以提高抗氧化性。其特点是抗氧化性强，但高温强度低，焊接性能差，脆性大，多用于受力不大的加热炉构件，常用的牌号有 06Cr13Al、10Cr17、16Cr25N 等。此类钢通常采用正火处理（700～800℃加热空冷），得到铁素体组织。

3）奥氏体型耐热钢。这类钢是在奥氏体不锈钢的基础上加入了 W、Mo、V、Ti、Nb、Al 等元素，用以强化奥氏体，形成稳定碳化物和金属间化合物，以提高钢的高温强度。此类钢具有高的热强性和抗氧化性，高的塑性和冲击韧性，良好的焊接和冷成形性。主要用于制造工作温度在 600～850℃间的高压锅炉过热器、汽轮机叶片、叶轮、发动机气阀等，常用的牌号有 16Cr20Ni14Si2、26Cr18Mn12Si2N、45Cr14Ni14W2Mo 等。奥氏体耐热钢一般采用固溶处理（1000～1150℃加热后水冷或油冷）或是固溶＋时效处理，获得单相奥氏体＋弥散碳化物和金属间化合物的组织。时效的温度应比使用温度高 60～100℃，保温 10h 以上。

表 8-18 常用耐热钢的牌号、化学成分、热处理、力学性能及应用

类别	牌号	化学成分(质量分数,%)									热处理规范/℃		力学性能(不小于)						应用
		C	Si	Mn	Cr	Ni	Mo	W	V	其他	淬火温度	回火温度	σ_b/MPa	σ_s/MPa	δ_5(%)	ψ(%)	A_K/kJ	HBW	
马氏体型	12Cr13	0.15	1.00	1.00	11.50~13.50	0.06					950~1000(油)	700~750(水)	345	540	25	55	78	150	800℃以下抗氧化部件及400~450℃工作的汽轮机叶片、阀、螺栓、导管等
马氏体型	20Cr13	0.16~0.25	1.00	1.00	12.00~14.00	0.06					920~980(油)	600~750(水)	440	635	20	50	63	192	800℃以下抗氧化部件及400~450℃工作的汽轮机叶片、阀、螺栓、导管等
马氏体型	14Cr11MoV	0.11~0.18	0.50	0.60	10.00~11.50		0.5~0.7		0.25~0.40		1050~1100(空)	720~740(空)	490	685	16	55	47		535~540℃工作的汽轮机叶片及涡轮叶片和导向叶片等
马氏体型	15Cr12WMoV	0.12~0.18	0.50	0.50~0.90	11.00~13.00		0.5~0.7	0.7~1.1	0.15~0.30		1000~1050(油)	680~700(空)	585	735	15	45	47		550~580℃工作的汽轮机叶片、紧固件及涡轮叶片、紧固件、转子和轮盘等
马氏体型	42Cr9Si2	0.35~0.50	2.00~3.00	0.70	8.00~10.00	0.60					1020~1040(油)	700~780(油)	590	885	19	50			内燃机进气阀和工作温度<700℃的轻负荷发动机排气阀等
马氏体型	40Cr10Si2Mo	0.35~0.45	1.90~2.60	≤0.70	9.00~10.50	0.60	0.7~0.9				1010~1040(油)	700~780(空)	685	885	10	35			内燃机进气阀和工作温度<700℃的轻负荷发动机排气阀等

（续）

类别	牌号	化学成分（质量分数，%）									热处理规范/℃		力学性能（不小于）						应用
		C	Si	Mn	Cr	Ni	Mo	W	V	其他	淬火温度	回火温度	σ_b /MPa	σ_s /MPa	δ_5 （%）	ψ （%）	A_K /kJ	HBW	
铁素体型	06Cr13Al	0.08	1.00	1.00	11.50 ~ 14.50	0.60				Al 0.10 ~ 0.30	780 ~ 830（空、炉）		177	410	20	60		183	燃气涡轮压缩机叶片、退火箱、淬火台架等
铁素体型	10Cr17	0.12	1.00	1.00	16.00 ~ 18.00	0.60					780 ~ 850（空、炉）		205	450	22	50		183	900℃以下抗氧化部件、散热器、炉用部件、油喷嘴等
铁素体型	16Cr25N	0.20	1.00	1.50	23.00 ~ 27.00	0.60				N≤ 0.25	780 ~ 880（水）		275	510	20	40		≤201	工作温度 < 1080℃的抗氧化部件、燃烧室等
铁素体型	022Cr12	0.03	1.00	1.00	11.00 ~ 13.00	0.60					700 ~ 820（空、炉）		196	365	22	60		183	汽车排气阀净化装置锅炉燃烧室、喷嘴等
奥氏体型	16Cr20Ni14Si2	0.20	1.50 ~ 2.50	≤1.50	19.00 ~ 22.00	12 ~ 15					1080 ~ 1130（水、油）		295	590	35	50		≤187	管壁温度 < 800℃的加热炉管及承受应力的各种炉用部件
奥氏体型	26Cr18Mn12Si2N	0.22 ~ 0.30	1.40 ~ 2.20	10.50 ~ 12.50	17.00 ~ 19.00					N0.22 ~ 0.33	1100 ~ 1150（水、油）		390	685	35	45		≤248	工作温度 < 900℃的加热炉构件如吊挂支架、渗碳炉构件、加热炉传送带料盘、炉爪等

（续）

类别	牌号	化学成分（质量分数，%）									热处理规范/℃		力学性能（不小于）						应用
		C	Si	Mn	Cr	Ni	Mo	W	V	其他	淬火温度	回火温度	σ_b /MPa	σ_s /MPa	δ_5 （%）	ψ （%）	A_K /kJ	HBW	
奥氏体型	45Cr14Ni14W2Mo	0.40~0.50	0.80	0.70	13.00~15.00	13~15	0.25~0.40	2.00~2.75			820~850（水、油）		315	705	20	35		≤248	工作温度＜800℃的内燃机重负荷排气阀等
沉淀硬化型	05Cr17Ni4Cu4Nb	0.07	1.00	1.00	15.50~17.50	3~5				Cu 3.00~5.00 Nb 0.15~0.45	1020~1060（水）							≤363	燃气涡轮压缩机叶片、燃气涡轮发动机轴、汽轮机部件等
											1020~1060（水）+	470~490 回火 4h（空）	1180	1310	10	40			
											1020~1060（水）+	540~560 回火 4h（空）	1000	1060	12	45		331	
											1020~1060（水）+	610~630 回火 4h（空）	725	930	16	50		277	
	07Cr17Ni7Al	0.09	1.00	1.00	16.00~18.00	6.50~7.75				Al 0.75~1.50	1000~1100（水）		380	1030	20			≤229	高温弹簧、膜片、固定器波纹管等
											1000~1100（水）+760 90min（空）+	565 回火 90min（空）	960	1140	5	25		363	
											1000~1100（水）+955 10min（空）+（−73）冷处理 60min（空）8h +	510 回火	1030	1230	4	10		388	

4）沉淀硬化型耐热钢。这类钢的化学成分、热处理及沉淀硬化机理与沉淀硬化型不锈钢相同，这里不再重复。常用沉淀硬化型耐热钢有05Cr17Ni4Cu4Nb和07Cr17Ni7Al，前者用于制造高温燃气蜗轮压缩机和透平发动机的叶片和轴等，后者用于制造高温下工作的弹簧、膜片、波纹管等。

3. 耐磨钢

（1）应用及性能要求 耐磨钢主要用于运转过程中承受严重磨损和强烈冲击的零件，如铁路道岔、坦克履带、挖掘机铲齿等，如图8-20所示。这类零件常见的失效方式为磨损，有时出现脆断。因此对耐磨钢的主要要求是表面硬度高、耐磨，心部韧性好、强度高的特点。

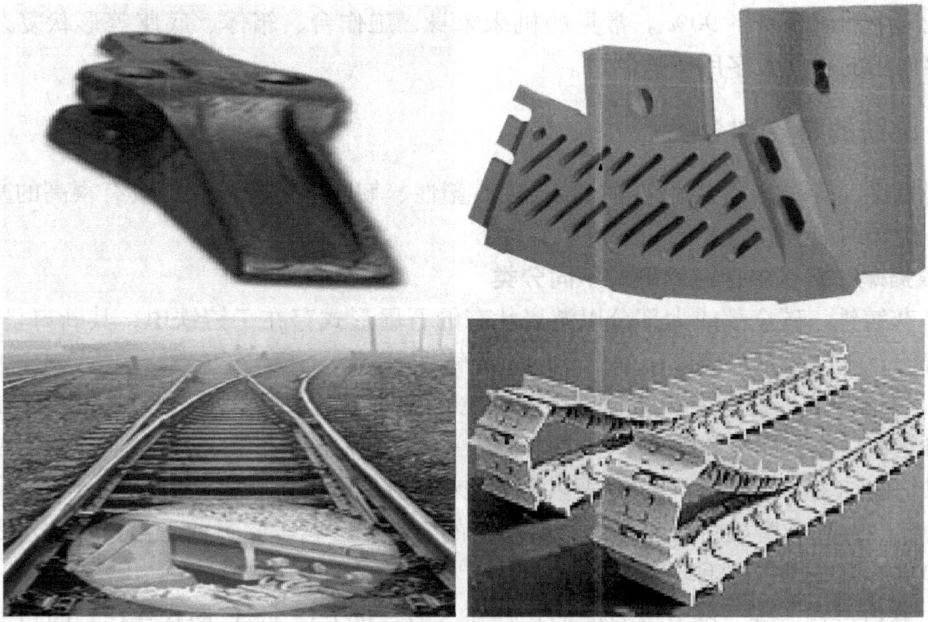

图8-20 耐磨钢的应用举例

（2）化学成分特点 耐磨钢的成分特点是高锰、高碳，经固溶处理可获得单相奥氏体组织。其成分范围为$w_{C}=0.9\%\sim1.5\%$、$w_{Mn}=11\%\sim14\%$，$w_{Si}=0.3\%\sim0.8\%$。

高碳是为了保证钢的耐磨性和强度，但过高的碳会在高温下析出碳化物，引起韧性下降；高锰的目的是为了与碳配合，保证完全获得奥氏体组织，提高钢的加工硬化速率。加入一定量的硅是为了改善钢的流动性，起到固溶强化作用，并提高钢的加工硬化能力。

作为奥氏体组织，高锰钢具有很高的韧性。同时在受到强烈的冲击载荷和强大的压力作用下，表层不仅会迅速产生加工硬化，而且还会诱发马氏体转变，使表面层硬度、耐磨性显著提高，而心部仍保持为原来的高韧性状态。应当指出，在工作中受力不大的情况下，高锰钢的高耐磨性是发挥不出来的。

（3）热处理特点 高锰钢铸件的性质是硬而脆，耐磨性也差，不能实际应用。其原因是铸态组织中存在着沿奥氏体晶界分布的碳化物，因此必须经过热处理。

高锰钢都是采用水韧处理，即将钢加热到1050～1100℃，保温一段时间，待碳化物全部溶解获得单一奥氏体，然后迅速水淬至室温，使组织仍保持为单一奥氏体。水韧处理后一般不作回火，因为加热超过300℃时，会有碳化物析出，导致性能变异。

（4）常用钢种　由于机械加工困难，耐磨钢制件基本上都是铸造生产，因此牌号为ZGMn13，也称为高锰钢。

8.2 铸铁

工业上常用的铸铁是碳的质量分数在2.0%～4.0%之间的Fe-C-Si多元合金。有时为了提高其力学性能或物理、化学性能，还可加入一定量的合金元素，得到合金铸铁。铸铁在机械制造中应用很广，按使用重量计算，汽车、拖拉机中的铸铁零件约占总重量的50%～70%，机床中约占60%～90%。常见的机床床身、工作台、箱体、底座等形状复杂或受压力及摩擦作用的零件大多用铸铁制成。

8.2.1 铸铁的特点和分类

与钢相比，铸铁的力学性能如抗拉强度、塑性、韧性等均较低，但具有很高的减摩性及耐磨性、优异的减振性以及低的缺口敏感性。

1. 根据碳在铸铁中存在的形式不同分类

（1）灰铸铁　碳全部或大部分以游离状态的石墨形式存在于铸铁中，其断口呈暗灰色，称为灰铸铁。灰铸铁是目前应用最广泛的一类铸铁。

（2）白口铸铁　碳除了少量溶于铁素体以外，其余全部都以Fe_3C的形式存在于铸铁中，断口呈银白色，因此称为白口铸铁。这类铸铁组织中存在共晶莱氏体组织，因此硬而脆，难以切削加工。所以白口铸铁很少直接用来制造机械零件，但可利用它硬而耐磨的特性制成耐磨零件，如球磨机衬板、磨球，磨粉机的磨盘和磨轮等。目前，白口铸铁主要用作炼钢原料和生产可锻铸铁的毛坯。

（3）麻口铸铁　碳一部分以石墨形式存在，另一部分以Fe_3C形式存在，断口夹杂着白亮的渗碳体和暗灰色的石墨，称为麻口铸铁。由于麻口铸铁也具有很大的脆性，工业上很少使用。

2. 根据铸铁中石墨的形态不同分类

根据石墨的形态不同，可将铸铁分为灰铸铁（石墨为片状）、可锻铸铁（石墨为团絮状）、球墨铸铁（石墨为球状）和蠕墨铸铁（石墨为蠕虫状）等，如图8-21所示。

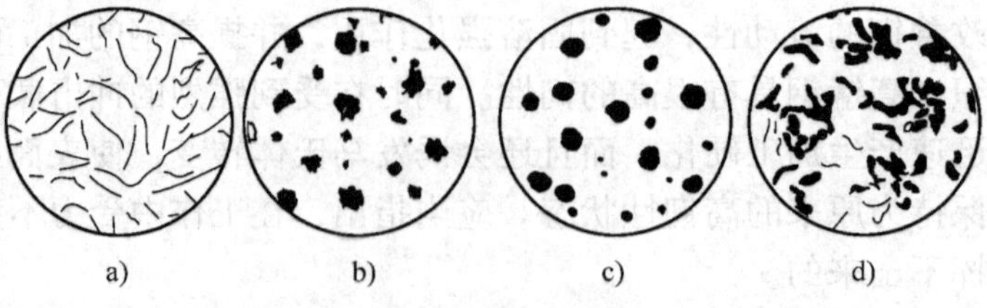

a)　　b)　　c)　　d)

图8-21　铸铁中石墨形态示意图

a）片状　b）团絮状　c）球状　d）蠕虫状

8.2.2 铸铁的石墨化

铸铁中的碳除极少量固溶于铁素体以外，大部分都以两种形式存在：一是碳化物状态，如渗碳体（Fe_3C）及合金铸铁中的其他碳化物；二是游离状态，即石墨（以G表示）。石墨是碳的一种结晶形态，碳的质量分数为100%。石墨的晶格类型为简单六方晶格，如图8-22所示，其基面中的原子结合力较强，而两基面之间的结合力较弱，故石墨的基面很容易滑动，其强度、硬度、塑性和韧性极低（石墨的抗拉强度 $\sigma_b < 19.6$MPa，硬度为3HBW），常呈片状形态存在。

1. 铸铁的石墨化过程

铸铁组织中石墨的形成过程称之为石墨化过程。铸铁的石墨化可以有两种方式：一种是石墨直接从液态合金或奥氏体中析出；另一种是渗碳体在一定条件下分解出石墨，即 $Fe_3C \rightarrow 3Fe + G$（石墨）。石墨化过程是一个原子扩散过程。根据Fe-G系相图，如图8-23所示，在极缓慢冷却条件下，铸铁的石墨化过程可分为两个阶段：第一阶段，包括从过共晶的铁液中直接析出的初生（一次）石墨、在共晶转变过程中形成的共晶石墨以及奥氏体冷却析出的二次石墨，这一阶段的石墨化温度较高，碳原子容易扩散，故容易进行得完全；第二阶段，包括共析转变过程中形成的共析石墨，这一阶段的石墨化温度较低，扩散困难，往往进行得不是很充分，当冷速稍大时其石墨化只能部分进行，如果冷速再大些，第二阶段石墨化便完全不能进行。

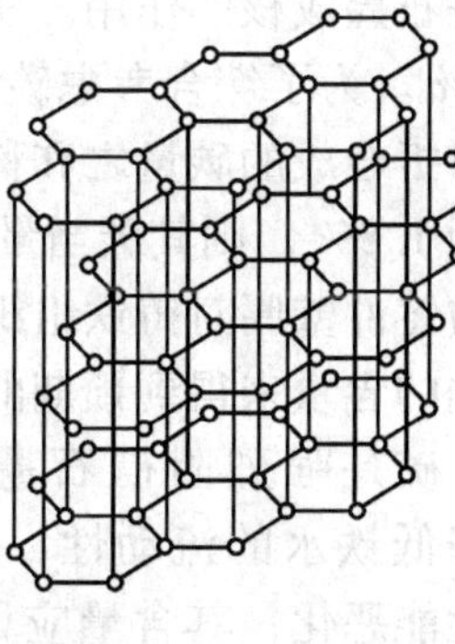

图8-22 石墨的晶体结构

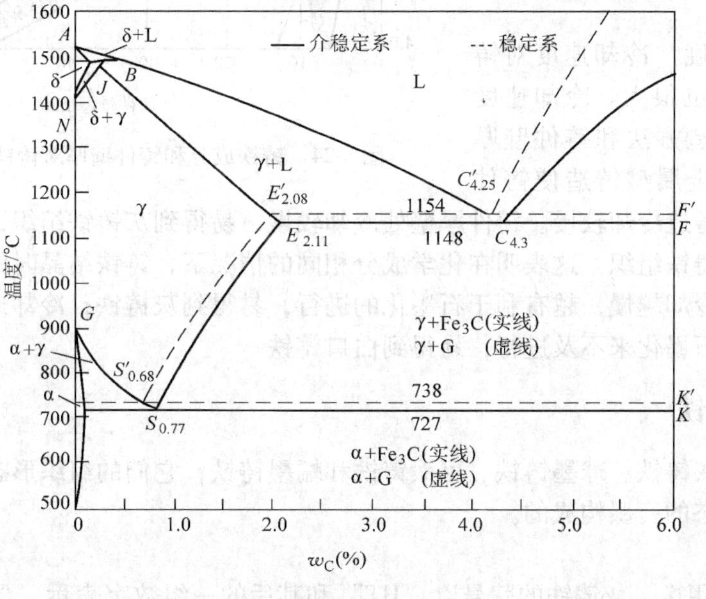

图8-23 铁碳合金双重相图

如果第一阶段石墨化充分进行，则随着第二阶段石墨化进行的程度不同，可获得的铸铁组织也不同。如果第二阶段石墨化进行得充分，铸铁的组织将由铁素体基体和石墨组成；如果第二阶段石墨化部分进行，将形成以铁素体加珠光体为基体，其上分布着石墨的组织；如果第二阶段石墨化完全被抑制而不能进行，其组织将由珠光体基体和石墨组成。显然，当冷速过快，两个阶段的石墨化均被抑制而不能进行时，则会得到白口铸铁。若第一阶段石墨化部分进行，则可得到麻口铸铁。

2. 影响铸铁石墨化的因素

铸铁的组织取决于石墨化过程进行的程度，而影响石墨化的主要因素是铸铁的化学成分和冷却速度。

(1) 化学成分　碳和硅对铸铁的石墨化起着决定性作用，是强烈促进石墨化的元素。铸铁的碳、硅含量越高则石墨化进行得越充分，因为含碳量越高越易形成石墨晶核，而硅有促进石墨成核的作用。实践证明，硅的质量分数每增加1%，共晶点碳的质量分数相应下降0.3%。为了综合考虑碳和硅对铸铁的影响，常将硅量折合成相当的碳量，并把实际的含碳量与折合成的碳量之和称为碳当量。例如，铸铁中实际碳的质量分数为3.2%，硅的质量分数为1.8%，则其碳当量 $CE = 3.2\% + 1/3 \times 1.8\% = 3.8\%$。图8-24综合表示了碳和硅的含量与铸件壁厚对铸铁组织的影响。在实际生产中，在铸件壁厚一定的情况下，常通过调配碳和硅的含量来得到预期的组织。

硫是强烈阻碍石墨化的元素，并降低铁水的流动性，使铸铁的铸造性能恶化，其含量应尽可能降低。锰也是阻碍石墨化的元素，但它和硫有很强的亲和力，在铸铁中能与硫形成MnS，减弱硫对石墨化的有害作用。

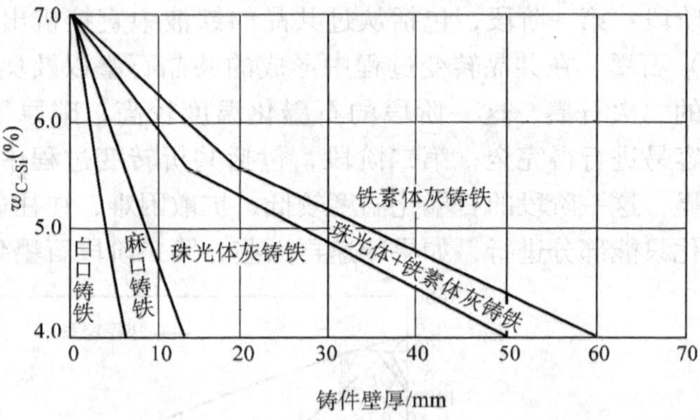

图8-24　铸铁成分和铸件壁厚对铸铁组织的影响

(2) 冷却速度　冷却速度对铸铁石墨化的影响也很大。冷却速度受造型材料、铸造方法和铸件壁厚等因素的影响。金属型铸造使铸件冷却快，而砂型铸造冷却较慢。铸件厚壁处冷却较慢，易得到灰铸铁组织；而薄壁处冷却较快，易出现白口铸铁组织。这表明在化学成分相同的情况下，铸铁结晶时的冷却速度对其石墨化影响很大，冷却越慢，越有利于石墨化的进行，易得到灰铸铁；冷却速度加快，不利于石墨化，甚至使石墨化来不及进行，易得到白口铸铁。

8.2.3　常用铸铁

常用铸铁有灰铸铁、球墨铸铁、可锻铸铁和蠕墨铸铁，它们的组织形态都是由某种基体组织加上不同形态的石墨构成的。

1. 灰铸铁

(1) 牌号及用途　灰铸铁的牌号以“HT”和其后的一组数字表示。“HT”为灰铁二字的汉语拼音字首，其后一组数字表示直径为30mm试棒的最小抗拉强度值。灰铸铁的牌号、力学性能及应用见表8-19。

(2) 化学成分及组织特点　目前生产中，灰铸铁的化学成分范围一般为 $w_C = 2.5\% \sim 3.6\%$，$w_{Si} = 1.0\% \sim 2.5\%$，$w_P \leqslant 0.3\%$，$w_{Mn} = 0.5\% \sim 1.3\%$，$w_S \leqslant 0.15\%$。灰铸铁的性能

表 8-19 灰铸铁的牌号、力学性能及应用

牌号	铸件壁厚/mm		最小抗拉强度/MPa	硬度HBW	显微组织		应用
	大于	至			基体	石墨	
HT100	2.5 10 20 30	10 20 30 50	130 100 90 80	<170	铁素体+珠光体（少）	粗片状	下水管、底座、外罩等
HT150	2.5 10 20 30	10 20 30 50	175 145 130 120	150~200	铁素体+珠光体	较粗片状	端盖、汽轮机泵体、轴承座、阀壳、管子及管路附件、手轮；一般机床底座、床身及其他复杂零件、滑座、工作台等
HT200	2.5 10 20 30	10 20 30 50	220 195 170 160	170~220	珠光体	中等片状	气缸、齿轮、底架、机体、飞轮、齿条、衬筒；一般机床床身及中等压力（8MPa以下）液压筒、液压泵和阀的壳体等
HT250	1.0 10 20 30	10 20 30 50	270 240 220 200	190~240	细珠光体	较细片状	阀壳、液压缸、气缸、联轴器、机体、齿轮、齿轮箱外壳、飞轮、衬筒、凸轮、轴承座等
HT300	10 20 30	20 30 50	290 250 230	210~260	索氏体或托氏体	较小片状	齿轮、凸轮、机床卡盘、剪床、压力机身；导板、六角、自动车床及其他重负荷机床的床身；高压液压筒、液压泵和滑阀的壳体等
HT350	10 20 30	20 30 50	340 290 260	230~280			

取决于基体组织和石墨的数量、形状、大小及分布状态。

灰铸铁的组织是由钢的基体和片状石墨所组成的。基体可根据共析阶段石墨化（第二阶段石墨化）进行的程度不同分为三种：铁素体、铁素体+珠光体、珠光体。三种基体灰铸铁的显微组织示意图如图 8-25 所示。铁素体基体的强度、硬度低，珠光体基体的强度、硬度较高。当石墨状态相同时，珠光体基体组织的量越多，铸铁的强度越高。由此可见，灰铸铁的组织相当于在钢的基体上分布着片状石墨。由于石墨的强度很低，就相当于在钢的基体中有许多孔洞和裂纹，破坏了基体的连续性，并且在外力作用下，裂纹尖端处容易引起应力集中而产生破坏，因此灰铸铁的抗拉强度、疲劳强度都很差，塑性、冲击韧性几乎为零。当基体组织相同时，其石墨越多、片越粗大、分布越不均匀，铸铁的抗拉强度和塑性越低。由于片状石墨对灰铸铁性能的决定性影响．即使基体的组织从珠光体改变为铁素体，也只会降低强度而不会增加塑性和韧性，因此珠光体灰铸铁得到广泛应用。

图 8-25 灰铸铁的显微组织示意图

a）铁素体灰铸铁 b）铁素体+珠光体灰铸铁 c）珠光体灰铸铁

（3）灰铸铁的性能 石墨虽然降低了铸铁的力学性能，其抗拉强度、塑性、韧性和疲劳强度都比钢低得多，但却使铸铁获得了许多钢所不及的优良性能。

1）缺口敏感性低。石墨本身的强度和塑性几乎为零，它就像金属基体中的孔洞和裂缝，因此可以把铸铁看成是含有大量孔洞和裂缝的钢，石墨的存在就等于减小了金属基体的有效承载面积，相当于零件上的许多小缺口，使工件加工形成的切口作用相对减弱，故铸铁的缺口敏感性低。

2）抗压强度高。石墨割断了金属基体的连续性能，可以把石墨看成是一条条裂纹，在外力作用下裂纹尖端将导致严重的应力集中，形成断裂源。灰铸铁的硬度和抗压强度主要取决于基体，因为在压缩载荷作用下石墨产生的裂纹是闭合的，铸铁的抗压强度与钢差不多，是其抗拉强度的 3 ~ 5 倍。

3）加工性能好。灰铸铁在切削加工时，石墨的润滑和断屑作用使其具有良好的切削加工性。在干摩擦的情况下，由于石墨本身的润滑作用，以及它从铸铁表面脱落后留下的孔洞具有储存润滑油的能力，使工作表面保持良好的润滑条件，故铸铁又有良好的减摩性。由于石墨组织松软，对振动传递有削减作用，所以铸铁的减振性能是钢无法比拟的，具有良好的减振性，在所有铸铁中，灰铸铁的减振性最好。

4）铸造性能好。灰铸铁的熔点比钢低，流动性好，凝固过程中析出了比容较大的石墨，减小了收缩率，故具有良好的铸造工艺性能，能够铸造形状复杂的零件。

（4）灰铸铁的孕育处理 为了改善灰铸铁的组织和力学性能，生产中常采用孕育处理，即在浇注前向铁水中加入少量孕育剂（如硅铁、硅钙合金等），改变铁水的结晶条件，从而得到细小且均匀分布的片状石墨和细小的珠光体组织。经孕育处理后的灰铸铁称为孕育铸铁。孕育铸铁（HT300、HT350）的力学性能是灰铸铁中的佼佼者，其强度有较大的提高，塑性和韧性也有改善，一般用于制造力学性能要求较高、截面尺寸变化较大的大型铸件。

（5）灰铸铁的热处理 由于热处理只能改变灰铸铁的基体组织，不能改变石墨的形状、大小和分布，故灰铸铁的热处理一般只用于消除铸件的内应力和白口组织、稳定尺寸、提高工件表面的硬度和耐磨性等。消除应力退火是将灰铸铁缓慢加热到 500 ~ 600℃，保温一段时间，随炉降至 200℃后出炉空冷。消除白口组织的退火是将灰铸铁加热到 850 ~ 950℃，保温 2 ~ 5 h，然后随炉冷却到 400 ~ 500℃，出炉空冷，使渗碳体在高温和缓慢冷却中分解，用以消除白口组织，降低硬度，改善切削加工性。为了提高某些铸件的表面耐磨性，常采用表面淬火等方法，使工作面(如机床导轨)获得细小的马氏体基体十石墨组织。

2. 球墨铸铁

1948年问世的球墨铸铁使铸铁的性能发生了质的飞跃。球墨铸铁是石墨呈球状分布的灰铸铁，是将铁水经过球化处理而得到的，简称球铁。与片状石墨和团絮状石墨相比，圆球状石墨对基体的割裂和应力集中作用最小，因此球墨铸铁是各种铸铁中力学性能最好的一种。而且石墨球越圆整、细小、均匀，则力学性能越好，在某些性能方面甚至可与碳钢相媲美。球墨铸铁同时还具有灰铸铁的减振性、耐磨性和低的缺口敏感性等一系列优点。

（1）牌号及用途　球墨铸铁的牌号用“QT”及其后的两组数字表示。“QT”为球铁二字的汉语拼音字首，后面的两组数字分别表示最低抗拉强度和最低断后伸长率。各种球墨铸铁的牌号、力学性能及应用见表8-20。

表8-20　球墨铸铁的牌号、力学性能及应用

牌号	基体组织	力学性能				应　用
		σ_b /MPa	$\sigma_{0.2}$ /MPa	δ (%)	硬度 HBW	
		最小值				
QT400—18	铁素体	400	250	18	130～180	汽车、拖拉机底盘零件；1600～6400MPa阀门的阀体和阀盖
QT400—15	铁素体	400	250	15	130～180	
QT450—10	铁素体	450	310	10	160～210	
QT500—7	铁素体+珠光体	500	320	7	170～230	机油泵齿轮
QT600—3	珠光体+铁素体	600	370	3	190～270	柴油机、汽油机曲轴；磨床、铣床、车床的主轴；空压机、冷冻机缸体、缸套等
QT700—2	珠光体	700	420	2	225～305	
QT800—2	珠光体或回火组织	800	480	2	245～335	
QT900—2	贝氏体或回火马氏体	900	600	2	280～360	汽车、拖拉机传动齿轮

（2）性能特点　球墨铸铁与可锻铸铁相比，具有生产工艺简单（生产球墨铸铁只要对一定成分的铁液进行适当的处理，生产周期短。而生产可锻铸铁时的石墨化退火周期即使采取措施仍需30h以上）、不受铸件尺寸限制（可锻铸铁的生产过程是先浇注成白口铸铁，为了得到全白口组织，铸件的尺寸不能太厚）等特点。球墨铸铁还可以像钢一样进行各种热处理，以改善其金属基体组织，进一步提高力学性能，因此，在很多场合下球墨铸铁可以代替钢使用。

由于石墨呈球状，对基体的削弱作用小得多，使得球墨铸铁的强度和塑性有了很大的提高。灰铸铁的抗拉强度最高只有400MPa，而铸态球墨铸铁的抗拉强度最低值为600MPa，经热处理后可达到700～900MPa。而同样是铁素体基体，其塑性与可锻铸铁相比也有很大提高。球墨铸铁的一个突出优良性能是其屈服强度与抗拉强度的比值

（屈强比）约为钢的两倍，因此，对于承受静载荷的零件，可用球墨铸铁代替钢，以减轻机器重量。但球墨铸铁的塑性、韧性比较差。就球墨铸铁而言，其力学性能的好坏取决于石墨的大小和基体的组织。球墨铸铁中石墨球径越大，性能越差；球径越小，性能越好。珠光体球墨铸铁的抗拉强度是铁素体球墨铸铁的一倍，断后伸长率后者是前者的5倍以上；回火马氏体为基体的球墨铸铁具有高的强度、硬度；以下贝氏体为基体的球墨铸铁具有良好的综合力学性能。

（3）处理方法　生产球墨铸铁时必须要进行脱硫处理、球化处理（浇注前必须先往铁液中加入能促使石墨结晶成球状的球化剂）和孕育处理（球化处理后立即加入石墨化元素而进行的处理）。

（4）热处理　在铸态下，球墨铸铁的基体是有不同数量的铁素体、珠光体，甚至自由渗碳体同时存在的混合组织。在生产中经过退火、正火、调质处理、等温淬火等不同的热处理后，球墨铸铁可获得铁素体、铁素体+珠光体、珠光体和贝氏体等不同的基体组织，如图8-26所示；也可获得贝氏体、马氏体、托氏体、索氏体和奥氏体等基体组织。

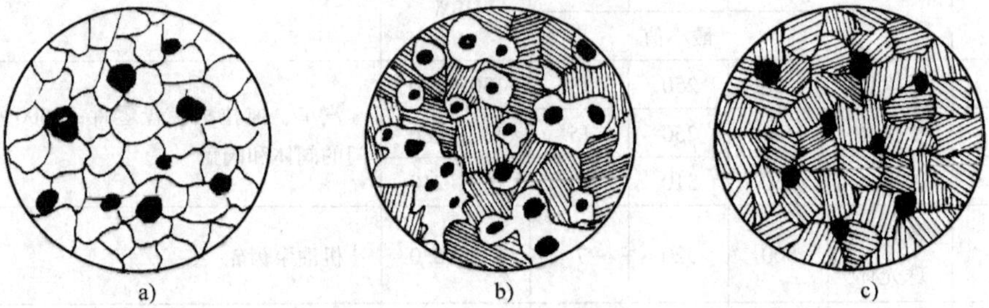

图8-26　球墨铸铁的显微组织示意图

a）铁素体球墨铸铁　b）铁素体+珠光体球墨铸铁　c）珠光体球墨铸铁

3. 蠕墨铸铁

随着铸铁的发展，人们发现了石墨的另一种形态——蠕虫状，但当时被认为是球墨铸铁球化不良的缺陷形式。进入20世纪60年代中期，人们已经认识到具有蠕虫状石墨的蠕墨铸铁在性能上具有一定的优越性，并逐步将其发展成为独具一格的铸铁——蠕墨铸铁。它是在一定成分的铁水中加入适量的蠕化剂，获得形态介于片状与球状之间，形似蠕虫状石墨的铸铁。蠕墨铸铁中的石墨在光学显微镜下的形状似乎也呈片状，但其石墨片短而厚，头部较钝、较圆，形似蠕虫状，是一种介于片状与球状石墨之间的一种过渡性石墨。

（1）牌号及用途　蠕墨铸铁的牌号用“蠕铁”二字的汉语拼音字母“RuT”加数字表示，其中数字代表最小抗拉强度值。如RuT420、RuT340分别表示最小抗拉强度为420MPa和340MPa的蠕墨铸铁。各牌号蠕墨铸铁的主要区别在于基体组织。

蠕墨铸铁已在工业中得到广泛应用，主要用来制造大功率柴油机缸盖、气缸套、电动机外壳、机座、机床床身、阀体、玻璃模具、起重机卷筒、纺织机零件以及钢锭模等铸件。

（2）性能　蠕墨铸铁的力学性能介于相同基体组织的灰铸铁和球墨铸铁之间，其铸造性能和热传导性、耐疲劳性及减振性与灰铸铁相近。蠕墨铸铁较球墨铸铁在性能上的优越性在于它具有优良的抗热疲劳性以及优良的导热性，而且其铸造性能、减振性能也优于球墨铸铁。

（3）化学成分　蠕墨铸铁的化学成分与球墨铸铁的成分要求基本相似，即高碳、低硫及一定成分的硅、锰。$w_C = 3.5\% \sim 3.9\%$、$w_{Si} = 2.2\% \sim 2.8\%$、$w_{Mn} = 0.4\% \sim 0.8\%$、硫、磷的质量分数均小于0.1%（最好为0.06%以下）、碳当量为4.3%~4.6%。

（4）蠕化处理　蠕墨铸铁是在具有上述成分的铁液中加入适量的蠕化剂进行蠕化处理后获得的。蠕化处理后还要进行孕育处理，以获得良好的蠕化效果。我国目前采用的蠕化剂主要有稀土镁钛合金、稀土镁、硅铁或硅钙合金。

4. 可锻铸铁

在汽车、农业机械上常有一些截面较薄、工作中又受到冲击和振动的零件，如汽车、拖拉机的前后轮壳、减速器壳、转向机构等。若用灰铸铁制造则韧性不足，而铸钢的铸造性能差，又不能用锻造法生产，因此也不易获得合格产品，且价格较贵。在这种情况下，就要利用铸铁的优良铸造性能，先铸成一定化学成分的白口铸铁铸件，然后经过石墨可锻化退火处理，将 Fe_3C 分解为团絮状的石墨，即获得可锻铸铁。但需注意，可锻铸铁并不可锻造。

（1）牌号及用途　可锻铸铁的牌号用“KTH”、“KTZ”和后面的两组数字表示，“KT”为“可铁”二字的汉语拼音字首，“KTH”表示黑心可锻铸铁，“KTZ”表示珠光体可锻铸铁，后面的两组数字分别表示最低抗拉强度和最低断后伸长率。如KTH300—06，表示黑心可锻铸铁，其最低抗拉强度 $\sigma_b = 300\text{MPa}$，最低断后伸长率 $\delta = 6\%$。常用可锻铸铁的牌号、性能见表8-21。

表8-21　可锻铸铁的牌号、性能

分类	牌号	试样直径 d/mm	σ_b/MPa	$\sigma_{0.2}$/MPa	δ（%）（$L_0 = 3d$）	硬度HBW
			不小于			
黑心可锻铸铁	KTH300—06	12或15	300		6	≤150
	KTH330—08		330		8	
	KTH350—10		350	200	10	
	KTH370—12		370		12	
珠光体可锻铸铁	KTZ450—06		450	270	6	150~200
	KTZ550—04		550	340	4	180~230
	KTZ650—02		650	430	2	210~260
	KTZ700—02		700	530	2	240~290

近年来，不少可锻铸铁件已被球墨铸铁件代替。但可锻铸铁的韧性和耐蚀性好，适宜制造形状复杂、承受冲击的薄壁铸件及在潮湿环境中工作的零件，与球墨铸铁相比具有质量稳定、铁水处理简易、易于组织流水线生产等优点。

（2）组织及性能　可锻铸铁分为黑心（铁素体）可锻铸铁和珠光体可锻铸铁两种类型，如图8-27所示。

把白口铸铁经高温石墨化退火，完成共晶渗碳体的分解以及随后自奥氏体中析出二次石

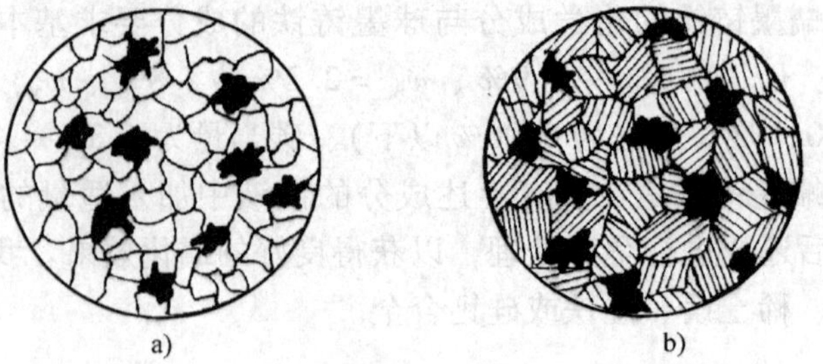

图 8-27 可锻铸铁的显微组织示意图

a）铁素体可锻铸铁 b）铁素体 + 珠光体可锻铸铁

墨的过程，称为石墨化的第一阶段（可锻铸铁因其含 C、Si 较少，石墨化退火前为亚共晶白口铸铁，不存在一次渗碳体）；把奥氏体发生共析转变形成铁素体 + 石墨的过程，称为石墨化的第二阶段（低温退火）。

在退火中，如果这两个阶段都进行得很完全，将得到铁素体 + 团絮状石墨的组织，如图 8-27a 所示，即铁素体可锻铸铁。因其断口心部为铁素体基体上分布着大量的石墨而呈灰黑色，表层因退火时脱碳而呈灰白色，故称黑心可锻铸铁。

如果完成了石墨化的第一阶段并析出二次石墨后以较快速度冷却（出炉空冷），使第二阶段石墨化不能进行，将得到珠光体可锻铸铁，如图 8-27b 所示。

由于团絮状石墨对金属基体的割裂作用大为减弱，使得可锻铸铁的强度、塑性、韧性较灰铸铁都有明显提高。

（3）生产过程 可锻铸铁的生产过程较为复杂，其退火时间长，生产率低，能耗大，成本较高。可锻铸铁的生产过程分为两步，第一步先铸成白口铸铁件，第二步再经高温长时间的可锻化退火，使渗碳体分解出团絮状石墨。首先要获得全白口组织的铸铁，如果铸态组织中出现了片状石墨，在进行石墨化退火时，Fe_3C 分解的石墨将依附在片状石墨上长大，从而得不到团絮状的石墨。为此，要适当降低 C、Si 等促进石墨化的元素含量，但也不能太低，否则会使退火时的石墨化困难，延长退火周期。C、Si 含量的大致范围为：$w_C = 2.0\% \sim 2.6\%$、$w_{Si} = 1.1\% \sim 1.6\%$。

5. 特殊性能铸铁

在灰铸铁、白口铸铁或球墨铸铁中加入一定量的合金元素，可以使铸铁具有某些特殊性能（如耐热、耐酸、耐磨等），这类铸铁称为合金铸铁。合金铸铁与在相似条件下使用的合金钢相比具有熔炼简便、成本较低、使用性能良好等优点，但其力学性能比合金钢低，脆性较大。

（1）耐磨铸铁 一般耐磨铸铁按其工作条件大致可分为两大类：一类是在无润滑、干摩擦或磨料磨损条件下工作的耐磨铸铁，它具有均匀的高硬度组织和必要的韧性，包括高铬白口铸铁、低合金白口铸铁、中锰球墨铸铁和冷硬铸铁等，可用作轧辊、犁铧、破碎机和球磨机零件等。白口铸铁多半是在干摩擦情况下，通过破坏摩擦对偶而保全自身并具有较长的工作寿命，如球磨机的衬板和磨球等。欲进一步提高白口铸铁的耐磨性，可通过在铸铁中加入 Cr、Ni、Mo、V 等元素，提高其淬透性，得到铸态下具有马氏体组织的白口铸铁。也可使用 $w_{Mn} = 5\% \sim 7\%$、$w_{Si} = 3.3\% \sim 5\%$ 的中锰合金球墨铸铁，其组织为马氏体 + 贝氏体 + 部分奥氏体 + 碳化物，在具有很高的硬度和耐磨性的同时又具有一定的韧性。

另一类是在润滑条件下工作的减摩铸铁，它具有较低的摩擦因数，能够很好地保持连续油膜，最适宜的组织形式应是在软的基体上分布着坚硬的骨架，以便使基体磨损后形成保持润滑剂的"沟槽"，其坚硬突出的骨架承受压力。常用的减摩铸铁有高磷铸铁和钒钛铸铁，常用于机床导轨、气缸套和活塞环等。例如，灰铸铁制成的摩擦对（气缸套和活塞环），要求其摩擦因数小、磨损量低，彼此不损害对方偶件，一般是在润滑状态下工作。如果在灰铸铁的基础上提高磷含量，使其达到 $w_P = 0.4\% \sim 0.6\%$，得到高磷铸铁，在高磷铸铁的基础上再加入铜和钛，即可得到磷铜钛耐磨铸铁。

（2）耐蚀铸铁　耐蚀铸铁的耐蚀原理基本上与不锈钢和耐酸钢相同，即①通过向铸铁中加入 Si、Al、Cr、Cu、Ni、P 等合金元素，提高基体的电极电位；②使基体成为单相，尽量减少石墨数量并形成球状石墨，因为这样可以减少微电池数目；③在铸铁表面形成一层致密的保护膜。

耐蚀铸铁主要有高硅、高铝、高铬、高镍等系列。铸铁中加入一定量的 Si、Al、Cr、Ni、Cu 等元素，可使铸件表面生成致密的氧化膜，从而提高其耐蚀性。应用最广泛的是高硅耐蚀铸铁，为了提高其对盐酸腐蚀的抵抗力还可加入 Cr 和 Mo 等合金元素，其 $w_{Si} = 15\% \sim 17\%$，金相组织为含硅合金铁素体 + 石墨 + Fe_3Si_2（或 FeSi）。它具有优良的耐酸性，在硝酸、硫酸等有氧酸中均有很好的耐蚀性；但在碱性介质和盐酸、氢氟酸中，由于 SiO_2 保护膜受到破坏而使耐蚀性下降。对于在碱性介质中工作的零件，可采用 Al-Si 合金铸铁。高硅铸铁广泛用于化工、石油、化纤、冶金等工业所用设备，如泵、管道 阀门、储罐的出口等。

高铬耐蚀铸铁中铬的质量分数高达 26% ~36%，能在铸铁表面形成 Cr_2O_3 保护膜，并能提高基体的电极电位。因此高铬铸铁不仅具有优良的耐蚀性、耐热性，而且力学性能好，但铬含量越高，价格越贵。

（3）耐热铸铁　耐热铸铁具有抗高温氧化等性能，能够在高温下承受一定载荷。在铸铁中加入 Al、Si、Cr 等合金元素，可以在铸铁表面形成致密的保护性氧化膜，使铸铁在高温下具有抗氧化的能力，同时能够使铸铁的基体变为单相铁素体。加入 Ni、Mo 能增加在高温下的强度和韧性，从而提高铸铁的耐热性。

常用的耐热铸铁有中硅铸铁、高铬铸铁、镍铬硅铸铁、镍铬球墨铸铁、中硅球墨铸铁等，主要用于制造加热炉附件，如炉底板、加热炉传送链构件、换热器、渗碳坩埚等。

8.3 有色金属及合金

一般地，将铁及铁基合金之外的金属及合金称为有色金属。按合金系统分为重有色金属合金、轻有色金属合金、贵金属合金、稀有金属合金等；按合金用途则可分为变形（压力加工用合金）合金、铸造合金、轴承合金、印刷合金、硬质合金、焊料、中间合金、金属粉末等；按化学成分可分为铜及铜合金、铝及铝合金、铅及铅合金、镍及镍合金、钛及钛合金等；按形状不同可分为板、条、带、箔、管、棒、线、型等品种。

有色金属及其合金价格昂贵，但具有很多钢铁材料所不具备的特殊性能，如比强度高、导电性好、耐蚀性和耐热性高等特点，因此在航空航天、航海、机电、仪表等工业中得到广泛应用。有色金属材料的种类很多，应用领域宽广，本节仅讲授在工业中应用较广的铝合金、铜合金、钛合金及滑动轴承合金。

8.3.1　铝及铝合金

1. 纯铝

铝是自然界蕴藏量最丰富的金属，约占地壳重量的8%左右。纯铝为面心立方晶体结构，结晶后无同素异构转变，塑性好，强度、硬度低，适于冷热加工成形，一般不宜作结构材料使用。但由于其密度低，基本无磁性，导电导热性优良，耐大气腐蚀能力强，可主要用于制作电线、电缆、电气元件及换热器件。纯铝的导电导热性随其纯度降低而变差，所以纯度是纯铝材料的重要指标。工业纯铝的纯度为99.7%～99.8%，其他为杂质，如铁、硅、铜、锌、镁等，其牌号中的数字表示纯度高低。例如工业纯铝，旧牌号有L1、L2、L3等，其中，符号L表示铝，后面的数字越大纯度越低。对应新牌号为1070A、1060、1050等。

铝具有以下优点：

（1）质量轻、比强度高　铝的密度为$2.7\times10^3\text{kg/m}^3$，除了镁和铍以外，铝是工程金属中最轻的。虽然铝的强度很低（$\sigma_b=80\sim100\text{MPa}$），合金化以后的强度也不及钢，弹性模量只有钢的1/3，但就比强度、比刚度而言，铝合金较钢具有更大的优势，因此，飞机的主框架要选用铝合金。

（2）具有良好的导电、导热性　其电导率是铜的60%，在远距离输送的电缆中经常用铝合金代替铜线。

（3）耐蚀性好　铝制品表面能生成一层氧化膜，保护其内部材料不受环境侵害。

2. 铝合金的分类

铝中加入Si、Cu、Mg、Zn、Mn等元素制成铝合金，可以提高强度，还可以通过变形、热处理等方法进一步强化，所以铝合金可以制造某些结构零件。依据其成分和工艺性能，铝合金可以分为变形铝合金和铸造铝合金两大类，前者塑性优良，适于压力加工；后者塑性低，更适宜于铸造成型。铝合金的相图如图8-28所示，成分在D点左边的铝合金加热时都能形成单相固溶体组织，这类合金塑性较高，属于变形铝合金。成分在D点右边的铝合金都具有低熔点共晶组织，流动性好，属于铸造铝合金。变形铝合金还可进一步划分成可热处理强化变形铝合金和不可热处理强化变形铝合金。

铸造铝合金牌号由“铸”的汉语拼音字首Z和基体金属元素铝的化学符号Al、主要添加合金元素符号以及表明该元素百分含量的数字组成，优质合金在牌号后面标注A。在合金牌号前面冠以字母“YZ”表示为压铸铝合金。

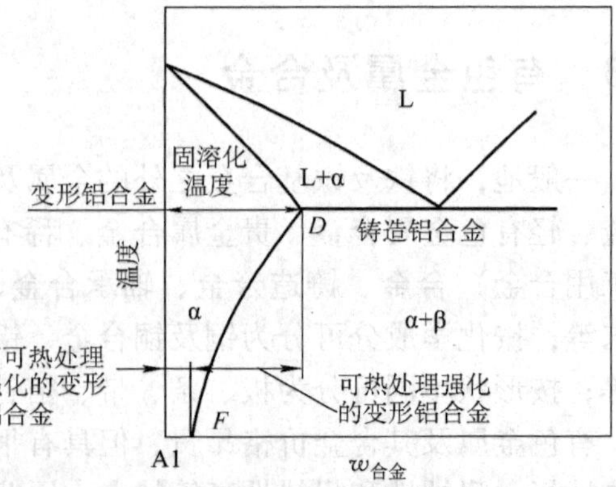

图8-28　铝合金典型相图示意图

变形铝及铝合金采用国际四位数字（或字符）体系牌号命名方法。其牌号第一位数字表示铝及铝合金的组别，1×××，2×××，3×××，…，9×××分别按顺序代表纯铝，以铜为主要合金元素的铝合金，以锰、硅、镁、镁和硅、锌以及其他合金元素为主要添加元素的铝合金及备用合金组；牌号第二位数字或字母表示改型情况，最后两位数字用以标识同一组中不同的铝合金。

3. 铝合金的强化途径

固态铝无同素异构转变，因此铝合金不能像钢一样借助于相变强化，它的主要强化手段为固溶强化、时效强化、细化组织强化以及冷变形强化。

（1）固溶强化 合金元素加入纯铝中会形成铝基固溶体，导致晶格发生畸变，增加位错运动的阻力，由此提高铝的强度。合金元素的固溶强化能力同其本身的性质及固溶度有关，但由于在一些铝的简单二元合金中，如Al-Zn、Al-Ag合金系，组元间常常具有相似的物理化学性质和相近的原子尺寸，固溶体晶格畸变程度低，导致固溶强化效果不高。因此，铝合金的强化不能单纯依靠合金元素的固溶强化作用。

（2）时效强化 时效强化又称为沉淀强化，是铝合金强化的一种重要手段。所谓时效，其工艺是先进行固溶处理（铝合金加热到单相区保温，然后快速冷却得到过饱和固溶体的热处理操作，俗称“淬火”），然后再进行时效处理。铝合金的所谓“淬火”在机理上和效果上与钢的淬火都是不同的，钢淬火后得到含碳过饱和的马氏体组织，其强度、硬度显著升高而塑性、韧性急剧降低，回火时马氏体发生分解，强度、硬度降低，塑性和韧性提高；而铝合金固溶处理（淬火）后虽然得到的也是过饱和固溶体，但其强度、硬度并无显著提高，它是在随后过饱和固溶体发生分解的过程中出现时效现象的，即将其在常温下放置一段时间（约2h）以后，强度、硬度上升，塑性、韧性下降的效果才逐步产生。这种合金的性能随时间而变化的现象称为时效。合金工件经固溶处理后，在室温进行的时效处理称为自然时效处理。若要缩短时效时间，可以在加热条件下进行时效，称为人工时效。

（3）细化组织强化 在铝合金中添加微量合金元素以细化组织是提高铝合金力学性能的一种重要手段。细化组织包括细化铝合金固溶体基体和过剩相组织。铸造铝合金中常加入微量元素（变质剂）进行变质处理来细化合金组织，这样既能提高合金强度，又会改善其塑性和韧性。例如在铝硅合金中加入微量钠、钠盐或锑作为变质剂来细化组织，可使铝合金的塑性和强度显著提高。在变形铝合金中添加微量的钛、锆、铍以及稀土等元素，它们能形成难熔化合物，在合金结晶时作为非自发晶核，起到细化晶粒作用，提高合金的强度和塑性。

（4）冷变形强化 不可热处理强化的变形铝合金在固态范围内加热、冷却时无相变，因而不能通过热处理强化，其常用的强化方法是冷变形，如冷轧、压延等工艺。对铝合金进行冷变形，能增加其内部的位错密度，阻碍位错运动，提高合金强度，这对不能热处理强化的铝合金提供了强化的途径和方法。

4. 变形铝合金

变形铝合金依其主要性能特点分为防锈铝合金（简称防锈铝）、硬铝合金（简称硬铝）、超硬铝合金（简称超硬铝）和锻铝合金（简称锻铝）四种，其中防锈铝合金为不可热处理强化的铝合金，其余三种为可热处理强化的铝合金。变形铝合金的代号采用汉语拼音字母加顺序号表示。代表上述四种变形铝合金的字母分别为：防锈铝LF、硬铝LY、超硬铝LC和锻铝LD。常用变形铝合金的牌号、成分及力学性能见表8-22。

表 8-22 变形铝合金的牌号、成分及力学性能

组别	牌号（代号）	化学成分（质量分数,%）					力学性能	
		Cu	Mg	Mn	Zn	其他	σ_b/MPa	δ_{10}(%)
防锈铝	5A05（LF5）	0.1	4.80~5.50	0.30~0.60	0.2		265	15
	3A21（LF21）	0.2		1.00~1.60			<167	20
硬铝	2A01（LY1）	2.2~3.0	0.20~0.50	0.20	0.1	Ti0.15		
	2A11（LY11）	3.8~4.8	0.40~0.80	0.40~0.80	0.3	Ti0.15	<235 373	12 15
	2A12（LY12）	3.8~4.9	1.20~1.80	0.30~0.90	0.3	Ti0.15	≤216 456	14 8
超硬铝	7A04（LC4）	1.4~2.0	1.80~2.80	0.20~0.60	5.0~7.0	Cr0.10~0.25	245 490 549	10 7 6
锻铝	6A02（LD2）	0.2~0.6	0.45~0.90	Mn 或 Cr 0.15~0.35		Si0.5~1.2 Ti0.15	304	8
	2A50（LD5）	1.8~2.6	0.40~0.80	0.40~0.80	0.3	Si：0.7~1.2 Ti0.15	382	10

（1）防锈铝合金　防锈铝合金主要是 Al-Mn 系及 Al-Mg 系合金。因其时效硬化效果不明显，所以不宜热处理强化，但可通过冷变形方法来提高强度和硬度。这类合金的主要性能特点是具有优良的耐蚀些，因此称为防锈铝合金，常用于制造油罐、各式容器、防锈蒙皮等。此外，这类合金还具有适中的强度，良好的塑性和焊接性，适合制造需深冲、焊接和在腐蚀性介质中工作的零部件。

（2）硬铝合金　Al-Cu-Mg 系合金是使用较早、用途广泛的铝合金，由于该合金强度和硬度高，故称为硬铝，又称为杜拉铝。Cu 与 Mg 在铝中除可形成固溶体起固溶强化作用外，更主要的是形成强化相 θ($CuAl_2$)和 S($CuMgAl_2$)，在淬火后的时效过程中能形成这些相的过渡相，引起基体晶格畸变而显著提高合金的强度和硬度，因此该合金具有明显的热处理强化能力。由于硬铝合金的耐蚀性不高，通常需要进行阳极化处理，使其表面形成（包覆）一层铝，称为包铝。

（3）超硬铝合金　超硬铝属于 Al-Zn-Mg-Cu 系合金。由于它比硬铝多含了一些 Zn，其强化相中除了 θ 相和 S 相外，还能形成多种复杂的强化相，如 η 相($MgZn_2$)、T 相($Al_2Mg_3Zn_3$)等，且这些相在 Al 中有很高的溶解度并随温度的下降而显著减小，故具有强烈的时效强化效果。因其强度超过硬铝，是变形铝合金中强度最高的一类铝合金，故称为超硬铝合金。超硬铝合金的耐蚀性差，而且电位比纯铝低，需采用电位更低的 $w_{Zn}=1\%$ 的 Al-Zn 合金作包铝层。

（4）锻铝合金　锻铝为 Al-Mg-Si-Cu 系合金，由于每种元素的含量较少，因而具有良好的热塑性，宜于加工成外形复杂的锻件，故称为锻铝。

5. 铸造铝合金

铸造铝合金中加入的合金元素主要有 Si、Cu、Mg、Mn、Ni、Cr、Zn、RE 等。依合金中主加元素种类的不同，铸造铝合金可分为 Al-Si 系、Al-Cu 系、Al- Mg 系、Al-RE 系和 Al-Zn 系五类，其中 Al-Si 系应用最为广泛。铸造铝合金的代号用“铸”、“铝”两字的汉语拼音字首“ZL”后加三位数字表示。第一位数字表示合金类别（如数字 1 表示 Al-Si 系、2 表示 Al-Cu 系、3 表示 Al-Mg 系、4 表示 Al-Zn 系），后两位数字表示合金顺序号。顺序号不同，化学成分也不同。表 8-23 列出了常用铸造铝合金的牌号、化学成分及应用。

（1）Al-Si 系铸造铝合金　Al-Si 系合金是工业上使用最为广泛的铸造铝合金，又称为硅铝明，仅由 Al、Si 两组元组成的二元合金称为简单硅铝明（ZL102 即属于简单硅铝明）。Al-Si 合金属于共晶合金，在液态下具有良好的流动性，凝固时的补缩能力强，热裂倾向小。但在共晶温度时，Si 在 Al 中的最大溶解度只有 1.65%（质量分数），因而从固溶体中再析出 Si 的数量很少，几乎不产生强化作用，因此简单硅铝明一般被认为是不可热处理强化的铝合金。一般情况下，简单硅铝明铸造后的组织为粗大针状的硅与铝基 α 固溶体构成的共晶体，其间偶尔有少量板块状初晶硅。这种组织的力学性能很差，强度与塑性都很低，不能满足使用要求。为改善其力学性能，通常对这种成分的合金进行变质处理，使它的力学性能大为改善，抗拉强度可由变质前的 130～140MPa 提高到 170～180MPa，断后伸长率由 1%～2% 提高到 3%～8%。但因变质后的强度仍不够高，故通常只用于制造形状复杂但强度要求不高的铸件，如内燃机缸体、缸盖、仪表支架、壳体等。

简单硅铝明是不能热处理的，但要是在合金中加入 Cu、Mg、Mn 等合金元素，就构成了复杂硅铝明。由于组织中出现了更多的强化相，在变质处理和时效强化的综合作用下，可使复杂硅铝明强度得到很大提高。复杂硅铝明常用来制造气缸体、风扇叶片等形状复杂的铸件。

（2）Al-Cu 系铸造铝合金　以 Al-Cu 为基的二元或多元合金，由于合金中只含有少量共晶体，故其铸造性能不好，耐蚀性及比强度也较一般优质硅铝明低，目前大部分已为其他铝合金所代替。ZL201 的室温强度、塑性比较好，可制作 300℃ 以下工作的零件。

（3）Al-Mg 系铸造铝合金　密度最小、耐蚀性最好、强度最高的铸造铝合金，且抗冲击和切削加工性良好，但铸造工艺性和耐热性较差。该系铸造铝合金常用于制作承受冲击载荷、振动载荷和耐海水或大气腐蚀、形状简单的零件或接头。

（4）Al-Zn 系铸造铝合金　铝合金中最便宜的一类铸造铝合金，具有较高强度，耐蚀性差，如 ZL401 中含有大量的 Si 元素，主要用于受力不大、工作温度不超过 200℃、形状复杂的零件。

8.3.2 铜及铜合金

铜是人类历史上应用最早的金属，至今也是应用最广的有色金属材料之一，主要用作具有导电、导热、耐磨、抗磁、防爆等性能并兼有耐蚀性的器件。与其他金属不同，铜在自然界中既以矿石的形式存在，又以纯金属的形式存在，其应用以纯铜为主。据统计，在铜及其合金的产品中，约 80% 是以纯铜被加工成各种形状供应的。

1. 纯铜

表 8-23 常用铸造铝合金的牌号、化学成分及应用

类别	牌号（代号）	化学成分（质量分数，%）						应用
		Si	Cu	Mg	Mn	其他	Al	
铝硅	ZAlSi12（ZL102）	10.0～13.0					余量	形状复杂的零件，如飞机、仪器零件、抽水机壳体
铝硅	ZAlSi9Mg（ZL104）	8.0～10.5		0.17～0.30	0.2～0.5		余量	工作温度为220℃以下形状复杂的零件，如电动机壳体、气缸体
铝硅	ZAlSi5Cu1Mg（ZL105）	4.5～5.5	1.0～1.5	0.40～0.60			余量	工作温度为220℃以下形状复杂的零件，如风冷发动机的气缸头、机匣、液压泵壳体
铝硅	ZAlSi7Cu4（ZL107）	6.5～7.5	3.5～4.5				余量	强度和硬度较高的零件
铝硅	ZAlSi12Cu1Mg1Ni（ZL109）	11.0～13.0	0.5～1.5	0.80～1.30		Ni0.8～1.5	余量	较高温度下工作的零件，如活塞
铝硅	ZAlSi9Cu2Mg（ZL111）	8.0～10.0	1.3～1.8	0.40～0.60	0.10～0.35	Ti0.10～0.35	余量	活塞及高温下工作的其他零件
铝铜	ZAlCu5Mn（ZL201）		4.5～5.3		0.6～1.0	Ti0.15～0.35	余量	砂型铸造，工作温度为175～300℃的零件，如内燃机气缸头、活塞
铝铜	ZAlCu4（ZL203）		4.0～5.0				余量	中等载荷、形状比较简单的零件
铝镁	ZAlMg10（ZL301）			9.50～11.50			余量	大气或海水中工作的零件，承受冲击载荷、外形不太复杂的零件，如舰船配件、氨用泵体等
铝镁	ZAlMg5Si（ZL303）	0.8～1.3		4.50～5.50	0.1～0.4		余量	大气或海水中工作的零件，承受冲击载荷、外形不太复杂的零件，如舰船配件、氨用泵体等
铝锌	ZAlZn11Si7（ZL401）	6.0～8.0		0.10～0.30		Zn9.0～13.0	余量	大气或海水中工作的零件，承受冲击载荷、外形不太复杂的零件，如舰船配件、氨用泵体等
铝锌	ZAlZn6Mg（ZL402）			0.50～0.65		Cr0.4～0.6 Zn5.0～6.5 Ti0.15～0.25	余量	结构形状复杂的汽车、飞机、仪器零件，也可制作日用品

纯铜呈紫红色，其密度为$8.9\times10^3kg/m^3$，属重金属范畴，其熔点为1083°C，无同素异构转变，无磁性。

纯铜的晶体结构为面心立方晶格，导电、导热性能优良，塑性好（$\delta=50\%$，$\psi=70\%$）、易于进行冷、热压力加工，但强度、硬度低，在退火状态下其抗拉强度约为240MPa，硬度为40～50HBW。采用冷变形加工可使其抗拉强度提高到400～500MPa，硬度可达100～120HBW，但塑性会相应降低（$\delta<5\%$）。

纯铜最显著的特点是导电、导热性好，仅次于银，这也是工程材料中其他金属无法比拟的。纯铜具有很高的化学稳定性，在大气、淡水中具有良好的耐蚀性，但在海水中的耐蚀性较差，同时在氨盐、氯盐、碳酸盐及氧化性硝酸和浓硫酸溶液中腐蚀速度会加快。

工业纯铜中常含有0.1%～0.5%的杂质，如铅、铋、氧、硫、磷等，它们对铜的性能有很大的影响，不仅降低了铜的导电性、导热性，铅、铋还会与铜形成低熔点（<400℃）的共晶体分布在铜的晶界上，当对铜进行热加工时，共晶体发生熔化，造成脆性断裂，即产生“热脆”。而氧、硫也会与铜形成共晶体，虽不会引起热脆，但由于共晶体中的Cu_2S、Cu_2O均为脆性化合物，在冷变形加工时易产生破裂，即产生“冷脆”。

工业纯铜的代号以铜的汉语拼音字首“T”加数字表示，数字越大，杂质的含量越高。按杂质含量可分为T1（$w_{Cu}>99.95\%$）、T2（$w_{Cu}>99.90\%$）、T3（$w_{Cu}>99.70\%$）、T4（$w_{Cu}>99.50\%$）四个牌号，序号越大纯度越低。纯铜一般不作结构材料使用，除配制铜合金和其他合金外，主要用于制作导电、导热及具有耐蚀性的器材，如制造电线、电缆、电刷、铜管、散热器和冷凝器等零件。

2. 可加工铜合金

工业纯铜的强度低，尽管通过冷变形加工可使其强度提高，但塑性却急剧下降，因此不适于用作结构材料。为满足制作结构件的要求，需对纯铜进行合金化，加入一些Zn、Al、Sn、Mn、Ni等适宜的合金元素。研究表明，这些合金元素在铜中的固溶度均大于9.4%，可产生显著的固溶强化效果，能够获得强度及塑性都能满足要求的铜合金。

根据化学成分特点可将铜合金分为黄铜、白铜和青铜三大类。铜合金按生产加工方式又可分为压力加工铜合金（加工铜合金）和铸造铜合金。黄铜是以锌为主要合金元素的铜合金。早期的青铜是铜与锡的合金，现代工业把除了黄铜和白铜之外的所有铜合金统称为青铜。白铜是以镍为主要合金元素的铜合金。

（1）黄铜　黄铜因铜加锌后呈金黄色而得名。简单的Cu-Zn合金称为普通黄铜，为改善黄铜的性能加入少量Al、Mn、Sn、Si、Pb、Ni等元素就得到特殊黄铜，如铅黄铜、锡黄铜、铝黄铜、锰黄铜、铁黄铜、硅黄铜等。

普通黄铜的牌号用“黄”字的汉语拼音字首“H”加数字表示，数字表示Cu的平均质量分数。特殊黄铜的代号以“H”+主加元素符号+铜的质量分数+主加元素的质量分数来表示。如HMn58-2，表示$w_{Cu}=58\%$、$w_{Mn}=2\%$，其余为Zn的特殊黄铜。此外，对于铸造生产的黄铜，其代号前需加“铸”字的汉语拼音字首“Z”。

1）普通黄铜。普通黄铜的两种最常用的代号H68和H62分别被称为单相α黄铜和两相（α+β）黄铜。黄铜对海水和大气有优良的耐蚀性，力学性能与含锌量有关。当$w_{Zn}<39\%$时，锌能完全溶解在铜内，形成面心立方晶格的α固溶体，塑性好，随含锌量增加其强度和塑性都上升。当$w_{Zn}>39\%$时，黄铜的组织由α固溶体和β′相组成，β′相在470℃以下塑性极差，但少量的β′相对强度没有影响，因此强度仍较高。但 $w_{Zn}>45\%$ 以后铜合金组织全部是β′相和别的脆性相，致使强度和塑性均急剧下降，如图8-29所示。从图中锌对黄铜力学性能的影响曲线可以看出：铜中固溶锌后其强度随含锌量增加而升高的同时，塑性不是随强度的升高而减小，而是在增大，大约在 $w_{Zn}=30\%$ 时其强度与塑性达到最佳配合。当含锌量继续增加时，虽然强度还在继续增加，但塑性已急剧降低。当 w_{Zn} 达到45%以后，强度与塑性都很低，无实用价值。所以，工业上所用的黄铜一般为 $w_{Cu}>50\%$。H68为单相α组织，强度较高，塑性特别好，适合冷、热变形加工制成冷冲压或深拉制品，如枪弹壳和炮弹筒等，因此有“弹壳黄铜”之称。H62强度高，塑性适中，不宜进行冷加工，但可加热到高温进行热加工，可用作建筑用的黄铜冷凝器、热交换器等。还有一种单相α黄铜H80，因其色泽美观，故多用于镀层及装饰品。

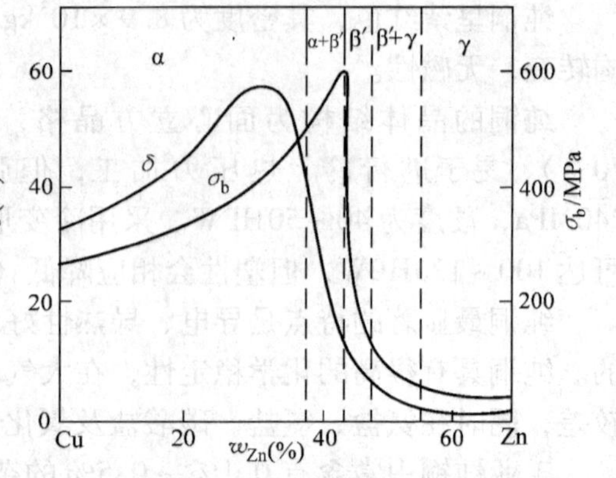

图8-29 锌对普通黄铜力学性能的影响（退火）

2）特殊黄铜。在普通黄铜中加入Al、Sn、Pb、Si、Mn、Ni等合金元素，会形成各种特殊黄铜，如铝黄铜、锡黄铜、铅黄铜、锰黄铜等。这些元素的加入除了能提高合金的强度外，Al、Sn、Mn、Ni还可提高黄铜的耐蚀性和耐磨性；Si能改善铸造性能；Pb可改善切削加工性能。生产中应用较多的是锰黄铜和铝黄铜。常用黄铜的化学成分和应用见表8-24。

表8-24 常用可加工黄铜的代号、成分及用途

类别	代号	化学成分（质量分数，%）			应用
		Cu	Zn	其他	
普通黄铜	H96	95.0~97.0	余量	Ni 0.5 Fe0.1	冷凝管、散热器管及导电零件
	H90	88.0~91.0		Ni 0.5 Fe0.1	奖章、双金属片、供水和排气管
	H85	84.0~86.0		Ni0.5 Fe0.1	虹吸管、蛇形管、冷却设备制件及冷凝器管
	H80	79.0~81.0		Ni0.5 Fe0.1	造纸网、薄壁管
	H70	68.5~71.5		Ni0.5 Fe0.1	弹壳、造纸用管、机械和电气用零件
	H68	67.0~70.0		Ni0.5 Fe0.1	复杂的冷冲件和深冲件、散热器外壳、导管
	H65	63.5~68.0		Ni0.5 Fe0.1	小五金、小弹簧及机械零件
	H62	60.5~63.5		Ni 0.5 Fe0.15	销钉、铆钉、螺母、垫圈、导管、散热器
	H59	57.0~60.0		Ni0.5 Fe0.3	机械、电器用零件，焊接件、热冲压件
镍黄铜	HNi65-5	64.0~67.0		Ni5.0~6.5 Fe0.15	压力计和船舶用冷凝器

（续）

类别	代号	化学成分（质量分数,%）			应　用
		Cu	Zn	其他	
铁黄铜	HFe59-1-1	57.0～60.0	余量	Ni0.5 Fe0.6～1.2 Mn 0.5～0.8 Pb0.2 Sn0.3～0.7 Al0.1～0.5	在摩擦及海水腐蚀下工作的零件，如垫圈、衬套等
铅黄铜	HPb63-3	62.0～65.0		Pb2.4～3.0 Ni0.5～0.3	钟表、汽车、拖拉机及一般机器零件
	HPb63-0.1	61.5～63.5		Pb0.05～0.30 Ni0.5 Fe0.15	钟表、汽车、拖拉机及一般机器零件

（2）青铜　青铜是铜合金中综合性能最好的合金，因该类合金中最早使用的Cu-Sn合金呈青黑色而得名。现代工业把Cu-Al、Cu-Be、Cu-Pb、Cu-Si等铜合金也称为青铜。青铜的代号以“青”字汉语拼音的字首“Q”加主要合金元素符号及含量表示，并通常在青铜合金前面冠以主要合金元素的名称，如锡青铜、铝青铜、铍青铜、硅青铜等。锡青铜是以锡为主要合金元素的铜合金，其力学性能取决于锡的含量。锡青铜的耐磨性、耐蚀性和弹性等较好。铸造青铜在代号前面加“Z”。

常用青铜的化学成分及应用见表8-25。

表8-25　常用青铜的代号、成分及用途

类别	代　号	化学成分（质量分数,%）						应用
		主加元素	其他					
锡青铜	QSn4-3	Sn3.5～4.5	Zn2.7～3.3	Ni0.2			Cu余量	弹性元件，化工机械耐磨零件和抗磁零件
	QSn4-4-2.5	Sn3.0～5.0	Zn3.0～5.0	Pb1.5～0.3		Ni0.2		航空、汽车、拖拉机用承受摩擦的零件，如轴套等
	QSn4-4-4	Sn3.0～5.0	Zn3.0～5.0	Pb3.5～4.5		Ni0.2		航空、汽车、拖拉机用承受摩擦的零件，如轴套等
	QSn6.5-0.1	Sn6.0～7.0	P0.10～0.25	Ni0.2		Zn0.3		弹簧接触片，精密仪器中的耐磨零件和抗磁元件
	QSn6.5-0.4	Sn6.0～7.0	P0.26～0.40	Ni0.2		Zn0.3		金属网，弹簧及耐磨零件
铝青铜	QAl5	Al4.0～6.0	Mn0.5	Zn0.5	Ni0.5	Fe0.5		弹簧
	QAl7	Al6.0～8.5	Ni0.5			Fe0.5		弹簧
	QAl9-2	Al8.0～10.0	Mn1.5～2.5	Zn1.0	Ni0.5	Fe0.5		海轮上的零件，在250℃以下的管配件和零件
	QAl9-4	Al8.0～10.0	Fe2.0～4.0	Zn1.0	Mn0.5	Ni0.5		船舶零件及电气零件

（续）

类别	代 号	化学成分（质量分数,%）						应用
		主加元素	其他					
铝青铜	QAl10-3-1.5	Al8.5~10.0	Fe2.0~4.0	Mn1.0~2.0	Zn0.5	Ni0.5	Cu余量	船舶用高强度耐蚀零件，如齿轮、轴承等
	QAl10-4-4	Al9.5~11.0	Fe3.5~4.5	Ni3.5~5.5	Mn0.3	Zn0.5		高强度耐磨零件和400℃以下工作的零件，如齿轮、阀座等
	QAl11-6-6	Al10.0~11.5	Fe3.5~6.5	Ni5.0~6.5	Mn0.5	Zn0.6		高强度耐磨零件和500℃以下工作的零件
硅青铜	QSi3-1	Si2.70~3.50	Mn1.0~1.5	Zn0.5				弹簧、耐蚀零件以及蜗轮、蜗杆、齿轮、制动杆等
	QSi1-3	Si0.60~1.10	Ni2.4~3.4	Mn0.1~0.4				发动机和机械制造中的结构零件，300℃以下的摩擦零件
铍青铜	QBe2	Be1.80~2.10	Ni0.2~0.5					重要的弹簧和弹性元件，耐磨零件以及高压、高速、高温轴承
	QBe1.9	Be1.85~2.10	Ni0.2~0.4	Ti0.10~0.25				各种重要的弹簧和弹性元件，可代用QBe2.5
	QBe1.7	Be1.60~1.85	Ni0.2~0.4	Ti0.10~0.25				各种重要的弹簧和弹性元件，可代用QBe2.5

1）锡青铜。锡青铜的力学性能随着锡的含量不同而发生明显变化，工业用锡青铜中锡的质量分数大多在3%~14%之间。随着含锡量从少到多，锡青铜可分别用于冷变形加工和铸造。用于压力加工的锡的质量分数是6%~7%，铸造锡青铜中锡的质量分数大于7%。锡青铜的铸造流动性较差，易形成分散缩孔，使铸件的致密度下降，但合金的线收缩率小，适于铸造形状复杂，尺寸要求精确但对致密度要求不太高的铸件。

锡青铜具有良好的耐蚀性、耐磨性，可用于制造蒸汽锅炉、海船的零部件，或是制造轴承、轴套和齿轮等耐磨零件。

2）铝青铜。铝青铜的强度和塑性受铝含量影响，铝的质量分数不得大于12%。冷加工的铝青铜中铝的质量分数在5%~7%之间，热加工和铸造铝青铜中铝的质量分数在7%~12%之间。

铝青铜是无锡青铜中应用最广的青铜，具有较高的强度、硬度、耐磨性以及耐蚀性；但在热蒸汽中不稳定，铸造和焊接性能较差，主要用来制造耐磨、耐蚀零件。

3）铍青铜。铍青铜是铜合金中性能最好的一种，强度高、弹性好，具有很好的耐磨性、耐蚀性及耐低温等特性，且导电性和导热性能优良，无磁性，受冲击时不产生火花。因此，铍青铜是工业上用来制造高级弹簧、膜片等弹性元件的重要材料，还可用于制作耐磨、耐蚀零件以及航海罗盘仪中的零件及防爆工具等，但这种合金的生产工艺复杂，价格昂贵，因而又限制了它的应用。

（3）白铜　白铜是 $w_{Ni}<50\%$ 的Cu-Ni合金。铜与镍可以任意比例互溶，这是罕见的冶

金现象，故白铜合金的组织均呈单相，所以白铜不能通过热处理强化。它的强化方式主要是固溶强化和加工硬化。

白铜又可分为简单白铜和特殊白铜。Cu-Ni二元合金称为简单白铜，其代号以“白”字的汉语拼音字首“B”加镍量表示；在简单白铜合金的基础上添加其他合金元素的铜镍合金称为特殊白铜，其代号以“B” + 特殊元素的化学符号 + 镍的质量分数 + 特殊合金元素的质量分数来表示。

简单白铜的最大特点是在各种腐蚀性介质如海水、有机酸和各种盐溶液中具有高的化学稳定性及优良的冷、热加工性能。主要用于制造蒸汽和海水环境中工作的精密仪器仪表零件以及冷凝器和热交换器，常用合金的代号为B5、B19和B30等。

特殊白铜主要为锌白铜和锰白铜。锰白铜具有电阻高和电阻温度系数小的特点，是制造低温热电偶、热电偶补偿导线及变阻器和加热器的理想材料。最常用的特殊白铜是称为康铜的锰白铜BMn40-1.5和称为考铜的锰白铜BMn43-0.5等。

3. 铸造铜合金

用于制造铸件的铜合金称为铸造铜合金。铸造铜合金包括铸造黄铜和铸造青铜，其牌号表示方法是“铸”字的汉语拼音字首Z + 铜元素的化学符号 + 主加元素的化学符号及平均含量 + 其他合金元素的化学符号及平均含量。例如ZCuZn38，表示 $w_{Zn}=38\%$，余量为铜的铸造黄铜即38黄铜；ZCuZn40Mn2表示 $w_{Zn}=40\%$、$w_{Mn}=2\%$，余量为铜的铸造锰黄铜即40-2锰黄铜；ZCuSn5Zn5Pb5表示 $w_{Sn}=5\%$、$w_{Zn}=5\%$、$w_{Pb}=5\%$，余量为铜的铸造锡青铜即5-5-5锡青铜。

（1）铸造黄铜　铸造黄铜中除含有主要加入元素Zn以外，还常加入Al、Mn、Pb、Si等元素，相应地称为铝黄铜、锰黄铜、铅黄铜、硅黄铜，这些合金元素都可以提高铸造黄铜的强度和耐蚀性，同时Pb还可以改善切削加工性，Si还可以改善铸造性能。

铸造黄铜具有良好的铸造性能和切削加工性能，并可以焊接。其铸造性能特点是结晶温度范围较窄，分散缩孔少，铸件致密性好，熔液流动性好，偏析倾向小。此外，铸造黄铜具有较高的力学性能，在空气、淡水、海水中有较好的耐蚀性。常用的牌号有ZCuZn25Al6Fe3Mn3、ZCuZn38Mn2Pb2、ZCuZn38、ZCuZn26Al4Fe3Mn3、ZCuZn31Al2，主要用于制造机械、船舶、仪表上的耐磨、耐蚀零件，如蜗轮、螺母、滑块、衬套、螺旋桨、泵、阀体、管接头、轴瓦等。

（2）铸造青铜　铸造青铜根据主要加入元素如Sn、Pb、Al等分别称为锡青铜、铅青铜、铝青铜等。

1）锡青铜。铸造锡青铜具有良好的铸造性能和切削加工性能。其铸造性能特点是结晶温度范围较宽，凝固时体积收缩率小，有利于获得形状精确与复杂结构的铸件。但其熔液流动性差，偏析倾向大，易产生分散缩孔而使铸件的致密性降低。此外，铸造锡青铜具有较好的减摩性、耐磨性和耐蚀性，在海水、蒸汽、淡水中的耐蚀性超过铸造黄铜。常用铸造锡青铜有ZCuSn3Zn8Pb6Ni1、ZCuSn5Pb5Zn5、ZCuSn10P1、ZCuSn10Zn2，主要用于制造耐磨、耐蚀零件，如轴瓦、衬套、蜗轮、齿轮、阀门、管配件等。

2）铅青铜。铸造铅青铜具有良好的自润滑性及较高的耐磨性和耐蚀性，在稀硫酸中耐蚀性好。此外，铅青铜还具有优良的切削加工性，但铸造性能较差。常用铸造铅青铜有ZCuPb10Sn10和ZCuPb15Sn8，主要用于制造滑动轴承、双金属轴瓦等。

3）铝青铜。铸造铝青铜具有良好的铸造性能、高的强度和硬度、良好的耐磨性，在大气、淡水、海水中有良好的耐蚀性。另外、铝青铜可以焊接，但不易钎焊。铸造铝青铜常用牌号有 ZCuAl8Mn13Fe3、ZCuAl8Mn13Fe3Ni2，主要用于制造要求强度高、耐磨、耐腐蚀的重要铸件，如船舶螺旋桨、高压阀体、泵体、蜗轮、齿轮、法兰、衬套等。铸造铜合金的牌号、化学成分及应用见表 8-26。

表 8-26　铸造铜合金的牌号、化学成分及应用

类别	牌号（代号）	化学成分（质量分数,%）		应用
		主加元素	其他	
锡青铜	ZCuSn3Zn8Pb6Ni1（3-8-6-1）	Sn2.0～4.0	Zn6.0～9.0 Pb4.0～7.0 Ni0.5～1.5 Cu 余量	在各种液体燃料、海水、淡水和蒸汽（≤225℃）中工作的零件，压力不大于 2.5MPa 的阀门和管配件
锡青铜	ZCuSn3Zn11Pb4（3-11-4）	Sn2.0～4.0	Zn9.0～13.0 Pb3.0～6.0 Cu 余量	海水、淡水、水蒸气中压力不大于 2.5MPa 的管配件
锡青铜	ZCuSn5Pb5Zn5（5-5-5）	Sn4.0～6.0	Zn4.0～6.0 Pb4.0～6.0 Cu 余量	在较高负荷、中等滑动速度下工作的耐磨、耐蚀零件，如轴瓦、衬套、活塞、离合器、泵件压盖以及涡轮等
锡青铜	ZCuSn10Pb（10-1）	Sn9.0～11.5	Pb0.5～1.0 Cu 余量	用于高负荷和高滑动速度（8m/s）下工作的耐磨零件，如连杆、衬套、轴瓦、齿轮、涡轮等
锡青铜	ZCuSn10Pb5（10-5）	Sn9.0～11.0	Pb4.0～6.0 Cu 余量	结构材料，耐磨、耐酸配件以及破碎机衬套、轴瓦
锡青铜	ZCuSn10Zn2（10-2）	Sn9.0～11.0	Zn1.0～3.0 Cu 余量	在中等及较高负荷和小滑动速度下工作的重要管配件，以及阀、旋塞、泵体、齿轮、叶轮和涡轮等
铅青铜	ZCuPb10Sn10（10-10）	Pb8.0～11.0	Sn9.0～11.0 Cu 余量	表面压力高，又存在侧压的滑动轴承，如轧辊、车辆用轴承；负荷峰值 60MPa 的受冲击的零件及内燃机的双金属轴瓦等
铅青铜	ZCuPb15Sn8（15-8）	Pb13.0～17.0	Sn7.0～9.0 Cu 余量	表面压力高，又有侧压的轴承，冷轧机的铜冷却管、耐冲击负荷达 50MPa 的零件，内燃机双金属轴瓦、活塞轴套等
铅青铜	ZCuPb17Sn4Zn4（17-4-4）	Pb14.0～20.0	Sn9.0～11.0 Zn2.0～6.0 Cu 余量	一般耐磨件，高滑动速度的轴承
铅青铜	ZCuPb120Sn5（20-5）	Pb18.0～23.0	Sn4.0～6.0 Cu 余量	高滑动速度的轴承，耐蚀零件，负荷高达 70MPa 的活塞销套等
铅青铜	ZCuPb30（30）	Pb27.0～33.0	Cu 余量	高滑动速度的双金属轴瓦、减摩零件
铝青铜	ZCuAl8Mn13Fe3（8-13-3）	Al7.0～9.0	Fe2.0～4.0 Mn12.0～14.5 Cu 余量	重型机械用轴承以及只要求强度高、耐磨、耐压零件，如衬套、法兰、阀体、泵体等

（续）

类别	牌号（代号）	化学成分（质量分数,%）		应 用
		主加元素	其他	
铝青铜	ZCuAl8Mn13Fe3Ni2 (8-13-3-2)	Al7.0~8.5	Ni1.8~2.5 Fe2.5~4.5 Mn1.5~14.0 Cu余量	要求强度高、耐蚀的重要铸件，如船舶螺旋桨，高压阀体，以及耐压、耐磨零件，如涡轮、齿轮等
	ZCuAl9Mn2 (9-2)	Al8.0~10.0	Mn1.5~2.5 Cu余量	管路配件和要求不高的耐磨件
黄铜	ZCuZn38 (38)	Cu60.0~63.0	Zn余量	一般结构件的耐蚀零件，如法兰、阀座、支架、手柄和螺母等
铝黄铜	ZCuZn25Al6Fe3Mn3 (25-6-3-3)	Cu60.0~66.0	Al4.5~7.0 Fe2.0~4.0 Mn1.5~4.0 Zn余量	高强度耐磨零件，如桥梁支承板、螺母、螺杆、耐磨板、滑块和涡轮等
	ZCuZn26Al4Fe3Mn3 (26-4-3-3)	Cu60.0~66.0	Al2.5~5.0 Fe2.0~4.0 Mn1.5~4.0 Zn余量	要求强度高、耐蚀等的零件
	ZCuZn31Al2 (31-2)	Cu66.0~68.0	Al2.0~3.0 Zn余量	适用于压力铸件，如电动机、仪表等压铸件，以及造船和机械制造业的耐蚀零件
锰黄铜	ZCuZn38Mn2Pb2 (38-2-2)	Cu57.0~65.0	Pb1.5~2.5 Mn1.5~2.5 Zn余量	一般用途的结构件，船舶、仪表等外形简单的铸件如套筒、衬套、轴瓦、滑块等

8.3.3 镁及镁合金

镁是地球上储量最丰富的轻金属元素之一。纯镁呈银白色，密度为1.74g/cm^3，只有铝的2/3、钛的2/5和钢的1/4。镁的比强度高于铝合金和钢，具有良好的铸造性和尺寸稳定性，容易加工。具有较好的减振性，用于壳体可降低噪声，用于座椅和轮圈可以减少振动，提高汽车的安全性和舒适性。纯镁在铝、铜和锌等合金生产及压铸生产中，在炼钢脱硫领域及稀土合金生产中，以及在金属还原等领域都得到广泛应用。纯镁牌号有Mg-1、Mg-2和Mg-3，牌号顺序数字越大，杂质含量越多。纯镁强度低，不能用作结构材料，必须采用镁合金。

镁合金是以镁为基体材料，添加少量合金元素铝、锌、锰、锆等以提高镁合金的强度，其中铝、锌是主要合金元素。锰可提高合金的耐蚀性，锆可细化铸造合金的晶粒并提高抗热裂能力。稀土金属除有类似锆的作用外，还可改善合金的铸造性、焊接性及耐热性，并能消除应力腐蚀倾向。

镁合金具有密度小、比强度高、比刚度大、可承受较大的冲击及振动载荷等优点，并有良好的机械加工性能和抛光性能，减振性能也较好。此外，镁合金还有良好的耐蚀性、电磁屏蔽性能以及防辐射性能等。镁合金熔点低，压铸成型性能好，压铸件壁厚最小可达0.5mm，适于制造各类汽车压铸件。镁合金铸件的抗拉强度一般可达250MPa，最高可超过600MPa。镁合金作为目前密度较小的金属结构材料之一，广泛应用于航空航天、仪器仪表、军工和交通领域。目前，汽车仪表、座位架、方向操纵系统部件、引擎盖、变速箱、进气支管、轮毂、发动机和安全部件上都有镁合金压铸产品的应用。镁合金的缺点是耐热性较差、缺口敏感性大，熔炼工艺复杂。

8.3.4 钛及钛合金

钛在地壳中的含量约为1%，钛的矿物质在自然界中分布很广，约占地壳重量的0.6%，仅次于铝、铁、钙、钠、钾和镁，而比铜、锡、锰和锌等在地壳中的含量要多几倍甚至几十倍。钛及其合金由于具有比强度高、耐热性好、耐蚀性能优异等突出优点，自1952年正式作为结构材料使用以来发展极为迅速，在现代工业中占有重要的地位，在航空、化工、导弹、航天及舰艇等方面，钛及其合金都得到广泛应用。但钛的化学性质十分活泼，因此钛及其合金的熔铸、焊接和部分热处理均要在真空或惰性气体中进行，致使其加工条件要求严格，生产成本高，价格较其他金属材料贵得多，使它的应用受到限制。

1. 纯钛

钛是一种银白色的金属，密度小（$4.5\times10^3 kg/m^3$，比铝重但比钢轻43%），熔点高（1668°C），有较高的比强度和比刚度，较高的高温强度，这使得钛合金在航空工业上的用量逐渐扩大并部分取代了铝合金。钛的热膨胀系数很小，在加热和冷却过程中产生的热应力较小。钛的导热性差，所以钛及其合金的切削及磨削加工性能较差。在550°C以下的空气中，钛的表面很容易形成薄而致密的惰性氧化膜，因此，它在氧化性介质中的耐蚀性比大多数不锈钢更为优良，在海水等介质中也具有极高的耐蚀性。钛在不同浓度的硝酸、硫酸、盐酸以及碱溶液和大多数有机酸中也具有良好的耐蚀性，但氢氟酸对钛有很强的腐蚀作用。

纯钛具有同素异构转变，在882.5°C以上直至熔点具有体心立方晶格，称为β-Ti，在882.5°C以下具有密排六方晶格，称为α-Ti。

钛中常见的杂质有O、N、C、H、Fe、S等元素，少量的杂质可使钛的强度和硬度上升而塑性和韧性下降。工业纯钛按其杂质含量不同，分为TA1、TA2和TA3三个牌号。牌号顺序数字越大，杂质含量越多，钛的强度越高，塑性越低。即钛的性质与其纯度有关，纯度越高，强度和硬度越低。钛有较高的强度（退火后工业纯钛的抗拉强度$\sigma_b=550\sim700$MPa），约为铝的6倍，因此钛的比强度（强度/密度）在结构材料中是很高的。钛的线胀系数较小。在高温工作条件下或热加工过程中产生的热应力小；钛的导热性差，只有铁的1/5。钛的摩擦因数大（$\mu=0.42$），使得切削、磨削加工困难。钛的弹性模量较低，屈强比较高，这使得钛和钛合金冷变形加工时的回弹性大，不易成形和校直。钛同时兼有钢（强度高）和铝（质地轻）的优点，纯净的钛有良好的可塑性，它的韧性超过纯铁的2倍，因此工业纯钛可制成板材、棒材、线材、带材、管材和锻件等，可长期在300℃环境下工作，还能保持一定的塑性、耐蚀性、焊接性和较高的强度，可直接用于飞机、船舶、化工等行业，如热交换器、制盐厂的管道、石油工业中的阀门等。

2. 钛合金

为了提高强度，在钛中加入合金元素形成钛合金，以使工业纯钛的强度获得明显提高。钛合金与纯钛一样，也具有同素异构转变，转变的温度随加入合金元素的性质和含量而定。合金元素溶入α-Ti中形成α固溶体，溶入β-Ti中形成β固溶体。

根据使用状态的组织不同，钛合金可分为α钛合金、β钛合金和(α+β)钛合金三类，分别用TA、TB和TC后加顺序号表示其牌号。

(1) α钛合金 α钛合金中主要加入的合金元素是Al，其次是中性元素Sn和Zr，它们主要起固溶强化作用。在退火状态下的室温组织全部为单相α固溶体，因而具有很好的强度、韧性及塑性，在冷态下也能加工成半成品，如板材和棒材等。α钛合金在高温下组织稳定，抗氧化能力较强，热强性较好，在高温(500~600℃)时的强度性能为三类合金中的较高者。

由于工业纯钛的室温组织可看作是单相α固溶体，因此，α型钛合金的牌号与工业纯钛相同，均划入TA系列，包括TA4~TA8五个具体牌号。

α钛合金是单相合金，不能进行热处理强化，热处理对于它们只是为了消除应力或消除加工硬化。α钛合金还具有优良的焊接性能。同时由于含Al、Sn量较高，因此耐热性高于合金化程度相同的其他钛合金，在600℃以下具有较高的热强性和抗氧化能力。

(2) β钛合金 β钛合金是体心立方结构，具有良好的塑性，易于冷加工成形，成形后可通过时效处理使强度得到大幅度提高。由于含有大量的β相稳定元素，所以该类合金的淬透性高，能使大截面零部件经热处理后得到均匀的高强度组织。

室温组织为单一体心立方晶格的β相钛合金在工业上很少应用，因为这类合金比重较大、耐热性差、抗氧化性能低。当温度高于700℃时，合金很容易受大气中的杂质气体污染，且生产工艺复杂，所以限制了它的使用。

β钛合金的牌号以TB加顺序号表示。为保证合金在退火或淬火状态下为β单相组织，合金中加入了大量的多组元β相稳定元素，如Mo、V、Mn、Cr、Fe等，同时还加入一定数量的α相稳定元素Al。在淬火状态下为全β相组织，便于进行变形加工，随后的时效处理又能获得很高的强度。

目前工业上应用的β钛合金主要为亚稳定的β钛合金，即在退火状态下为(α+β)两相组织，将其加热到β单相区后淬火，因α相来不及析出而得到过饱和的β相，称为亚稳β相。但由于化学成分偏析严重，加入的合金元素又多为重金属，失去了钛合金的原来优势，故这种类型的合金只有两个牌号，而实际获得应用的仅有TB2一种。不过，目前国内外对β型钛合金的研制极为关注。

(3) (α+β)钛合金 (α+β)钛合金的退火组织为(α+β)相，其合金牌号以TC加顺序号表示。它具有α和β钛合金两者的优点，同时含有β相稳定元素(如Mn、Cr、Mo、V、Fe、Si等)和α相稳定元素(如Al)，组织以α相为主，β相的数量通常不超过30%。它的耐热性和塑性都比较好，并且可进行热处理强化，即淬火及时效进行强化，热处理强化效果随β相稳定元素含量的增加而提高。由于应用在较高温度时其淬火加时效后的组织不如退火后的组织稳定，故多在退火状态下使用。(α+β)钛合金的生产工艺也比较简单，通过改变成分和选择热处理规范可以在很宽的范围内改变合金的性能，其室温强度和塑性均高于α钛合金，但焊接性能不如α钛合金，组织也不够稳定。(α+β)钛合金的应用比较广泛，其中以

TC4(Ti-6Al-4V)合金应用最为广泛，用量最多，其年消耗量占钛合金总用量的 50% 以上。

8.3.5　滑动轴承合金

制造滑动轴承的轴瓦及其内衬的合金叫做滑动轴承合金。滑动轴承是汽车、拖拉机、机床及其他机器中的重要部件。轴瓦是包围在轴颈外面的套圈，它直接与轴颈接触。轴承支撑着轴，当轴旋转时，轴瓦和轴发生强烈的摩擦，轴瓦除了承受轴颈传递给它的静载荷以外，还要承受交变载荷和冲击，并与轴颈发生强烈的摩擦。因此滑动轴承合金应具有以下性能。

1）足够的强度和硬度，以承受轴颈较大的单位压力。

2）足够的塑性和韧性，高的疲劳强度，以承受轴颈的周期性载荷，并抵抗冲击和振动。

3）良好的磨合能力，使其与轴能较快地紧密配合。

4）高的耐磨性，与轴的摩擦因数小，并能保留润滑油，减轻磨损。

5）良好的耐蚀性、导热性，较小的膨胀系数，防止因摩擦升温而发生咬合。

为了满足上述性能要求，滑动轴承合金的组织通常是由软基体加上均匀分布的一定数量和大小的硬质点组成。当轴运转时，轴瓦的软基体易磨损而凹陷，能容纳润滑油，硬质点则相对凸起支撑着轴颈，如图 8-30 所示。凹陷部分可保存润滑油，凸起部分可支持轴的压力，并使轴与轴瓦的接触面积减小，从而保证了近乎理想的摩擦条件和极低的摩擦因数。此外软基体可承受冲击和振动，并使轴颈和轴瓦之间能很好地磨合，嵌藏外来硬质点的作用，以免划伤轴颈。

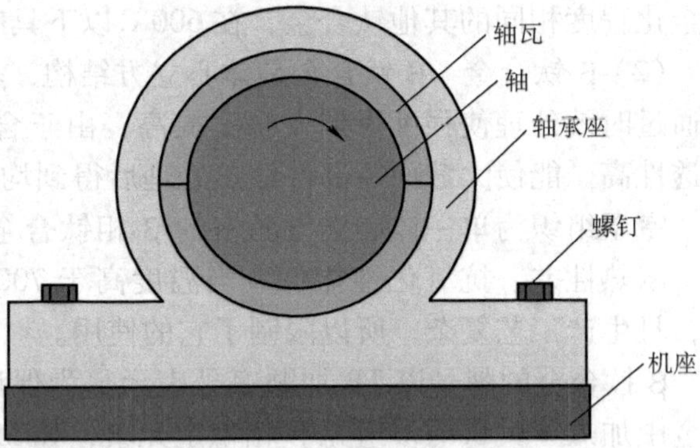

图 8-30　滑动轴承合金

按化学成分不同，滑动轴承合金可分为锡基、铅基、铝基、铜基与铁基等数种。使用最多的是锡基与铅基轴承合金，它们又称为巴氏合金。巴氏合金的牌号为 Z + 基本元素符号 + 主加元素符号 + 主加元素含量 + 辅加元素含量，其中“Z”是“铸造”的意思。例如 ZSnSb11Cu6，表示主加元素锑的成分为 $w_{Sb}=11\%$，辅加元素铜的成分为 $w_{Cu}=6\%$，余量为锡。

常用锡基轴承合金是以锡为基础，加入锑、铜等元素组成的合金，此外还有铅基轴承合金、铜基轴承合金和铝基轴承合金等。常用滑动轴承合金的牌号、化学成分、硬度及应用见表 8-27。

锡基轴承合金具有软基体上分布着硬质点的组织特征。其软基体由锑在锡中的 α 固溶体组成，硬质点有以锡、锑化合物 SnSb 为基的固溶体及锡与铜形成的化合物 CuSn。此类合金的导热性、耐蚀性及工艺性良好，尤其是摩擦因数与膨胀系数较小，抗咬合能力强，所以广泛用于制作航空发动机、汽轮机、内燃机等大型机器中的高速轴承。

表 8-27 常用滑动轴承合金的牌号、化学成分、硬度及应用

种类	合金牌号	化学成分（质量分数,%）									硬度 HBW	应用
		Sn	Pb	Cu	Zn	Al	Sb	As	其他	杂质总量		
锡基	ZSnSb12Pb10Cu4	其余	9.0~11.0	2.5~5.5			11.0~13.0	0.1	Fe0.1	0.55	29	性硬、耐压，适用于一般发动机的主轴承，但不适用于高温部件
锡基	ZSnSb11Cu6	其余	0.35	5.5~6.5			10.0~12.0	0.1	Fe0.1	0.55	27	较硬，适用于功率较大的高速汽轮机和涡轮机，涡轮压缩机，涡轮泵及高速内燃机等的轴承
锡基	ZSnSb8Cu4	其余	0.35	3.0~4.0			7.0~8.0	0.1	Fe0.1	0.55	24	韧性与 ZSnSb4Cu4 相同，适用于一般大型机械轴承及轴衬
锡基	ZSnSb4Cu4	其余	0.35	4.0~5.0			4.0~5.0	0.1		0.50	20	耐蚀、耐热、耐磨，适用于涡轮机及内燃机等的轴承
铅基	ZPbSb16Sn16Cu2	15.0~17.0	其余	1.5~2.0	0.15		15.0~17.0	0.3	Bi0.1 Fe0.1	0.60	30	轻负荷高速轴承，如汽车、轮船、发动机等
铅基	ZPbSb15Sn5Cu3Cd2	5.0~6.0	其余	2.5~3.0	0.15		14.0~16.0	0.6~1.0	Cd1.75~2.25	0.40	32	重负荷柴油机轴衬
铅基	ZPbSb15Sn10	9.0~11.0	其余	0.7			14.0~16.0	0.6	Bi0.1 Fe0.1	0.45	24	中负荷中速机械轴衬

（续）

种类	合金牌号	化学成分（质量分数,%）									硬度 HBW	应用
		Sn	Pb	Cu	Zn	Al	Sb	As	其他	杂质总量		
铅基	ZPbSb15Sn5	4.0~5.5	其余	0.5~1.0	0.15		14.0~15.5	0.2	Bi0.1 Fe0.1	0.75	20	汽车和拖拉机发动机轴衬
铅基	ZPbSb10Sn6	5.0~7.0	其余	0.7			9.0~11.0	0.25	Bi0.1 Fe0.1	0.70	18	重负荷高速机械轴衬
铜基	ZCuSn5Pb5Zn5	4.0~6.0	4.0~6.0	其余	4.0~6.0		0.25	—	Ni2.5 Fe0.3	0.70	60	高强度,适用于中速及受较大固定载荷的轴承,如发动机、泵、机床用轴瓦
铜基	ZCuSn10P1	9.0~11.5	0.25	其余				—	P0.5~1.0	0.70	90	
铜基	ZCuPb15Sn8	7.0~9.0	13.0~17.0	其余	2.0		0.50	—	Ni2.0 Fe0.25	1.0	65	高耐磨性、高导热性,适用于高速、高温(350℃)、重负荷下工作的轴承,如航空发动机、高速柴油机等的轴瓦
铜基	ZCuPb30	1.0	27.0~33.0	其余			0.20	—	Mn0.3	1.0	25	
铜基	ZCuAl10Fe3	0.3	0.2	其余	0.4	8.5~11.0		Fe2.0~4.0	Ni3.0 Mn1.0	1.0	110	高强度,适用于中速及受较大固定载荷的轴承
铝基	ZAlSn6Cu1Ni1	5.5~7.0		0.7~1.3		其余		Fe0.7 Si0.7	Ni0.7~1.3	1.5	40	耐磨、耐热、耐蚀,适用于高速、重载发动机轴承

铅基轴承合金同样也具有软基体上分布着硬质点的组织特征，其软基体由（$\alpha+\beta$）共晶体组成，α 为锑溶于铅的固溶体，β 为铅溶于锑的固溶体，硬质点的组成与锡基合金相同。此类合金含锡量低，制造成本低廉，但其力学性能、导热性、耐蚀性及减摩等性能均比锡基合金差，因此，它们主要用于制作汽车、轮船、柴油机、减速器等中、低速运转的轴承。

ZCuPb30 及 ZCuSn10Pb 两类青铜常用作轴承材料，它们又称为铜基轴承合金，具有软基体硬质点的组织特征，有着比巴氏合金更高的承载能力及疲劳强度和耐磨性，可直接用作高速、高载荷下的发动机轴承。

本章小结

本章阐述了钢、铸铁及有色金属方面的基本内容，并详细介绍了各种金属材料的牌号、性能、特点、热处理及应用。内容包括钢的分类和编号；工业用钢中合金元素的作用；碳素钢、合金结构钢、合金工具钢、特殊性能钢；铸铁的特点和分类、铸铁的石墨化、常用铸铁；铝及铝合金、铜及铜合金、镁及镁合金、钛及钛合金及滑动轴承合金。

第9章 非金属材料

内容提要： 除金属材料以外的工程材料统称为非金属材料。它的品种很多，概括起来主要分为无机非金属材料和有机非金属材料两大类。这类材料发展迅速，种类繁多，已在各工业领域中广泛应用。在机械制造中使用的非金属材料主要包括有机高分子材料和陶瓷材料，有机高分子材料中比较重要的有塑料、合成橡胶、粘合剂、涂料及液晶等，陶瓷材料中比较重要的有陶瓷器、玻璃、水泥、耐火材料及各种新型陶瓷材料等，其中工程塑料和工程陶瓷在工程结构中占有重要的地位。

教学重点： 掌握高分子材料和陶瓷材料的种类、性能及用途。

教学难点： 高分子材料的成型加工和陶瓷材料的制作工艺。

9.1 高分子材料

高分子材料是由相对分子质量较高的化合物构成的材料。我们接触的很多天然材料通常是由高分子材料组成的，如天然橡胶、棉花、人体器官等。人工合成的化学纤维、塑料和橡胶等也是如此。一般把在生活中大量采用的、已经形成工业化生产规模的高分子材料称为通用高分子材料，把具有特殊用途与功能的材料称为功能高分子材料。高分子材料性能优异、品种繁多、用途广泛是工程材料中的一类重要材料。人类进入21世纪以来，随着电气、仪器仪表和交通运输工业等的迅猛发展，合成高分子材料亦迅速地发展起来，塑料、合成橡胶、合成纤维以及涂料、粘合剂等各种合成高分子材料在材料领域中的应用越来越广。高分子化合物主要包括有机高分子化合物和无机高分子化合物两大类，有机高分子化合物有合成和天然两种。工程中使用的有机高分子材料主要是人工合成的高分子聚合物，简称高聚物。

9.1.1 高分子材料的基本知识

1. 高分子化合物的组成

组成高分子化合物的低分子化合物称作单体，即单体是高分子化合物的合成原料。高分子材料都是通过单体聚合而成的，不同单体的化学组成不同，性质自然也就不一样，如聚乙烯是由乙烯单体聚合而成，聚丙烯是由丙烯单体聚合而成，聚氯乙烯是由氯乙烯单体聚合而成。由于单体不同，聚合物的性能也就不可能完全相同。高分子化合物的相对分子质量都比较大，但是化学组成一般比较简单，其结构主要是重复排列的链状或者网状，因此高分子化合物又可以称为高聚物或聚合物。大分子链是由许多结构相同的基本单元重复连接而成的，这些重复单元称为链节，链节的重复数目则称作聚合度。例如聚乙烯大分子链的结构式为

$$CH_2=CH_2+CH_2=CH_2+\cdots CH_2=CH_2+CH_2=CH_2$$

在这里单体为 $CH_2=CH_2$，链节为［$CH_2—CH_2$］，聚合度为 n。由此可以看出，聚合度越大、高聚物的大分子链节越长，其分子量也就越大。因此，高聚物与具有明确分子量的低分子化合物有所不同，同一聚合物因其聚合度不同，大分子链节的长短各异，其分子量也不

尽相同。通常所说的高聚物分子量实际是其分子量的统计平均值。

2. 高分子材料的合成方法

由低分子化合物合成为高分子化合物的反应称为聚合反应。常见的聚合反应有加聚反应和缩聚反应两种。

加聚反应是由一种或多种单体相互加成而形成聚合物的反应，这种反应没有低分子副产物生成。其中，单体为一种的叫均加聚，例如乙烯加聚成聚乙烯；单体为两种或两种以上的则称为共加聚，例如由丙烯腈、丁二烯和苯乙烯三种单体共聚合成 ABS 工程塑料。

缩聚反应是由一种或多种单体相互作用而形成高聚物，同时析出新的低分子副产物的反应，其单体是含有两种或两种以上活泼官能团的低分子化合物。按照参加反应的单体不同，缩聚反应分为均缩聚和共缩聚两种。酚醛树脂、聚酰胺、环氧树脂等都是缩聚反应产物。

3. 高分子材料的分类

（1）按来源分类　高分子材料按来源分为天然、半合成（改性天然高分子材料）和合成高分子材料。天然高分子是生命起源和进化的基础。人类社会一开始就利用天然高分子材料作为生活资料和生产资料，并掌握了其加工技术。如利用蚕丝、棉、毛织成织物，用木材、棉、麻造纸等。19 世纪 30 年代末期进入天然高分子化学改性阶段，出现了半合成高分子材料。1907 年出现了合成高分子酚醛树脂，标志着人类应用合成高分子材料的开始。进入现代以来，高分子材料已和金属材料、无机非金属材料一起成为科学技术、经济建设中的重要材料。

（2）按特性分类　高分子材料按特性可分为橡胶、纤维、塑料、高分子粘合剂、高分子涂料和高分子基复合材料等。

1）橡胶是一类线型柔性高分子聚合物。其分子链间次价力小，分子链柔性好，在外力作用下可产生较大形变，除去外力后能迅速恢复原状。有天然橡胶和合成橡胶两种。

2）高分子纤维分为天然纤维和化学纤维两种，天然纤维包括蚕丝、棉、麻、毛等；化学纤维是以天然高分子或合成高分子为原料，经过纺丝和后处理制得。纤维的次价力大、形变能力小、模量高，一般为结晶聚合物。

3）塑料是以合成树脂或化学改性的天然高分子为主要成分，再加入填料、增塑剂和其他添加剂制得。其分子间次价力、模量和形变量等介于橡胶和纤维之间。通常按合成树脂的特性分为热固性塑料和热塑性塑料；按用途又分为通用塑料和工程塑料。

4）高分子粘合剂是以合成天然高分子化合物为主体制成的粘合材料，分为天然和合成粘合剂两种。应用较多的是合成粘合剂。

5）高分子涂料是以聚合物为主要成膜物质，添加溶剂和各种添加剂制得。根据成膜物质不同，可分为油脂涂料、天然树脂涂料和合成树脂涂料。

6）高分子基复合材料是以高分子化合物为基体，添加各种增强材料制得的一种复合材料。它综合了原有材料的性能特点，并可根据需要进行材料设计。

（3）按用途分类　高分子材料按用途又可分为普通高分子材料和功能高分子材料。功能高分子材料除了具有聚合物的一般力学性能、绝缘性能和热性能外，还具有物质、能量和信息的转换、传递和储存等特殊功能。已经应用的有高分子信息转换材料、高分子透明材料、高分子模拟酶、生物降解高分子材料、高分子形状记忆材料和医用、药用高分子材料等。

4. 高分子材料的成型加工

聚合物的成型加工是将聚合物转变成实用材料或制品的一种工程技术。这些实用材料或制品往往不是纯粹由聚合物制成，而是以树脂为主，并辅以各种填料、助剂和着色剂等材料制成。加工方法是保证产品的质量及产率至关重要的因素。制品的性能不仅取决于原材料，而且与加工方法密切相关。不正确的成型加工方法不仅得不到预期性能的产品，甚至会破坏原材料的性能。例如，过高的加工温度会引起材料的分解、交联甚至焦化，这就破坏了原材料的性能。

一般情况下，高分子材料的加工过程主要包括原材料的准备阶段、使原材料产生变形阶段、材料或制品的固化阶段及后加工和处理等四个阶段。

塑料、橡胶和纤维是三大高分子合成材料。目前从原料树脂已制成种类繁多、用途各异的多种最终产品，已形成规模庞大、先进的加工工业体系，而且三大合成材料各具特点，又形成各自的加工体系。下面以塑料成型工业为主，分别对三大合成材料的成型加工作个简要介绍。

（1）塑料的成型加工　塑料是指在热及压力的作用下能进行塑化成型，制成一定形状且能满足某些用途的一类高分子材料。塑料成型加工的目的在于根据各种塑料固有的性能，利用一切可以施行的方法，使其成为满足不同领域应用要求，具有需要尺寸和形状的制品。塑料成型加工一般包括原料的配制和准备、成型及制品后加工等几个过程；成型是指将各种形态的塑料制成所需形状或胚件的过程。成型方法很多，包括挤出成型、注射成型、模压成型、压延成型、铸塑成型、模压烧结成型、传递模塑、发泡成型等。机械加工是指在成型后的制件上进行车、削、铣、钻等工作，它是用来完成成型过程中所不能完成，或完成得不够准确的工作。

1）成型物料的配制。由于简单组分的塑料性能单一，难以满足要求，通常通过配制手段将添加剂和高分子形成一种均匀的复合物，从而能够满足对制品的多种需要。为了使用和加工的方便，成型加工用的物料主要是粒料和粉料，它们都是由树脂和添加剂配制而成。主要的添加剂有增塑剂、稳定剂、填料、润滑剂、阻燃剂等。聚合物或树脂是粉状塑料中的主要组分，其本身的性能对加工性能和产品性能影响很大，主要表现在分子量、分子量分布、颗粒结构和粒度的影响上。在塑料制品的生产中，只有少数高分子可单独使用，大部分都要与其他物料混合，进行配料后才能应用于成型加工。所谓配料，就是把各种组分互相混在一起，尽可能地成为均匀体系，为此必须采用混合操作。而混合、捏合、塑炼都是属于塑料配制中常用的混合过程，是靠扩散、对流、剪切三种作用来完成的。配制一般分为四步：原料的准备、初混合、初混物的塑炼、塑炼物的粉碎和粒化。

2）塑料的成型 。在大多数情况下成型是通过加热使塑料处于粘流态，经过流动、成型和冷却硬化，而将塑料制成各种形状的产品。

挤出成型又称为挤压模塑或挤塑，即借助螺杆或柱塞的挤压作用，使受热熔化的塑料在压力推动下强行通过口模而成为具有恒定截面的连续型材的一种成型方法。这种方法能生产管、棒、丝、板、薄膜、电线电缆和涂层制品等，其特点是生产效率高，适应性强，几乎可用于所有热塑性塑料及某些热固性塑料。在塑料成型加工技术中还采用铸塑成型、模压烧结成型、传递模塑成型、发泡成型等方法生产各种型材或制品。

（2）橡胶的成型加工　橡胶的加工分为两大类，一类是干胶制品的加工生产；另一类是胶乳制品的加工生产。干胶制品的原料是固态的弹性体，其生产过程包括素炼、混炼、成型、硫化四个步骤。胶乳制品是以胶乳为原料进行加工生产的，其生产工艺大致与塑料糊的成型相似。但胶乳一般要加入各种添加剂，先经半硫化制成硫化胶乳，然后再用浸渍、压出或注模等与塑料糊成型相似的方法获得半成品，最后进行硫化得到制品。热塑性弹性体（TPE）是指常温下具有橡胶弹性、高温下又能像热塑性塑料那样熔融流动的一类材料。这类材料的特点是无需硫化即具有高强度和高弹性，可采用热塑性塑料的加工工艺和设备成型，如注塑、挤出、模压、压延等。

（3）化学纤维的成型加工　化学纤维的成型加工主要是纺丝方法，而纺丝又分为熔融纺丝和溶液纺丝两大类。凡能加热熔融或转变为粘流态而不发生显著分解的成纤聚合物，均可采用熔融纺丝法进行纺丝。溶液纺丝是指将聚合物制成溶液，经过喷丝板或帽挤出形成纺丝液细流，然后该细流经凝固浴凝固形成丝条的纺丝方式。按凝固浴不同又分为湿法纺丝和干法纺丝。

5. 高分子材料的结构

金属材料的性能与其化学组成和内部组织结构密切相关，高分子材料也不例外，它的各种性能也都是由不同化学组成和内部组织结构所决定的。

高分子结构比常见的低分子化合物复杂得多，高聚物按其研究单元不同可分为两大类结构，一是分子内结构，称做高分子链结构；二是分子间结构，称做聚集态结构。高分子材料的组织结构相对金属复杂得多，主要有四大特点：一是大分子链是由众多简单单元重复连接而成，链的长度是链直径的 10^4 倍；二是大分子链具有柔性、可弯曲性；三是大分子链间以分子间的范德华力结合或通过链间的化学键交联在一起，力的大小和交联程度对性能影响很大；四是高聚物中大分子链凝聚态结构有晶态和非晶态两种。

（1）结合键　作为高聚物单体的低分子化合物必然具备不饱和键，如各种烯烃类化合物、环状化合物和含有特殊官能团的化合物，在聚合反应中能形成两个以上的新键，把单体低分子变成链节连接成大分子链，否则不能聚合成大分子链，也就不能形成高聚物。

在高分子链中原子以共价键结合，这种结合力成为主价力。高分子链内组成元素不同，原子间共价键的结合力不同，聚合物的性能因而不同。在高聚物大分子之间一般是由分子来链接的，分子间的这种结合力——范德华力，称为次价力。

单体小分子之间的范德华力很小，仅为共价键的1/10～1/100。而在高聚物中，大分子链是由许多链节组成的，链节之间的次价力大体和单体小分子之间的次价力相等。

大分子链间的次价力又等于组成大分子的各链节（或单体）间次价力之和，显然聚合度达几千甚至几万的高聚物大分子之间的次价力必然远远超过大分子内部的主价力。大分子之间的次价力对高聚物的性能有很大的影响。随着聚合度的增大，次价力增大，高聚物的强度、耐热性增大，溶解性和成型工艺性能变差。因此，控制聚合度、调整次价力大小是控制和调整高聚物性能的有效途径之一。

（2）大分子链的构型　通常将组成大分子链的链节在空间排列的几何形状称做高分子链的构型。高聚物具有线型（包括带支链的线型）和网体型两种构型：

1）线型高聚物。链节是线型排列，支链间不发生交联。在低温或受拉力作用时，可变成直链状，在高温或有机溶剂作用下可呈卷曲状。因而，线型高聚物弹性好，有可塑性，易热熔，能溶于有机溶剂，易于加工成型，并可重复加工和使用。大多数热塑性树脂都属于这类材料。

2）网体型高聚物。线型主链之间的支链彼此交联变成网型结构，网型支链向三维空间发展并交联形成网体型结构。网体型高聚物由于主链、支链之间交联成一体，链段以至整个大分子链的活动困难，故其硬度、强度高，弹性和塑性却很低，甚至失去弹性和塑性而呈现脆性；耐热性好，加热时不能熔化，最多只能软化；耐蚀性好，不溶于有机溶剂，最多只能膨胀。它不能重复加工使用，属于热固性树脂。

（3）大分子链的构象　与其他物质分子一样，高聚物的分子链在不停地运动，这种运动是由单链内旋转引起的。大分子链是由成千上万个原子经共价键连接而成的，其中以单键连接的原子由于热运动，使两个原子可作相对旋转，即在保持键角、键长不变的情况下，单键作旋转，成为单键内旋转。把这种由于单键内旋转所产生的大分子链的空间形象称做高分子链的构象。

正是这种极高频率的单键内旋转随时改变着大分子链的构象，使得线型高分子键在空间很容易呈卷曲状或线团状。在拉力作用下，呈卷曲状或线团状的线型高分子链可以伸展拉直，外力去除后，又恢复到原来的卷曲状或线团状。这种能拉伸、回缩的性能称为分子链的柔性，这就是高聚物具有较好弹性的原因。

分子链的柔性受很多因素的影响，由于不同元素原子之间共价键的键长和键能不同，故不同元素组成的大分子链内旋转能力不同，柔性也不同。

总之，分子链内旋转越容易，其柔性越好。分子链柔性对聚合物的性能影响很大，一般柔性分子链聚合物的强度、硬度和熔点较低，但弹性和韧性好；刚性分子链聚合物则相反，其强度、硬度和熔点较高，而弹性和韧性差。

9.1.2　高分子材料的性能特点

1. 力学性能特点

（1）比强度高　高聚物的抗拉强度都远远低于金属，但由于其密度低，故其比强度并不低于金属。玻璃钢的强度比合金结构钢的高，而其重量却轻得多。

（2）高耐磨性和低硬度　高聚物硬度远低于金属，但耐磨性优于金属。

（3）高弹性和低弹性模量　高聚物弹性变形量大而弹性变形抗力小，这是高聚物特有的性能。

2. 物理和化学性能特点

（1）高绝缘性　高聚物是以共价键结合的，不能电离，导电能力低，即绝缘性高。塑料和橡胶是电动机、电器必不可少的绝缘材料。

（2）低耐热性　耐热性是指材料在高温下长期使用保持性能不变的能力。由于高分子材料中的高分子链在受热过程中容易发生链移动或整个分子链移动，导致材料软化或熔化，使性能变坏。

（3）低导热性　固体的导热性与其内部的自由电子、原子、分子的热运动有关。高分子材料内部无自由电子，而且高分子链相互缠绕在一起，受热时不易运动，故导热性差。

（4）高膨胀性　高分子材料的线膨胀系数大，为金属材料的 3～10 倍。这是由于受热时，分子间缠绕程度降低，分子间结合力减小，分子链柔性增大，故加热时高分子材料产生明显的体积和尺寸的变化。

（5）高化学稳定性　高聚物大分子链以共价键结合，没有自由电子，不会发生电化学反应，其强大的共价键结合使高分子不易遭到破坏，又由于高聚物的分子链是纠缠在一起的，许多分子链的基团被包裹在里面，即使接触到能与其分子中某一基团发生反应的试剂时，也只有露在外面的基团才与试剂起化学反应，所以高分子材料的化学稳定性好，在酸、碱等溶液中表现出优异的耐腐蚀性能。

3. 高分子材料的老化及防止措施

高分子材料在长期贮藏和使用过程中，由于受机械力、光、热、酸碱、氧气、水蒸气及微生物等外界因素的作用，使得聚合物内部结构发生变化，从而导致聚合物的性能随时间延长逐渐恶化，直到丧失使用价值，这个过程称为老化，如变硬、变脆、变软或发粘等。橡胶主要为龟裂或变软、变粘；塑料主要是脱色、失去光泽、开裂等。老化的根本原因是在外因作用下，高聚物分子链产生了交联与裂解。老化是影响高分子材料制品使用寿命的关键问题，必须加以防止。目前防止老化的主要措施有：①通过改善高聚物的结构，提高其稳定性，推迟老化过程；②作表面防护处理，使材料与空气、水分、光及其他能引起老化的介质隔绝，避免老化；③添加抗老化剂，使高聚物大分子链上的活泼基团钝化，变成比较稳定的基团，以抑制链式反应的进行，进而防止老化。

9.1.3 常用高分子材料及其应用

高分子材料种类很多，性能各异，应用广泛，在机械制造、交通运输、航空航天、建筑、电子、化工、轻工、包装、医疗以及国防科技等各个领域的使用已经相当普遍，下面介绍一些工程常用的塑料、橡胶和粘合剂材料的性能及应用。

1. 工程塑料

在高分子合成材料中，合成树脂的应用最为广泛。用它制成的塑料约占三大合成材料年产量的2/3以上。工程塑料是20世纪50年代以后，随着电子电器、汽车、航天、通信及国防工业等高技术产业的发展，在以泛用塑料为基础之上崛起的新类型的高分子材料。工程塑料一般而言是指在较宽的温度范围和较长期的使用时间内，能够保持优良性能并能承受机械应力，作为结构材料使用的一种塑料。因此，工程塑料不仅可以代替金属作为结构性的材料使用，而且随着高科技产业的发展，工程塑料必将发展成为未来不可缺少的高分子材料。

（1）塑料的组成　塑料是由主要成分合成树脂加入少量的色料、润滑剂等辅助物质组成的。复杂成分的塑料还有添加剂。

1）合成树脂。合成树脂即人工合成线型高聚物，是塑料的主要组分（约占塑料的40%~100%），对塑料的性能起着决定性作用，故绝大多数塑料以树脂的名称命名。合成树脂受热时呈软化或熔融状态，因而塑料具有良好的成型能力。

2）添加剂。添加剂是为改善塑料的使用性能或成型工艺性能而加入的辅助组分。

①　添料（填充剂）。主要起增强作用，还可使塑料具有所要求的性能。如加入铝粉可提高对光的反射能力和防老化；加入二硫化钼可提高自润滑性；加入云母粉可提高电绝缘性；加入石棉粉可提高耐热性等。另外，有一些填料比树脂便宜，加入后可降低塑料成本。

②　增塑剂。为了提高塑料的柔软性和可成型性而加入的物质，主要是一些低熔点的低分子有机物。合成树脂中加入增塑剂后，大分子链间距增大，降低了分子链间的作用力，增加了大分子链的柔顺性，因而使塑料的弹性、韧性、塑性提高，强度、刚度、硬度、耐热性

降低。加入增塑剂的聚氯乙烯比较柔软，而未加入的聚氯乙烯则比较刚硬。

③　固化剂。也叫交联剂，加入到某些树脂中可使线型分子链间产生交联，从而由线型结构变成体型结构，固化成刚硬的塑料。

④　稳定剂。也叫防老化剂，其作用是提高树脂在受热、光、氧等作用时的稳定性。

以上各种添加剂的加入与否和加入量的多少，应根据各种塑料制品的性能和用途来确定。此外，还有为防止塑料在成型过程中粘在模具上并使塑料表面光亮美观而加入的润滑剂；为使塑料具有美丽的色彩加入的有机染料或无机颜料等着色剂；还有发泡剂、阻燃剂、抗静电剂等。总之，根据不同的塑料品种和性能要求，可加入不同的添加剂。

（2）塑料的分类　塑料的种类很多，有多种不同的分类方法。

按树脂的热性能可分为热塑性塑料与热固性塑料两大类：

1）热塑性塑料。这类塑料为线型结构分子链，加热时会软化、熔融，冷却时会凝固、变硬。此过程为物理变化，可以反复多次进行而不影响性能。如聚乙烯、聚氯乙烯、聚酰胺、ABS、聚砜、聚四氟乙烯等均为热塑性材料。其特点是成型加工简便，但是刚度和耐热性较差。

2）热固性塑料。这类塑料大多是以缩聚树脂为基础，加入固化剂等添加剂而成。受热固化成型，固化过程为化学变化且不可逆，一经固化，则不再熔融和溶解。如酚醛塑料、氨基塑料、环氧塑料、有机硅塑料等均属于热固性塑料。其特点是耐热性高，受压不易变形，但柔韧性差。

按塑料的应用范围可分为通用塑料、工程塑料和耐高温塑料。

1）通用塑料。一般指产量大、用途广、价格低的塑料。

2）工程塑料。为具有优良力学性能和特殊性能，可代替金属作工程结构材料的塑料。

3）耐高温塑料。其产量小、价格贵，常用于国防工业和尖端技术中。

随着高分子合成材料的发展，各种塑料的新型品种不断出现，使塑料的性能和用途越来越广，因此它们的应用范围并无严格界限。

（3）常用工程塑料　塑料相对于金属来说，具有密度小，比强度高、化学稳定性好、电绝缘性好、耐磨和自润滑性好，还有透光性和绝热性好等优点；也有强度低、耐热性差、容易蠕变和老化等缺点。就塑料本身来说，不同类别的塑料也有着各自不同的性能特点。为了在设计和选用塑料时有所依据，现介绍几种常用工程塑料的性能特点和主要应用，见表9-1和表9-2。

表9-1　常用热塑性塑料的性能特点和应用

名称（代号）	主要性能特点	应用
聚氯乙烯（PVC）	硬质聚氯乙烯强度较高，电绝缘性优良，对酸、碱的抵抗力强，化学稳定性好，可在-15～60℃使用，良好的热成型性，密度小	化工耐蚀的结构材料，如输油管、容器、离心泵、阀门管件等，用途很广
	软质聚氯乙烯强度不如硬质高，但伸长率较大，有良好的电绝缘性，可在-15～60℃使用	电线、电缆的绝缘包皮，农用薄膜，工业包装。但因有毒，故不适于包装食品
	泡沫聚氯乙烯质轻、隔热、隔声、防振	泡沫聚氯乙烯衬垫、包装材料

（续）

名称（代号）	主要性能特点	应用
聚乙烯（PE）	低压聚乙烯质地坚硬，有良好的耐磨性、耐蚀性和电绝缘性能，而耐热性差，在沸水中变软；高压聚乙烯是聚乙烯中最轻的一种，其化学稳定性高，有良好的高频绝缘性、柔软性、耐冲击性和透明性；超高分子聚乙烯冲击强度高，耐疲劳，耐磨，需冷压浇注成型	低压聚乙烯用于制造塑料板、塑料绳，承受小载荷的齿轮、轴承等；高压聚乙烯最适宜吹塑成薄膜、软管，塑料瓶等用于食品和药品包装的制品，超高分子量聚氯乙烯可作为减摩、耐磨件及传动件，还可制作电线及电缆包皮等
聚丙烯（PP）	密度小，是常用塑料中最轻的一种。强度、硬度、刚性和耐热性均优于低压聚乙烯，可在100～120℃长期使用；几乎不吸水，并有较好的化学稳定性，优良的高频绝缘性，且不受温度影响。但低温脆性大，不耐磨，易老化	制作一般机械零件，如齿轮、管道、接头等耐蚀件，如泵叶轮、化工管道、容器、绝缘件；制作电视机、收音机、电扇、电机罩等
聚酰胺（通称尼龙）（PA）	无味、无毒；有较高强度和良好韧性；有一定耐热性，可在100℃下使用。优良的耐磨性和自润滑性，摩擦因数小，良好的消声性和耐油性，能耐水、油、一般溶剂；耐蚀性较好；抗霉菌；成型性好。但蠕变值较大，导热性较差（约为金属的1/100），吸水性高，成型收缩率较大	常用的有尼龙6、尼龙66、尼龙610、尼龙1010等。用于制造要求耐磨、耐蚀的某些承载和传动零件，如轴承、齿轮、滑轮、螺钉、螺母及一些小型零件；还可作高压耐油密封圈，喷涂金属表面作防腐耐磨涂层
聚甲基丙烯酸甲酯（俗称有机玻璃）（PMMA）	透光性好，可透过99%以上太阳光；着色性好，有一定强度，耐紫外线及大气老化，耐腐蚀，优良的电绝缘性能，可在-60～100℃使用。但质较脆，易溶于有机溶剂中，表面硬度不高，易擦伤	制作航空、仪器仪表、汽车和无线电工业中的透明件与装饰件，如飞机座窗、灯罩、电视、雷达的屏幕，油标、油杯、设备标牌、仪表零件等
苯乙烯-丁二烯-丙烯腈共聚体（ABS）	性能可通过改变三种单体的含量来调整。有高的冲击强度和较高的强度，优良的耐油、耐水性和化学稳定性，好的电绝缘性和耐寒性，高的尺寸稳定性和一定的耐磨性。表面可以镀饰金属，易于加工成型，但长期使用易起层	制作电话机、扩音机、电视机、电机、仪表的壳体，齿轮、泵叶轮、轴承、把手、管道、贮槽内衬，仪表盘、轿车车身、汽车扶手等
聚甲醛（POM）	优良的综合力学性能，耐磨性好，吸水性小，尺寸稳定性高，着色性好，良好的减摩性和抗老化性，优良的电绝缘性和化学稳定性，可在-40～100℃范围内长期使用。但加热易分解，成型收缩率大	制作减摩、耐磨传动件，如轴承、滚轮、齿轮、电气绝缘件、耐蚀件及化工容器等

（续）

名称（代号）	主要性能特点	应用
聚四氟乙烯（也称塑料王）（F-4）	几乎能耐所有化学药品的腐蚀；良好的耐老化性及电绝缘性，不吸水；优异的耐高、低温性，在 $-195\sim250℃$ 可长期使用；摩擦因数很小，有自润滑性。但其高温下不流动，不能热塑成型，只能用类似粉末冶金的冷压、烧结成型工艺，高温时分解出对人体有害气体，价格较高	制作耐蚀件、减摩耐磨件、密封件、绝缘件，如高频电缆、电容线圈架以及化工用的反应器、管道等
聚砜（PSF）	双酚A型：优良的耐热、耐寒、耐候性，抗蠕变及尺寸稳定性好，强度高，优良的电绝缘性，化学稳定性高，可在 $-100\sim150℃$ 长期使用。但耐紫外线较差，成型温度高	制作高强度件、耐热件、绝缘体、减摩耐磨件、传动件，如精密齿轮、凸轮、真空泵叶片、仪表壳体和罩、耐热或绝缘的仪表零件、汽车护板、仪表盘、衬垫和垫圈、计算机零件、电镀金属制成集成电子印制电路板
	非双酚A型：耐热、耐寒，可在 $-240\sim260℃$ 长期工作，硬度高、能自熄，耐老化、耐辐射，力学性能及电绝缘性都好，化学稳定性高。但不耐极性溶剂	
氯化聚醚（或称聚氯醚）	极高的耐化学腐蚀性，易于加工，可在120℃下长期使用，良好的力学性能和电绝缘性，吸水性很低，尺寸稳定性好，但耐低温性较差	制作在腐蚀介质中的减摩、耐磨传动件，精密机械零件，化工设备的衬里和涂层等
聚碳酸酯（PC）	透明度高达 $86\%\sim92\%$，使用温度 $-100\sim130℃$，韧性好、耐冲击、硬度高、抗蠕变、耐热、耐寒、耐疲劳、吸水性好、电性能好。有应力开裂倾向	飞机座舱罩、防护面盔、防弹玻璃及机械电子、仪表的零部件

表 9-2　常用热固性塑料的性能特点和应用

名称（代号）	主要性能特点	应用
聚氨酯塑料（PUR）	耐磨性优越，韧性好，承载能力高，低温时硬而不脆裂，耐氧、臭氧、耐候，耐许多化学药品和油，抗辐射，易燃；软质泡沫塑料吸声和减振优良，吸水性大；硬质泡沫高低温隔热性能优良	密封件，传动带，隔热、隔声及防振材料，齿轮，电气绝缘件，实心轮胎，电线电缆护套，汽车零件
酚醛塑料（俗称电木）（PF）	高的强度、硬度及耐热性，工作温度一般在100℃以上，在水润滑条件下具有极小的摩擦因数，优异的电绝缘性，耐蚀性好（除强碱外），耐霉菌，尺寸稳定性好。但质较脆，耐光性差，色泽深暗，加工性差，只能模压	制作一般机械零件、水润滑轴承、电绝缘件、耐化学腐蚀的结构材料和衬里材料等，如仪表壳体、电器绝缘板、绝缘齿轮、整流罩、耐酸泵、制动片等

（续）

名称（代号）	主要性能特点	应用
环氧塑料（EP）	强度较高，韧性较好，电绝缘性优良，防水、防潮、防霉、耐热、耐寒，可在 -80～200℃范围内长期使用，化学稳定性较好，固化成型后收缩率小，对许多材料的粘结力强，成型工艺简便，成本较低	塑料模具、精密量具、机械仪表和电气结构零件，电气、电子元件及线圈的灌注、涂覆和包封以及修复机件等
有机硅塑料	耐热性高，可在180～200℃下长期使用，电绝缘性优良，高压电弧、高频绝缘性好，防潮性好，有一定的耐化学腐蚀性，耐辐射、耐火焰，耐臭氧，也耐低温。但价格较贵	高频绝缘件，湿热带地区电机、电器绝缘件，电气、电子元件及线圈的灌注与固定，耐热件等
聚对-羟基苯甲酸酯塑料	是一种新型的耐热性热固性工程塑料。具有突出的耐热性，可在315℃下长期使用，短期使用温度范围为371～427℃，热导率极高，比一般塑料高出3～5倍，很好的耐磨性和自润滑性，优良的电绝缘性、耐溶剂性和自熄性	耐磨、耐蚀及尺寸稳定的自润滑轴承，高压密封圈，汽车发动机零件，电子和电气元件以及特殊用途的纤维和薄膜等

9.1.4 合成橡胶

大部分橡胶是二烯类化合物的高聚物，平均相对分子质量高达20万以上。正因为其分子链很长，侧基少而小，使得橡胶分子柔性有余而刚性不足，温度稍低时就硬而脆，温度稍高时便发粘。为了赋予橡胶在工程中的实用性，需要添加硫化剂提高其物理及力学性能。未加配合剂、未经硫化的橡胶称为生胶。

1. 合成橡胶的特点

橡胶也是一种高分子材料，与塑料的主要区别是它在常温下处于一种高弹性状态，即在较小的外力作用下能产生很大的变形，当外力取消后又能立即恢复原状。同时，橡胶具有良好的伸缩性和积储能量的能力，有着良好的耐磨性、隔声性和阻尼性。因此橡胶成为常用的弹性材料、密封材料、减振材料、绝缘材料。

未经硫化的橡胶会因温度上升而变软发粘，故橡胶制品必须经过硫化后方可使用。另外，橡胶的耐臭氧性和耐辐射性较差。

2. 合成橡胶的组成

橡胶制品是以生胶为基础加入适量的配合剂组成的。

（1）生胶　未加配合剂的天然或合成橡胶统称生胶。天然橡胶的综合性能好，但产量不能满足日益增长的需要，也不能满足某些特殊性能要求。因此合成橡胶得以迅速发展。

（2）配合剂　为了提高和改善橡胶制品的各种性能而加入的物质称为配合剂。配合剂种类很多，其中主要是硫化剂，其作用类似于热固性塑料中的固化剂，它使橡胶分子链间形成恒链，适当交联，成为网状结构，从而提高橡胶的力学性能和物理性能。常用的硫化剂是硫磺和硫化物。为提高橡胶的力学性能，如强度、硬度、耐磨性和刚性等，还需加入填料，使用最普遍的是炭黑，以及作为骨架材料的织品、纤维、甚至金属丝或金属编织物。填料的加入还可减少生胶用量，降低成本。

3. 合成橡胶的命名

许多国家都有各自的系统命名法。目前，世界上较为通用的命名法是按照国际标准化组织制定的方法来命名的，此法是取相应单体的英文名称或关键词的第一个大写字母，其后缀以“橡胶”的英文名称的第一个字母R来命名。例如丁苯橡胶是由苯乙烯与丁二烯共聚而成的合成橡胶，故称为SBR；同理，丁腈橡胶称为NBR；氯丁橡胶称为CR等。我国的命名方法是：对于共聚物，是在相应单体之后缀以“共聚物橡胶”，如丁二烯-苯乙烯共聚物橡胶，简称丁苯橡胶；对于均聚物，则在相应单体之前冠以“聚”字，而在聚合物之后缀以“橡胶”，如顺式-1,4-聚异戊二烯橡胶（简称异戊橡胶），顺式-1,4-聚丁二烯橡胶（简称顺丁橡胶）等。此外，尚有通俗命名法，即取该聚合物除碳氢以外的特有元素或基团来命名，如由α,ω-二氯代烃（或α,ω-二氯代醚）和多硫化钠形成的橡胶俗称聚硫橡胶，而由异丁烯和少量异戊二烯共聚制得的橡胶常俗称为丁基橡胶等。

4. 合成橡胶的分类

合成橡胶的分类方法很多，主要包括以下几种：

（1）按成品状态分类　可分为液体橡胶（如端羟基聚丁二烯）、固体橡胶、乳胶和粉末橡胶等。

（2）按橡胶制品形成过程分类　可分为热塑性橡胶（如可反复加工成型的三嵌段热塑性丁苯橡胶）、硫化型橡胶（需经硫化才能制得成品，大多数合成橡胶属于此类）。

（3）按生胶充填的其他非橡胶成分分类　可分为充油母胶、充炭黑母胶和充木质素母胶。

（4）按使用特性分类　实际应用中按使用特性可分为通用型橡胶和特种橡胶两大类。通用型橡胶是指可以部分或全部代替天然橡胶使用的橡胶，如丁苯橡胶、异戊橡胶、顺丁橡胶等，主要用于制造各种轮胎及一般工业橡胶制品。通用橡胶的需求量很大，是合成橡胶的主要品种。特种橡胶是指具有耐高温、耐油、耐臭氧、耐老化和高气密性等特点的橡胶，常用的有硅橡胶、各种氟橡胶、聚硫橡胶、氯醇橡胶、丁腈橡胶、聚丙烯酸酯橡胶、聚氨酯橡胶和丁基橡胶等，主要用于要求某种特性的特殊场合。

通用型橡胶的主要类型有：

1）丁苯橡胶。丁苯橡胶是由丁二烯和苯乙烯共聚制得的，是产量最大的通用合成橡胶，包括乳聚丁苯橡胶、溶聚丁苯橡胶和热塑性橡胶（SBS）。

2）顺丁橡胶。顺丁橡胶是由丁二烯经溶液聚合制得的，具有特别优异的耐寒性、耐磨性和弹性，还具有较好的耐老化性能。顺丁橡胶绝大部分用于生产轮胎，少部分用于制造耐寒制品、缓冲材料以及胶带、胶鞋等。其缺点是抗撕裂性能较差，抗湿滑性能不好。

3）异戊橡胶。异戊橡胶是聚异戊二烯橡胶的简称，采用溶液聚合法生产。异戊橡胶与天然橡胶一样，具有良好的弹性和耐磨性、优良的耐热性和较好的化学稳定性。异戊橡胶生胶（未加工前）强度显著低于天然橡胶，但质量均一性、加工性能等优于天然橡胶。异戊橡胶可以代替天然橡胶制造载重轮胎和越野轮胎，还可以用于生产各种橡胶制品。

4）乙丙橡胶。乙丙橡胶以乙烯和丙烯为主要原料合成制得，其耐老化，电绝缘性能和耐臭氧性能都很突出。乙丙橡胶可大量充油和填充炭黑，制品价格较低，化学稳定性好，耐磨性、弹性、耐油性和丁苯橡胶接近。乙丙橡胶的用途十分广泛，可以制作轮胎胎侧、胶条和内胎以及汽车的零部件，还可以制作电线、电缆包皮及高压、超高压绝缘材料。另外，还可以制成胶鞋、卫生用品等浅色制品。

5）氯丁橡胶。它是以氯丁二烯为主要原料，通过均聚或少量其他单体共聚而成的。其抗张强度高，耐热、耐光、耐老化性能优良，耐油性能优于天然橡胶、丁苯橡胶及顺丁橡胶，还具有较强的耐燃性和优异的抗延燃性，化学稳定性较高，耐水性良好。氯丁橡胶的缺点是电绝缘性能及耐寒性能较差，生胶在贮存时不稳定。氯丁橡胶用途广泛，如用来制作运输皮带和传动带，电线、电缆的包皮材料，制造耐油胶管、垫圈以及耐化学腐蚀的设备衬里等。

6）丁基橡胶。丁基橡胶是由异丁烯和少量异戊二烯共聚而成的，主要采用淤浆法生产。它的透气率低，气密性优异，耐热、耐臭氧、耐老化性能良好，化学稳定性、电绝缘性也很好。丁基橡胶的缺点是硫化速度慢，弹性、强度、粘着性较差。丁基橡胶的主要用途是制造各种车辆内胎，还可用于制造电线和电缆包皮、耐热传送带、蒸汽胶管等。

7）丁腈橡胶。丁腈橡胶是由丁二烯和丙烯腈经乳液聚合法制得的，丁腈橡胶主要采用低温乳液聚合法生产。丁腈橡胶的耐油性极好，耐磨性较高，耐热性较好，粘接力强。其缺点是耐低温及耐臭氧性差，电性能低劣，弹性稍低。丁腈橡胶主要用于制造耐油橡胶制品。

特种橡胶的主要类型有：

1）氟橡胶。氟橡胶是含有氟原子的合成橡胶，具有优异的耐热性、耐氧化性、耐油性和耐药品性，主要用于航空、化工、石油、汽车等工业部门，作为密封材料、耐介质材料以及绝缘材料使用。

2）硅橡胶。硅橡胶由硅、氧原子形成主链，侧链为含碳基团，用量最大的是侧链为乙烯基的硅橡胶。它既耐热，又耐寒，使用温度在 -100 ~ 300℃之间，具有优异的耐气候性和耐臭氧性以及良好的绝缘性。其缺点是强度低，抗撕裂性能差，耐磨性能也差。硅橡胶主要用于航空工业、电气工业、食品工业及医疗工业等方面。

3）聚氨酯橡胶。聚氨酯橡胶是由聚酯（或聚醚）与二异腈酸酯类化合物聚合而成的。它的耐磨性能好，弹性也好，硬度高，耐油、耐溶剂，缺点是耐热老化性能差。聚氨酯橡胶在汽车、制鞋、机械工业中的应用最多。

5. 汽车用高性能特种合成橡胶

汽车用橡胶零部件对汽车的防振、减噪、提高车辆的行驶稳定性和乘坐舒适性等起着很大作用。汽车的通用橡胶材料用量比较大，但随着近年来发动机趋于大功率、小型化方向发展，使得发动机周围的环境温度升高，排气控制法规要求更加严格，加之含醇燃料的使用，迫使橡胶零部件必须要提高耐热、耐寒、耐油、耐老化等各项性能指标。所以，高性能特种合成橡胶的用量不断增加，汽车是这些特种合成橡胶的主要市场。因此，汽车用橡胶的品种将向着具有优良性能的特种胶方向发展。

橡胶原材料的改进提高了橡胶配件的使用寿命，目前，油封寿命普遍超过 25 万 km，风扇带寿命达10 万 km。据英国邓录普公司研究分析，在汽车工业中，丙烯酸酯橡胶最具有发展前途，氟橡胶、硅橡胶、三元乙丙橡胶、氯醚橡胶和聚氨酯橡胶的用量也在日趋增加。

目前，用丙烯酸酯橡胶制造的汽车配件主要有发动机油封、气缸盖垫片、油冷却器软管、排气软管、变速箱、油封和各种 O 形圈等。汽车上用的氟胶件已有水泵密封、阀杆密封、曲轴后油封、单阀膜片、胶管和气缸套 O 形密封圈等。预计除气缸垫外，各种垫片最终可能都要用硅橡胶制成。

我国汽车专用橡胶的品种规格少，且质量不稳定，工艺性能差，不能满足汽车用橡胶的需求，尤其是引进车型橡胶制品的国产化所需橡胶原材料更是缺少，只有依靠进口。目前主要进口丙烯酸酯橡胶、三元乙丙橡胶、氢化丁口橡胶、耐油性硅橡胶、丁基橡胶、热塑性橡胶和氟橡胶等7种橡胶。

9.1.5　粘合剂

在工程上，连接各种金属和非金属材料的方法除了焊接、铆接、螺栓连接之外，还有一种新型的连接工艺就是胶接，它是借助于某物质在固体表面产生的粘合力，将材料牢固地连接在一起的方法。胶接法不仅能起到连接的作用，而且还有固定、密封、浸渗、补漏和修复的作用。这种能够产生粘合力的物质称为粘合剂。

粘合剂以富有粘性的物质为基础，并以固化剂或增塑剂、增韧剂、填料等改性剂为辅料，可以用于胶接金属、陶瓷、木材、塑料、织物等，可连接同种或异种材料，且不受材料厚度限制。胶接接头处应力均匀，密封性好，绝缘性好，耐腐蚀，抗疲劳，胶接结构重量轻，工艺简便。粘合剂按基体材料可分为天然粘合剂和合成粘合剂。常用粘合剂有树脂型粘合剂和橡胶型粘合剂两种。

9.2　陶瓷材料

陶瓷材料也是工程材料中的一类重要材料，属于无机非金属材料。陶瓷是人类有史以来最古老的工业产品之一，作为一种传统的基础材料，其重要性在当今新材料、新技术的发展中日益显现出来。所谓陶瓷是指以天然硅酸盐（粘土、石英、长石等）或人工合成化合物（氮化物、氧化物、碳化物等）为原料，经过制粉、配料、成型、高温烧结而制成的无机非金属材料。由于陶瓷材料具有熔点高、硬度高、化学稳定性好、耐高温、耐腐蚀、耐摩擦、绝缘等优点，所以在现代工业中已得到广泛应用。现代陶瓷材料同金属材料、高分子材料一起构成了工程材料的三大支柱。陶瓷已成为人类生活和生产中不可缺少的一种材料，陶瓷产品的应用范围遍及国民经济的各个领域，它的发展经历了从简单到复杂、从粗糙到精细、从无釉到施釉、从低温到高温的过程。随着生产力的发展和技术水平的提高．各个历史阶段赋予陶瓷的含义和范围也随之发生变化。传统陶瓷和日用陶瓷、建筑陶瓷、电瓷等是采用粘土类及其他天然矿物原料经过粉碎加工、成型、烧结等过程而得到的，由于它使用的原料主要是硅酸盐矿物，所以归属于硅酸盐类材料。生产的发展与科学技术的进步要求充分利用陶瓷材料的力学性能和物理化学性能，因而制造出许多新的品种，使陶瓷从古老的工艺与艺术领域进入现代材料科学的行列中。这些陶瓷新品种常称为特种陶瓷，包括高温陶瓷（氧化物：Al_2O_3、SiO_2、莫莱石；非氧化物：SiC、Si_3N_4）、超硬刀具及耐磨陶瓷（CBN、Si_3N_4、Al_2O_3 + TiC、B_4C 等）、介电陶瓷（$BaTiO_3$）、压电陶瓷（PZT）、集成电路板用高导热陶瓷（AlN）、高耐腐蚀性的化工及化学陶瓷等。特种陶瓷的生产过程虽然基本上还是沿用粉末原料处理-成型-烧结这种传统的工艺方法，但所采用的原料已不单单是天然矿物，而是扩大到经过人工提纯加工或合成的化工原料，其组成范围已扩展到无机非金属材料的范围。

现代陶瓷材料是以特种陶瓷为基础的由传统陶瓷发展起来的又具有与传统陶瓷不同时代

鲜明特点的一类新型陶瓷，它早已超出了传统陶瓷的概念和范畴，是高新技术的产物。因此说陶瓷材料是一门既古老而又年轻的学科。

所谓现代陶瓷材料即无机非金属材料，它既是与金属和有机材料相并列的三大类现代材料之一，也是除金属材料和有机材料以外其他所有材料的统称。本章讨论的对象即是现代陶瓷材料或称现代无机非金属材料。

现代陶瓷材料具有高新技术内涵。与传统材料相比，它主要具有以下三个特点：

1）以现代科技发展的要求为背景，是现代科技发展的产物，为高新技术产品。

2）制造工艺复杂，需要现代科技成果的指导，因而是技术知识密集型产品。

3）具有优异的特殊性能，能满足新技术产业的要求。

9.2.1 陶瓷的制作工艺

陶瓷的生产制作过程虽然各不相同，但一般都要经过原料配制、制模、打浆、成型、整修、干燥、窑烧等制作过程。其中窑烧（素烧）分为两种：①还原烧（从0℃加温到1000℃，此时打开透气孔进氧使之燃烧更旺直至瓷化温度，烧出产品较乳白）；②氧化烧（从0℃一直加温至瓷化温度，烧出产品较清白）。

1. 原料配制

原料分为两种类型：

（1）可塑性原料　主要是粘土类天然矿物，包括高岭土、多水高岭土，它们在坯料中起塑化和粘结作用。

（2）无可塑性原料　其中石英可降低坯的粘性，烧成的部分石英溶解在长石玻璃中，提高液体相的粘度，防止高温变形，冷却后在瓷坯中起骨架作用，防止坯体收缩时产生开裂和变形。长石则属于熔剂原料，高温下熔融后可以溶解一部分石英及高岭土分解产物，对熔融后的高粘度玻璃可以起到高温胶结作用，能增加制品的密实性和强度。

2. 制模

制模过程为：土模→原始模→CASE模→生产模（石膏粉）。

石膏模是硬模，产品不可以有很复杂的造型和很深的纹路。石膏有吸水性，生产时就是用其吸水性成型的。制作模具的石膏要先抽空，再按1:0.7至1:0.85的比率调成石膏料。用硬性石膏做成的CASE模是原模分开来的几个组成部分（即所谓的分片），分片时要考虑脱模时不会拉伤土坯。用CASE模可灌制出多个生产模用于生产，当需要加快进度的时候就应该做出更多的生产模，如无纹路花瓶的CASE模的使用寿命是150~200次，纹路复杂的寿命只有30~40次。CASE模使用次数过多会磨损，用其生产的产品表面会有颗粒。CASE模与生产模可互相复制，所以一般要留1个或2个第一代的生产模作模种，在CASE模损坏的时候用来复制。

3. 打浆

泥浆的成分中加入解凝剂（学名水玻璃），解凝剂的比例为千分之三。打浆程式是：快速打浆→慢搅→打入吸铁机（含铁过重，烧出的产品会有黑点）→进入过滤振动筛，过滤网要在120目以上（1目=120个网孔/cm^2）→进入储浆筒。

4. 成型

成型的方式有：注浆成型法（平台注浆法、高压注浆法、车台成型法）、冲压成型法及干压法成型。

(1) 冲压成型法　又称为可塑法成型，用于制作地砖、瓷砖或餐具用之盘/碗等。可塑法成型分为雕塑、印坯、拉坯、旋压和滚压等种类。

(2) 注浆成型法　有纹路的模具的平均使用寿命为25~50次，没有纹路的模具的平均使用寿命为50~70次。

(3) 车台成型法　主要用于杯、碗等器皿，它的特点是速度快，可24h操作，10s 1个产品，其流程为：炼土机下料→将土炼成湿度、直径均符合要求的条状→切土机切割（根据产品的用量切出土条的长度）→有烘干设备的机械车台成型。

(4) 平台注浆法　石膏模用橡皮筋捆紧后，注满泥浆，第一次大约为15min，往后依次延长时间，一个模具一天12h可灌8次，工人下班后要烘干模具，保持模具的吸水性。

(5) 高压注浆法　多用于盘子等大而平的瓷器，依平台注浆方法生产易变形的产品。

(6) 干压法成型　利用压力，将干粉坯料在模中加压成致密坯体的一种成型方法。

5. 整修

用笔蘸水刷洗或用海绵蘸水刷洗，整修模线和注浆口，并用原来的泥浆粘合附件（如马克杯的杯把）。

6. 干燥

坯体干燥的方法包括自然空气干燥、热空气干燥、辐射线干燥以及微波干燥等。

7. 烧结

烧结过程大致分为低温蒸发（<300℃）、氧化分解和晶型转化（300~950℃）、玻化成瓷和保湿（950℃）以及冷却定型四个阶段。

窑烧时需要注意以下问题：

(1) 裂痕　明显的裂痕绝对不可接受，细裂痕则可以填充原料补平。裂痕易发生的地方一般在产品底部、附件粘合的地方以及刀片修整之处。

(2) 跳釉及针孔　跳釉发生是由于土质与釉不合，收缩密度不均所致。针孔是由于坯体表面有杂质，上釉之前未清除所致。基本上跳釉与针孔都可以用补釉的方式改正。

(3) 温度　釉中含有铅、铬，如果烧成温度不足时，铅、铬的含量会过高，测试会无法通过（一般可以用铁质硬物轻敲产品，视其声音来判断温度，并可同时检验产品暗裂的情形）。

9.2.2　陶瓷的组织结构

陶瓷材料与金属材料、高分子材料一样，它的各种性能都是由其化学组成及组织结构决定的。陶瓷材料的组织结构与金属材料不同，相对要复杂得多，这是由于陶瓷在生产过程中，各种物理和化学转变不能充分进行。陶瓷材料是一种多晶体材料，尽管各种陶瓷制品的显微组织结构有所不同，但它们都是由晶相、玻璃相和气相三部分组成的，各组成相的结构、数量、形态、大小及分布决定着陶瓷的性能。

9.2.3　陶瓷的性能

1. 力学性能

陶瓷在外力作用下只产生弹性变形，其弹性模量 E 一般都较高，变形量小。特别是氧化铝、氮化硅、碳化硅等特种陶瓷，即使在很高的温度下其蠕变也很小，这是陶瓷的可贵性能之一。

特种陶瓷的强度高、硬度大、耐磨性好，是制造各种特殊要求的易损零部件的重要材料。例如，用碳化硅陶瓷制造的各种泵类的机械密封环寿命很长，可以用到整台机器报废为止；用氮化硅陶瓷制造的滚动轴承，和全部钢制轴承相比，其负荷可加大，转速可加快，寿命可增加2~7倍。硅酸盐陶瓷的抗弯强度一般从几十到上百MPa，而特种陶瓷的强度还要比它大几倍到几十倍。例如，一种添加氧化钇和氧化铝的热压氮化硅陶瓷，其室温抗弯强度可达到1500MPa，与高强度合金钢相当。

2. 热性能

陶瓷材料熔点高，抗蠕变能力强，热硬性可达1000°C。但陶瓷的热膨胀系数和热导率小，承受温度快速变化的能力差，在温度巨变时会开裂。

3. 化学性能

陶瓷的化学性能最突出的特点是化学稳定性很高，有良好的抗氧化能力，在强腐蚀介质和高温共同作用下有良好的耐蚀性能。

4. 其他物理性能

大多数陶瓷是电绝缘体，功能陶瓷材料具有光、电、磁、声等特殊性能。

9.2.4 常用陶瓷材料的分类及其应用

随着生产与科学技术的发展，陶瓷材料及其产品种类日益增多。为了便于掌握各种材料及产品的特征，通常以不同的角度加以分类。

1. 按化学成分分类

（1）氧化物陶瓷　氧化物陶瓷种类繁多，在陶瓷家族中占有非常重要的地位。最常用的氧化物陶瓷有Al_2O_3、SiO_2、MgO、ZrO_2以及莫莱石（$3Al_2O_3 \cdot 2SiO_4$）和尖晶石（$MgAl_2O_3$）等。陶瓷中的Al_2O_3和SiO_2相当于金属材料中的钢铁和铝合金一样被广泛应用。

（2）碳化物陶瓷　碳化物陶瓷一般具有比氧化物更高的熔点。最常用的是SiC、B_4C、TiC及ZrC等。碳化物陶瓷在制备过程中应有气氛保护。

（3）氮化物陶瓷　氮化物中应用最广泛的是Si_3N_4，它是具有高温强度和高硬度，耐磨、耐腐蚀并能自润滑的高温结构陶瓷。在陶瓷中，它的线膨胀系数最小，具有良好的抗热疲劳和抗热振性，最高工作温度可达1400℃；除了能够耐各种无机酸和30%的烧碱溶液及其他碱溶液的腐蚀外，还能抵抗熔融的Al、Pb、Sn、Zn、Au、Ag、Ni以及黄铜等的侵蚀，并具有优良的点绝缘性和耐辐射性。

（4）硼化物陶瓷　硼化物陶瓷的应用并不是很广泛，主要是作为添加剂或第二相加入其他陶瓷基体中，以达到改善性能的目的。

2. 按性能和用途分类

（1）结构陶瓷　结构陶瓷作为结构材料用来制造结构零部件，主要利用其优良的力学性能，如强度、韧性、硬度、模量、耐磨性、耐高温性能（高温强度、抗热震性、耐烧蚀性）等。上面讲到的按化学成分分类的四种陶瓷大多数为结构陶瓷。

（2）功能陶瓷　功能陶瓷作为功能材料用来制造功能器件，主要利用其特殊的物理性质，如电磁性能、热性能、光性能、生物性能等。例如铁氧体、铁电陶瓷主要使用其电磁性能，用来制造电磁元件；介电陶瓷用来制造电容器；压电陶瓷用来制作位移或压力传感器；固体电解质陶瓷利用其离子传身特性可以制作氧探测器；生物陶瓷用来制造人工骨骼和人工牙齿等。超导材料和光导纤维也属于功能陶瓷的范畴。

值得一提的是，上述分类也是相对的，而不是绝对的。结构陶瓷和功能陶瓷有时并无严格界限，对于某些陶瓷材料二者性能兼而有之。如压电陶瓷，虽然可将它划分为功能陶瓷之列，但对其力学性能如强度、韧性、硬度、弹性模量亦有一定的要求，首先必须具有足够的强度，在承受外力时不致破坏，才能实现压电特性。另外，如高温结构陶瓷或航天器防热部件利用抗热震耐烧陶瓷，它虽属于结构陶瓷之列，但其抗热震性不仅取决于它本身的强度、韧性、模量，而且它的热导率、热膨胀系数也与力学性能一样，对抗热震性有着十分重要的影响。耐腐蚀性是化工陶瓷（如耐酸泵）的重要性能，但也要求它必须具有一定的力学性能，才能满足承载要求。综上所述，不论是结构陶瓷还是功能陶瓷，力学性能是陶瓷材料的最基本性能，只是不同用途对力学性能要求的高低不同而已。

本章小结

本章主要讲解了高分子材料的基本知识、高分子材料的性能特点、常使用的几种高分子材料及陶瓷材料。着重从结构、性能、分类及应用等几个方面详细阐述了典型高分子材料的特点，增加学生对非金属材料的认识。

第10章 新型材料

内容提要： 新型材料，相对于传统材料而言，也称为先进材料。新材料研究的根本任务是利用新的科学原理和技术设计合成或制备出具有优异性能的材料。新型材料有别于传统材料的最大特点是不只具有单一功能，在一定条件下可实现多种功能，从而为高新技术产品的智能化、微型化提供了材料基础。

教学重点： 新型材料如功能材料、复合材料和纳米材料的基本概念、分类及其基本特点，新材料与传统材料的异同点、制备工艺和应用。

教学难点： 新材料的基本特点和制备工艺。

10.1 新型材料的分类

随着现代科学技术的发展，交通、能源、航空航天、海洋工程、生物工程等领域对所需材料提出了更高的要求，传统的单一材料如金属材料、陶瓷材料和高分子材料已远远不能满足工程要求。材料通常要在极端的环境下服役，如高温、高压、强腐蚀介质等，因此，要求材料具有良好的综合性能，如低密度、好的强韧性、高耐磨性和良好的抗疲劳性能等。所以，要改变传统材料的设计理念，根据产品所需性能来设计新型材料，使其在一定条件下可实现多种所需功能。新型材料的设计可以从材料的组成、结构和加工工艺等来实现。广义地讲，新型材料包括功能材料、复合材料和纳米材料等。

10.2 功能材料

可以说，所有工程材料都属于功能材料。所谓功能材料是指应用它的物理和化学性能如光、电、磁、声、热等特性的各种材料，包括电功能材料、磁功能材料、光功能材料、超导材料、形状记忆合金、功能陶瓷、功能纤维等。功能材料比较常见的分类方法有：

（1）按使用性能分类　可分为微电子材料、光电子材料、传感器材料、信息材料、生物医用材料、生态环境材料、能源材料和机敏（智能）材料等。

（2）按材料的化学键分类　可分为功能性金属材料、功能性无机非金属材料、功能性有机材料和功能性复合材料。

（3）按材料的物理性质分类　可分为磁性材料、电性材料、光学材料、声学材料、力学材料、化学功能材料等。

（4）按功能材料的应用领域分类　可分为电子材料、军工材料、核材料、信息工业用材料、能源材料、医学材料等。

下面主要介绍形状记忆合金、超导材料、储氢材料、智能材料及梯度功能材料。

10.2.1　形状记忆合金

早在20世纪30年代，格莱宁格等人在研究Cu-Zn合金时就发现原来弯曲的合金丝被拉直后，当温度升高到一定值时，它又恢复到原来弯曲的形状，合金似乎对初始形状具有记忆性，这种现象称为形状记忆效应。具有形状记忆效应的金属或合金称为形状记忆合金，它是通过热、光、电等物理刺激或化学刺激处理后又恢复成初始形状的，即无生命的材料却具有一定的“记忆”功能。作为一类重要的功能材料，形状记忆合金已广泛应用于医疗、人造卫星、机器人和自动控制系统、仪器仪表等领域。近年来，在高分子聚合物、陶瓷、玻璃材料及超导材料中也发现了形状记忆现象。迄今为止，研制和发现的形状记忆合金已有10多个系列、50多个品种。合金的形状记忆效应分为单程、双程和全程三种。材料在较高温度下制成某种形状，然后在低温下将其任意变形，若将其再加热到高温时材料能恢复高温下的形状，但重新冷却时却不能恢复低温时的形状，这是单程记忆效应；若冷却后材料仍能恢复低温下的形状，就是双程记忆效应；而全程形状记忆合金在实现双程形状记忆过程后继续冷却，会在相反的方向上再出现高温下的初始形状。

1. 形状记忆效应的产生和机理

形状记忆合金与传统金属材料的变形及恢复不同，传统金属材料在弹性范围内，除去载荷后可以恢复到原来形状，无永久变形，但当变形超过弹性范围后，即使去除载荷，材料也不可能恢复到原来形状，而要发生永久变形，如图10-1a所示。对于形状记忆合金而言，在变形超过弹性范围时，虽然去除载荷后也会发生残留变形，但这部分残留变形在其后加热到某一温度即会消除而恢复原来形状，如图10-1b所示。

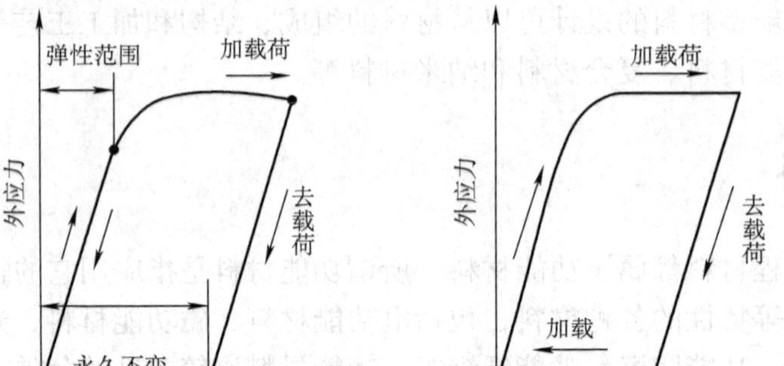

图10-1　形状记忆合金和传统金属材料比较

a）传统金属材料　b）形状记忆合金

形状记忆合金的记忆效应与合金中发生的马氏体相变密切相关。马氏体相变是一种无原子扩散的相变，往往具有可逆性，即把低温相马氏体以足够快的速度加热，可以不经分解直接转变为高温相（合金母相）。合金母相向马氏体转变的开始和终了温度分别为M_s、M_f，马氏体向母相逆转变的开始和终了温度分别为A_s和A_f。形状记忆合金的形状记忆过程为：合金母相在降温的过程中，温度低于M_s时发生马氏体相变，该过程无大量的宏观变形，当温度低于M_f以下，对合金施加压力，使马氏体通过界面移动，发生塑性变形；随着温度升高到马氏体逆转变的终了温度A_f以上时，马氏体逆向转变回合金母相，马氏体消失，即合金低温下的“塑性变形”消失，恢复原始形状，这就是典型的形状记忆效应。

目前，形状记忆合金的主要机理之一是热弹性马氏体相变，即具有马氏体逆转变特性，且 M_s 与 A_s 相差很小的合金，将其冷却到 M_s 点以下时，马氏体晶核随温度下降逐渐长大，当温度回升时马氏体片又反过来随温度上升而同步缩小，这种马氏体叫热弹性马氏体，随着温度的变化具有“弹性”特征。

由此可见，形状记忆材料应具备如下条件：①马氏体相变是热弹性的；②马氏体点阵的不变切变为孪变，亚结构为孪晶或层错；③合金母相为有序相。有序态的母相，其自由能低、相变潜热小、温度滞后小，有利于相变以热弹性方式进行。有序结构提高了母相的屈服强度，可使母相在相变过程中有效地避免因周围发生的马氏体相变引起塑性变形而不稳定。此外，有序结构在一定程度上减少了合金发生切变的变形“自由度”，有利于相变的可逆性。

2. 形状记忆合金的分类

形状记忆合金可分为三大系列：Ti-Ni 系形状记忆合金、铜基系形状记忆合金和铁基系形状记忆合金。

（1）Ti-Ni 合金　近等原子比的 Ti-Ni 合金（Ni 元素的质量分数为 55% ~56%）是应用最早的一种记忆合金。由于其具有优异的形状记忆效应、高耐热性、耐蚀性、高强度以及其他合金无法比拟的热疲劳性与良好的生物相容性、高阻尼特性等，因而得到广泛应用。但该合金原材料昂贵，制造工艺复杂，切削加工性不良，制作成本高。

（2）铜基合金　由于铜基形状记忆合金的母相都是有序相，故热弹性马氏体相变的特性很明显。铜基合金具有价格便宜、生产过程简单、形状记忆效应良好、电阻率小、加工性能好等特点，但长期或反复使用时表现出记忆性能衰退现象。这种衰退可能是由于马氏体转变过程中产生的范性和局部马氏体相变产生“稳定化”所致。铜基合金逆相变加热温度越高，衰退速率越快；载荷越大，衰退也越快。采用如下方法可提高记忆性能：①加入适量的稀土或 Ti、Mn、V、B 等元素；②采用粉末冶金或快速凝固等方法。目前，已得到实际应用的铜基形状记忆合金主要有 Cu-Zn-Al、Cu-Al-Mn 和 Cu-Al-Ni，其中 Cu-Zn-Al 合金应用较广。

（3）铁基合金　铁基形状记忆合金具有强度高、塑性好、价格便宜等优点，正在逐渐受到人们的重视。铁基系形状记忆合金的形状记忆效应既有通过热弹性马氏体相变来获得的，也有通过应力诱发 ε 马氏体相变（非热弹性马氏体）而产生形状记忆效应的。正在开发和研究的铁基记忆合金主要有 Fe-Mn-Si 系和 Fe-Ni-Co-Ti 系。

目前已发现具有形状记忆效应的合金很多，进入实用化的主要有 Ni-Ti 合金和 Cu-Zn-Al 合金，前者价格较高，但性能优良，并与人体有生物相容性。

3. 形状记忆合金的应用

形状记忆合金的应用很广，涉及到机械、航空航天、电子、能源、医学等多种领域。从精密复杂的结构件到较为简单的连接件、紧固件，从形状记忆合金发动机到过电流保护器等都有应用，而用作管道连接件是记忆合金最大的一项用途。选用记忆合金制作连接管接头，可以防止用传统焊接方法所引起的组织变化，更适合于严禁明火的管道连接，而且操作简便，密封性能可靠。利用形状记忆合金在高温时弹性模量高、低温马氏体相状态下弹性模量较低的特性，可以将形状记忆合金制作成弹簧元件，使之具有双向动作功能，起到温度控制元件的作用。此外，形状记忆合金还应用于电流断路器、自动干燥箱、空调机风向自动调节器、热机等。Ti-Ni 合金可应用于医学上的口腔牙齿矫形丝以及外科中的各种矫形体、骨连接器、血管夹、血管扩张元件、凝血滤器等。

10.2.2　超导材料

1. 超导材料的定义

1911 年，荷兰物理学家昂尼斯（1853—1926）在液氮温度（-196℃）下测量水银电阻时发现，水银的电阻率并不像预料的那样随温度降低而逐渐减小，当温度降到 4.15K（热力学温标）附近时，水银的电阻突然降到零。某些金属、合金和化合物，在温度降到绝对零度附近的某一特定温度时，它们的电阻率突然减小到无法测量的现象叫做超导现象，能够发生超导现象的物质叫做超导体。超导体由正常态转变为超导态的温度称为这种物质的转变温度（或临界温度）T_c。现已发现有 28 种元素和几千种合金和化合物可以成为超导体。如钨的转变温度为 0.012K，锌为 0.75K，铝为 1.196K，铅为 7.193K。后来发现，如果把超导体放在磁场中加以冷却，则在材料电阻消失的同时，磁感应线将从导体中排出，即出现所谓完全抗磁性（迈斯纳效应）。因此，超导性和抗磁性是超导体的两个主要特征。

2. 超导材料的特性

超导材料和常规导电材料的性能有很大的不同，具体如下：

（1）零电阻性　超导材料处于超导态时电阻为零，能够无损耗地传输电能。如果用磁场在超导环中引发感生电流，这一电流可以毫不衰减地维持下去。这种“持续电流”已多次在实验中观察到。

（2）完全抗磁性　超导材料处于超导态时，只要外加磁场不超过一定值，磁力线不能透入，超导材料内的磁场恒为零。

（3）约瑟夫森效应　两超导材料之间有一薄绝缘层（厚度约 1nm）而形成低电阻连接时，会有电子对穿过绝缘层形成电流，而绝缘层两侧没有电压，即绝缘层也成了超导体。当电流超过一定值后，绝缘层两侧出现电压 U（也可加一电压 U），同时，直流电流变成高频交流电，并向外辐射电磁波。这些特性构成了超导材料在科学技术领域越来越引人注目的各类应用的依据。

3. 超导材料的分类

超导材料按其化学成分可分为元素材料、合金材料、化合物材料和超导陶瓷。

（1）超导元素　在常压下有 28 种元素具有超导电性，其中铌（Nb）的 T_c 最高，为 9.26K。电工中实际应用的主要是铌和铅（Pb 的 T_c = 7.201K），已用于制造超导交流电力电缆、高 Q 值谐振腔等。

（2）合金材料　超导元素加入某些其他元素作为合金成分，可以使超导材料的全部性能提高。如最先应用的铌锆合金（Nb-75Zr），其 T_c 为 10.8K，H_c 为 8.7T。继后发展了铌钛合金，虽然 T_c 稍低了些，但 H_c 高得多，在给定磁场能承载更大电流。其性能是 Nb-33Ti：T_c = 9.3K，H_c = 11.0T；Nb-60Ti：T_c = 9.3K，H_c = 12T(4.2K)。目前铌钛合金是用于 7 ~ 8T 磁场下的主要超导磁体材料。铌钛合金再加入钽的三元合金，性能进一步提高，Nb-60Ti-4Ta 的性能是：T_c = 9.9K，H_c = 12.4T(4.2K)；Nb-70Ti-5Ta 的性能是：T_c = 9.8K，H_c = 12.8T。

（3）超导化合物　超导元素与其他元素化合常有很好的超导性能。如已大量使用的

Nb_3Sn，其 $T_c = 18.1K$，$H_c = 24.5T$。其他重要的超导化合物还有 V_3Ga：$T_c = 16.8K$，$H_c = 24T$；Nb_3Al：$T_c = 18.8K$，$H_c = 30T$。

（4）超导陶瓷 20世纪80年代初，米勒和贝德诺尔茨开始注意到某些氧化物陶瓷材料可能具有超导电性，他们的小组对一些材料进行了试验，于1986年在镧-钡-铜氧化物中发现了 $T_c = 35K$ 的超导电性。1987年，中国、美国、日本等国科学家在钡-钇-铜氧化物中发现 T_c 处于液氮温区具有超导电性，使超导陶瓷成为极有发展前景的超导材料。

4. 超导材料的应用

超导材料具有的优异特性使它从被发现之日起就向人类展示了诱人的应用前景，到了20世纪80年代，超导材料的应用主要有：

1）利用材料的超导电性可制作磁体，应用于电机、高能粒子加速器、磁悬浮运输、受控热核反应、储能等；可制作电力电缆，用于大容量输电（功率可达10000MV·A）；可制作通信电缆和天线，其性能优于常规材料。

2）利用材料的完全抗磁性可制作无摩擦陀螺仪和轴承。

3）利用约瑟夫森效应可制作一系列精密测量仪表以及辐射探测器、微波发生器、逻辑元件等。利用约瑟夫森结作计算机的逻辑和存储元件，其运算速度比高性能集成电路的快10~20倍，功耗只有1/4。但是，要实际应用超导材料又受到一系列因素的制约，首先是它的临界参量，其次还有材料制作的工艺等问题（例如脆性的超导陶瓷如何制成柔细的线材就有一系列工艺问题）。

10.2.3 储氢材料

1. 储氢材料的定义

储氢材料是一类能可逆地吸收和释放氢气的材料。能源问题是人类社会发展面临的一个重要问题，解决的途径之一就是开发能源以满足社会需要。但是，在解决能源问题的同时，还要尽量减少能源在使用过程中对环境带来的危害。众所周知，氢气燃烧可以释放大量的热能，单位质量氢的热能是汽油的3倍，而其燃烧后的产物是水，不污染环境，不破坏生态平衡。因此，氢作为一种洁净、无污染、发热值高的二次能源，作为可替代能源（原子能、太阳能、地热、风能）的转化产物，非常有发展前景。氢能的利用涉及氢的储存、输运和使用。自20世纪60年代中期发现 $LaNi_5$ 和 FeTi 等金属间化合物的可逆储氢作用以来，储氢合金及其应用研究便得到迅速发展。储氢合金是一种能在晶体的空隙中大量储存氢原子的合金材料，能以金属氢化物的形式吸收氢，加热后又能释放氢，是一种安全、经济而有效的储氢方法。金属氢化物不仅具有储氢特性，而且具有将化学能与热能或机械能相互转化的机能，从而能利用反应过程中的焓变开发热能的化学储存与输送，有效利用各种废热形式的低质热源，因此，储氢合金的众多应用已受到人们的特别关注。

2. 储氢材料的特征

储氢材料的主要性能特征包括：①氢气储存量大、吸收与释放速度高；②离解温度（即氢与材料的化学结合破坏，从而还原成氢气并释放出来的温度）较低。

3. 储氢材料的分类

一般情况下，金属氢化物按其氢键性质可以分为三类：共价键、离子键和金属键。

（1）共价型氢化物 元素和氢原子之间电荷的极性分配相当平均，没有大的电荷差别，分子结合力不强。这类氢化物不稳定，随母相元素增加稳定性增加，并且大多数有毒，易燃放热。属于这类的氢化物有铝氢化物、锡氢化物、硼氢化物、锗氢化物。

(2) 离子型氢化物　这类氢化物是由具有很强正电性的碱金属或碱土金属和氢形成的。由于离子间具有很强的静电力作用，所以，离子型氢化物是高极性的。这些氢化物都是晶体，具有高的形成热和高的熔点，熔融盐状态是电的导体。离子键氢化物比碱金属和碱土金属的密度分别高45%~75%和20%~25%。由于很强的离子间吸引，使体心立方结构的金属成为密排面心立方结构的氢化物。

(3) 金属型氢化物　是过渡族金属与氢化合形成的金属型氢化物，它们通常显示一定的金属性。例如，高的热导率和低的电阻率、高硬度、有光泽。与金属不同，这些氢化物相当脆。因为大多数金属型氢化物有一均匀的成分范围，所以有时被认为是氢在金属中的固溶体。如金属铀与氢反应，迅速形成相当细的粉末状物质。

4. 储氢材料的制备

中子衍射实验已经证实，氢分子在金属表面分解为氢原子，通过表面或疏松的氢化物膜进入金属内部。相变形成氢化物后的氢原子是填充在金属晶格的四面体或八面体间隙位置上的，其间隙越多，可能收容的氢原子也就越多。增大氢气的压力，氢原子接连不断地挤入间隙里使含氢量达到饱和，合金全体成为氢化物。由于氢原子是挤入的，所以排列也是密集的。不仅是纯金属可以得到氢化物，金属间化合物也可以形成氢化物。

按照储氢机理的不同，可以将储氢方法分为物理法和化学法两种。金属和氢作用的过程可以分为二步：第一步是吸附，第二步是固渗或者化学反应。吸附分为物理吸附和化学吸附，前者是可逆的，具有低的吸附热，一般吸附量比较小；后者一般不可逆，即使有可逆过程发生，也需要长的滞后时间，吸附热较高，一般吸附量比较大。物理法储氢主要利用物理吸附和液化氢气。化学法储氢第一步可能是物理吸附也可能是化学吸附，第二步则是储氢材料和氢气生成氢化物，然后氢化物在一定条件下放出氢气以达到储氢目的。氢溶于金属可以分为两类：一类是氢溶入时放热，另一类是氢溶入时吸热。放热反应往往是氢和金属直接结合形成氢化物相，包括碱或碱土金属、钛和钒类金属、稀土（含 Se 和 Y）和锕系金属以及钯（Pd）。而大部分其他金属（如 Fe、Co、Ni、Cu、Ag 和 Pt）当氢溶入时却是吸热的。

5. 储氢材料的应用

储氢合金金属氢化物是一种新型功能材料，也是一种高密度储能材料，广泛用于氢的储存、运输，氢气的分离和冷化。储氢材料普遍用于合成化学的催化加氢与脱氢、镍氢电池、氢能燃料汽车，用于海水的淡化，还用作金属氢化物压缩机、金属氢化物热泵、空调与制冷、氢化物热压传感器和传动装置等。储氢材料既可以作为固体储氢介质，又可以作为镍氢电池的负极活性材料，是燃料电池与镍氢电池的关键技术之一，是新能源材料中的一类重要材料。

(1) 用于氢气的储存和运输　氢储存是储氢金属氢化物的最基本的应用。金属氢化物储氢密度高，其原子密度比相同温度、压力条件下的气态氢大1000倍。如采用 $TiMn_{1.5}$ 制成的储氢容器与高压（15MPa）钢瓶和深冷液化储包装置相比，在储氢摩尔量相等的情况下，三者的质量比为1:1.4:0.2，体积比为1:4:1.3，质量小，体积小，而且储氢合金储氢无需高压和液氢的低温设施，节省能源。氢以金属氢化物形式存在于储氢合金中，安全可靠，便于氢的运输和传递。金属氢化物储氢装置是一种金属-氢系统反应器，由于存在氢化反应的热效应，储氢装置一般为热交换器结构，有固定式和移动式两种类型。移动式储氢装置主要用于大规模储存和输送氢气以及车辆氢燃料箱等供氢场合。

（2）用于合成化学中催化加氢与脱氢 在合成化学中，储氢合金材料可用于加氢与脱氢反应的催化剂，反应条件温和，具有较高的催化活性。例如，Reilly 和 E. Schwab 等先后试验了 TiFe 及 TiRu 合金在合成氨反应中的催化作用。实验表明 TiFe 合金具有良好的催化活性，特别是在 TiFe 合金中加入少量 Ru 可使 TiFe 的活性提高 5 倍，活化能从 62J/mol 降至 38J/mol。

（3）用于储氢合金电极材料 20 世纪 70 年代，Justi 等发现 LaNi5 和 TiNi 系储氢合金不仅具有阴极储氢能力，而且对氢的阳极氧化也有催化作用。当时由于材料本身性能方面的原因，未能使储氢合金作为电池负极的新材料而走向实用化。近年来，由于对多元储氢合金电极材料的进一步研究开发，使 LaNi5 基多元储氢合金在循环使用寿命方面获得突破，从而使金属氢化物电极替代镍-镉电池的镉负极组，并且镍-氢化物电池进入了大规模产业化。镍-氢化物电池与传统的镍-镉电池相比具有高能量密度，为镍-镉电池的 1.5 ~ 2.0 倍，耐过充，放电能力强，无重金属镉对人体的危害，被誉为“绿色电池”。此外，镍金属氢化物电池能量密度是铅酸电池的 2 倍，抗振、低温性能好，已成为电动汽车用大型电池的首选电源之一，在未来主战坦克蓄电池发展过程中也具有广阔的应用前景。镍金属氢化物电池在欧、美、日都已投入生产，年产量上亿只，中国批量生产的镍金属氢化物电池的性能也已达到国际公认的水平。镍金属氢化物电池已经成为储氢合金目前最具有经济价值的应用方向。

（4）热泵、空调及热储存 把热从低温物体输送到高温物体的装置称为热泵。热泵起动时，高温物体会逐渐升温，低温物体的温度会逐渐降低，因此，热泵既有供热的作用，又有制冷的功能。储氢合金吸-放氢时伴随着巨大的热效应，发生热能-化学能的相互转换，其可逆性好，反应速度快，是一种特别有效的蓄热和热泵介质。储氢合金储热能是一种化学储能方式，热能经长期储存后没有损失。从热力学角度分析，热泵的热效率比使用化石燃料高。氢化物热装置可利用废热和太阳能等低品位的热源驱动工作，它属于气固相作用，无腐蚀、无运动部件（因而无磨损、无噪声），系统工作温度范围大，工作温度可调，不存在氟利昂对大气臭氧层的破坏作用，可达到制冷-采暖双效目的。储氢合金氢化物热泵属于化学反应型热泵，其核心是金属与氢之间的可逆反应，利用这种可逆反应的反应热进行热能的转换、储存和交换。同温度下分解压不同的两种氢化物组成热力学循环系统，使两种氢化物分别处于吸氢（放热）和放氢（吸热）状态，利用它们的平衡压差来驱动氢气流动，从而利用低品位热源来进行储热、采暖、空调和制冷。

（5）氢能汽车 氢能汽车是一种完全以氢气为燃料代替汽油的新型汽车。它不存在环境污染问题，具有良好的发展前景。目前开发的氢能汽车主要有三种类型：直接燃烧氢的储氢罐型、利用镍氢电池的电动型以及以燃料电池为动力的燃料电池型。目前使用稀土系和钛系以及钛铁锰储氢合金，1m^3 氢气可行驶 5 ~ 6km。德国奔驰公司已试制成功用钛铁储氢合金代替汽油箱的氢能汽车，并反复进行了公路实地试车。美国 Ovenic 电池公司也将镍金属氢化物电池用于电动汽车，充电一次可行驶 350km，平均时速为 90km，最高速度可达 160km。

10.2.4 智能材料

1. 智能材料的定义

纵观材料的发展，经历了从松散型（如金属材料、无机非金属材料和高分子材料）到复合型和杂化型（如金属基、陶瓷基和高分子复合材料及生物杂化材料），进而为异种材料间不分界的整体化融合型材料。而智能材料则是受集成电路技术启迪而构思的三维组件模式的融合型材料，是在原子、分子水平上进行材料控制，于不同的层次上赋予自检测（传感功能）、自判断、自结论（处理功能）和自指令、自执行（执行功能）所设计出的新材料。这是日本高本俊宜教授将信息科学融合于材料物性和功能的一种材料新构思。

智能材料又可以称为敏感材料，由传感器或敏感元件等与传统材料结合而成。智能材料就是指具有感知环境（包括内环境和外环境）刺激，对之进行分析、处理、判断，并采取一定的措施进行适度响应的智能特征的材料。

2. 智能材料的特征

智能材料是材料的多功能复合和材料的仿生设计，所以智能材料系统具有或部分具有如下的智能功能和生命特征。

（1）传感功能　能够感知外界或自身所处的环境条件，如负载、应力、应变、振动、热、光、电、磁、化学、核辐射等的强度及其变化。

（2）反馈功能　可通过传感网络对系统输入与输出信息进行对比，并将其结果提供给控制系统。

（3）信息识别与积累功能　能够识别传感网络得到的各类信息并将其积累起来。

（4）响应功能　能够根据外界环境和内部条件变化，适时动态地作出相应的反应，并采取必要行动。

（5）自诊断能力　能通过分析比较系统目前的状况与过去的情况，对诸如系统故障与判断失误等问题进行自诊断并予以校正。

（6）自修复能力　能通过自繁殖、自生长、原位复合等再生机理，来修补某些局部损伤或破坏。

（7）自调节能力　针对不断变化的外部环境和条件，能及时地自动调整自身结构和功能，并相应地改变自己的状态和行为，从而使材料系统始终以一种优化方式对外界变化作出恰如其分的响应。

3. 智能材料的构成

一般来说智能材料由基体材料、敏感材料、驱动材料和信息处理器四部分构成。

（1）基体材料　基体材料担负着承载的作用，一般宜选用轻质材料。基体材料首选高分子材料，因为其质量小、耐腐蚀，尤其是具有粘弹性的非线性特征。其次也可选用金属材料，以轻质有色合金为主。

（2）敏感材料　敏感材料担负着传感的任务，其主要作用是感知环境变化（包括压力、应力、温度、电磁场、pH 值等）。常用敏感材料如形状记忆材料、压电材料、光纤材料、磁致伸缩材料、电致变色材料、电流变体、磁流变体和液晶材料等。

（3）驱动材料　因为在一定条件下驱动材料可产生较大的应变和应力，所以它担负着响应和控制的任务。常用有效驱动材料如形状记忆材料、压电材料、电流变体和磁致伸缩材料等。可以看出，这些材料既是驱动材料又是敏感材料，显然起到了身兼二职的作用，这也是智能材料设计时可采用的一种思路。

（4）其他功能材料 包括导电材料、磁性材料、光纤和半导体材料等。

4. 智能材料的分类

若按功能来分，智能材料一般可以分为光导纤维、形状记忆合金、压电材料、电流变体和电（磁）致伸缩材料等。若按来源来分，智能材料可以分为金属系智能材料、无机非金属系智能材料和高分子系智能材料。金属系智能材料主要有形状记忆合金和形状记忆复合材料两大类；无机非金属系智能材料在电流变体、压电陶瓷、光致变色和电致变色材料等方面发展较快；高分子系智能材料的范围很广泛，作为智能材料的刺激响应性高分子凝胶的研究和开发非常活跃，其次还有智能高分子膜材、智能高分子粘合剂、智能型药物释放体系和智能高分子基复合材料等。

5. 智能材料的应用

由于智能材料结构不仅像一般功能材料一样可以承受载荷，而且它还具有了其他材料所不具备的功能，即能感知所处的内外部环境变化，并能通过改变其物理性能或形状等做出响应，借此实现自诊断、自适应、自修复等功能，因此，其应用领域非常广阔。在军事领域中，智能材料的应用主要涉及以下几个方面：智能蒙皮（例如光纤作为智能传感元件用于飞机机翼的智能蒙皮中，或者在武器平台的蒙皮中植入传感元件、驱动元件和微处理控制系统制成的智能蒙皮，可用于预警、隐身和通信）、结构监测和寿命预测（用于实时测量结构内部的应变、温度、裂纹，探测疲劳和受损伤情况，从而能够对结构进行监测和寿命预测）、减振降噪（用于航空、航天系统可以消除系统的有害振动，减轻对电子系统的干扰，提高系统的可靠性）等。在现代医学上，智能材料用于人造肌肉、人造皮肤、抗癌等方面。

10.2.5 梯度功能材料

随着现代科学技术的发展，材料服役环境的苛刻对材料性能的要求越来越高。例如，当航天飞机往返于大气层，其飞行速度超过25个马赫时，其表面温度高达2000℃，而其燃烧室内燃烧气体的温度可超过2000℃，燃烧室的热流量大于5MW/m^2，其空气入口的前端热通量达50MW/m^2。对于如此巨大的热量必须采取冷却措施，一般将用做燃料的液氢作为强制冷却的制冷剂，此时燃烧室内外温差大于1000℃。传统的金属材料虽然具有强度高、韧性好等优点，但在高温和腐蚀环境下却难以胜任，无法满足这种苛刻的使用环境；陶瓷材料具有耐高温、抗腐蚀等特点，但却具有难以克服的脆性；若将金属与陶瓷材料复合在高温环境中使用，由于两者的热膨胀系数相差较大，往往在金属和陶瓷的界面处产生较大的热应力，导致出现剥落或龟裂现象而使材料失效。为了有效解决此类极端条件下常规耐热材料的不足，日本学者新野正之、平井敏雄和渡边龙三人于1987年首次提出了金属和陶瓷二者梯度化结合——梯度功能材料这一新的理念。梯度功能材料的提出引起了世界各国的普遍重视，美国、前苏联、法国和英国等许多国家相继开展了研究。所谓梯度材料，即选择使用两种不同性能的材料，采用先进的材料复合技术，使中间部分的组成和结构连续地呈梯度变化，内部不存在明显的界面，从而使材料的性质和功能沿厚度方向也呈梯度变化的一种新型复合材料。这种复合材料的显著特点是克服了两材料结合部位的性能不匹配因素，同时，材料的两侧具有不同的功能。

1. 梯度功能材料的特点和分类

与宏观均质复合材料相比，梯度功能材料的成分和结构在每一处都是有控制地连续改变的，如图 10-2 所示。其特点是构成材料的组成及显微结构不仅是连续分布、适应环境的，而且是可以控制的。

以航天飞机用的超耐热材料构件为例，在承受高温的表面，设计配置耐高温陶瓷；在与冷却气体接触的表面，设计采用导热性和强韧性良好的金属；而在两个表面之间，采用先进的材料复合技术，通过控制金属和陶瓷的相对组成及组织结构，使其无界面地、连续地变化，就得到一种呈梯度变化的材料。从陶瓷过渡到金属的过程中，材料的耐热性逐渐降低、强度逐渐升高，在材料中部热应力达到最大值，从而实现热应力的缓和功能。这是鉴于梯度功能材料具有组成和显微结构连续变化、适应环境和可设计性的特点。

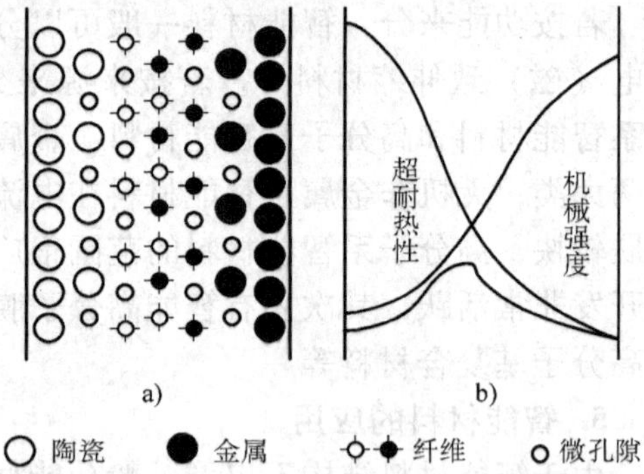

图 10-2 梯度功能材料的成分、结构及性能
a）成分、结构 b）缓和热应力功能

从组成变化来看，梯度功能材料可分为三类：梯度功能整体型（组成从一侧到另一侧呈梯度渐变的结构材料）、梯度功能涂覆型（在基体材料上形成组成渐变的涂层）和梯度功能连接型（粘接两个基体间的界面层呈梯度变化）。

2. 梯度功能材料的制备

梯度功能材料可以是金属-金属、金属-陶瓷、非金属-非金属、非金属-陶瓷等。功能梯度材料制备的关键是控制材料结构，使其组成和显微结构按照要求逐渐变化。

目前梯度功能材料的制备方法主要有气相沉积法、粒子排列法和电沉积法。气相沉积法包括化学气相沉积法（CVD）和物理气相沉积法（PVD）。CVD 法通过控制反应气来控制材料的梯度，用此法已制备出 SiC-C、C-Si 等梯度功能材料。PVD 法通过金属源加热蒸发，并控制氧、氮和碳化物反应气体的流量来控制材料的梯度。用 PVD 法已制备出了 Ti-TiN、Ti-TiC、Cr-CrN 等梯度功能材料。粒子排列法可分为粒子排列烧结法、等离子喷涂法和自蔓延高温合成等类型。粒子排列烧结法是使金属和陶瓷粉末的组成符合最佳梯度分布，压实后烧结即可制得梯度功能材料。等离子喷涂法是通过控制喷枪的送粉量来控制材料的梯度组成。自蔓延合成是先将原料用积层法制好，然后局部点火，自行完成整个制备过程。电沉积法是利用电镀原理，通过改变镀液流速、电流密度或粒子浓度来制备梯度功能材料。

3. 梯度功能材料的应用

由于特殊的内部结构所表现出的特殊优越性能，梯度功能材料在航天工业、能源工业、电子工业、光学工业、化学工程和生物医学工程等领域都具有重要的应用。

（1）航空航天材料和核反应堆材料　梯度功能材料主要应用于航天工业。航天飞机在往返大气层的过程中，机头的前段和机翼的前沿处于高温状态。过去航天飞机采用以陶瓷为主组合成的复合材料防热系统，除了重复使用性差外，整个系统的可靠性也存在很大的问题。采用金属/陶瓷结合的梯度材料作为核反应堆材料，能消除热传递及热膨胀引起的应力，解决内层容易剥离的问题，有望替代金属/陶瓷复合材料。

（2）生物医学材料　将羟基磷灰石陶瓷（HA）和钛或 T16Al-4V 合金组成的梯度功能

材料可作为仿生性人工关节和牙齿。用梯度功能材料制成的人工牙齿齿根的外表面是布满微孔的磷灰石陶瓷，内部由钛或其合金构成。因为HA是生物相容性优良的生物活性陶瓷，钛及其合金是生物稳定性和亲和性好的高强度材料，采用烧结法将它们制成含有HA陶瓷涂层的钛基材料（HA-G-Ti），特别适于植入人体，在满足生物相容性的同时提供一定的支撑强度。

（3）电子材料　电子仪器日趋轻量化、高密度化和微型化，迫切需要电子元器件的基板一体化及二维和三维复合型电子产品。梯度功能材料制造技术非常适合于制造此类复合型电子产品，通过控制基板和电子元件之间的倾斜组成可有效地解决两者易分离的固有缺陷，达到提高电子产品性能的目的。例如，压电陶瓷（PZT）广泛用于制造超声波振子、陶瓷滤波器等电子元件，但其在温度稳定性和失真振荡方面存在问题。通过调整材料的组成，使其梯度化，就能使压电系数和温度系数等性能得到最恰当的分配，提高压电器件的性能和寿命。

（4）光学工程　在光学领域，梯度功能材料典型的例子是梯度折射率光导纤维。传统的光纤是由光纤芯和外套两部分构成的，纤芯的折射率较高，外套有机纤维的折射率较低，利用光束在玻璃/纤维的界面处产生全反射来达到远距离传输的目的。而梯度折射率光纤在折射率的分布上具有独特之处，即玻璃纤芯的折射率随纤芯半径的增加而梯度化减少，这种光纤始终由光纤的芯轴来引导，减少了传输过程中的光信号损失。梯度折射率光纤比传统的复合光纤具有优越性，传输的光频带宽且距离远，适于大容量高密度远距离的光学信号传输。

10.3　复合材料

由于高新技术的发展，对材料性能的要求日益提高，单质材料很难满足对性能的综合要求。因此，人们设法采用某种可能的工艺将两种或两种以上的组织结构、物理及化学性质各不相同的物质结合在一起，形成一类新的多相材料（即所谓的复合材料），使之既可保留原有组分材料的优点，又可能具有某些新的特性，以扩大结构设计师们的选材余地，从而适应现代高技术发展的需求。

10.3.1　复合材料的定义及其分类

1. 复合材料的定义

复合材料是指由两种或两种以上的异质、异性、异形材料，在宏观尺度上复合而成的一种完全不同于其组成材料的新型材料。复合材料的定义包括以下四个方面：①它包含两种或两种以上物理性能不同并可用机械方法分离的材料；②它可以通过将几种分离的材料混合在一起而制成。混合的方法是在人为控制下将一种材料分散在其他材料之中，使其达到最佳性能；③复合后的性能优于各单独的组成材料，并在某些方面可能具有组成材料所没有的独特性能；④通过选取不同的组成材料、改变组成材料的含量与分布等微结构参数，可以改变复合材料的性能，即材料性能具有可设计性，并拥有最大的设计自由度。

2. 复合材料的分类

复合材料的组成材料称为组分材料，组分材料分为两部分：一部分为增强体，承担结构的各种工作载荷；另一部分为基体，起到粘结增强体并传递应力和增韧作用。增强体分为纤维、颗粒和片材三种。纤维包括连续纤维、短切纤维及晶须；颗粒包括微米颗粒与纳米颗粒；片材包括人工晶片与天然片状物。基体主要分为有机聚合物、金属、陶瓷、水泥和碳（石墨）等。复合材料主要改变强度、刚度、疲劳寿命、耐高温性、耐腐蚀性、耐磨性、吸引性、质量、抗震性、导热性、绝热性、隔声性等方面的性能。

目前复合材料主要按以下三要素来分类：

（1）按基体材料分类　包括金属基复合材料，陶瓷基复合材料，水泥、混凝土基复合材料，塑料基复合材料，橡胶基复合材料等。

（2）按增强剂形状分类　可分为粒子、纤维及层状复合材料。凡以各种粒子填料为分散质的是粒子复合材料，若粒子分布均匀，则材料各向同性；以纤维为增强剂得到的是纤维增强复合材料，依据纤维的铺排方式，材料可以各向同性也可以各向异性；层状复合材料，如胶合板由交替的薄板层胶合而成，因而是各向异性的。

（3）依据复合材料的用途分类　可分为结构复合材料和功能复合材料，目前结构复合材料占绝大多数，而功能复合材料有广阔的发展前途。预计21世纪会出现结构复合材料与功能复合材料并重的局面，而且功能复合材料更具有与其他功能材料竞争的优势。功能复合材料是指能实现某种功能的复合材料，如导电材料、导磁材料、导热材料、屏蔽材料等。结构复合材料则主要用作承力和次承力结构，要求质量小、强度和刚度高，且能耐受一定温度，某种情况下还要求具有膨胀系数小、绝热性能好或耐介质腐蚀等其他性能。

10.3.2　复合材料中各组元的作用

复合材料中能够对其性能和结构起决定作用的除了基体和增强体外，还包括基体与增强体间的界面。

基体是复合材料的重要组成部分之一，主要作用是利用其黏附特性固定和黏附增强体，将复合材料所受的载荷传递并分布到增强体上。基体的另一作用是保护增强体在加工和使用过程中免受环境因素的化学作用和物理损伤，防止诱发造成复合材料破坏的裂纹。同时，基体还会起到类似隔膜的作用，将增强体相互分开，这样即使个别增强体发生破坏断裂，裂纹也不易从一个增强体扩展到另一个增强体。因此，基体对复合材料的耐损伤和抗破坏、使用温度极限以及耐环境性能等均起着十分重要的作用，正是由于基体与增强体的这种协同作用，才赋予复合材料良好的强度、刚度和韧性等。

在结构复合材料中，增强体主要用来承受载荷。因此在设计复合材料时，通常所选择的增强体的弹性模量应比基体高。以纤维增强的复合材料为例，在外载作用下，当基体与增强体应变量相同时，基体与增强体所受载荷比等于两者的弹性模量比，弹性模量高的纤维就可承受高的应力。此外，增强体的大小、表面状态、体积分数及其在基体中的分布等对复合材料的性能同样具有很大的影响。

基体与增强体之间的界面特性决定着基体与复合材料之间结合力的大小。基体与增强体之间结合力的大小应适中，其强度只要足以传递应力即可。结合力过大，易使复合材料失去韧性；结合力过小，增强体和基体间的界面在外载作用下易发生开裂。因此需根据基体和增强体的性质来控制界面的状态，以获得适宜的界面结合力。此外，基体与增强体之间还应具有一定的相容性，即相互之间不发生反应。

10.3.3 复合材料的性能特征

复合材料不仅能保持原组分材料的部分优点和特性，而且还可借助于对组分材料、复合工艺的选择与设计，使组分材料的性能相互补充，从而显示出比原有单一组分材料更为优越的性能。

1. 物理性能特点

复合材料具有各种需要的优异物理性能，如低密度（增强体的密度一般较低）、膨胀系数小（甚至可达到零膨胀）、导热导电性好、阻尼性好等。因此，在选择增强体和基体组分材料时，应尽可能降低材料的密度和膨胀系数，这是结构用复合材料需要考虑的重要因素。密度的降低有利于提高复合材料的比强度和比刚度；而通过调整增强体的数量和在基体中的排列方式，可有效降低复合材料的热膨胀系数，甚至在一定条件下使其为零，这对于保持在诸如交变温度作用等极端环境下工作的构件的尺寸稳定性具有特别重要的意义。金属基复合材料中尽管加入的增强体大都为非金属材料，但仍可保持良好的导电和导热特性，这对扩展其应用范围非常有利。

2. 力学性能特点

工程常用的复合材料与其相应的基体材料相比较，主要具有如下力学性能特点：

（1）比强度、比模量高　这主要是由于增强体一般为高强度、高模量而相对密度小的材料，从而大大增加了复合材料的比强度（强度/密度）和比模量（弹性模量/密度）。如碳纤维增强环氧树脂比强度是钢的7倍，比模量则比钢大3倍。比强度和比模量是材料性能的重要指标，高的比强度、比模量可使结构质量大幅度减小。低结构质量意味着军用飞机可增加弹载、提高航速、改善机动特性、延长巡航时间，而民用飞机则可多载燃油、提高客载。

（2）抗疲劳性能好　疲劳是材料在交变载荷下，因裂纹的形成和扩展而产生的低应力破坏。在纤维增强复合材料中存在着许多纤维-树脂界面，这些界面能阻止裂纹进一步扩展，从而推迟疲劳破坏的产生，因此其疲劳抗力高；对脆性的陶瓷基复合材料这种效果还会大大提高其韧性，是陶瓷韧化的重要方法之一。大多数金属材料的疲劳强度是其抗拉强度的40%~50%，而碳纤维增强复合材料高达70%~80%，这是因为裂纹扩展机理不同所致。

（3）化学稳定性好　能耐酸碱腐蚀，还具有一些特殊性能，如隔热性、烧蚀性、特殊的电、磁性能等。

复合材料增强体一般在高温下仍会保持高的强度和模量，使复合材料较其所用的基体材料具有更高的高温强度和蠕变抗力。如铝合金在400℃时强度从室温的500MPa降至30~50MPa，弹性模量几乎降为零。如使用碳纤维或硼纤维增强后，400℃时材料的强度和模量与室温的相差不大，从而提高了金属材料的高温性能。

（4）减振能力强　当结构所受外力的频率与结构的自振频率相同时，将产生共振，容易造成灾难性事故。而结构的自振频率不仅与结构本身的形状有关，还与材料比模量的平方根成正比，因而纤维增强复合材料的自振频率较高，可以避免共振。此外，纤维与基体的界面具有吸振能力，具有很高的阻尼作用。

（5）断裂安全性高　纤维增强复合材料的截面上分布着相互隔离的细纤维，当其受力发生过载时，其中部分纤维会发生断裂，但随即会进行应力的重新分配，由未断纤维将载荷承担起来，不致造成构件在瞬间完全丧失承载能力而发生脆断，因此复合材料的工作安全性高。

3. 工艺性能特点

复合材料的成型及加工工艺因材料种类不同而各有差别，但一般来说相对于其所用的基体材料而言，成型加工工艺并不复杂。例如，以长纤维增强的树脂基、金属基、陶瓷基复合材料可整体成型，如此可大大减少结构件中的装配零件数量，进而提高构件的质量和使用可靠性。再如，短纤维或颗粒增强的金属基复合材料可采用传统的金属工艺进行制备和二次加工，因而在工程应用中具有很大的灵活性和实用性，增强了这类复合材料的适应能力。

10.3.4 复合材料的复合机制

目前，复合理论正处在研究和完善之中。复合理论主要包括两种机制，即粒子增强复合材料的复合机制和纤维增强复合材料的复合机制。

1. 粒子增强复合机制

根据增强颗粒的尺寸大小，颗粒增强复合材料可细分为弥散增强复合材料和真正颗粒（或称纯颗粒）增强复合材料两类。前者通常是指在金属或合金中加入一定数量的惰性硬质粉末并使之弥散分布而形成的复合材料；后者则指以微米级颗粒增强的金属、树脂或陶瓷等。

（1）弥散增强机制 该类复合材料的复合强化机理是：基体是承受载荷的主体，细小弥散颗粒随温度的升高可保持其原有尺寸，同时这些弥散颗粒将阻碍导致基体塑性变形的位错的运动（金属基）或分子链的运动（树脂基），从而提高了变形抗力。由于所加入的弥散粒子大都是高熔点、高硬度且高稳定的氧化物、碳化物或氮化物等，故粒子还会大大提高材料的高温强度和蠕变抗力。对于陶瓷基复合材料，其粒子则会起到细化晶粒，使裂纹转向与分叉，从而提高陶瓷强度和韧性的作用。

（2）颗粒增强机制 这类材料是用金属或高分子聚合物把具有耐热、硬度高但不耐冲击特性的金属氧化物、碳化物或氮化物等颗粒黏结起来形成的材料。该种复合材料借助于限制颗粒邻近基体的运动来达到强化基体的目的。它具有基体材料脆性小、耐冲击的优点，又具有陶瓷硬度高及耐热等特点，复合效果显著。其所用粒子粒径较大，一般为 1 ~ 50μm，体积分数在 20% 以上。因此，该类复合材料的使用性能主要决定于粒子的性质，可大大提高材料的耐磨性和综合力学性能，主要用作耐磨、减摩的材料，如硬质合金、粘结砂轮材料等。

2. 纤维增强复合机制

广义的纤维增强复合材料是指由高强度、高模量脆性纤维类增强体与韧性基体（树脂、金属）或脆性基体（陶瓷）经一定工艺复合而成的多相材料。通常所讲的纤维增强复合材料主要是指纤维增强树脂或纤维增强金属材料。提高基体在室温和高温下的强度和弹性模量是纤维增强树脂或金属的主要设计目标。增强纤维的种类很多，目前用作增强体的纤维大多数是直径为几个至几十微米的多晶材料或非晶材料，因其长度的不同又可分为连续长纤维和短纤维。

（1）长纤维增强 这类复合材料的增强效果主要取决于纤维的特性，基体只起传递和分散应力的作用。材料的力学性能主要取决于纤维的强度、纤维与基体的界面强度、基体的抗剪强度等。其强度的增强效果与纤维的体积分数、纤维直径、纤维的抗拉强度、纤维的长度及长径比、基体的粘结强度及基体的抗拉强度有关。目前应用较多的有玻璃纤维和碳纤维增强复合材料。

(2) 短纤维及晶须增强　短纤维(或晶须)对陶瓷的强化和韧化作用比颗粒增强体的作用更有效更明显，纤维增加了基体与增强体的界面面积，具有更为强烈的裂纹偏转和阻止裂纹扩展效果。

一般地，纤维增强效果按以下原则设计：

1) 承受载荷的主要是纤维增强体，故选用纤维的强度和弹性模量要远远高于基体。

2) 基体与纤维应有一定的相容性和浸润性，保证将基体所受力传递到纤维上；但两者结合强度太低，纤维起不到作用，相反则会导致材料变脆。

3) 纤维排列方向与构件受力方向一致。

4) 纤维与基体热膨胀系数相近，且保证制造和使用时两者界面上不发生使力学性能下降的化学反应。

5) 一般纤维体积分数越高、长径比越大(L/d 大)强化效果越好。

10.3.5 复合材料的应用

目前，聚合物、金属、碳基和混凝土基复合材料已广泛应用于机械、信息、交通运输及化学工业等各个领域中。

1. 复合材料在机械工业领域的应用

复合材料在机械工业主要用于阀、泵、齿轮、风机、叶片、轴承及密封件等。用酚醛玻璃钢和纤维增强聚丙烯制成的阀门比不锈钢阀门的使用寿命更长，且价格便宜。玻璃钢不仅质量小而且具耐腐蚀性，常用于制作泵壳、叶轮、风机机壳及叶片等。用玻璃钢制作的泵的重量仅为铸铁泵的十分之几，并且耐腐蚀性好。碳/碳复合材料具有耐高温、摩擦因数低的特点，常用于制作机械密封件。

2. 复合材料在信息技术领域的应用

复合材料在信息技术领域的信息获得、信息处理、信息存储及执行等几方面都得到广泛的应用。

(1) 复合材料用于信息获得　获得信息主要依靠各敏感器件的检测，而敏感器件则由各种换能材料组成。换能材料把对外界的感知通过物理量表现的信息（如光、热、声、磁、辐射等）转换成电信号。不仅可依靠功能复合材料设计自由度大的特点获得高优值的换能材料，还可利用复合效应，特别是其中的“乘积效应”设计出高效的新型换能材料。

(2) 复合材料用于信息处理　信息处理主要依靠电子技术。随着电子技术的进步，电子芯片的集成度将越来越高，而芯片的散热问题将是发展的障碍。研究表明，碳化硅颗粒增强铝复合材料的热导率以及与集成电路硅片的热膨胀系数匹配均能满足要求。这是一种用于芯片封装的廉价材料，可以预计在21世纪会得到进一步提高与发展。此外，电子设备的电路板都是织物增强聚合物复合材料，其用量可观。

(3) 复合材料用于信息存储　目前用于信息写入、记录、存储和读出的磁性材料如磁带、磁盘等，大都是软磁质细粉混入聚合物基体制成的复合材料。

(4) 复合材料用于信息传输　信息的传输，在地面上用光缆和微波，远距离要用人造卫星。光缆中的光导纤维本身就是一种复合纤维，光缆护套管也大量采用复合材料。微波通信设备中，抛物形天线反射板以及波导管等均用先进复合材料制造，因而质量小、刚度好。至于通信卫星，人们采用先进复合材料作为星体结构和天线。

（5）复合材料用于信息执行　信息的执行除了声、光、图像外，重要的是在机械动作上，例如信息指挥机械手和机器人以及其他一些自控机械进行动作。对前两种，要求其动作臂的运动惯性小，动作快速而准确，这需要运动部位的结构材料具有低密度、高刚度和高强度，而复合材料才具有上述的性能特征。

3. 复合材料在汽车及交通运输业领域的应用

复合材料应用最活跃的领域是汽车工业。在国外聚合物基复合材料已广泛用于制作各种汽车外壳、摩托车外壳以及高速列车车厢的厢体。聚合物基复合材料还可用做车身、驱动轴、操纵杆、方向盘、客舱隔板、底盘、结构梁、发动机罩、散热器罩等部件。此外，在船舶业，用玻璃钢制成的船体具有抗海洋生物吸附和耐盐水腐蚀的特性。

4. 复合材料在化学工业领域的应用

化学工业材料存在的主要问题是腐蚀严重，因此往往用非金属取代金属材料制作零部件，玻璃钢的出现给化学工业带来了光明的前景。目前玻璃钢主要用于制作各种槽、罐、釜、塔、管道、泵、阀、风机等化工设备及其配件，其特点是耐腐蚀、强度高、使用寿命长、价格远比不锈钢低廉。

5. 复合材料在其他领域的应用

在生物医学方面，由于碳/碳复合材料具有良好的生物相容性，现已作为牢固材料用作高应力使用的外科植入物、牙根植入体以及人工关节。碳纤维增强聚合物复合材料由于比强度高、比模量大，也广泛用于制造网球拍、高尔夫球棒、钓鱼竿、赛车赛艇、滑雪板、乐器等文体用品。采用团状模塑料工艺，将 3 ~ 12mm 的短切纤维与树脂混合后还可用于制作家庭用品。

10.4　纳米材料

所谓纳米材料，是指粒子尺寸在纳米量级（1 ~ 100nm）的超细材料，又称做超细粉体，其纳米基本单元的颗粒或晶粒尺寸至少在一维上小于 100nm，且必须是具有与常规材料截然不同的光、电、热、化学或力学性能的一类材料体系。

20 世纪 80 年代初，德国科学家 Gleiter 教授首先提出了纳米材料的概念。目前，我们所指的纳米材料通常是指在其晶体区域或其他特征长度的典型尺度在纳米数量级范围内（通常 <100nm）的单晶或多晶材料。纳米材料的特点是晶粒尺寸小、缺陷密度高（主要指晶界和相界），因此，其特性与传统粗晶材料相比有很大的不同。图 10-3 是纳米晶体材料的二维模型，它是由晶粒内部和晶界处两种结构不同的原子构成的。从图中可以看出，很大比例的原子处于界面上，这时材料的性能将不再仅仅依赖于晶格中原子的交互作用，而在很大程度上取决

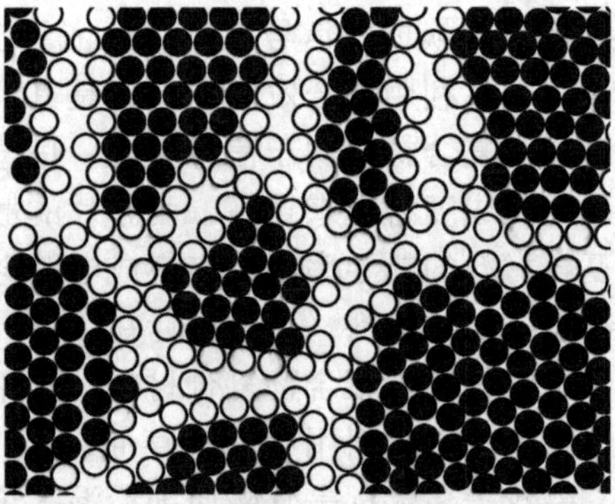

图 10-3　纳米晶体材料的二维硬球模型

●—晶内原子　○—晶界原子

于界面上的原子结构特征，这正是纳米结构材料具有独特理化及力学性能的原因。

纳米材料由纳米晶粒或颗粒组成，比表面积大，位于表面的原子占相当大的比例。由于表面原子配位的不饱和性，导致大量的悬键和不饱和键，使这些表面原子具有高的活性，表面能高，原子极不稳定，很容易与其他原子结合达到稳定化。

在常规金属材料中，晶界扩散只占很小一部分（$\approx 10^{-6}$为晶界扩散），故晶界扩散不易表现出来；而在纳米晶体材料中，由于晶界浓度很高（$\approx 50\%$），晶界扩散系数也增大很多，因而晶界扩散占绝对优势。同时，界面的固相反应也表现出增强效应，如当晶粒尺寸小到5nm左右时，其界面原子体积约占整体的50%，且具有高度无序的结构，原子在这样的界面上扩散较容易，接近表面扩散，从而在纳米微晶结构中的扩散率大大增加。

10.4.1 纳米材料的分类

纳米材料大致可分为纳米粉末、纳米纤维、纳米膜、纳米块体等四类，其中纳米粉末开发时间最长、技术最为成熟，是生产其他三类产品的基础。

（1）纳米粉末　纳米粉末又称为超微粉或超细粉，一般指粒度在100nm以下的粉末或颗粒，是一种介于原子、分子与宏观物体之间的处于中间物态的固体颗粒材料。

（2）纳米纤维　是指直径为纳米尺度而长度较大的线状材料。

（3）纳米膜　纳米膜分为颗粒膜与致密膜，颗粒膜是指纳米颗粒粘在一起，中间有极为细小的间隙的薄膜；致密膜是指膜层致密但晶粒尺寸为纳米级的薄膜。

（4）纳米块体　是将纳米粉末高压成型或控制金属液体结晶而得到的纳米晶粒材料。

纳米材料的分类方法很多，按其结构还可分为：①晶粒尺寸在三个方向都在几个纳米范围内的称为三维纳米材料；②具有层状结构的称为二维纳米材料；③具有纤维结构的称为一维纳米材料；④具有原子簇和原子束结构的称为零维纳米材料。

按化学组成可分为纳米金属、纳米晶体、纳米陶瓷、纳米玻璃、纳米高分子、纳米复合材料等。

按材料物性可分为纳米半导体、纳米磁性材料、纳米非线性材料、纳米铁电体、纳米超导材料、纳米热电材料等。

按材料用途可分为纳米电子材料、纳米生物医用材料、纳米敏感材料、纳米光电子材料、纳米储能材料等。

纳米材料根据其微观结构组元（晶界和晶粒）的化学组成可分为四类：①所有晶粒和晶界具有相同的化学组成；②对于多相纳米材料来说，晶粒间的化学组成不同；③晶粒与晶界的化学组成不同，例如在某一界面区域存在原子偏聚；④纳米晶粒分布在具有不同化学成分的基体中，例如纳米级弥散相强化合金。

10.4.2 纳米材料的特性

纳米材料具有特殊的结构，由于组成纳米材料的超微粒尺度属于纳米量级，这一量级大大接近于材料的基本结构——分子甚至原子，且其界面原子数量比例极大，一般占总原子数的50%左右，因此纳米微粒的微小尺寸和高比例的表面原子数导致了它的量子尺寸效应和其他一些特殊的物理性质。不论这种超微颗粒是由晶态或非晶态物质组成，其界面原子的结构都既不同于长程有序的晶体，也不同于长程无序、短程有序的类似气体的固体结构，因此，一些研究人员又把纳米材料称为晶态、非晶态之外的“第三态固体材料”。

1. 基本物理效应

（1）小尺寸效应　当超细微粒的尺寸与光波波长、德布罗意波长以及超导态的相干长度或透射深度等物理特征尺寸相当或更小时，晶体周期性的边界条件将被破坏，非晶态纳米微粒的颗粒表面层附近原子密度减少，导致声、光、电磁、热力学等物性呈现新的小尺寸效应。小尺寸效应的表现首先是纳米微粒的熔点发生改变，例如，金属金的熔点是1337K，当金的颗粒尺寸减小到2nm时，金微粒的熔点降到600K；纳米银的熔点可降低到100℃。由于纳米微粒的尺寸比可见光的波长还小，光在纳米材料中传播的周期性被破坏，其光学性质就会呈现与普通材料不同的情形。光吸收显著增加并产生吸收峰的等离子共振频移，磁有序态向无序态转变等。例如，金属由于光反射而显现各种颜色，而金属纳米微粒都呈黑色，说明它们对光的均匀吸收性、吸收峰的位置和峰的半高宽都与粒子半径的倒数有关。利用这一性质，可以通过控制颗粒尺寸制造出具有一定频宽的微波吸收纳米材料，可用于磁波屏蔽、隐形飞机等。

（2）表面效应　表面效应是指纳米粒子表面原子与总原子数之比。纳米微粒尺寸小，表面能高，位于表面的原子占相当大的比例，随着粒径的减小，表面原子数迅速增加。原子配位不足和高的表面能使这些表面原子具有高的活性，极不稳定，很容易与其他原子结合，配位越不足的原子越不稳定，极易转移到配位数多的位置上。表面原子遇到其他原子很快结合，使其稳定化，这就是活性原因。这种表面原子的活性，不但引起纳米粒子表面输送和构型的变化，同时也会引起表面电子自旋构象和电子能级的变化。例如，化学惰性的金属铂在制成纳米微粒后也变得不稳定，成为活性极好的催化剂；金属纳米粒子在空中会燃烧，无机材料的纳米粒子暴露在空气中会吸附气体，并与气体进行反应。

（3）量子尺寸效应　量子尺寸效应是指粒子尺寸下降到极值时，体积缩小，粒子内的原子数减少而造成的效应。日本科学家久保（Kubo）给量子尺寸下的定义是：当粒子尺寸降到最小值时，出现费米能级附近的电子能级由准连续变为不连续离散分布的现象，以及纳米半导体存在不连续的最高被占据分子轨道和最低未被占据的分子轨道能级而使能隙变宽的现象，这时就会出现明显的量子效应，导致纳米微粒的磁、光、声、热、电等性能与宏观材料的特性有明显的不同。例如，纳米微粒对于红外吸收表现出灵敏的量子尺寸效应；共振吸收的峰比普通材料尖锐得多；比热容与温度的关系也呈非线性关系。此外，微粒的磁化率、电导率、电容率等参数也因此具有特有的变化规律。

（4）宏观量子隧道效应　微观粒子具有穿越势垒的能力称为隧道效应。纳米粒子的磁化强度等也具有隧道效应，它们可以穿越宏观的势垒而产生变化，这被称为纳米粒子的宏观量子隧道效应。它的研究对基础研究及实际应用都具有重要意义，它限定了磁盘等对信息存储的极限，确定了现代微电子器件进一步微型化的极限，由于纳米材料本身所具有的这些基本特性使它的应用领域十分广阔。

2. 扩散及烧结性能

由于纳米结构材料中有大量的界面，这些界面为原子提供了短程扩散途径，因此纳米结构材料具有较高的扩散率，使一些通常在较高温度下才能形成的稳定相或介稳相在较低温度下就可以存在，另外也可使纳米结构材料的烧结温度大大降低（所谓烧结温度是指把粉末先加压成形，然后在低于熔点的温度下使这些粉末互相结合，其密度接近于材料的理论密度的温度。)。

3. 超塑性

材料在特定条件下可产生非常大的塑性变形而不断裂的特性被称为超塑性（通常指在拉伸情况下）或超延展性（轧制条件下）。对于金属或陶瓷多晶材料，其产生超塑性的条件是高温（通常高于熔点的一半）和稳定的细晶组织。

4. 力学性能

由于纳米晶体材料具有很大的表面积/体积比，杂质在界面的浓度便大大降低，从而提高了材料的力学性能。由于纳米材料晶界原子间隙的增加和气孔的存在，使其弹性模量减小了30%以上。此外，由于晶粒减小到纳米量级，使纳米材料的强度和硬度比粗晶材料高4～5倍。与传统材料相比，纳米结构材料的力学性能有显著的变化，一些材料的强度和硬度成倍地提高，对这方面的研究还没有形成比较系统的理论。

5. 光学性能

纳米金属粉末对电磁波有特殊的吸收作用，可作为军用高性能毫米波隐形材料、红外线隐形材料和结构式隐形材料以及手机辐射屏蔽材料。

6. 电学性能

由于晶界上原子体积分数的增大，纳米材料的电阻高于同类粗晶材料。纳米半导体的介电行为（介电常数、介电损耗）及压电特性与常规的半导体材料有很大的不同。如纳米半导体材料的介电常数随着测量频率减少呈明显上升的趋势，另外其界面存在大量的悬键，导致其界面电荷分布发生变化，形成局域电偶极矩。

7. 磁学性质

由于改变原子间距可以影响材料的铁磁性，因此纳米材料的磁饱和量 M_e 和铁磁转变温度将降低，如6nm Fe的 M_e 为130 cm/μg，而正常α-Fe多晶材料为220cm/μg，Fe基金属玻璃态为215cm/μg。纳米材料另一个重要的磁学性质是磁（致）热的效应，指的是如果在非磁或弱磁基体中包含很小的磁微粒，当其处于磁场中时，微粒的磁旋方向会与磁场相匹配，因而增加了磁有序性，降低了自旋系统的磁熵。如果此过程是绝热的，自旋熵将随晶格熵的增加而减小，且样品温度升高，这是一个可逆过程。

10.4.3 纳米材料的应用

科学家预言，在21世纪纳米材料将是“最有前途的材料”，纳米技术甚至会超过计算机和基因学，成为“决定性技术”。纳米材料高度的弥散性和大量的界面为原子提供了短程扩散途径，导致了高扩散率，其对蠕变、超塑性有显著影响，并使有限固溶体的固溶性增强、烧结温度降低、化学活性增大、耐腐蚀性增强（受均匀腐蚀而不同于粗晶材料的晶界腐蚀）。因此，纳米材料表现出的力、热、声、光、电、磁性等，往往不同于该物质在粗晶状态时表现的性质。与传统粗晶材料相比，纳米材料具有高的强度和硬度、高扩散性、高的塑性和韧性、低密度、低弹性模量、高电阻、高比热容、高的热膨胀系数、低热导率及强软磁性能，可应用于高的力学性能环境、光热吸收、非线性光学、磁性记录、特殊导体、分子筛、超微复合材料、催化剂、热交换材料、敏感元件、烧结助剂、润滑剂等领域。

1. 传感器方面的应用

由于纳米材料具有大的比表面积、高的表面活性及与气体相互作用强等因素，因此纳米微粒对周围环境如光、温度、气氛、湿度等十分敏感，可用作各种传感器，如温度、气体、光、湿度等的传感器。

2. 催化方面的应用

纳米微粒由于尺寸小、表面原子数占较大的百分数、表面的键态和电子态与颗粒内部不同、表面原子配位不全等因素导致表面活性增加，使它具备了作为催化剂的基本条件。最近，关于纳米材料表面形态的研究指出，随着粒径的减小，表面光滑程度变差，形成凹凸不平的原子台阶，这就增加了化学反应的接触面。近年来国际上对纳米微粒催化剂十分重视，称之为第四代催化剂。利用纳米微粒这种高的比表面积和活性特性，可以显著提高催化效率。

3. 光学方面的应用

纳米微粒由于小尺寸效应使其具有常规大块材料不具备的光学特性，如光学非线性、光吸收、光反射、光传输过程中的能量损耗等都与纳米微粒的尺寸有很强的依赖关系。

4. 医学上的应用

随着纳米技术的发展，纳米材料在医学上的应用技术也开始崭露头角。由于纳米微粒的尺寸一般比生物体内的细胞及红细胞小得多，这就使研究人员可利用纳米微粒进行细胞分离、细胞染色及利用纳米微粒制成特殊药物或新型抗体进行局部定向治疗。科研人员已经成功利用纳米 SiO_2 粒子进行定位病变治疗，以减少副作用等。科学家们设想利用纳米技术制造出分子机器人，使其在血液中循环，对身体各部位进行检测、诊断，并实施特殊治疗，疏通脑血管中的血栓，清除心脏动脉脂肪沉积物，甚至可以用其吞噬病毒，杀死癌细胞。

5. 其他领域的应用

分子是保持物质化学性质不变的最小单位。生物分子是很好的信息处理材料，每一个生物大分子本身就是一个微型处理器。分子在运动过程中可按预定方式进行状态变化，其原理类似于计算机的逻辑开关，利用该特性并结合纳米技术，可以设计量子计算机。

磁记录是信息储存与处理的重要手段，随着科学的发展，要求记录密度越来越高。在20世纪80年代日本就利用Fe、Co、Ni等金属超微粒制备了高密度磁带，其颗粒尺寸为20~30nm，矫顽力 H 约为 1.61×10^5 A/m，剩磁 B_r 约为0.3T，适用于纵向式垂直记录，记录密度可达107~108bit/in，且可降低噪声，提高信噪比，由它制成的磁带、磁盘也已商品化。

此外一些含Co、Ti的钡铁氧体颗粒作为磁记录介质也已趋于商品化，这种强磁颗粒可制成信用卡、票证、磁性钥匙等。磁性存储技术在现代技术中占有举足轻重的地位，由于磁信号的记录密度在很大程度上取决于磁头缝隙的宽度、磁头的飞行高度以及记录介质的厚度，因而为了进一步提高磁存储的密度和容量，就需要不断减小磁头的体积，同时还要减小磁记录介质的厚度。因此薄膜磁头材料与薄膜磁存储介质是磁性材料当前发展的主要方向之一。

超微颗粒对光具有强烈的吸收能力，因此通常是黑色的，可在电镜-核磁共振波谱仪和太阳能利用中作光照吸收材料，还可作为防红外线、防雷达的隐身材料。

10.4.4 纳米材料的制备

迄今为止，人们已经成功地开发出多种纳米材料的制备方法，包括惰性气体冷凝法、非晶晶化法、机械研磨法、严重塑性变形法和电沉积法等。

本章小结

本章重点阐述了功能材料、复合材料和纳米材料的形成机理、分类、特点及其主要应用。采用某种可能的工艺将两种或两种以上组织结构、物理及化学性质完全不同的物质结合在一起，就可以形成一类新的复合材料，它代表了工程材料的一个发展方向。

第 11 章　工程用金属材料的选用

内容提要：工程常用金属材料的失效方式包括变形、断裂、腐蚀和磨损失效，所以选材应按照材料的实际应用情况，根据材料的使用性能、加工性能和经济性能进行。本章结合应用实例介绍了常用工程零部件（如轴、齿轮等）的选材及相应加工工艺分析。

教学重点：根据具体零件的受力情况和失效方式选择制造零件用的材料和相应的工艺方法。

教学难点：应用所学金属材料的基本理论，对于工程实践中的金属材料及其加工工艺的选择的理解。

11.1　机械零件的失效与分析

失效是指零件在使用过程中，由于应力、时间、温度、环境介质、操作方法等原因而导致零件形状或其材料的组织与性能发生变化，从而失去原来正常工作所具有的效能，这种丧失其规定功能的过程称为失效。失效一般有三种情况：①零件完全破坏，不能继续工作；②虽能工作，但不能保证安全；③虽能保证安全，但精度受到影响或起不到预定的作用。

失效的主要形式有：

（1）变形失效　指零件在工作过程中产生超过允许值的变形量而导致其无法完成规定工作的现象，主要失效方式有弹性变形失效、塑性变形失效、高温变形失效。

（2）断裂失效　指零件在工作过程中完全断裂而导致整个零件无法工作的现象，主要失效方式有韧性断裂失效、脆性断裂失效、疲劳断裂失效等。

（3）腐蚀失效　指机械零件因表面腐蚀损伤而造成零件失效的现象，主要失效方式包括均匀腐蚀、点与缝隙腐蚀、晶间腐蚀、腐蚀疲劳等。

（4）磨损失效　指由于零件与外界物体或其他零件相互接触并作相对运动，造成零件表面形状、尺寸、组织及性能发生变化并使零件丧失规定功能的过程，其主要失效方式有磨料磨损、微动磨损、腐蚀磨损、疲劳磨损。

工程中一般按以下程序进行失效分析：①接受任务，明确目的要求；②调查现场，获取第一手背景资料；③失效件的观察、检测和试验；④确定失效原因并提出改进措施。

失效原因的确定一般按下列程序进行：

1）分析机械零件的结构形状和尺寸设计是否合理。

2）分析选材是否能满足工作条件的要求。

3）分析加工工艺是否合适。如果采用的工艺方法、工艺参数不正确，可能会造成各种缺陷，比如热成形中的过热、过烧等，热处理工序中容易产生氧化、脱碳、淬火变形与开裂等。

4）分析安装使用是否正确，判断是否安装过紧、过松或对中不准、固定不紧、重心不稳等。

11.2　工程材料选择的基本原则

合理地选择和使用材料是一项十分重要的工作，设计工程师应该了解材料的机械性能、结构和相关的加工工艺以及应用环境对材料的影响、材料的成本等问题，以便为设计过程中材料的合理选择提供帮助。随着世界科技水平的进步，工程部件所具有和所承担的功能越来越多，并且其结构复杂，因此设计选材所涉及问题的复杂程度提高，材料选择所应考虑的综合因素也相应增多。例如，飞机机身框架和蒙皮在设计选材时，选择的材料除了强度性能必须满足要求以外（通常以 σ_b、$\sigma_{0.2}$ 指标作为设计依据），还必须具有足够的刚性来防止飞机在服役过程中发生塑性变形和疲劳断裂，还要具有抗腐蚀能力等。同时，飞机材料的选择还应考虑材料的重量、生产加工的工艺性能和生产成本、材料自身的成本等。可满足飞机结构件机械性能要求的材料有很多，如铝合金、钢、钛合金、镁合金、碳纤维复合材料等，从刚性、强度、耐腐蚀、易加工、耐腐蚀等方面考虑，碳纤维复合材料为最佳选择，但其加工成本高，如考虑成本，该材料不是最好选择；其他金属材料，如成本为主要考虑问题，则钢为最好的选择，但飞机结构件还应考虑性能和重量比，在成本、性能、重量中寻找平衡点，所以铝合金为最佳材料选择；钛合金、镁合金由于比铝合金和钢的成本高，尽管也比钢的比重低，但不如铝合金优势明显。

选择材料不仅要考虑材料的性能是否能够适应零件的工作条件，使零件经久耐用，而且还要求材料具有较好的加工工艺性能和经济性，以便提高机械零件的生产率，降低成本等。材料的成本主要从以下几个方面考虑：①在满足使用要求的条件下尽量采用廉价的材料；②考虑市场的供应情况，尽量就地取材，降低材料的运输费用；③节约稀有材料和较贵重的金属；④材料加工成本应低，通常有色金属的加工性能好于普通碳钢，而普通碳钢的加工性能好于合金钢。但在选材时也不能片面强调材料费用及制造成本，还需对材料的使用寿命予以重视。

总的来说，选材步骤应包括下列程序：

1）分析零件的工作条件及其失效形式，根据具体情况或客户要求确定零件的性能要求（包括使用性能和工艺性能）和最关键的性能指标。一般主要考虑力学性能，必要时还应考虑物理、化学性能。

2）查阅材料手册，了解材料在适当工艺条件下所能达到的性能指标，进行筛选。

3）对同类产品的用材情况进行调研。

4）结合材料的经济性、加工性、使用性能等初步确定材料。

5）初步选择关键性零件进行试制。

6）鉴定定型。

上述选材步骤只是一般过程，并非一成不变。某些重要零件如果有同类产品可供参考，则可不必试制而直接投产；对于某些不重要的零件，或小批量生产的非标准设备及维修中所用的材料，若对材料选择与热处理方法有成熟的经验和资料可以借鉴，则可不进行试验和试制。

11.3 轴、齿轮等工件的选材及工艺路线分析

11.3.1 轴类零件

1. 轴类零件的性能要求和选材

轴类零件的主要作用是支承传动零件并传递动力，在机床、汽车、拖拉机等制造工业中，轴占有相当重要的地位，也是影响机械设备精度和寿命的关键零件。各种轴的尺寸相差悬殊，如手表中摆动轴的最小直径只有 ϕ0.085mm，而汽轮机转子轴的直径可达 ϕ1000mm 以上。总的来讲，轴按负荷可分为转轴（弯曲与扭转的复合作用）、心轴（只承受弯矩）、传动轴（扭转应力作用）等，在工作时受多种应力的作用，大部分轴受交变应力及一定的冲击作用。因此从选材角度来看，材料应具有较高的综合力学性能，局部承受摩擦的部位如车床主轴的花键、曲轴轴颈等处还要求具有一定的硬度，以提高其抗磨损能力。轴类结构零件的选材，还需根据其应力状态和负荷种类考虑材料的淬透性和抗疲劳性能。轴类零件选材的依据是轴的尺寸，载荷的性质、大小及转速高低以及有无冲击等。各种轴的选材主要分下列几种情况：

1）主要承受弯曲、扭转的轴，如机床主轴、汽车半轴等，常选 35 钢、45 钢、40Cr 钢、40MnB 钢等。该类轴主要进行调质处理，以获得良好的心部组织；还进行局部表面淬火、回火，以提高表面力学性能。

2）同时承受弯曲、扭转、拉、压应力的轴，如船用推进器等，选用 30CrMnSi 钢、40MnB 钢、40CrNiMo 钢等合金钢。该类轴主要进行调质处理及局部淬火、回火。

3）对于受载较小或不太重要的轴，如心轴、拉杆等，常用 Q235 或 Q275 等普通非合金钢，不进行热处理。

4）对于重载、高精度或恶劣条件下工作的轴，如汽车轴、拖拉机轴，压力机曲轴等，采用合金钢如 40Cr、40MnB、30CrMnSi、35CrMo、40CrNiMo、20Cr、20CrMnTi、38CrMoAl、9Mn2V、GCr15 等，并进行相应的热处理或表面化学热处理。

5）对要求高耐磨性，在使用过程中还要保证尺寸稳定的轴，如高精度磨床主轴，选用渗氮钢 38CrMoAlA 等，进行表面渗氮处理。

2. 轴类零件的加工工艺分析

以汽车半轴为例进行加工工艺分析。汽车半轴是驱动车轮转动的直接驱动件，半轴材料与其工作条件有关，中型载货汽车目前大多选用 40Cr 钢，而重型载货汽车则选用性能更高的 40CrMnMo 钢。

（1）汽车半轴的工作条件和性能要求　以跃进型载货汽车（载质量为 2500kg）的半轴为例，半轴的示意图如图 11-1 所示。

汽车半轴是传递扭矩的一个重要部件。汽车运行时，发动机输出的扭矩经过多级变速和主动器传递给半轴，再由半轴转动车轮。汽车在上坡或起动时扭矩很大，特别在紧急制动或行驶在不平坦的道路上时工作条件更为苛刻。因此半轴在工作时承受冲击、反复弯曲疲劳和扭转应力的作用，要求材料具有足够的抗弯强度和较好的韧性。

技术要求如下：

硬度：杆部 37～44HRC，盘部外圆表面 24～34HRC；

金相组织：回火索氏体或回火托氏体；

弯曲度：杆中部≤1.8mm，盘部跳动≤2.00mm。

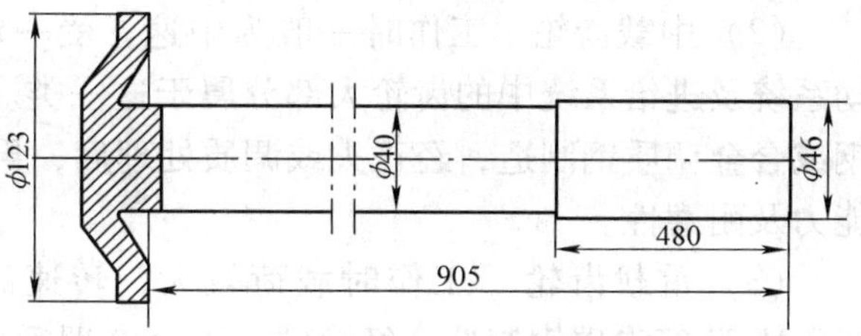

图 11-1　汽车半轴示意图

（2）选择用钢　根据汽车半轴技术条件规定，半轴材料可选用 40Cr 钢、40CrMo 钢、40CrMnMo 钢。同时规定调质后的半轴其淬透层金相组织应为回火索氏体或回火托氏体，心部（从中心到花键底半径 3/4 范围内）允许有铁素体存在。

根据上述技术条件，选用 40Cr 钢即能满足要求。同时应指出，从汽车的整体性能来看，设计半轴时所采用的安全系数是比较小的。这是考虑到汽车超载运行而发生事故时，半轴应该首先破坏，这样对保护后桥内的主动齿轮不受损坏是有利的。从这一点出发，半轴又是一个易损件。

（3）半轴的工艺路线　①原材料下料；②锻造加工，将原材料状态的钢坯锻成近半轴形状；③锻造后正火，硬度为 187～241HBW，改善材料表面硬度，提高其加工性能；④机械加工；⑤调质，调质处理是使半轴具有高的综合力学性能。根据杆部要求硬度 37～44HRC，淬火后的回火温度选用（420±10）℃。回火后在水中冷却，以防止产生回火脆性，同时水冷有利于增加半轴表面的压应力，提高其疲劳强度。⑥钻孔；⑦磨花键；⑧表面淬火、回火，完成半轴产品的加工制造，使半轴表面具有较高的硬度，并增强耐磨性能。其主要工艺流程如下：

下料→锻造→正火→机械加工→调质→盘部钻孔→磨花键→表面感应淬火、回火

11.3.2　齿轮类零件

1. 齿轮类零件的性能要求和选材

机床、汽车、拖拉机中速度的调节和功率的传递主要靠齿轮，齿轮是一种十分重要、使用量很大的零件。齿轮工作时的一般受力情况为：通过齿面接触传递动力，两齿面相互啮合时既有滚动，又有滑动，齿部承受很大的交变弯曲应力及接触压应力。换挡、起动或啮合不均匀时齿部承受冲击力。所以，齿轮的损坏形式主要是齿的折断和齿面的剥落及过度磨损。据此，要求齿轮材料具有以下主要性能：高的弯曲疲劳强度和接触疲劳强度；齿面有高的硬度和耐磨性；齿轮心部有足够高的强度和韧性。此外，还要求齿轮具有较好的热处理工艺性，如变形小，并要求变形有一定的规律等。因为齿轮材料的选择对齿轮的加工性能和使用寿命都有直接影响，所以应按照使用时的工作条件选用合适的材料。确定齿轮用材的主要依据是：齿轮的传动方式（开式或闭式）、载荷性质与大小（齿面接触应力和冲击负荷等）、传动速度（节圆线速度）、精度要求、淬透性及齿面硬化要求、齿轮副的材料及硬度值的匹配情况等。

（1）轻载齿轮　转动速度一般都不高，冲击小，精度要求不高。如标准系列减速箱齿轮以及冶金机械、重型机械和机床中的一些次要齿轮大多选用 Q255、Q275、40、45、50、50Mn 等中碳钢制造，经正火或调质处理。此类齿轮硬度适中，齿形加工可在热处理后进行，工艺简单，成本低。

（2）中载齿轮　工作时一般为中速，受一定冲击载荷，运动较为平稳。一般机床主传动系统及进给系统中的齿轮大部分属于这一类。大多采用 45、50Mn、40Cr、42SiMn 等中碳钢或合金调质钢制造，经正火或调质处理后，再进行高频表面淬火强化，以提高齿轮的承载能力及耐磨性。

（3）重载齿轮　工作时载荷较大，转速高，且承受较大冲击载荷。大多采用 20Cr、20CrMnTi 等渗碳钢制造，经渗碳、淬火处理后使用。例如：汽车、拖拉机变速箱中的一些重要传动齿轮，矿山机械中的传动齿轮、驱动桥齿轮等，一般选用 20Cr、20MnB、20CrMnTi、30CrMnTi 等低碳合金渗碳钢或碳氮共渗钢制造。对于内燃机车、坦克、飞机上的变速齿轮，因其负荷和工作条件比汽车齿轮更重要、更苛刻，应选用 20Cr2Ni4、18Cr2Ni4WA 等含合金元素较多的渗碳钢，并采用渗碳、淬火加低温回火的热处理工艺。对于力学性能要求较高、形状复杂、难以锻造成形的大型齿轮，如起重机齿轮，应选用 ZG270—150 、ZG310—570 、ZG340—640 、ZG40Cr 等材料。

（4）精密传动齿轮　要求精度高、热处理变形小，大多数宜采用氮化钢 38CrMoAl。仪器仪表中及在腐蚀性介质中工作的精密齿轮宜选用黄铜、铝青铜、锡青铜等材料。

2. 齿轮类零件的加工工艺路线分析

下面以机床和汽车、拖拉机两类齿轮为例进行工艺路线分析。

（1）机床齿轮 机床中的齿轮担负着传递动力、改变运动速度和运动方向的任务。一般机床中的齿轮精度大部分是 7 级精度（GB/T 10095. 1—2008 规定），只是在低速传动机构中要求较高的精度。机床齿轮的工作条件比起矿山机械、动力机械中的齿轮来说还属于运转平稳、负荷不大、条件较好的一类。实践证明，一般机床齿轮选用中碳钢制造，并经高频感应淬火热处理，所得到的硬度、耐磨性、强度及韧性能满足要求，而表面感应淬火具有变形小、生产率高等优点。

下面以某机床中的齿轮为例加以分析。其加工工艺路线为：

下料→锻造→正火→粗加工→调质→精加工→高频淬火及回火→精磨→锥孔（花键孔或圆孔）。

下料后进行锻造加工，使之初具零件形状，之后进行正火处理，使锻造齿轮毛坯便于切削加工，并使组织均匀，消除锻造应力。对于一般齿轮，正火处理也可作为高频淬火前的最后热处理工序。粗加工后进行调质处理，可以使齿轮具有较高的综合力学性能，提高齿轮心部的强度和韧性，使齿轮能承受较大的弯曲应力和冲击力。调质后的齿轮由于组织为回火索氏体，在淬火时变形更小。高频淬火及低温回火是赋予齿轮表面性能的关键工序，通过高频淬火提高了齿轮表面的硬度和耐磨性，并使齿轮表面有压应力存在而增强了抗疲劳破坏的能力。为了消除淬火应力，高频淬火后应进行低温回火（或自行回火），这对防止研磨裂纹的产生和提高抗冲击能力极为有利。齿轮高频淬火后，其变形一般表现为内孔缩小，外径不变或减小；齿轮外径与内径之比小于 1. 5 时，内径略胀大；当齿轮有键槽时，内径向键槽方向胀大，形成椭圆形，齿间亦稍有变形，齿形变化较小，一般表现为中间凹 0. 002 ~ 0. 005mm。这些微小的变形对生产影响不大，因为一般机床用的 7 级精度齿轮淬火回火后，均要经过滚光等加工才能成为成品。高频淬火齿轮通常采用含碳量为 0. 40% ~0. 50% 的碳钢或低合金钢（40、45、40Cr、45Mn2、405MnB 等）制造。批量生产时，一般要求精选含碳量以保证质量。经高频淬火加低温回火后，淬硬层应为中碳回火马氏体，而心部则为毛坯热处理（正火或调质）后的组织。

（2）汽车、拖拉机齿轮　汽车、拖拉机齿轮主要分装在变速箱和差速器中，在变速箱中，通过齿轮来改变发动机、曲轴和主轴齿轮的速比；在差速器中，通过齿轮来增加扭转力矩，调节左右两车轮的转速，并通过齿轮将发动机的动力传递到主动轮，驱动汽车、拖拉机运行。汽车、拖拉机齿轮的工作条件比机床齿轮要繁重得多，因此对耐磨性、疲劳强度、心部强度和冲击韧性等方面的要求均比机床齿轮高。实践证明，汽车、拖拉机齿轮选用渗碳钢制造并经渗碳热处理后使用较为合适。

下面以载货汽车（载质量为 8000kg）变速箱中第二轴的二、三挡齿轮（图 11-2）为例进行分析。

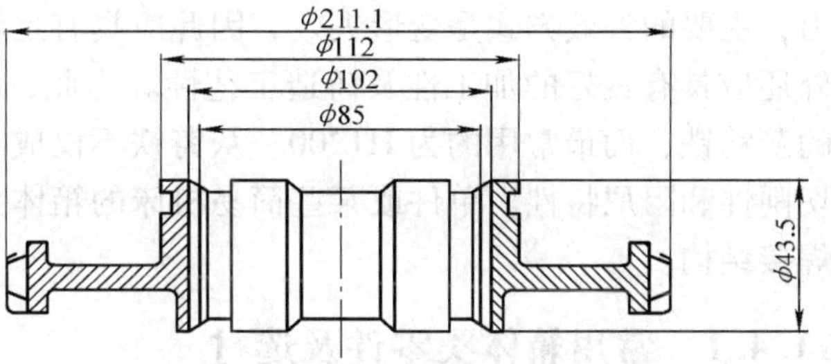

图 11-2　汽车变速齿轮示意图

1）技术要求如下：

渗碳层表面含碳量：0.8%~1.05%（质量分数）；

渗碳层厚度：0.8~1.3 mm；

淬火后硬度：≥59HRC；

回火后表面硬度：58~64HRC；

回火后心部硬度：33~48HRC。

变形要求：齿部公法线摆动量小于 0.055 mm；

键宽的变形不超过 0.005 mm；

齿向的变形不超过 0.017 mm。

2）材料选用：汽车、拖拉机齿轮的生产特点是批量大、产量高，因此在选择用钢时，在满足力学性能的前提下，对其工艺性能必须给以足够的重视。20CrMnTi 钢具有较高的力学性能，在渗碳淬火并低温回火后，表面硬度为 58 ~ 62HRC，心部硬度为 30 ~ 45HRC。20CrMnTi 钢的工艺性能尚好，锻造后一般以正火改善其切削加工性。20CrMnTi 钢的热处理工艺性较好，有较好的淬透性。由于合金元素钛的影响，对过热不敏感，故在渗碳后可直接降温淬火。此外尚有渗碳速度较快，过渡层较均匀，渗碳淬火后变形小等优点，这对制造形状复杂、要求变形小的齿轮零件来说是十分有利的。20CrMnTi 钢可用于制造截面在 30 mm 以下，承受高速中等载荷以及冲击、摩擦的重要零件，如齿轮、齿轮轴等各种渗碳零件。当含碳量在上限时，也可用于制造截面在 40mm 以下，模数大于 10 的齿轮等。

3）二轴齿轮的工艺路线如下：①原材料备料；②下料；③锻造加工，将原材料状态的坯料锻成近成品形状；④正火处理，改善材料组织，为下部的加工及渗碳做准备；⑤渗碳、淬火及低温回火，渗碳温度为 920 ~ 940℃，渗碳时间确定为 5h，渗碳后预冷至 840 ~ 860℃直接淬火（油冷），淬火后再经≤200℃低温回火，保证此时半成品件的表面硬度；⑥喷丸处理，得到好的表面质量；⑦磨内孔及换挡槽等的机械加工；⑧完成齿轮的加工制造。其主要工艺流程为：

备料→下料→锻造→正火→机械加工→渗碳、淬火及低温回火→喷丸→磨内孔及换挡槽等的机械加工→后工艺。

11.4 箱体类零件分析

箱体类零件是机器及其部件的基础件，它将机器及其部件中的轴、轴承、套和齿轮等零件按一定的相互位置关系装配成一个整体，并按预定传动关系协调其运动。因此，箱体的加工质量不仅影响其装配精度及运动精度，而且影响到机器的工作精度、使用性能和寿命。影响箱体类零件选材最重要的因素就是其所承受载荷的大小，它主要受一定的弯曲应力和冲击力，主要的失效方式是变形失效，因此应具有足够的刚度、抗拉强度和良好的减振性能，此外还应具有良好的加工性及铸造工艺性。为此，箱体材料一般选用 HT200～400 的各种牌号的灰铸铁，而最常用的为 HT200。灰铸铁不仅成本低，而且具有较好的耐磨性、可铸性、可切削性和阻尼特性。单件或某些简易机床的箱体为了缩短生产周期和降低成本，可采用钢材焊接结构。

11.4.1 常用箱体类零件及选材

常用箱体类零件包括机床上的主轴箱、变速箱、进给箱和溜板箱，内燃机缸体和缸盖，泵壳，床身，变速机箱体等，其选材主要包括以下几种情况：

1）对受力较大，要求高的抗拉强度、高韧性，或在高温高压下工作的箱体零件，如大型锻压机的机身、汽轮机机壳等应采用铸钢或合金铸钢件。

2）受力较大，但形状简单、生产数量较少的箱体件可采用型钢焊接而成，如 Q235、Q275、Q345 等。

3）相对运动件（存在摩擦、磨损等损伤）应选用抗拉强度较高的珠光体基体的灰铸铁，铸件一般应进行去应力退火。受力不大，主要承受静载荷，不受冲击的箱体件，也可选用灰铸铁。

4）受力不大，要求质轻且热导性好的小型箱体件可用有色金属及其合金制造。例如柴油机喷油泵壳体，还有飞机发动机上的箱体多采用铸造铝合金生产。

5）受力小，耐蚀以及轻质件，宜选用工程塑料、ABS 有机玻璃、尼龙等材料。

11.4.2 箱体类零件加工工艺分析

现以某车床轴箱体（图 11-3）的加工为例，说明其加工工艺。其工艺流程为：铸造（或焊接）成形→人工时效（或去应力退火）→切削加工。

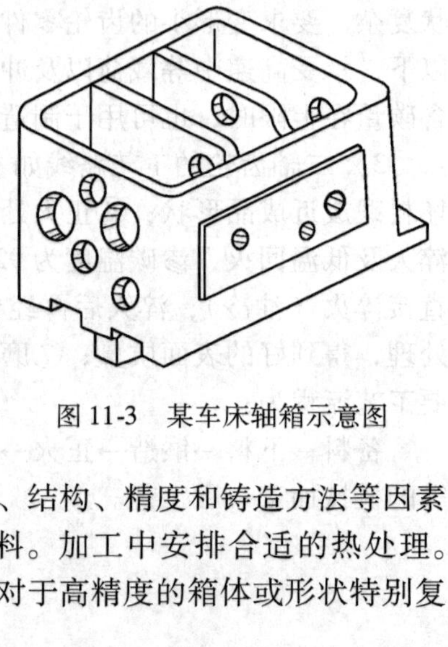

图 11-3 某车床轴箱示意图

车床轴箱结构复杂，箱壁薄，加工表面多平面和孔，应保证支承孔及装配基面的尺寸精度、形状精度和表面粗糙度，以及孔系之间、孔系与装配基面之间的相互位置精度。毛坯铸造时，应防止砂眼和气孔的产生。为了减少毛坯制造时产生残余应力，应使箱体壁厚尽量均匀，箱体浇铸后应安排时效或退火工序。毛坯的加工余量与生产批量、毛坯尺寸、结构、精度和铸造方法等因素有关。经上面的分析可知，可以选择 HT200 作为箱体的材料。加工中安排合适的热处理。对于普通精度的箱体，毛坯铸造完后要安排一次人工时效；对于高精度的箱体或形状特别复杂的箱体，在粗加工后再安排一次人工时效处理；对于特别精密的箱体零件，在机械加工阶段尚需安排较长时间的自然时效处理。各主要表面的粗、精加工应分阶段进行，因为箱体在粗加工中夹紧力、切削力都较大，切削热也较多，粗加工后，工件内应力会重新分布而引起工件变形，对加工精度影响较大。因此把粗精加工分开进行，有利于把已加工后由于各种原因引起的工件变形充分暴露出来，然后在精加工中将其消除。同时还可以根据粗、精加工的不同要求合理地选用设备，及时发现毛坯缺陷，剔除废品，避免工时浪费。

由于箱体件平面面积较大，定位稳定可靠，有利于简化夹具结构，减少安装变形，因此从加工难度来看，平面比孔加工容易。所以工序安排应先加工批平面，以便于孔的加工和保证孔的加工精度。

为便于保证箱体上孔与孔、孔与平面及平面与平面之间较高的位置精度要求，箱体加工应遵循“基准统一”原则选择精基准，使具有位置精度要求的大部分表面能用同一精基准定位加工。此外，采用统一的定位基准还有利于减少夹具设计与制造的工作量，加快生产准备，降低成本。

11.4.3　化工设备用材

化工设备的类型有很多种，例如各种塔、换热器、反应器、贮罐、泵、压缩机等，它们有着各自不同的功能与相应的特殊结构。设备的使用条件复杂，操作压力从真空、常压、高压到超高压，使用温度从极低温（-200℃）、常温、中温到高温（1000℃），处理的介质从气体、液体、固体到液-固混合流体，接触的物料常有易燃、易爆、剧毒、腐蚀或磨损等特性。

不同的使用条件对材料的要求也就不同，很多设备在常温、常压下运转，处理的介质常常是液体和液-固、气-固混合流体，则设备容易出现腐蚀、磨损、冲刷方面的问题；常温、高压下使用的设备，特别是焊接结构的容器，容易发生脆性断裂、疲劳和应力腐蚀破坏；高温、高压下使用的设备，除了高压施加给材料的应力作用外，高温还会使材料软化、强度降低，而且高温气体与金属反应易造成氧化、硫化或脱碳，形成高温腐蚀；低温条件下使用的设备，特别是碳钢，容易发生低温脆性断裂。

不同类型的设备对材料的要求也不同，有的要求良好的力学性能和加工工艺性能，有的要求良好的耐蚀性能，有的要求耐高温或低温等。如压力容器常常因为裂纹扩展发生脆性断裂而失效，因此要求材料具有足够的强度、韧性，还要有良好的冷成形性和焊接性能；换热器除了要求耐高压、耐高温、耐腐蚀外，还要有良好的导热性能；塔设备与流动介质接触，要求耐高温、耐腐蚀、耐磨损，还要有良好的加工工艺性能等。

目前，化工设备的主要用材是金属材料，此外还大量使用非金属材料及复合材料等。

1. 压力容器用钢

换热器、反应器、贮罐等化工设备都有容纳工作物料与操作内件的工作空间，这些工作空间由承载外壳形成并限定大小，承载外壳即压力容器。压力容器不仅承受工作压力，同时还要承受温度、介质腐蚀和流体冲刷等作用。压力容器用钢要求具有较高的强度，足够的塑性和韧性，良好的加工工艺性能和焊接性能，较低的缺口敏感性。

压力容器常用碳素钢和低合金高强钢。对于中低压的薄壁容器，常用低碳钢作结构材料，虽然强度低些，但仍能满足一般压力容器要求，而且价格低廉，因此得到广泛应用。常用低碳钢牌号为 Q235AF、Q235A、Q235B、Q235C 及 Q245R。

低合金高强钢钢板常用牌号为 Q345R、14Cr1MoR、12Cr2Mo1R、18MnMoNbR、13MnNiMoNbR、07MnCrMoVR 等。Q345R（屈服强度 350MPa）是我国压力容器专用钢板中使用量最大的一个牌号，主要用于制造 -20 ~ 400℃ 的中低压压力容器壳体及承压构件、液化石油气瓶及中小型球罐。14Cr1MoR 主要用于制造承受较高压力的大型贮罐、高压容器内筒及层板、锅炉气包等；12Cr2Mo1R 大多用于制造氧气球罐；18MnMoNbR 主要用于制造高压容器承压壳体，如氨合成塔、尿素合成塔等；13MnNiMoNbR 是目前单层卷焊厚壁压力容器的一个较理想的牌号；07MnCrMoVR 是制造大型球罐的主要钢种。

2. 耐蚀钢

化工设备往往在酸、碱、盐及各种活动性气体等介质中使用，约 60% 的过程装备失效都与腐蚀有关，因此化工设备对材料的耐蚀性能有较高的要求。

（1）铬不锈钢　马氏体型铬不锈钢如 12Cr13、20Cr13、30Cr13、40Cr13 等，在大气中有优良的耐均匀腐蚀性能，在室温下，对弱的腐蚀性介质也有较好的耐腐蚀性，因此，在化工设备中可用作耐弱蚀介质零件，如水压机阀、螺栓、活塞杆、热油泵轴等。

铁素体型铬不锈钢如 06Cr13、10Cr17Ti 等，耐稀硝酸和硫化氢气体腐蚀，常用来代替铬镍不锈钢，如用于维纶生产中耐冷醋酸和防铁锈污染产品的耐蚀设备上。

（2）铬镍不锈钢　奥氏体型铬镍不锈钢经固溶处理后具有单一奥氏体组织，具有优良的耐蚀性能，较好的高温及低温强度、韧性，焊接性能较好，是耐蚀钢材中综合性能最好的一类，因此得到广泛使用。12Cr18Ni9、06Cr19Ni10、022Cr19Ni10 等 18-8 型是这类钢的基础钢种，在其基础上通过添加钼、钛、铌、铜等元素发展了 06Cr17Ni12Mo2、022Cr17Ni12Mo2、06Cr19Ni13Mo3、022Cr19Ni13Mo3、06Cr18Ni11Ti、06Cr18Ni11Nb、06Cr17Ni13Mo3Cu2 等钢种。只含铬、镍的奥氏体不锈钢在氧化性腐蚀介质（如硝酸）中具有很高的耐蚀性，添加钼的钢对氯离子有较强的抵抗力，同时添加钼、铜的铬镍奥氏体不锈钢在稀硫酸中具有较高的化学稳定性。

（3）耐氢、氮、氨腐蚀用钢　氢在常温下对钢没有明显的腐蚀，但在氨合成、炼油厂催化重整和加氢工艺中，在铁的催化作用下，中温的氢、氮、氨分子能分解成氢原子和氮原子，它们在高压作用下能够渗入钢中。氢原子与钢中的碳反应生成甲烷，使钢脱碳并产生大量的晶界裂纹和鼓泡，使钢的强度和塑性显著降低，导致钢严重脆化，发生氢腐蚀；氮原子与钢中金属元素化合成氮化物，这种氮化物很脆，腐蚀严重时，钢材极易发生脆裂。而且氮化对氢腐蚀有促进作用，使氢腐蚀进一步加速。

目前氢、氮、氨同时存在的工艺环境主要是合成氨，一般在 220℃ 以下可以不考虑氢腐蚀和氮化的问题；350℃ 以下可以不考虑氮化的问题，采用低铬、钼抗氢钢，如 15CrMo、20CrMo 等；在 350℃ 以上使用应同时考虑氢腐蚀和氮化的问题，10MoWVNb、10MoVNbTi、14MnMoVBRE 等钢种对抗氢、氮、氨腐蚀性能较好。

3. 耐热钢

耐热钢往往应用于高温。所谓高温，常指高于 450℃ 的工作温度，450℃ 以下一般使用碳钢（常用钢号 Q245R），450 ~ 800℃ 常使用耐热钢，在高温下能保持热稳定性和热强性。

（1）珠光体耐热钢　这类钢膨胀系数小，导热性能好，具有良好的冷、热加工性能和焊接性能，广泛用于制造工作温度小于 600℃ 的锅炉及管道、压力容器、汽轮机转子等，常用钢号有15CrMo、12Cr1MoV等。

（2）马氏体耐热钢 低碳高铬型马氏体耐热钢，如14Cr11MoV、15Cr12WMoV等，在500℃以下具有良好的蠕变抗力和消振性，适宜制造汽轮机叶片，又称叶片钢。中碳铬硅型如42Cr9Si2、40Cr10Si2Mo等，主要用于制造使用温度低于750℃的发动机排气阀，又称气阀钢。

（3）铁素体耐热钢 此类钢抗氧化性强，使用温度可超过800℃，但高温强度低，焊接性能差，脆性大，多用于受力不大的加热锅炉构件。常用牌号有10Cr17、06Cr13Al等。

（4）奥氏体耐热钢 这类钢具有高的热强性和抗氧化性，高的塑性和韧性，良好的焊接性和冷成形性，主要用于制造使用温度在600～850℃的高压锅炉过热器、承压反应管、发动机气阀、汽轮机叶片、叶轮等。常用牌号有06Cr19Ni10、06Cr18Ni11Ti、06Cr17Ni12Mo2、06Cr25Ni20等。奥氏体耐热钢一般采用固溶处理。

4. 低温用钢

一般使用温度在0℃以下称为低温。在化工生产中，深冷分离、空气分离、润滑油脱脂、液化石油气贮运等设备常处于低温状态，寒冷地区的过程装备及构件也常在低温下使用，导致设备易发生脆性断裂，因此对低温材料的强韧性要求较高。低温材料普遍使用低合金钢、镍钢、铬镍奥氏体钢，也有使用钛合金、铝合金等有色金属。

（1）低合金低温用钢 常用16MnDR、09Mn2VDR等。16MnDR钢板在-40℃使用，09Mn2VDR钢板在-70℃使用具有良好的低温韧性。

（2）镍钢 镍的质量分数通常有2.25%、3.5%和9%三种，目前没有国内牌号。在-60℃使用2.25%的镍钢最为经济，在-100℃通常使用3.5%的镍钢，常用作低温热交换器的钢管。9%的镍钢可在-200℃的低温下使用。

（3）奥氏体钢 Fe-Mn-Al型奥氏体钢在低温下有良好的塑性和韧性，加工工艺性能较好，基本与18-8型奥氏体不锈钢相似。20Mn23Al可在-196℃使用，15Mn26Al4可在-253℃使用。

（4）铬镍奥氏体不锈钢 铬镍奥氏体不锈钢在深冷条件下被广泛采用，常用的06Cr19Ni10、12Cr18Ni9等可在-200℃以下的低温使用。

5. 有色金属

应用于化工设备的有色金属主要有铜、铝、镍等金属及其合金。

（1）铜及铜合金 纯铜耐不浓的盐酸、醋酸等非氧化性酸及不浓的硫酸、亚硫酸，对碱类溶液的耐腐蚀能力也很强，主要用于制造有机合成和有机酸工业上的蒸发器、蛇管等。纯铜不耐各种浓度的硝酸、氨和铵盐溶液。

黄铜价格较低，加工性能良好，耐蚀性与纯铜相似，在化工设备上应用较广。H85、H80塑性较好，可用于制作蛇形管、冷凝和散热管、波纹管等。H68是黄铜中用途最广泛的一种，可在常温下冲压成型，制造复杂冷冲压件和深冲件、散热器外壳、导管等。

化工设备常用锡青铜，其铸造性能好，强度、硬度高，在稀硫酸、稀盐酸、氢氧化钠等溶液中有很好的耐蚀性，主要用来制造耐蚀和耐磨件，如轴瓦、蜗轮、阀门、泵外壳等。

（2）铝及铝合金 在化工设备中主要应用的是纯铝、防锈铝合金、铸造铝合金，一般用于硝酸、醋酸、碳酸氢铵、尿素、甲醇和乙醛生产的部分设备及深冷设备，最低使用温度可达-273℃。工业纯铝1060（L2）、1050A（L3）、1035（L4）可做贮槽、塔器、热交换器、防止污染及深冷设备；防锈铝可用作热交换器、蒸馏塔、防锈蒙皮、深冷容器等；铸造铝合金用于铸造形状复杂的耐蚀零件，如化工仪表零件、气缸、活塞等。

（3）镍及镍合金　镍是比较贵重的金属，在许多介质中具有很好的耐蚀性，尤其是在碱类介质中。纯镍用于制碱工业的高温设备及与烧碱溶液接触的化工设备中，如碱液蒸发器，或用于铁离子在反应过程中会发生催化作用而不能采用不锈钢的设备，如有机合成设备等。

镍基耐蚀合金主要用于条件苛刻的腐蚀环境，如 Ni28Cu28Fe、0Cr15Ni75Fe 等可用于制造加热器、换热器、反应釜、塔等。

6. 非金属材料

非金属材料具有优良的耐腐蚀性能，主要用作设备的密封材料、保温材料、金属设备保护衬里、涂层等。

（1）工程塑料　工程塑料品种多，聚氯乙烯（PVC）、聚四氟乙烯（PTEF，F4）、聚丙烯（PP）、聚氯醚（PENTON）、酚醛树脂（PF）、呋喃塑料等在化工生产上得到广泛应用。硬聚氯乙烯可用作贮槽、塔、管道、阀门等，特别是大型的全塑结构防腐设备；工程上常用聚四氟乙烯作摩擦件和无油润滑密封件，特别适用于高温、强腐蚀环境，广泛用于化工容器和设备上的各种配件，如阀门、泵、膨胀节、多孔板材、热交换器等，还可作强腐蚀介质的过滤材料及设备的衬里和涂层；呋喃树脂能耐强酸、强碱和有机溶剂，可用其制作管道、贮槽、洗涤器等设备，特别适用于有机氯化合物、农药、有机溶剂回收及废水处理系统等工程中。

（2）化工陶瓷　主要成分为 SiO_2 和 Al_2O_3，具有很高的化学稳定性，除了氢氟酸、氟硅酸及热或浓的碱液外，几乎能耐包括硝酸、硫酸、盐酸、王水、盐溶液、有机溶剂在内的大多数介质的腐蚀，可用于制造接触强腐蚀介质的塔、反应釜、泵、容器、管道及衬里砖、板等。

（3）化工玻璃　包括石英玻璃、硼硅酸盐玻璃、高硅氧玻璃等，常用来制造管道、蒸馏塔、换热器、泵等设备或机器。

（4）天然耐酸材料　花岗石耐酸性高，可代替不锈钢来砌制硝酸和盐酸吸收塔；中性长石热稳定性好，耐酸性高，可以砌衬里设备；石棉可用作保温和耐火材料，也用于设备密封衬垫和填料。

11.5　工程材料应用举例

1. 机床零件的用材分析

一个机床的零件多，按照其结构特点、受载荷的情况可以分为机身、底座、轴类零件、齿轮类零件、机床导轨等。

（1）机身、底座用材　机身、机床底座，齿轮箱体、轴承座等重量大，或形状复杂，一般选用灰铸铁 HT150、HT200，球墨铸铁 QT400—17、QT500—5 等。它们的成本低、铸造性好、切削加工性优异、对缺口不敏感、减振性好，非常适合铸造上述零部件。

（2）机床轴类零件的选材　机床主轴是机床中最主要的轴类零件，选材要根据其工作时所受载荷的大小和类型。①轻载或者不太重要的主轴可以采用 Q235、Q255 、45 钢等钢制造；②中载主轴由于磨损较严重，有一定的冲击载荷，一般用 40Cr 等调质钢或 20Cr 等渗碳钢制造，整体与轴颈应进行相应的热处理；③重载主轴由于工作载荷大，磨损及冲击都较严重，一般用20CrMnTi钢制造，经渗碳、淬火并低温回火处理；④高精度主轴由于精度要求非常高，热处理后变形应极小，工作过程中磨损应极轻微。例如精密镗床的主轴，一般用38CrMoAl专用氮化钢制造，经调质处理后进行氮化及尺寸稳定化处理。

（3）机床齿轮类零件的选材　齿轮是机床重要的零件之一，按其工作条件可分为三类：

1）轻载齿轮。若为开式齿轮，可选用HT250、HT300和HT400，和铸铁大齿轮互相啮合的小齿轮也可用Q235、Q255制造。闭式齿轮多采用40、45钢并正火或调质处理。

2）中载齿轮。一般用45钢制造，正火或调质后再进行高频表面淬火强化，以提高齿轮的承载能力及耐磨性。如果尺寸较大，则可用40Cr等合金调质钢制造。

3）重载齿轮。高速、重载或受强烈冲击的齿轮宜采用40Cr（调质）或20Cr、20CrMnTi经渗碳、淬火并低温回火处理。

（4）机床导轨的选材　机床导轨是机床最重要的零件之一，对整个机床的精度有很大的影响。设计师必须考虑其变形和磨损，可以选用灰铸铁制造，如HT200和HT350等。灰口铸铁在润滑条件下耐磨性较好，但抗磨粒磨损能力较差。

2. 汽车零件用材分析

在汽车零件中，冷冲压零件种类繁多，约占总零件数的50%～60%。按其功用来说可以分为发动机传动系统和底盘、车身零件。汽车冷冲压零件用的材料有钢板和钢带，其中主要是钢板，包括热轧钢板和冷轧钢板，如钢板20、25和Q235等。

（1）传动系统选材　发动机的主要功用是提供动力，主要构件包括缸体、缸盖、活塞、连杆、曲轴等。缸体常用的材料有灰口铸铁和铝合金两种。缸盖一般选用灰铸铁、合金铸铁或者铝合金。缸套常用高磷铸铁、硼铸铁、合金铸铁等，为了提高缸套的耐磨性，可以采用镀铬及表面淬火等工艺对缸套进行表面处理。活塞材料需要满足导热性好、膨胀系数小、密度小、耐磨、耐蚀等工艺性能，常用铝硅合金。连杆连接活塞和曲轴，作用是将活塞的往复运动转变为曲轴的旋转运动，并把作用在活塞上的力传给曲轴以输出功率。连杆在工作中除了承受燃烧室燃气产生的压力外，还要承受纵向和横向的惯性力，是在一个很复杂的应力状态下工作，既受交变的拉压应力作用，又受弯曲应力作用。连杆的主要损坏形式是疲劳断裂和过量变形，其工作条件要求连杆具有较高的强度和抗疲劳性能，又要求具有足够的刚性和韧性。连杆材料一般采用45钢、40Cr或40MnB等。汽车半轴在工作时主要承受扭转力矩和反复变曲以及一定的冲击载荷，因此中、小型汽车的半轴一般选用45钢、40Cr，而重型汽车则用40MnB、40CrNi或40CrMnMo等淬透性较高的合金钢制造。

（2）底盘、车身材料　随着能源和原材料供应的日趋短缺，人们对汽车节能降耗的要求越来越高。而减轻自重可减少材料消耗和燃油消耗，这在资源、能源的节约和经济价值方面具有非常重要的意义。底盘和车身相对于传动系统来说不是很重要，选材时在满足其基本性能的前提下应尽量减轻重量。用铝合金或镁合金代替铸铁，重量可减轻至原来的1/3～1/4，但并不影响其使用性能。采用新型的比较薄的双相钢板材代替普通低碳钢板材生产汽车的冲压件，可以减轻自重，但一点不降低构件的强度。在车身和某些不太重要的结构件中，采用塑料或纤维增强复合材料代替钢材，也可以降低自重，减少能耗。

3. 仪器仪表用材分析

仪器仪表一般都由多种零部件组成，如壳体、面板、齿轮、涡轮轴、轴承、弹簧、电子元器件等，种类繁多、性能各异，统一要求是外表美观、小巧、轻便和满足要求的使用性能。壳体及内部零件多在轻载荷下工作，对强度要求不高，但对精度、装饰性、耐蚀性及摩擦件的耐磨性的要求很高。这些零部件的工作温度多在 -50 ~ 150℃之间，同时受到大气、水分、润滑油及其他介质的腐蚀作用。可选用材料有低碳结构钢，如 Q195、Q215、Q235，再用油漆防锈和装饰，可以达到较好的效果；采用马氏体不锈钢、奥氏体不锈钢（如 12Cr13、12Cr18Ni9）则效果更好；工业纯铝 1200（L5）及防锈铝 3A21（LF21）等，以及黄铜 H62 等有色金属材料亦有很好的装饰效果。

（1）仪器仪表的辊子　可以使用 Q235 等钢、聚甲醛等工程塑料制造。2A12（LY12）、2A11（LY11）等多用于制造重要且需要耐蚀的轴销等零件。凸轮多用 Q235、45 钢制造。仪器齿轮可用普通碳素钢 Q275 制造（不需热处理）。QAl10-4-4、QAl11-6-6 可用来制造 400 ~500℃以下工作的齿轮。QBe2、QBe1.9、QBe1.7 可用于制造钟表等齿轮。

（2）蜗轮、蜗杆　QAl11-6-6 可用来制造 500℃以下工作的蜗轮。硅青铜 QSi3-1 亦可用来制造蜗轮、蜗杆。

本章小结

本章介绍了金属材料的失效方式和分析方法、材料选择的原则、常用工程部件的选材及工艺路线分析。金属材料的失效方式有变形失效、断裂失效、腐蚀失效、磨损失效。失效分析的程序为：接受任务，明确目的要求；调查现场，获取第一手背景资料；失效件的观察、检测和试验；确定失效原因并提出改进措施。材料选择的原则为：满足根据具体情况或客户要求确定零件的性能要求（包括使用性能和工艺性能）和最关键的性能指标；材料在适当工艺条件下所能达到的性能指标，对比上述要求；结合材料的经济性、加工性、力学性能等初步确定材料。

本章结合工程实际论述了工程上常用零件的选材及其加工工艺路线分析，如齿轮、轴、箱体等。同时介绍了机床零件、汽车零件、仪器仪表、化工设备等零件的材料选用。

通过本章的学习应能够结合所学金属材料的基本理论，根据具体零部件的实际受力情况和失效方式，选择材料并制订相应的加工工艺。

参考文献

[1] 崔忠圻，覃耀春．金属学与热处理［M］．北京：机械工业出版社，2007.
[2] 朱兴元，刘忆．金属学与热处理［M］．北京：中国林业出版社，2006.
[3] 朱张校，姚可夫．工程材料［M］．北京：清华大学出版社，2009.
[4] 崔忠圻，刘北星．金属学与热处理［M］．哈尔滨：哈尔滨工业大学出版社，2005.
[5] 钱士强．工程材料［M］．北京：清华大学出版社，2008.
[6] 刘宗昌．金属学与热处理［M］．北京：化学工业出版社，2008.
[7] 石德珂．材料科学基础［M］．北京：机械工业出版社，2003.
[8] 王晓敏．工程材料学［M］．北京：机械工业出版社，1999.
[9] 钟家湘，郑秀华，刘颖．金属学教程［M］．北京：北京理工大学出版社，1995.
[10] 刘毅．金属学与热处理［M］．北京：冶金工业出版社，1995.
[11] 侯增寿，卢光熙．金属学原理［M］．上海：上海科学技术出版社，1990.
[12] 李超．金属学原理［M］．哈尔滨：哈尔滨工业大学出版社，1989.
[13] 胡德林．金属学原理［M］．西安：西北工业大学出版社，1995.
[14] 詹武．工程材料［M］．北京：机械工业出版社，2001.
[15] 王健安．金属学与热处理［M］．北京：机械工业出版社，1980.
[16] 卢光熙，侯增寿．金属学教程［M］．上海：上海科学技术出版社，1985.
[17] 刘国勋．金属学原理［M］．北京：冶金工业出版社，1980.
[18] 王忠．机械工程材料［M］．北京：化学工业出版社，2005.
[19] 郑明新．工程材料［M］．3 版．北京：清华大学出版社，1991.
[20] 史美堂．金属材料与热处理［M］．上海：上海科学技术出版社，1980.
[21] 何世禹．机械工程材料［M］．哈尔滨：哈尔滨工业大学出版社，1990.
[22] 胡赓祥，钱苗根．金属学［M］．上海：上海科学技术出版社，1980.
[23] 丁仁亮．工程材料［M］．北京：机械工业出版社，2006.
[24] 刘天模．工程材料［M］．北京：机械工业出版社，2001.
[25] 夏国华．现代热处理技术［M］．北京：兵器工业出版社，1996.
[26] 钟华仁．钢的稀土化学热处理［M］．北京：国防工业出版社，1998.
[27] 雷廷权．金属热处理工艺方法 500 种［M］．北京：机械工业出版社，1998.
[28] 樊东黎．先进热处理技术的发展和展望［J］．金属热处理，2004，29（1）：6-12.
[29] 江静华，蒋建清．稀土化学热处理及其发展现状［J］．中国表面工程，2003（5）：10-14.
[30] 王广生．真空热处理技术的发展［J］．国外金属热处理，2005（3）：1-5.
[31] 王广生，张善庆．热处理新技术的应用研究［J］．热处理，2005（1）：1-7.
[32] 崔昆．钢铁材料及有色金属［M］．北京：机械工业出版社，1981.
[33] 周美玲．材料工程基础［M］．北京：北京工业大学出版社，2001.
[34] 王希琳．金属材料与热处理［M］．北京：机械工业出版社，1992.
[35] 曾周良．金属材料与热处理［M］．北京：机械工业出版社，1996.